高等职业教育新形态系列教材·机械制造及自动化专业

工程力学

（第2版）

主　编　郭山国　王　玉
参　编　张华瑾　张长军
　　　　杜海彬　宋　伟
主　审　张兆隆　高桂仙

北京理工大学出版社
BEIJING INSTITUTE OF TECHNOLOGY PRESS

内容简介

本书分为4个模块。模块一“刚体静力学”分为“静力学基础”“平面汇交力系平衡问题”“平面力偶系平衡问题”“平面任意力系平衡问题”“空间力系平衡问题”5个任务，研究工程中的构件在各种力系作用下的平衡问题。模块二“材料力学”分为“轴向拉伸与压缩”“剪切与挤压”“扭转”“梁的弯曲”“组合变形”“压杆稳定”6个任务，研究工程中的构件在外力作用下的破坏和变形问题，解决构件的强度、刚度和稳定性问题。模块三“运动学”分为“构件运动学基础”“合成运动和平面运动简介”两个任务，研究构件空间位置随时间的变化规律。模块四“动力学”分为“构件动力学基础”“动静法和动能定理”两个任务，研究工程中的构件运动与力之间的关系。

本书在理论、概念论述上，准确、严谨，层次清晰，每个任务开始先由工程实例引入，基于问题的解决过程介绍解题方法和步骤，进一步提炼出解决类似工程实际问题的基本方法，是一本基于工作过程开发的工程力学教材。

本书可作为高职高专院校机械类、近机械类专业工程力学课程的教材，也可供工程技术人员参考。

图书在版编目（CIP）数据

工程力学／郭山国，王玉主编．—2版．－－北京：北京理工大学出版社，2019.9（2024.1重印）

ISBN 978－7－5682－7488－3

Ⅰ．①工…　Ⅱ．①郭…　②王…　Ⅲ．①工程力学－高等学校－教材　Ⅳ．①TB12

中国版本图书馆CIP数据核字（2019）第188597号

责任编辑：钟　博　　**文案编辑**：钟　博
责任校对：周瑞红　　**责任印制**：李志强

出版发行／北京理工大学出版社有限责任公司
社　　址／北京市丰台区四合庄路6号
邮　　编／100070
电　　话／（010）68914026（教材售后服务热线）
（010）68944437（课件资源服务热线）
网　　址／http://www.bitpress.com.cn

版 印 次／2024年1月第2版第4次印刷
印　　刷／涿州市新华印刷有限公司
开　　本／787 mm×1092 mm　1/16
印　　张／17
字　　数／400千字
定　　价／49.80元

前　言

工程力学是机械类、近机类专业的一门主干专业技术基础课程，是研究工程构件平衡和机械运动一般规律及工程构件的强度、刚度、稳定性的科学，在工农业生产、建筑、交通运输、航空、航天、日常生活等领域均有广泛的应用。本书是为了适应我国高职高专教育快速发展的需要，完善高职高专教材的配套建设，依据教育部制定的“高职高专教育机械类专业力学课程教学基本要求”，参照工程力学的知识结构，结合编者多年的教学经验，精选教学内容，以项目导向、任务驱动进行重构所编写的。

本书坚持应用为主、够用为度的指导思想，以基本知识、基本理论和基本技能为主体，简化理论推导和论证，以培养学生分析问题和解决问题的能力为目的，较好地体现了高职高专教育培养高技能型人才的特点，满足工程实际的需要。

本书分为4个模块。模块一“刚体静力学”分为“静力学基础”“平面汇交力系平衡问题”“平面力偶系平衡问题”“平面任意力系平衡问题”“空间力系平衡问题”5个任务，研究工程中的构件在各种力系作用下的平衡问题。模块二“材料力学”分为“轴向拉伸与压缩”“剪切与挤压”“扭转”“梁的弯曲”“组合变形”“压杆稳定”6个任务，研究工程中的构件在外力作用下的破坏和变形问题，解决构件的强度、刚度和稳定性问题。模块三“运动学”分为“构件运动学基础”“合成运动和平面运动简介”两个任务，研究构件空间位置随时间的变化规律。模块四“动力学”分为“构件动力学基础”“动静法和动能定理”两个任务，研究工程中的构件运动与力之间的关系。本课程的学习可为后续课程的学习及培养学生分析和解决基本工程实践问题的能力打下良好的基础。

本书的具体分工为：河北机电职业技术学院王玉编写绪论，模块一的任务一、任务二；郭山国编写模块一的任务五，模块二的任务三、任务四，模块三，附录；张华瑾编写模块一的任务三、任务四；宋伟编写模块二的任务一、任务五；张长军编写模块二的任务二、任务六；杜海彬编写模块四。

本书由河北机电职业技术学院郭山国、王玉担任主编，河北机电职业技术学院副院长张兆隆教授、高桂仙副教授担任主审，他们对稿件进行了精心审阅，提出了很多宝贵的意见和建议，在此深表感谢。

本书在内容选择及结构体系上有较大的突破，坚持以能力培养为目标，力求实际、实用、实效，培养学生良好的学习能力和分析、解决问题的能力。本书可作为高职高专院校机械类及近机械类专业工程力学课程的教材，也可供业余大学、函授大学、职工大学相应专业选用及工程技术人员参考。

由于编者水平有限，时间仓促，书中难免存在一些疏漏和不妥之处，恳请读者提出宝贵的意见和建议，以便改进。

编　者

目 录

模块二 材料力学

模块三 运动学

模块四 动力学

绪　论

0.1　工程力学的研究对象及其内容

1. 力学、工程力学

人类对力的认识，可以追溯到史前时代。力学是研究物体宏观机械运动规律的科学，是物理学、天文学和许多工程学的基础，机械、建筑等的合理设计都必须以力学为基本依据。

在人类社会的发展进程中，一种最基本的要求和愿望支配着人类的社会活动和生产活动，这就是要求使用的生产工具、制造的机械设备、建造的工程结构，既要经久耐用又要造价低廉。经久耐用，是指使用的时间长久，且在使用过程中不会轻易损坏；造价低廉，是指所用的材料易于得到，用量最少，生产成本低廉。在这种需求下，力学的理论体系和研究方法发展起来。工程力学作为力学的一个重要分支，是20世纪50年代末由中国学者钱学森首先提出的，随后工程力学迅速发展，其研究范畴涵盖了物质在力的作用下的机械运动和变形机理，目前已广泛应用于机械、建筑、航天和船舰等各个领域。

工程力学是从研究构件的受力分析开始，研究构件的平衡和运动规律，以及构件的变形和破坏规律，为工程构件的设计和制造提供基本的理论依据和实用计算方法的学科。工程力学是将力学原理应用于实际工程系统的学科，是连接自然科学的基础理论和工程实践的桥梁。

2. 工程力学的研究对象

工程力学是机械、建筑等专业的一门理论性较强的重要技术基础课。自然界以及工程技术过程都包含机械运动。工程力学研究自然界以及各种工程中机械运动的最普遍、最基本的规律，以指导人们认识自然界，正确从事工程技术工作。工程力学主要包括静力学（研究质点系受力作用时的平衡规律的科学）、材料力学（研究材料在各种外力作用下产生的应变、应力、强度、刚度，稳定性和导致各种材料破坏的极限的科学）、运动学（描述和研究物体位置随时间的变化规律的科学）和动力学（主要研究作用于物体的力与物体运动之间的关系的科学），为工程技术人员提供重要的理论依据和技术支持。

工程力学是研究工程中力学的基本概念和基本理论的学科。它的研究对象不是完整的机器或建筑物，而是简单的工程构件。所谓构件，是指组成机械和工程结构的零部件。工程力学研究构件最普遍、最基本的受力、变形、破坏以及运动规律，为工科专业的后续课程，如机械原理、机械零件等技术基础课和一些专业课的学习打下必要的基础。

工程力学研究两大类机械运动：研究物体的运动，研究作用在物体上的力与物体运动之间的关系；研究物体的变形，研究作用在物体上的力与物体变形之间的关系。第一类属于静力学、运动学和动力学的问题，第二类属于材料力学的问题。两类问题互相交叉、渗透和融合。

3. 工程力学的研究内容

工程力学是一门研究物体机械运动和构件承载能力的科学。所谓机械运动是指物体在空间的位置随时间的变化，而构件承载能力则指机械零、部件和工程结构在工作时安全、可靠地承担外载荷的能力。例如，工程中常见的起重机，设计时要对各构件在静力平衡状态和运动状态下进行受力分析，确定构件的受力情况，对构件进行运动和动力分析，然后根据各构件的变形情况，按照保证起重机安全、正常工作，各构件不发生破坏或产生过大变形条件，而确定的各构件的截面形状和尺寸；再如机械中常用的零、部件齿轮、轴等，设计时要对其进行受力分析，确定其承受的载荷，再按照载荷，确定零、部件的尺寸。

按照研究的步骤，工程力学分为静力学、材料力学、运动力学和动力学四部分。静力学主要研究物体受力后的平衡条件以及它在工程中的应用；材料力学主要研究构件在外力作用下的变形、受力和破坏的规律，为合理设计构件提供有关强度、刚度和稳定性分析的基本理论和方法；运动力学研究质点的运动和刚体的基本运动，动力学研究受力物体的运动与作用力之间的关系。工程力学的研究内容，用下面的实例来说明。

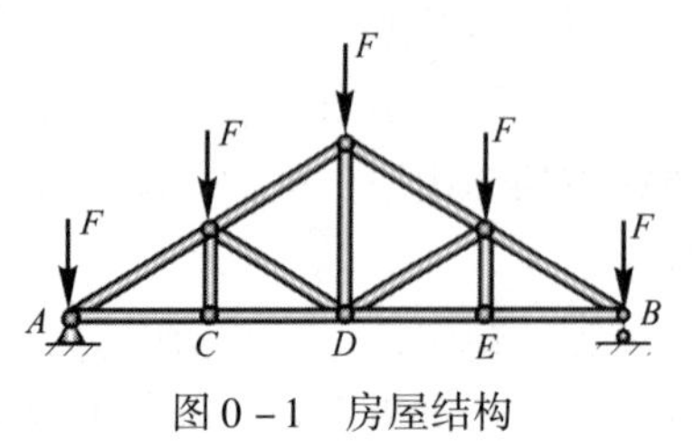

图0－1　房屋结构

例0－1　图0－1所示为木制房屋结构，它由一些水平、竖直和倾斜的杆件组成。为设计这个结构，从力学计算来说，包括下述两方面的内容：

（1）必须确定作用在各个杆件上的力的大小，即对处于静止状态的物体进行受力分析。这是静力学所要研究的问题。

（2）在确定了作用在杆件上的外力以后，根据杆件所选择的材料，确定合理的截面尺寸，以保证杆件既工作可靠又经济合理。所谓“安全可靠”是指在载荷作用下，构件不会破坏（即有足够的强度），也不会产生过度的变形（即有足够的刚度）。对于某些细长的受压构件，还应考虑不发生纵向弯曲而丧失其原有的平衡状态（即有足够的稳定性）。上述这些则是材料力学所要讨论的问题。

例0－2　图0－2所示为塔式起重机，右侧吊钩起吊重物，左侧是使起重机保持平衡的配重，机身的重心在C点。

首先，要确定使起重机满载时能够正常工作、不倒塌的配重的最小值，还需要确定使起重机空载时不倒塌的配重的最大值，这属于静力学的范畴。

其次，根据地基的材质确定所需的最小受力面积、根据起吊重物的最大值确定起吊重物的钢丝绳所需的最小直径、根据塔身各杆的受力大小和材料确定杆件的最小尺寸等，这属于材料力学的范畴。

例0－3　图0－3所示为卷扬机，其开动时，鼓轮转动，重物以某一加速度上升。如果要设计该轴，在力学计算中，应包括下述内容：

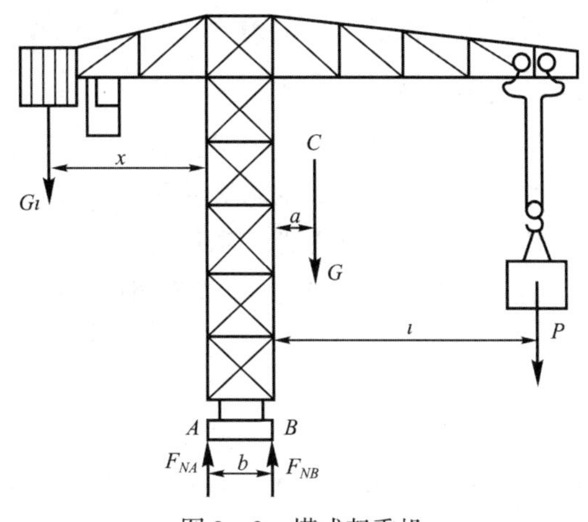

图 0 – 2　塔式起重机

首先，应用静力学和动力学的知识，根据重物的重力及其加速度确定卷扬机工作时轴所受到的力。

其次，应用材料力学的知识，根据轴的受力和轴的材料确定合适的轴的直径，以保证其有足够的强度和刚度。

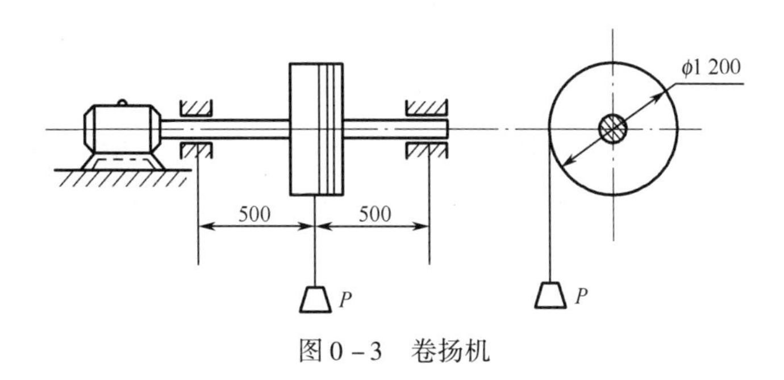

图 0 – 3　卷扬机

例 0 – 4　桥梁如图 0 – 4 所示，根据桥梁上通过的车辆的最大重量，设计该桥梁，即确定桥梁需用的钢材尺寸。

应根据通过汽车的最大重量和汽车到达桥梁中间的最危险的情况，确定桥梁危险截面的弯矩，再根据此弯矩和桥梁的钢材截面形状确定钢材的型号和面积。

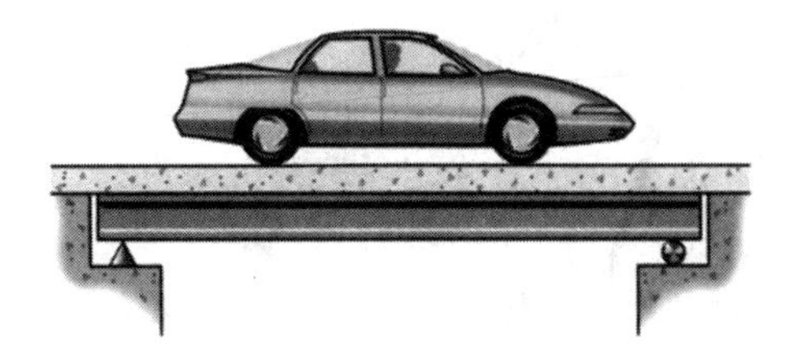

图 0 – 4　桥梁

由以上实例可以看到，任何工程结构或机械的设计都离不开力学知识。

0.2 “工程力学”课程的性质、任务和学习方法

1. “工程力学”课程的性质和任务

工程力学是一门理论性较强的技术基础课，是基础科学与工程技术的综合。学习本课时，将会经常综合运用高等数学、物理、金属材料等课程的有关知识。它位于基础课课与专业课之间，起着承前启后的作用，是学习专业课程和从事机械设计与制造的基础。

工程力学的任务就是为各类工程结构和各类机械零部件的力学计算提供基本的理论和方法。

2. “工程力学”课程的学习方法

工程力学来源于实践又服务于实践。在研究工程力学时，现场观察和实验是认识力学规律的重要实践环节。在学习本课程时，须多观察实际生活中的力学现象，学会用力学的基本知识去解释这些现象。

首先，人们通过观察生活和生产实践中的各种现象，经过分析、综合和归纳，总结出力学最基本的规律。在远古时代，人们为了生活和灌溉的需要，制造了辘轳；为了搬运重物的需要，使用了杠杆、斜面和滑轮；为了长距离运输的需要，制造了车子等。制造和使用这些生活和生产工具，使人类对于机械运动有了初步的认识，并逐渐形成了“力”和“力矩”等基本概念，以及“二力平衡”“杠杆原理”和“力的平行四边形法则”等力学基本规律。

人们除了在生活和生产实践中观察和分析，进行实验也是必不可缺的。通过实验可以从复杂的自然现象中，人为地创造一些条件来突出事物发展的主要因素，并且能够定量地测定各个因素间的关系，因此实验也是形成理论的重要基础。例如，伽利略通过对自由落体和物体在斜面上的运动做实验，提出了“加速度”的概念；又如摩擦定律，材料力学中的平面假设也都是以实验作为基础的。特别从近代力学的研究和发展来看，实验更是重要的研究方法之一。

在观察和实验的基础上，用抽象化的方法建立力学模型。抽象化的方法就是在客观事物的复杂现象中，抓住起决定性作用的主要因素，忽略次要的、局部的和偶然性的因素，深入现象的本质，明确事物间的内在联系。例如，在外力作用下，任何物体均会变形。为了保证机械或结构的正常工作，在工程中通常把各构件的变形限制在很小的范围内，它与构件的原始尺寸相比是微不足道的。所以当我们对物体进行受力分析，研究物体的平衡与运动时，为了简化问题，抓住重点，可以不计这些变形。因此，刚体就是在静力学与动力学中，把物体看成是不变形的、刚性的物体。不仅如此，当物体的形状和尺寸不影响所研究问题的本质时，如讨论物体平行移动的问题，还可以把物体简化为质点来研究。刚体或质点都是真实物体的一种抽象化的力学模型。但是，抽象化的方法是有条件的，相对地，当研究问题的条件改变了，原来的模型就不一定适用，例如在材料力学中，研究构件的强度、刚度和稳定性问题时，变形则成为不可忽略的因素，刚体这一力学模型已不能反映所研究问题的本质，于是就用连续、均匀、各向同性的变形固体来代替真实物体。综上所述可知，研究不同的问题，必须采用不同的力学模型，这是研究工程力学问题的重要方法。

总之，抽象化的方法一方面使所研究的问题大为简化，另一方面也更深刻地反映了事物的本质。

在建立力学模型的基础上，根据公理、定律和基本假设，借助数学工具，经过严格的逻辑推理和数学演绎，考虑到问题的具体条件，得到各种形式的正确的具有物理意义和实用价值的定理，设计计算公式，如物体机械运动的一般规律及对构件进行强度、刚度和稳定性计算的定理和公式。实践证明，这些力学定理和公式能够满足工程计算精度要求。

工程力学是前人经过无数次“实践——理论——实践”的循环过程，使认识不断提高和深化，逐步总结和归纳出的合理方法。因此，我们首先应学习并接受这样的书本知识，然后应用验证后的理论指导实践。同时，还应在生产实践中去验证和发展它。工程力学正是沿着这条途径建立起来的。

随着计算机技术的迅速发展，如 ANSYS 等有限元分析方法在工程力学领域中已得到日益广泛的应用，并促进着工程力学研究方法的更新。这将使工程力学在解决工程实际问题中发挥更大的作用。

3. 工程力学在专业学习中的地位和作用

工程力学是一门理论性较强的技术基础课，在基础课和专业课中起着承前启后的作用，是基础科学与工程技术的综合。工程力学的定律、定理与结论广泛应用于各种工程技术（冶金、煤炭、石油、化工、机械、建筑、轻工、纺织以及交通、地震科学等方面）之中，所以它是解决工程实际问题的重要基础。学习工程力学知识，不仅使读者具备设计或验算构件承载能力的初步能力，而且还有助于从业者从事设备安装、运行和检修等方面的实际工作。因此，工程力学在专业技术教育中具有极其重要的地位。

学习工程力学，不仅要深刻理解力学的基本概念和基本定律，还要牢固地掌握由此而导出的解决工程力学问题的定理和公式，同时也要注意培养自己处理工程力学问题的能力。为达此目的，认真读书，演算一定数量的习题，并注意联系专业中的力学问题是最重要的途径。

工程力学的研究方法具有典型性，有助于培养辩证唯物主义观点以及分析问题和解决问题的能力。作为未来的工程技术人员，不仅要学好工程力学的科学内容，还要逐步领会其研究方法。只有这样，才能在工作中做出更大的成绩。

模块一

刚体静力学

任务一　静力学基础

【任务描述】

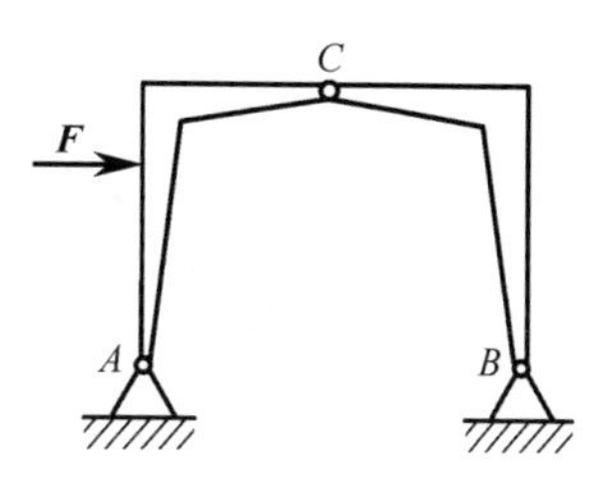

图 1-1-1　三铰拱桥

三铰拱桥如图 1-1-1 所示，A、B 为固定铰链，C 为连接左、右半拱的中间铰链，左半受水平推力 $\boldsymbol{F}$ 作用，画出两半拱桥的受力图以及整体受力图。

【任务分析】

了解静力学的基本概念和公理，学习几种常见的约束力及其画法，掌握物系及单个物体的受力分析方法和步骤，正确画出受力图，灵活应用静力学知识解决工程实际问题。

【知识准备】

1.1.1　力的基本概念和公理

1. 力的定义

人们在长期的生产劳动和科学实践中，逐渐产生了对力的感性认识，并进行科学的抽象和概括，形成了力的定义：力是物体间相互的机械作用。

这种机械作用对物体产生两种效应：用手推门时，手指与门之间有了相互作用，这种作用使门产生了运动，这种使物体运动状态的改变称为力的外效应；用汽锤锻打工件，汽锤和工件间有了相互作用，工件的形状和尺寸发生了改变，这种使物体形状尺寸的改变称为力的内效应。

力对物体的效应取决于力的三要素，即力的大小、方向和作用点。

力是一个既有大小又有方向的量，称为力矢量。用一个有向线段表示，线段的长度按一定的比例尺，表示力的大小；线段箭头的指向表示力的方向；线段的始端 A（图 1-1-2）或末端 B 表示力的作用点。力的单位为牛顿（N）。把物体间的一个机械作用表示成有方向和大小的线段，是力学研究中对物体间机械作用的简化结果。

当力的作用面积很小时，应将其看做一个点，如吊在屋顶的电灯所受的拉力，应认为拉力集中作用于一点称为集中力，如图 1-1-3（a）所示；当力作用于一块较大的面积时，称为分布力，如水塔上的水箱所受的风压，如图 1-1-3（b）所示。

若干个力组成的系统称为力系。若一个力系与另一个力系对物体的作用效应相同，这两个力系互为等效力系。若一个力与一个力系等效，则称这个力为该力系的合力，而该力系中的各力称为这个力的分力。把各分力等效代换成合力的过程称为力系的合成，把合力等效代换成分力的过程称为力的分解。

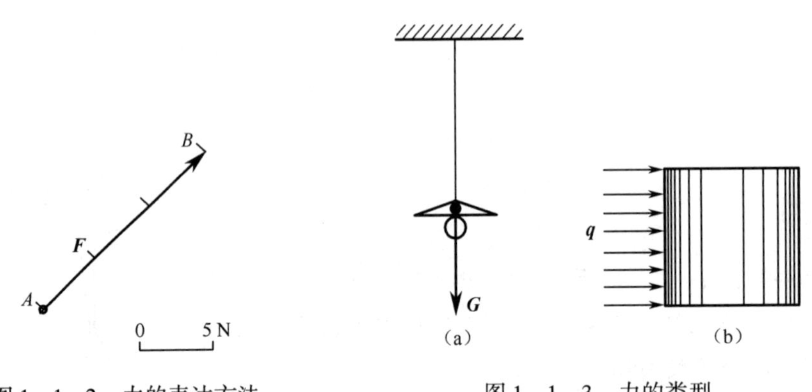

图1－1－2　力的表达方法　　　　图1－1－3　力的类型

2. 刚体的定义

工程中很多物体在受载后变形很小，当研究物体的运动规律（包括平衡）时，可以忽略不计形状尺寸改变对运动状态改变的影响，把物体抽象为不变形的理想化模型——刚体。这是将物体抽象化的一个最基本的力学模型。如计算机械中齿轮所承受的外载荷（圆周力、径向力）、轴所受的支撑的约束力等时，将齿轮和轴等构件抽象为刚体。

3. 平衡的定义

平衡是指物体相对于参照物保持静止、匀速直线运动或匀速转动。如房屋、桥梁、各种机械设备，以及机械零件在工作时，一般都可视为平衡状态。

4. 静力学公理

1）二力平衡公理与二力构件

作用于一个刚体上的两个力，使刚体保持平衡的必要和充分条件是：这两个力的大小相等，方向相反，作用在一条直线上。简述为等值、反向、共线。

如桌面上放置的物体，受到重力和桌面的支持力，处于平衡状态时，重力和支持力必等值、反向、共线；又如图1－1－3（a）所示，电灯吊在屋顶上，受到地球引力场的机械作用（重力）$\boldsymbol{G}$ 和电线的拉力，而处于平衡状态，这两个力必等值、反向、共线。

对于变形体来说两个力的大小相等，方向相反，作用在一条直线上，是必要条件，但不是充分条件。例如，软绳受两个等值、反向、共线的拉力作用可以平衡，如图1－1－4（a）所示；但受两个等值、反向、共线的压力作用就不能平衡了，如图1－1－4（b）所示。

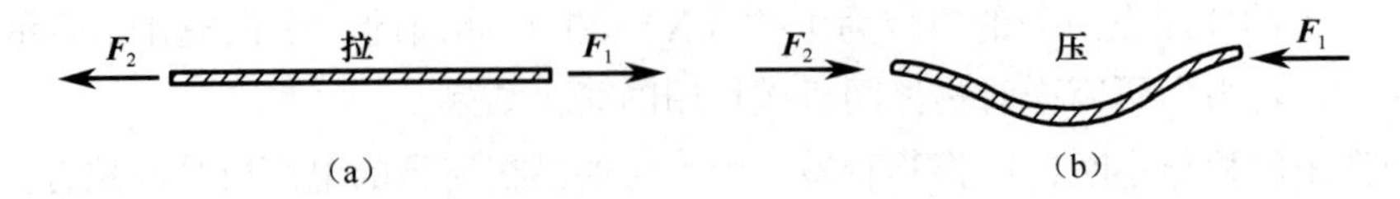

图1－1－4　变形体受两力作用

忽略重力的情况下，在两个力作用下处于平衡的构件一般称为二力构件。工程实际中，一些构件的自重和它所承受的载荷比较起来很小，可以忽略不计。静力学研究的构件没有特别说明或没有表示出自重的，一律按不计自重处理。如图 1－1－5（a）所示构件 AB、图 1－1－5（b）所示杆件 AB，自重不计，在 A 端和 B 端分别受力 $\boldsymbol{F}_A$、$\boldsymbol{F}_B$ 而处于平衡状态，此两力必过这两力作用点 A、B 的连线；又如图 1－1－5（c）所示托架 AB、图 1－1－5（d）所示三铰拱结构中，杆、拱片不计自重，杆 AB 受力 $\boldsymbol{F}_A$、$\boldsymbol{F}_B$ 和右边拱 BC 受力 $\boldsymbol{F}_C$、$\boldsymbol{F}_B$ 而处于平衡状态，$\boldsymbol{F}_A$ 和 $\boldsymbol{F}_B$、$\boldsymbol{F}_B$ 和 $\boldsymbol{F}_C$ 必过两力作用点 A、B 和 B、C 的连线。

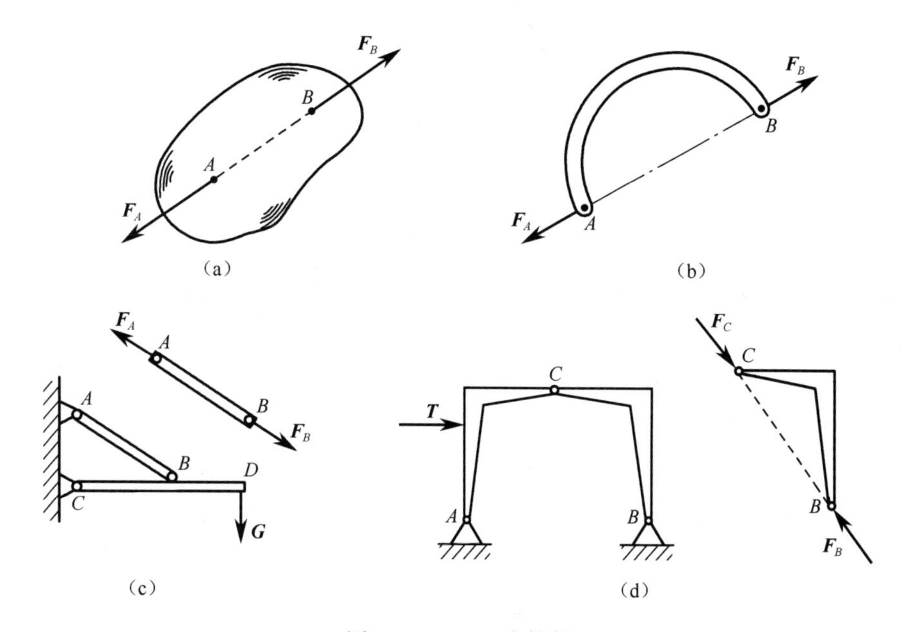

图 1－1－5　二力构件

2）加减平衡力系公理与力的可传性原理

在作用在刚体上的力系上，加上或减去平衡力系，不改变原力系对刚体的作用效果。由此可知，作用于刚体上某点的力，沿其作用线移动，不改变原力对刚体的作用效果。

在图 1－1－6 所示的小车中，在 A 点的作用力 $\boldsymbol{F}$ 和在 B 点的作用力 $\boldsymbol{F}$ 对小车的作用效果相同。

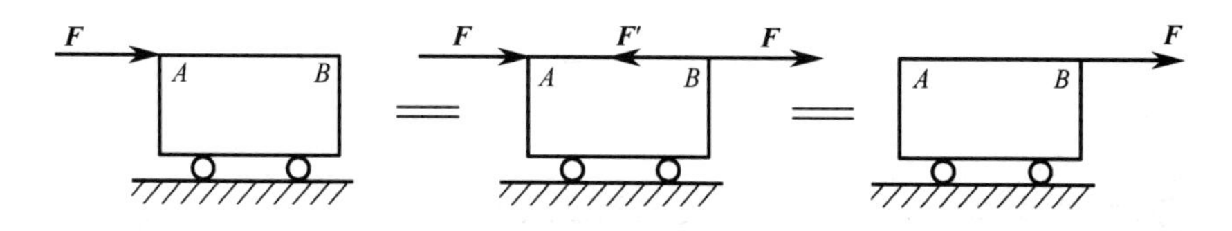

图 1－1－6　力的可传性原理

由此原理可知：力对物体的外效应，取决于力的大小、方向和作用线。必须指出，加减平衡力系公理和力的可传性原理只适用于刚体。

3）平行四边形公理和三力构件

作用于构件上同一点的两个力，可以合成为一个合力，合力作用于该点。合力的大小和方向是该两力为邻边构成的平行四边形的对角线。如图1-1-7所示，$\boldsymbol{F}_R$是$\boldsymbol{F}_1$、$\boldsymbol{F}_2$的合力。力的平行四边形公理符合矢量加法法则，即

$$\boldsymbol{F}_R = \boldsymbol{F}_1 + \boldsymbol{F}_2$$

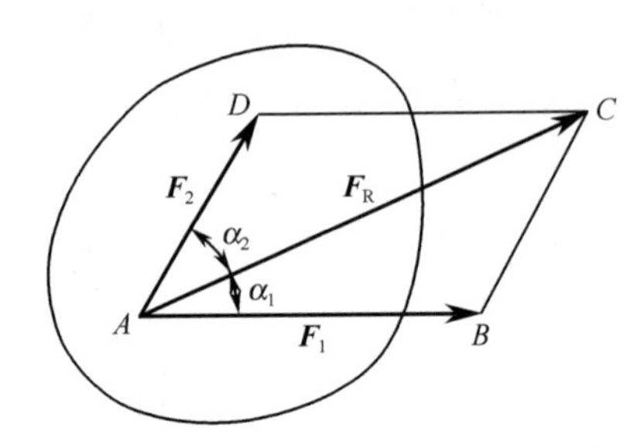

图1-1-7　平行四边形公理

根据力的可传递性原理和平行四边形公理可知，构件在三个互不平行的力作用下处于平衡，这三个力的作用线必汇交于一点。

作用着三个力并处于平衡的构件称为三力构件。三力构件的三个力作用线交于一点。若已知两个力的作用线，由此可以确定另一个未知力的作用线。

杆件CD如图1-1-8（a）所示，在C、B、D三点分别受力作用处于平衡，C点的力$\boldsymbol{F}_C$必过B、D两点作用力的交点H。再如图1-1-8（b）所示的杆件AB，A端靠在墙角，B端受绳BC的拉力，用$\boldsymbol{F}_T$表示，受重力场的作用，用$\boldsymbol{G}$表示，A端受到的墙角的作用力$\boldsymbol{F}_N$必过$\boldsymbol{G}$和$\boldsymbol{F}_T$的交点。

4）作用与反作用公理

两物体间的作用力与反作用力，总是大小相等，方向相反，作用于一条直线上，分别作用在两个物体上，如图1-1-5（c）中的力$\boldsymbol{F}_B$，说明作用力和反作用力总是成对出现的。应用公理时注意区别它与二力平衡的两个力是不同的，作用力与反作用力分别作用在两个物体上，二力平衡的两个力作用在一个物体上。

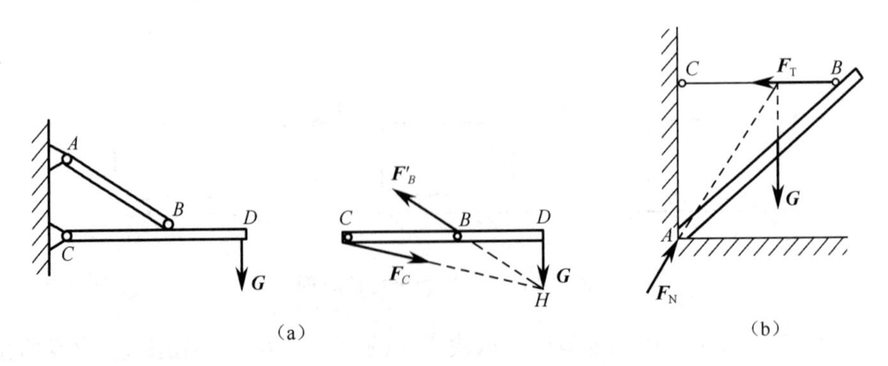

图1-1-8　三力构件

1.1.2　常见约束及其力学模型

1. 约束和约束力

机械设备和工程结构中的构件，都是既相互联系又相互制约的。甲构件对乙构件有作用，就受到乙构件的反作用，这种反作用对甲构件的运动起到了限制作用。例如，放在地面上的物体，物体对地面产生作用，同时受到地面的限制作用；挂在墙上的物体，对绳索有作用，同时受到绳索的限制作用；火车轮对铁轨有作用，火车轮也受到铁轨的限制作用，这些限制物体运动的周围物体称为约束。约束靠周围物体提供约束力实现。

物体受的力可以分为主动力和约束力，能够促使物体产生运动或运动趋势的力称为主动力。这类力有重力和一些作用载荷。主动力通常都是已知的。当物体沿某一个方向的运动受到约束限制时，约束对物体就有一个反作用力，这个限制物体运动或运动趋势的反作用力称为约束力。约束力的方向与它所限制物体的运动或运动趋势的方向相反，其大小和方向一般随主动力的大小和作用线的不同而改变。

2. 常见约束的力学模型

工程实际中，构件间相互连接的形式是多种多样的，把一构件与其他构件的连接形式，按其限制构件运动的特性抽象为理想化的力学模型，称为约束模型。

常见约束的约束模型为柔体约束、光滑面约束、光滑铰链约束和固定端约束。值得注意的是，工程实际中的约束与约束模型有些相近，有些差异很大。必须善于观察，正确认识约束模型及其应用意义。

下面讨论柔体约束模型、光滑面约束模型、光滑铰链约束模型和固定端约束模型的约束特性及其约束力的方向和表示符号。

1）柔体约束模型

由绳索、链、带等柔性物形成的约束都可以简化为柔体约束模型。这类约束只能承受拉力，不能承受压力。沿柔体的中线，背离受力物体的约束力，称为柔性约束用符号 $\boldsymbol{F}_{\mathrm{T}}$表示。

图1－1－9（a）所示起重机吊起重物时，重物通过钢绳悬吊在挂钩上。钢绳 AC、BC 对重物的约束力沿钢绳的中线背离物体［见图1－1－9（b）］。若柔体包络了轮子部分，如图1－1－10（a）所示的链传动或带传动等，则把包络在轮上的柔体看成是轮子的一部分。约束力作用于切点，沿柔体中线，背离轮子。图1－1－10（b）所示为传动轮带的约束力的画法。

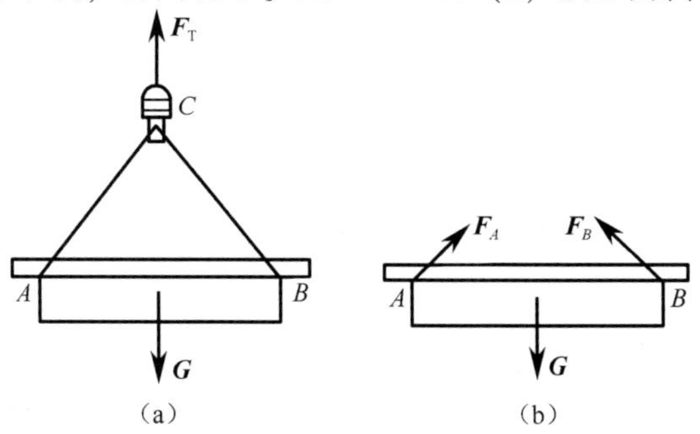

图1－1－9　起重机吊起重物的柔体约束

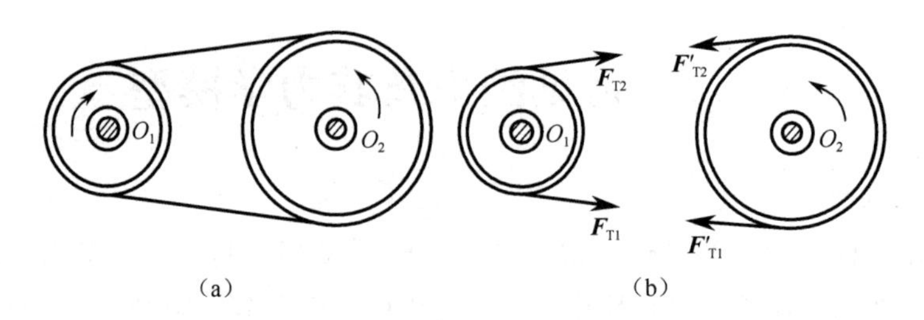

图1－1－10　带传动中的柔体约束

2）光滑面约束模型

物体相互作用的接触面，并不是完全光滑的，为研究问题方便，暂忽略不计接触面间的摩擦和接触面间的变形，把物体的接触面看成是完全光滑的刚性接触面，称为光滑面约束。

光滑面约束只限制物体沿接触面公法线方向的运动，所以其约束力沿接触面的公法线，指向受力物体，用符号 $\boldsymbol{F}_N$ 表示。

放在地面上重力为 $\boldsymbol{G}$ 的重物，受到地面对重物的支持作用，为竖直向上指向重物，如图1－1－11（a）所示；重为 $\boldsymbol{G}$ 的圆柱形工件放在V形槽内，在 A、B 两点受到V形槽槽面支持作用，其约束力沿接触面公法线指向工件，如图1－1－11（b）所示；重为 $\boldsymbol{G}$ 的工件 AB 放入凹槽内其约束力沿接触面公法线指向工件，如图1－1－11（c）所示。

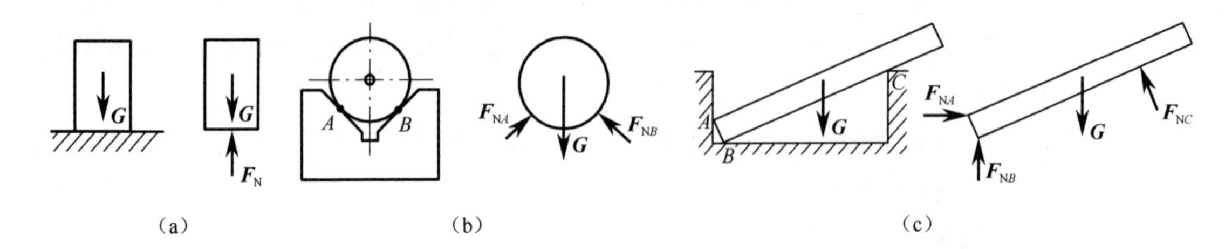

图1－1－11　光滑面约束

3）光滑铰链约束模型

用圆柱销钉连接的两构件称为铰链，如图1－1－12所示。对于具有这种特性的连接方式，忽略不计其变形和摩擦，销钉与物体实际上是以两个光滑圆柱面相接触的，所以可以将其理想化为约束模型——刚性光滑铰链。这类约束的实质为光滑面约束。物体受主动力作用后，形成线接触，若把 K 点视为接触点，按照光滑面约束反力的特点，可知销钉对物体的约束反力应沿接触点 K 处的公法线，故必通过铰链中心，如图1－1－13所示，但因主动力的方向不能预先确定，所以不能预先确定圆销面上的具体接触点 K，因此约束反力的方向也不能预先确定。因此，一般情况下铰链约束反力为一个通过圆销中心、大小与方向未知的力。通常可用两个大小未知的正交分力表示。铰链约束通常用图1－1－12（b）、（d）所示的平面简图表示。

光滑铰链约束主要分为以下3种形式：

（1）中间铰链。如图1－1－12（a）所示，用销钉将两个活动构件连接起来，销钉只限制构件销孔端的相对移动，不限制构件绕销轴的相对转动。中间铰链的约束力可用一对正交

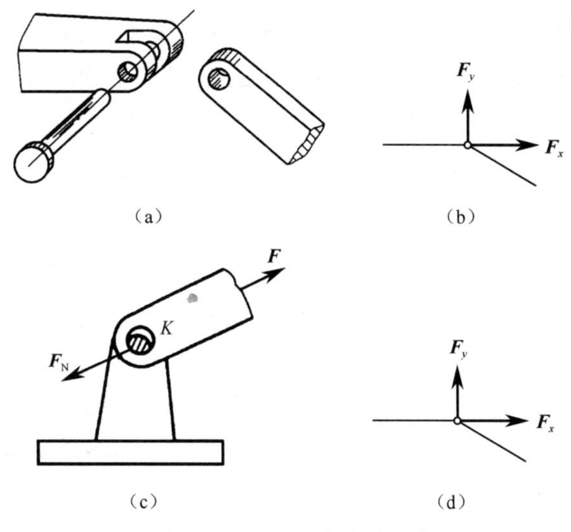

图 1－1－12　光滑铰链约束

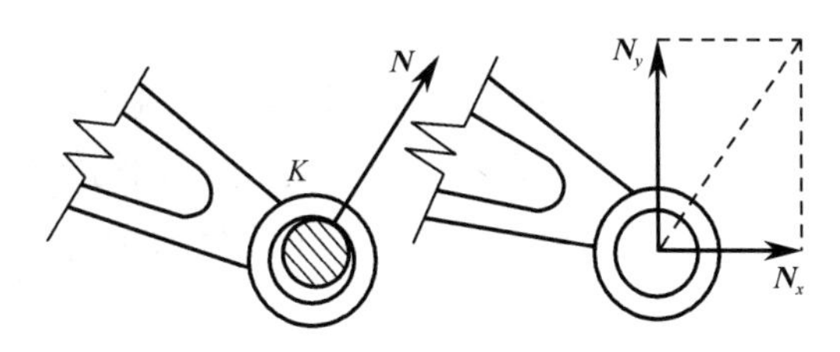

图 1－1－13　光滑铰链的约束力分析

分力 $\boldsymbol{F}_x$、$\boldsymbol{F}_y$表示，如图 1－1－12（b）所示。图 1－1－5（c）所示连接 AB 杆和 CD 杆的 B 点的铰链、图 1－1－5（d）所示三铰拱桥中间连接点左半拱 AC 与右半拱 CB 的 C 点的铰链，都为中间铰链。

（2）固定铰链。如图 1－1－12（c）所示，用销钉将物体和固定机架或支承面等连接起来，销钉也只能限制构件销孔端的相对移动，不能限制构件绕销轴的相对转动。固定铰链的约束力也可用一对正交分力 $\boldsymbol{F}_x$、$\boldsymbol{F}_y$表示，如图 1－1－12（d）所示。图 1－1－5（c）所示连接固定件和 CD 杆的铰链 C、图 1－1－5（d）所示三铰拱桥 A 点的铰链以及起重臂与机架的连接等都为固定铰链。

综上所述，中间铰和固定铰支座约束的约束力过铰链的中心，方向不确定。通常用两个正交的分力 $\boldsymbol{F}_x$、$\boldsymbol{F}_y$表示，如图 1－1－13 所示。但是必须指出的是，当中间铰或固定铰约束的是二力构件时，其约束力满足二力平衡条件，沿两约束力作用点的连线，方向是确定的。

图 1－1－5（c）所示结构，不计杆件 AB 的自重，杆 AB 在 A 端受到固定铰链约束，约束力的方向不确定。在 B 端受到中间铰链约束，约束力的方向不确定，但 AB 杆受此两力作用处于平衡，是二力构件，该 A、B 两点所受的力必过 A、B 两点的连线；图 1－1－5（d）所示三铰拱桥，右半拱 BC 在 B 点受固定铰链约束、在 C 点受中间铰链约束，方向均不能确

定，但 BC 为二力构件，所以 BC 两点所受的力必过 B、C 两点的连线。

（3）活动铰链。在铰链支座的底部安装一排滚轮，可使支座沿固定支撑面滚动，这就是工程中常见的活动铰链支座［见图 1－1－14（a）］，其简图如图 1－1－14（b）、（c）所示。这类约束相当于光滑面约束，只限制沿固定支撑面法线方向的移动，因此其约束反力 $\boldsymbol{F}_N$ 的作用线沿支撑面法线并通过铰链中心。钢桥架、大型钢梁，通常都为一端用固定铰链，另一端用活动铰链支撑。

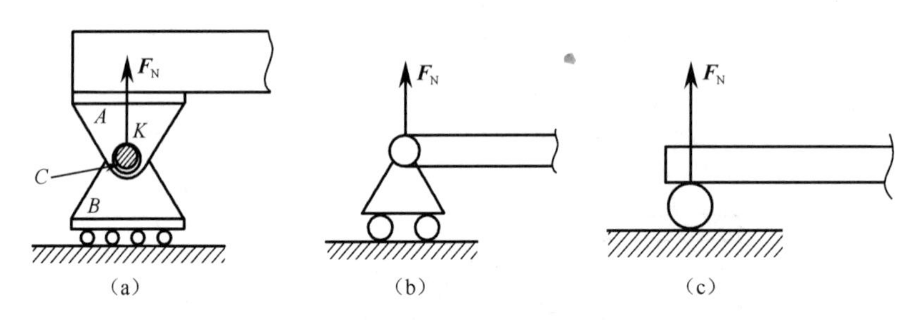

图 1－1－14　活动铰链

4）固定端约束模型

物体的一部分固嵌于另一物体所构成的约束，称为固定端约束，如图 1－1－15（a）所示。这种约束不仅限制物体在约束处沿任何方向移动，也限制物体在约束处转动。平面固定端约束用一对正交分力 $\boldsymbol{F}_x$、$\boldsymbol{F}_y$ 表示，和一个约束力偶矩 $\boldsymbol{M}$ 表示，如图 1－1－15（b）所示。外伸阳台插入墙体部分受到的限制作用，如图 1－1－16（a）所示；车刀固定于刀架部分受到的限制作用，如图 1－1－16（b）所示；电线杆埋入地下部分受到的限制作用，如图 1－1－16（c）所示，以及立柱牢固地浇铸进基础部分等，都为固定端约束。

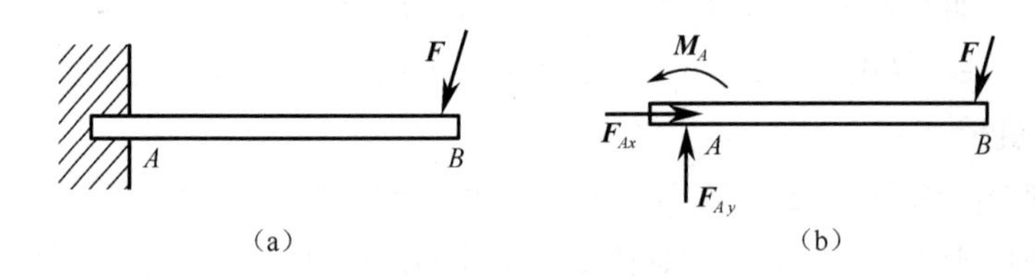

图 1－1－15　固定端约束

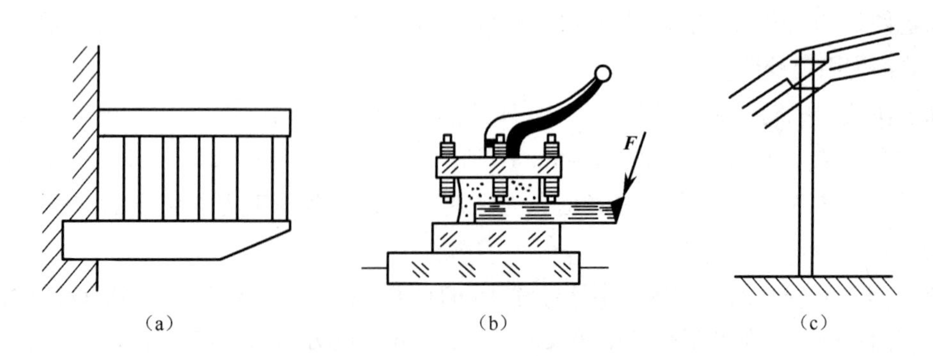

图 1－1－16　固定端约束实例

1.1.3　受力分析和受力图

解决静力学问题时，首先要明确研究对象，再分析物体的受力情况，即进行受力分析，然后用相应的平衡方程，根据问题的已知条件求解未知量。工程中的结构与机构十分复杂，为了清楚地表达出某个物体的受力情况，必须将它从与其相联系的周围物体中分离出来，称之为取分离体。分离的过程就是解除约束的过程，在解除约束的地方用相应的约束力来代替约束的作用。在分离体上画上物体所受的全部主动力和约束力，此图称为研究对象的受力图。整个过程就是对所研究的对象进行受力分析。

画受力图的基本步骤一般为：

（1）确定研究对象，取分离体；

（2）在分离体上画出全部主动力；

（3）在分离体上画出全部约束力。

例 1-1-1　重为 $\boldsymbol{G}$ 的球体，用绳子 BC 挂在墙壁上，如图 1-1-17（a）所示，画出球体的受力图。

解：（1）将球从周围的物体中分离出来，画出分离体图；

（2）先画主动力，即球的重力 $\boldsymbol{G}$，作用于球的重心，方向铅直向下。

（3）再画墙对球的光滑面约束的约束反力。根据光滑面约束的特点，D 处的约束反力 $\boldsymbol{F}_D$ 与墙面垂直，并通过球心；绳子的约束反力 $\boldsymbol{F}_{\mathrm{T}}$ 沿绳子背离球，根据三力平衡条件，$\boldsymbol{F}_{\mathrm{T}}$ 应通过球心。

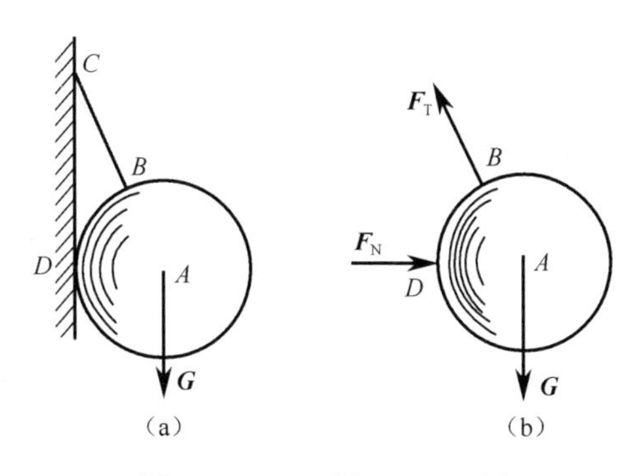

图 1-1-17　例 1-1-1 图

例 1-1-2　梁 AB，A 端为固定铰链，B 端为活动铰链，梁上受主动力 $\boldsymbol{F}$ 作用，如图 1-1-18（a）所示，梁重不计，画出梁的受力图。

解：（1）将梁从周围的物体中分离出来，画出分离体受力图；

（2）先画主动力，即 $\boldsymbol{F}$，方向如图 1-1-18（a）所示；

（3）再画 A 端固定铰链约束的约束反力，一对正交分力 $\boldsymbol{F}_{Ax}$、$\boldsymbol{F}_{Ay}$；画出 B 端活动铰链的约束力 $\boldsymbol{F}_B$，方向垂直于支撑面，如图 1-1-18（b）所示。

（4）梁为三力构件，所以三力一定交于一点 D，所以 $\boldsymbol{F}_{Ax}$、$\boldsymbol{F}_{Ay}$ 的合力一定通过 D 点，如图 1-1-18（c）所示。

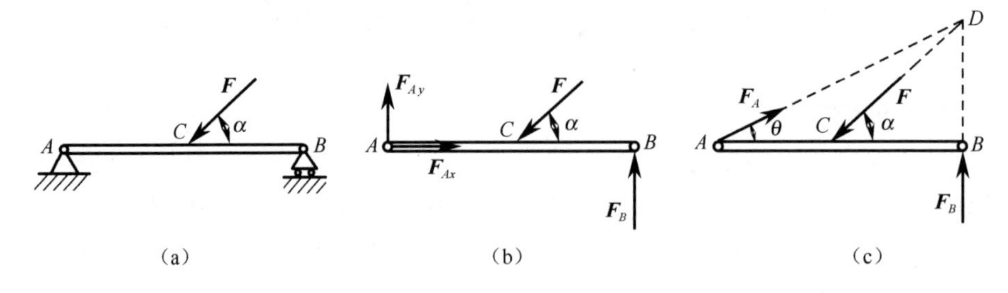

图1－1－18 例1－1－2图

例1－1－3 重量为G的梯子AB，搁在光滑的水平地面和铅直墙上。在D点用水平绳索与墙相连。试画出图1－1－19（a）所示梯子的受力图。

解：（1）将梯子从周围的物体中分离出来，画出分离体受力图；

（2）先画主动力即梯子的重力$\boldsymbol{G}$，作用于梯子的重心，方向铅直向下。

（3）再画地面和墙对梯子的约束反力。根据光滑面约束的特点，B、A处的约束反力$\boldsymbol{F}_{NB}$、$\boldsymbol{F}_{NA}$分别与地面和墙面垂直，并指向梯子；绳子的约束反力$\boldsymbol{F}_{T}$沿绳子背离梯子，如图1－1－19（b）所示。

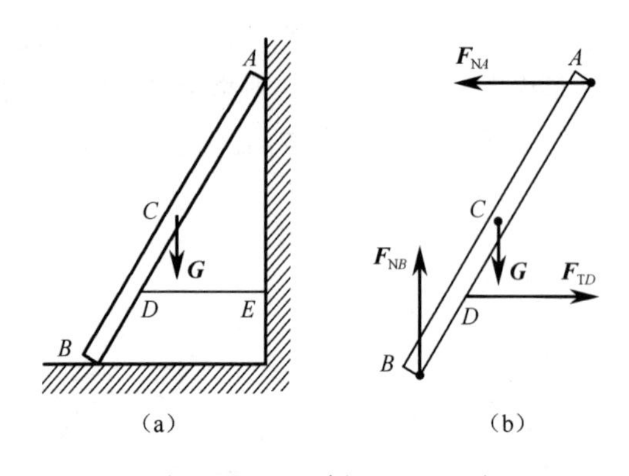

图1－1－19 例1－1－3图

例1－1－4 图1－1－20（a）所示结构由杆AC、CD和滑轮B铰接组成。物体重$\boldsymbol{G}$，用绳子挂在滑轮上。如杆、滑轮及绳子的自重不计，并忽略各处的摩擦，试分别画出滑轮片（包括绳索）、杆AC、CD及整个系统的受力图。

解：（1）取二力构件CD为研究对象，画出分离体受力图。在C、D处力$\boldsymbol{F}_{SC}$、$\boldsymbol{F}_{SD}$，沿C、D两点的连线，如图1－1－20（b）所示。

（2）取滑轮及绳索为研究对象，画出分离体受力图。B处为光滑铰链约束，杆AC上的铰链销钉对轮孔的约束反力$\boldsymbol{F}_{Bx}$、$\boldsymbol{F}_{By}$；在E、H处有绳索的拉力$\boldsymbol{F}_{TE}$、$\boldsymbol{F}_{TH}$，如图1－1－20（c）所示。

（3）取杆ABC为研究对象，画出分离体受力图。A为固定铰链，约束力用一对正交分力$\boldsymbol{F}_{Ax}$、$\boldsymbol{F}_{Ay}$表示；B点受滑轮的作用力$\boldsymbol{F}'_{Bx}$、$\boldsymbol{F}'_{By}$，$\boldsymbol{F}'_{Bx}$、$\boldsymbol{F}'_{By}$与$\boldsymbol{F}_{Bx}$、$\boldsymbol{F}_{By}$互为作用力与反作用力；在C点受二力构件的作用力$\boldsymbol{F}'_{SC}$与$\boldsymbol{F}_{SC}$互为作用力与反作用力，如图1－1－20

(d) 所示。

(4) 取整体为研究对象，画出分离体受力图。在滑轮上受重物的重力 $\boldsymbol{G}$ 和柔体的拉力 $\boldsymbol{F}_{TE}$；A 点约束力为 $\boldsymbol{F}_{Ax}$、$\boldsymbol{F}_{Ay}$；D 点受拉力 $\boldsymbol{F}_{SD}$（B 点的两对作用力与反作用力 $\boldsymbol{F}'_{Bx}$、$\boldsymbol{F}'_{By}$与 $\boldsymbol{F}_{Bx}$、$\boldsymbol{F}_{By}$；C 点的一对作用力与反作用力 $\boldsymbol{F}'_{SC}$与 $\boldsymbol{F}_{SC}$ 在研究系统平衡时不必画出)，如图 1－1－20 (e)所示。

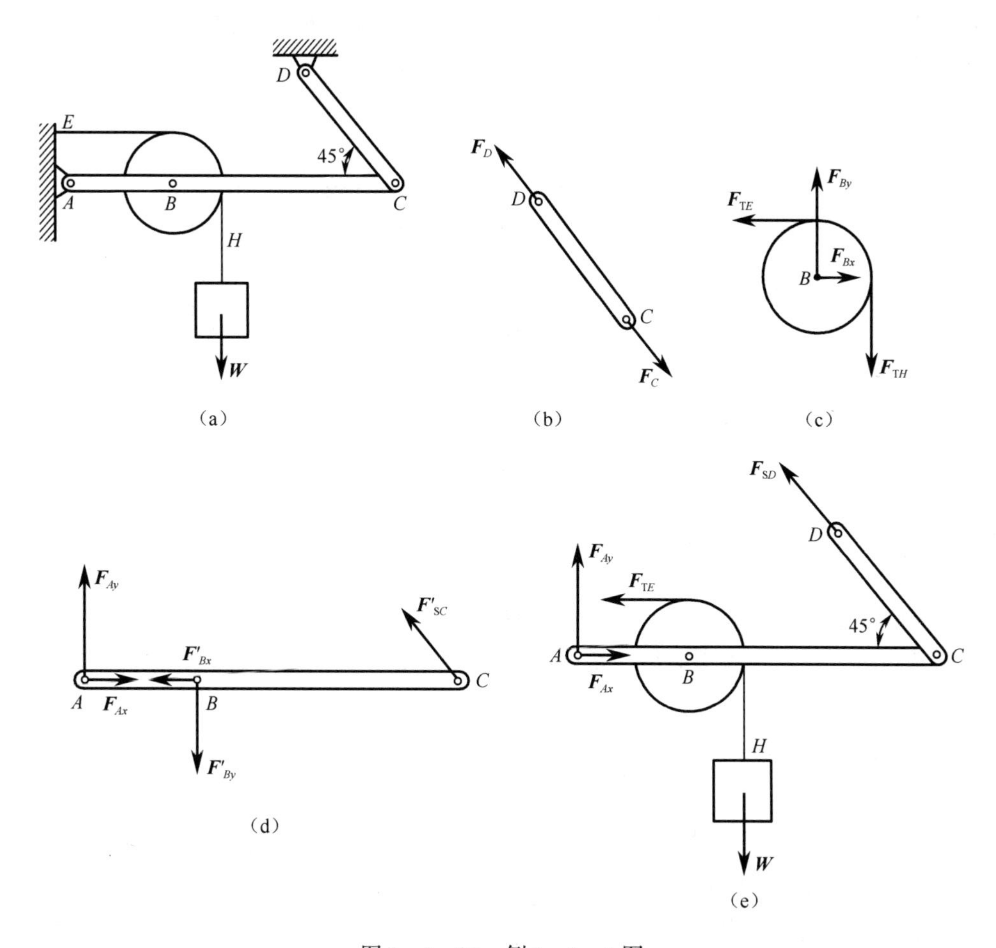

图 1－1－20　例 1－1－4 图

【任务实施】

图 1－1－20 (a) 所示三铰拱桥，A、B 为固定铰链，C 为连接左、右半拱的中间铰链，左半拱受水平推力 $\boldsymbol{F}$ 作用，不计拱桥的自重，画出两半拱桥的受力图以及整体受力图。

解：(1) 先取右半拱为研究对象，画出其分离体受力图。

因其本身重量不计，它只在 B、C 两铰处各受一个力作用而平衡，所以它是二力杆。由此可以确定约束力 $\boldsymbol{F}_{NB}$、$\boldsymbol{F}_{NC}$ 的作用线必沿连线 BC，而方向相反，如图 1－1－21 (a) 所示。

（2）再取左半拱为研究对象，并画出其分离体受力图。

作用于其上的主动力有水平推力 $\boldsymbol{F}$，此外，右半拱通过铰链 C 对左半拱所作用的力是 $\boldsymbol{F}'_{NC}$，力 $\boldsymbol{F}'_{NC}$ 与 $\boldsymbol{F}_{NC}$ 互为作用力与反作用力，因此 $\boldsymbol{F}'_{NC}$ 与 $\boldsymbol{F}_{NC}$ 等值、反向、共线；固定铰链支座 A 处有 $\boldsymbol{F}_{Ax}$、$\boldsymbol{F}_{Ay}$ 两个正交约束力，指向暂时任意假定，如图 1－1－21（a）所示。

（3）取整体为研究对象，画出整体受力图。

取整个三铰拱为研究对象，则整个三铰拱只受到主动力 $\boldsymbol{F}$，A 处的约束力 $\boldsymbol{F}_{Ax}$、$\boldsymbol{F}_{Ay}$，B 处的约束力 $\boldsymbol{F}_{NB}$ 的作用，受力图如图 1－1－21（b）所示。

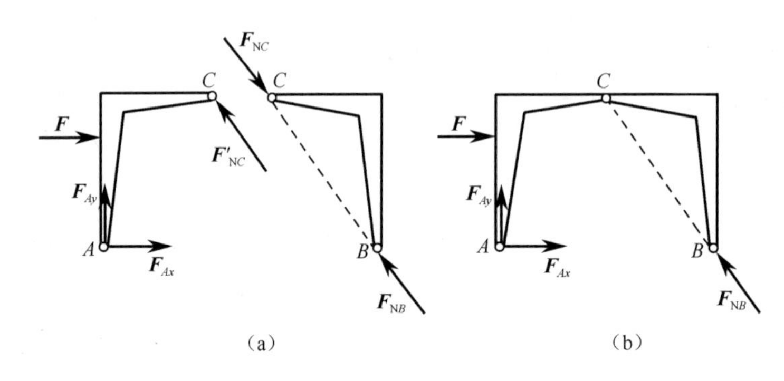

图 1－1－21　三铰拱桥

【任务小结】

本任务的主要内容是静力学的基本概念和公理，介绍常见的几种约束和约束力的画法，进行了物系及单个物体的受力分析，按照画受力图的步骤，正确画出其受力图。

1. 力的定义

力是物体间相互的机械作用。

2. 基本公理

（1）二力平衡公理：作用于刚体上的两个力，使刚体保持平衡的必要和充分条件是：这两个力的大小相等，方向相反，作用在一条直线上，简述为等值、反向、共线。

（2）加减平衡力系公理与力的可传性原理：在作用在刚体上的力系上，加上或减去平衡力系，不改变原力系对刚体的作用效果。由此可知，作用于刚体上某点的力，沿其作用线移动，不改变原力对刚体的作用效果。

（3）平行四边形公理：作用于构件上同一点的两个力，可以合成为一个合力，合力作用于该点。合力的大小和方向是该两力为邻边构成的平行四边形的对角线。

（4）作用与反作用公理：两物体间的作用力与反作用力总是大小相等，方向相反，作用于一条直线上，分别作用在两个物体上。

3. 约束和约束力

（1）约束：限制物体运动的周围物体称为约束。

（2）主动力和约束力：能够促使物体产生运动或运动趋势的力称为主动力。限制物体运动或运动趋势的反作用力称为约束力。

4. 常见约束的类型

（1）柔体约束：约束力沿柔体的中线，背离受力物体。

（2）光滑面约束：约束力沿接触面的公法线，指向受力物体。

（3）光滑铰链约束：

①中间铰、固定铰支座：没有约束二力构件时，方向不确定，用正交的分力 F_x，F_y 表示。约束二力构件时，方向确定，约束力沿二力作用点的连线。

②活动铰支座：约束力垂直于支承面，指向物体。

5. 解除约束取分离体

在力学简图中把构件与它周围的构件分开，单独画出这个构件的简图称为解除约束取分离体。

6. 受力图

在构件的分离上，按已知条件画上主动力（已知力）；按不同约束类型的约束力方向、指向及表示符号画出全部的约束力（未知力），即得到构件的受力图。

画受力图的步骤是：

（1）确定研究对象；

（2）解除约束取分离体；

（3）在分离体上画出全部的主动力和约束。

【实践训练】

思考题

1－1－1 何谓平衡力系、等效力系？何谓力系的合成、力系的分解？

1－1－2 “合力一定比分力大”，这种说法对否？为什么？

1－1－3 静力学中，哪些公理仅适用于刚体？哪些公理对刚体、变形体都适用？

1－1－4 何谓二力杆？二力平衡原理能否应用于变形体？如对不可伸长的钢索施二力作用，其平衡的必要与充分条件是什么？

1－1－5 三力平衡汇交定理是否为刚体平衡的充要条件？换言之，作用在刚体上的三力共面且汇交于一点，刚体是否一定平衡？三个汇交力平衡的充要条件是什么？

1－1－6 确定约束反力方向的原则是什么？约束有哪几种基本类型？其反力如何表示？

1－1－7 支架如图 1－1－22（a）所示，能否将作用于支架 *AB* 杆上的 $\boldsymbol{F}$ 力，沿其作用线移到 *BC* 杆［见图 1－1－22（b）］？为什么？

1－1－8 曲杆如图 1－1－23（a）所示，能否在其上 *A*、*B* 两点作用力使曲杆处于平衡？图 1－1－23（b）所示构件，已知 *A*、*B* 点的作用力，能否在 *C* 点施加作用力使构件处于平衡？

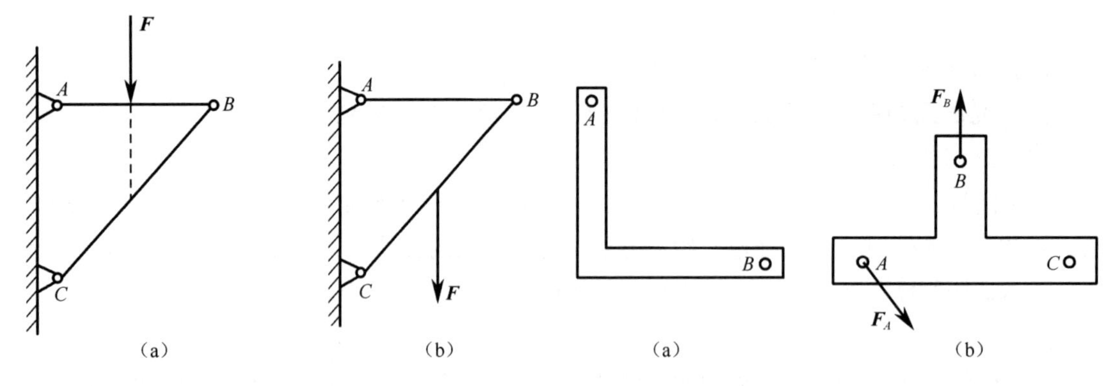

图1-1-22 思考题1-1-7图　　图1-1-23 思考题1-1-8图

习　题

1-1-1 改正图1-1-24所示物体受力图的错误。

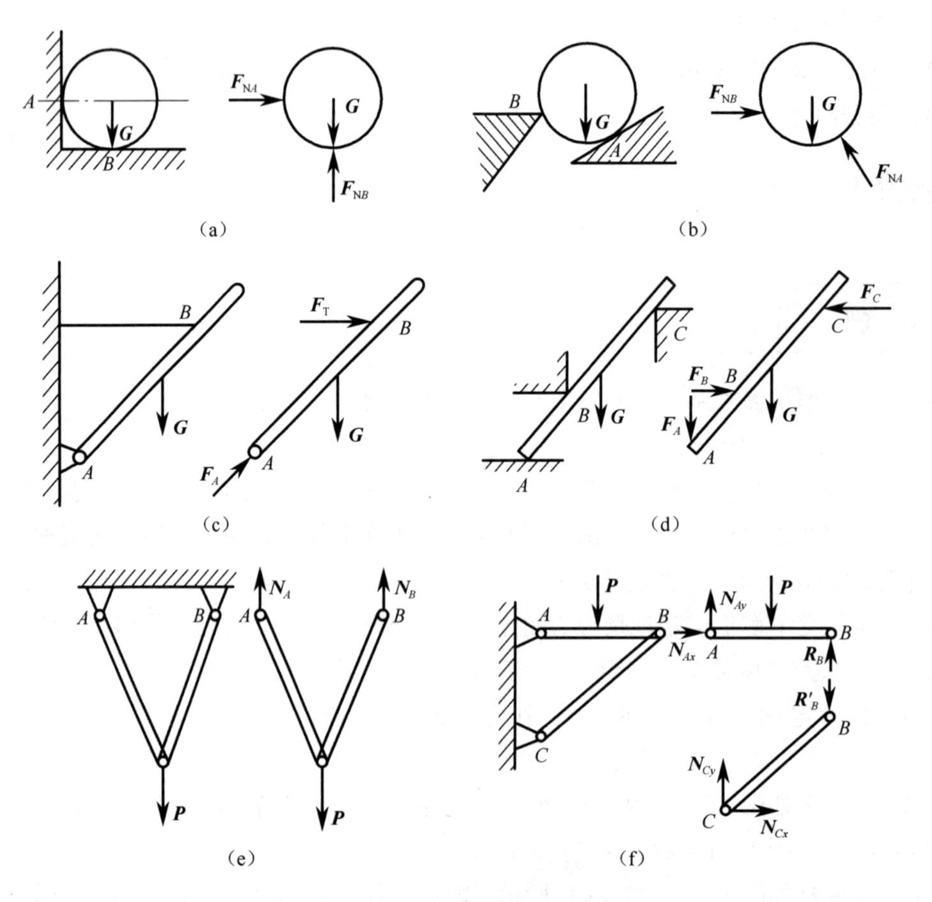

图1-1-24 习题1-1-1图

1－1－2 画出图 1－1－25 所示物体的受力图。

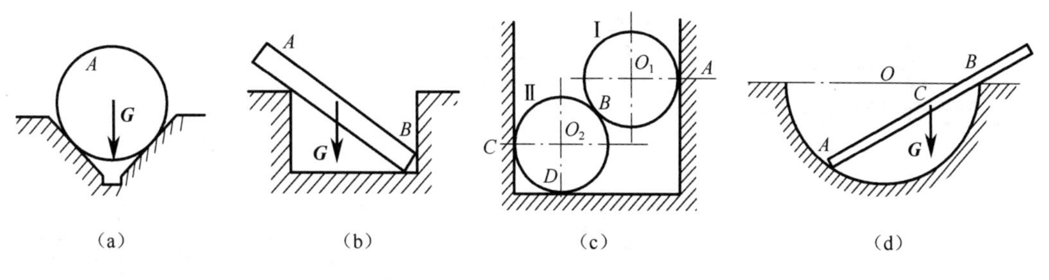

图 1－1－25　习题 1－1－2 图

1－1－3 画出图 1－1－26 所示物体的受力图。

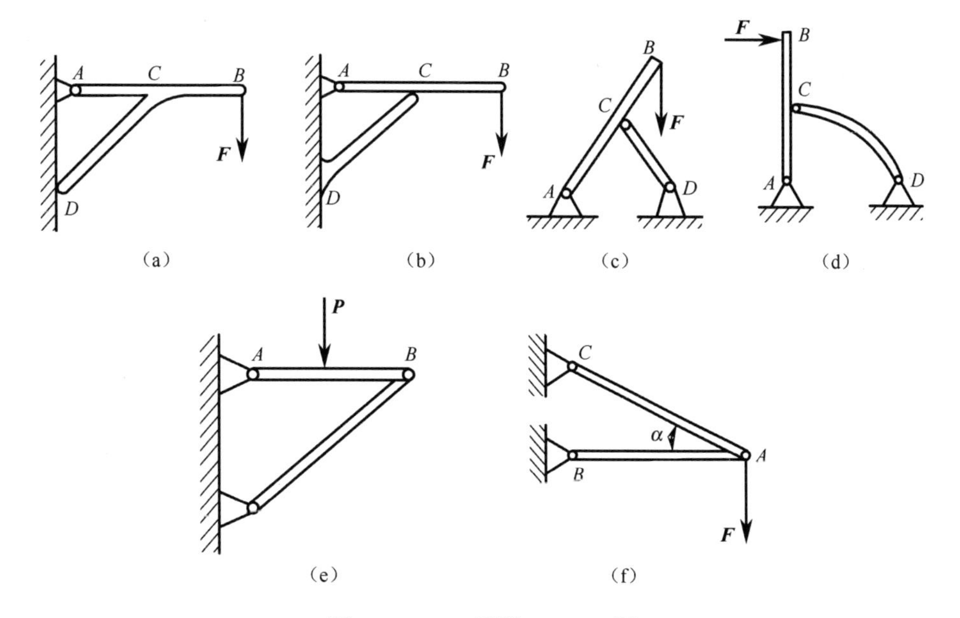

图 1－1－26　习题 1－1－3 图

1－1－4 画出图 1－1－27 所示物体及物体系统的受力图。

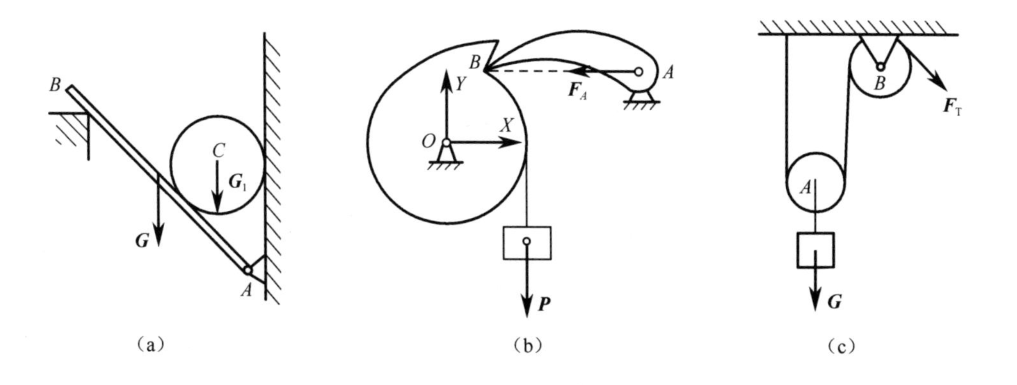

图 1－1－27　习题 1－1－4 图

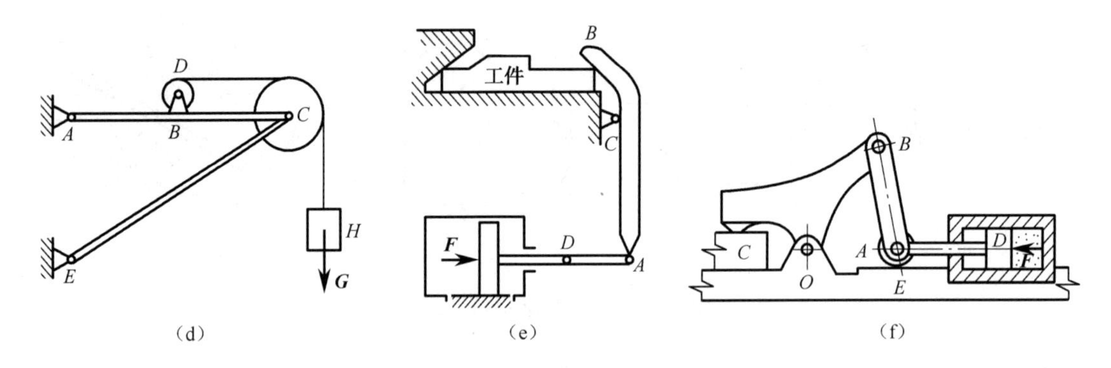

图1-1-27　习题1-1-4图（续）

任务二　平面汇交力系平衡问题

【任务描述】

图 1-2-1 所示起重机起吊重物时，求钢绳的拉力 $\boldsymbol{F}_1$、$\boldsymbol{F}_2$和 $\boldsymbol{F}_3$。

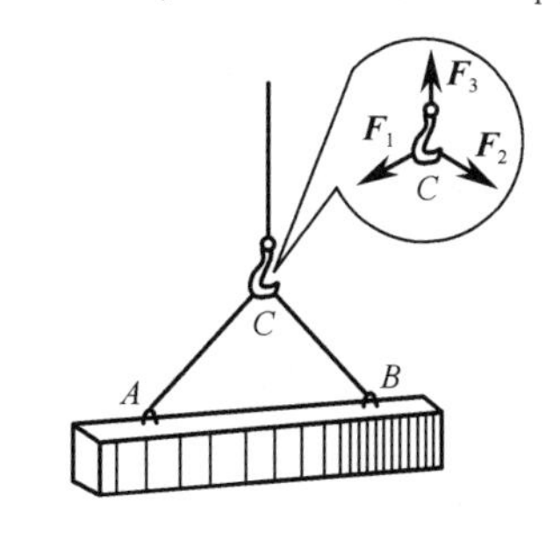

图 1-2-1　平面汇交力系实例

【任务分析】

掌握力在坐标轴上的投影方法、力沿坐标轴方向正交分解的步骤；熟悉平面汇交力系的合成及其平衡方程；了解合力投影定理。

【知识准备】

1.2.1　力的分解与力的投影

1. 力的分解

由力的平行四边形公理可知，作用在刚体上，作用线交于一点的两个力，可以合成为一个合力，反过来，围绕一个力作平行四边形，可以把一个力分解为两个力，如图 1-2-2 所示。力的分力是矢量，有大小、方向和作用点。

根据矢量分解公式有

$$\boldsymbol{F}=\boldsymbol{F}_1+\boldsymbol{F}_2 \tag{1-2-1}$$

若将力分解为两个相互垂直的分力，则称为正交分解。如图 1-2-3 所示，$\boldsymbol{F}_x$ 和 $\boldsymbol{F}_y$ 即力 $\boldsymbol{F}$ 的两个正交分力。

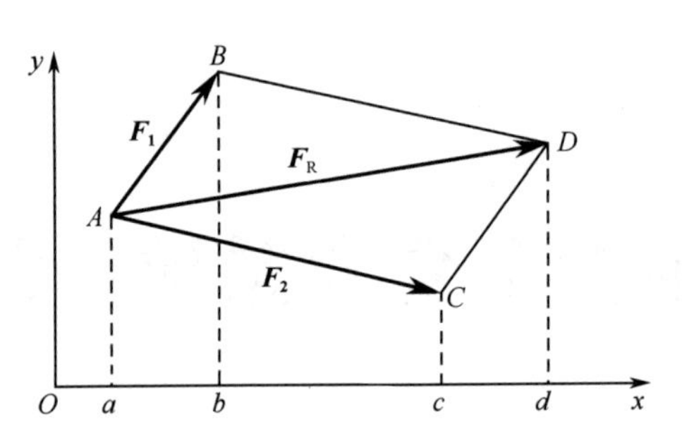

图1－2－2　力的分解与力的投影

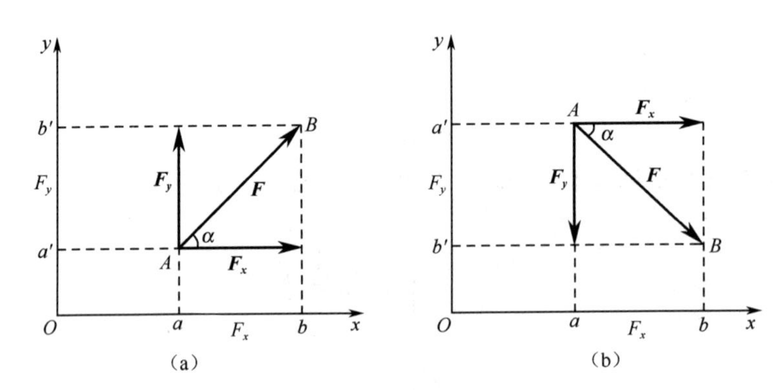

图1－2－3　力的正交分解

由图1－2－3可知，力的两个正交分力为

$$\begin{cases}F_x = F\cos\alpha \\ F_y = F\sin\alpha\end{cases} \qquad (1-2-2)$$

2. 力的投影

如图1－2－3所示，在力 $\boldsymbol{F}$ 作用线所在平面内任取直角坐标系 Oxy，过力 $\boldsymbol{F}$ 的两端点 A 和 B 作 x，y 轴的垂线，得垂足 a、b 及 a'、b'，带有正负号的线段 ab 与 $a'b'$ 分别称为力 $\boldsymbol{F}$ 在 x，y 轴上的投影，记作 $\boldsymbol{F}_x$、$\boldsymbol{F}_y$。

力在轴上的投影是代数量，投影有大小和正负。其正负号的规定为：从始端 A 的投影 a（或 a'）到末端 B 的投影 b（或 b'）的指向与坐标轴的正向相同时，投影为正，反之为负。

投影与力的大小及方向有关，若力 $\boldsymbol{F}$ 与 x 轴所夹的锐角为 α，则该力在 x 和 y 轴上的投影分别为

$$\begin{cases}F_x = \pm F\cos\alpha \\ F_y = \pm F\sin\alpha\end{cases} \qquad (1-2-3)$$

由式（1－2－2）、式（1－2－3）可知，力在两个直角坐标轴上的投影和力沿两个直角坐标轴方向的正交分力大小相等。若已知力 $\boldsymbol{F}$ 在坐标轴上的投影 $\boldsymbol{F}_x$ 和 $\boldsymbol{F}_y$，也可求出该力的大小和方向角 α。

$$\begin{cases}F = \sqrt{F_x^2 + F_y^2} \\ \tan\alpha = \left|\dfrac{F_y}{F_x}\right|\end{cases} \qquad (1-2-4)$$

式中　α——力 $\boldsymbol{F}$ 与 x 轴所夹的锐角，力 $\boldsymbol{F}$ 方向由 $\boldsymbol{F}_x$，$\boldsymbol{F}_y$ 的正负号决定。

注意：力在坐标轴上的投影不一定等于力沿轴的分力，只有当力向直角坐标轴投影时，其投影值与它沿同一坐标轴的分力在数值上相等。

例 1-2-1　如图 1-2-4 所示，试分别求出各力在 x 轴和 y 轴上的投影。已知 $\boldsymbol{F}_1$、$\boldsymbol{F}_2$、$\boldsymbol{F}_3$、$\boldsymbol{F}_4$、$\boldsymbol{F}_5$、$\boldsymbol{F}_6$ 大小均为 100 kN，方向如图 1-2-4 所示。

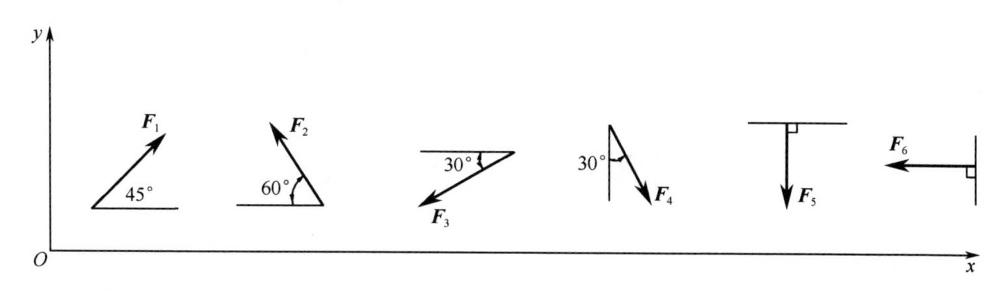

图 1-2-4　例 1-2-1 图

解：由式（1-2-3）可得出各力在 x，y 轴上的投影。

（1）各力在 x 轴上的投影：

$$F_{1x}=F_1\cos45^\circ=100\times0.707=70.7\ (\text{kN})$$

$$F_{2x}=-F_2\cos60^\circ=-100\times0.5=-50\ (\text{kN})$$

$$F_{3x}=-F_3\cos30^\circ=-100\times0.866=-86.6\ (\text{kN})$$

$$F_{4x}=F_4\cos60^\circ=100\times0.5=50\ (\text{kN})$$

$$F_{5x}=F_5\cos90^\circ=0$$

$$F_{6x}=-F_6\cos0^\circ=-100\times1=-100\ (\text{kN})$$

（2）各力在 y 轴上的投影：

$$F_{1y}=F_1\sin45^\circ=100\times0.707=70.7\ (\text{kN})$$

$$F_{2y}=F_2\sin60^\circ=100\times0.866=86.6\ (\text{kN})$$

$$F_{3y}=-F_3\sin30^\circ=-100\times0.5=-50\ (\text{kN})$$

$$F_{4y}=-F_4\sin60^\circ=-100\times0.866=-86.6\ (\text{kN})$$

$$F_{5y}=-F_5\sin90^\circ=-100\times1=-100\ (\text{kN})$$

$$F_{6y}=F_6\sin0^\circ=0$$

3. 合力投影定理

由力的平行四边形公理可知，作用在刚体上，作用线交于一点的两个力，可以合成为一个力，其合力符合矢量加法法则，如图 1-2-2 所示，作用在 A 点的两个力 $\boldsymbol{F}_1$、$\boldsymbol{F}_2$，其合力 $\boldsymbol{F}_{\mathrm{R}}$ 等于 $\boldsymbol{F}_1$、$\boldsymbol{F}_2$ 的矢量和。在力系作用面内建立平面直角坐标系 Oxy，将合力 $\boldsymbol{F}_{\mathrm{R}}$ 及各分力 $\boldsymbol{F}_1$、$\boldsymbol{F}_2$ 分别向 x、y 轴进行投影得 $\boldsymbol{F}_{\mathrm{R}x}=ad$，$\boldsymbol{F}_{1x}=ab$，$\boldsymbol{F}_{2x}=ac$。

由图 1-2-2 知

$$ad=ab+ac$$

故

$$\boldsymbol{F}_{\mathrm{R}x}=\boldsymbol{F}_{1x}+\boldsymbol{F}_{2x}$$

同理可得

$$F_{Ry}=F_{1y}+F_{2y}$$

将上述关系式推广至由 n 个力组成的平面汇交力系，可得

$$\begin{cases}F_{Rx}=F_{1x}+F_{2x}+\cdots+F_{nx}=\sum F_x \\ F_{Ry}=F_{1y}+F_{2y}+\cdots+F_{ny}=\sum F_y\end{cases} \tag{1-2-5}$$

即力系的合力在某一轴上的投影等于各分力在同一轴上投影的代数和，这就是合力投影定理。

1.2.2　平面汇交力系的合成与平衡

1. 平面汇交力系的合成

按照力系中各力的作用线是否在同一平面进行分类，力系分为平面力系和空间力系；按照各力的作用线是否交于一点或相互平行进行分类，力系分为汇交力系、力偶系、平行力系和任意力系。若各力的作用线都在同一平面且交于一点，则该力系称为平面汇交力系。

若刚体受到一个平面汇交力系作用，根据合力投影定理，合力 F_R 的投影 F_{Rx} 及 F_{Ry} 可按式（1－2－5）计算，则按照式（1－2－4）得合力 F_R 的大小及方向角为

$$\begin{cases}F_R=\sqrt{F_{Rx}^2+F_{Ry}^2}=\sqrt{\left(\sum F_x\right)^2+\left(\sum F_y\right)^2} \\ \tan\alpha=\dfrac{|F_{Ry}|}{|F_{Rx}|}=\left|\dfrac{\sum F_y}{\sum F_x}\right|\end{cases} \tag{1-2-6}$$

式中　α——合力 F_R 与 x 轴所夹的锐角。

合力的指向由 $\sum F_x$ 和 $\sum F_y$ 的正负号确定，合力的作用线通过原力系汇交点。

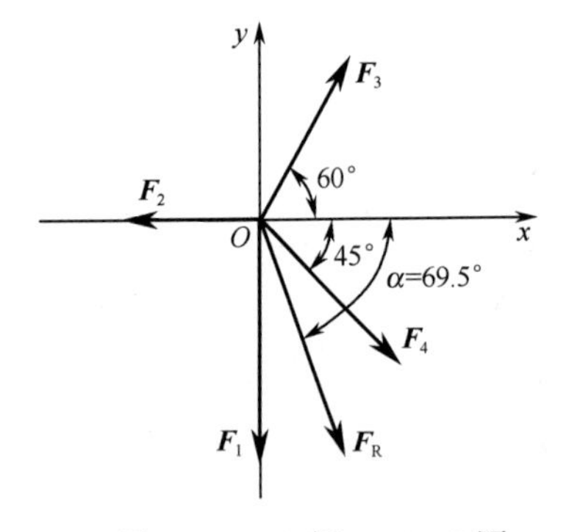

图1－2－5　例1－2－2图

例1－2－2　平面汇交力系如图1－2－5所示，已知 $F_1=3$ kN，$F_2=1$ kN，$F_3=1.5$ kN，$F_4=2$ kN。试求此力系的合力 F_R。

解： 首先以力系汇交点 O 为坐标原点，建立直角坐标系 Oxy，如图1－2－5所示，然后计算合力在坐标轴上的投影。

$$F_{Rx}=\sum F_x=-F_2+F_3\cos60°+F_4\cos45°=-1+1.5\times\cos60°+2\times\cos45°=1.164(\text{kN})$$

$$F_{Ry}=\sum F_y=-F_1+F_3\sin60°-F_4\sin45°=-3+1.5\times\sin60°-2\times\sin45°=-3.115(\text{kN})$$

由此求得合力 F_R 的大小为

$$F_R=\sqrt{F_{Rx}^2+F_{Ry}^2}=\sqrt{1.164^2+(-3.115)^2}\approx3.325(\text{kN})$$

合力 F_R 与 x 轴间所夹锐角 α 为

$$\tan\alpha=\frac{|F_{Ry}|}{|F_{Rx}|}=\left|\frac{-3.115}{1.164}\right|\approx2.676$$

可得

$$\alpha = 69.5°$$

由 $\boldsymbol{F}_{Rx}$ 与 $\boldsymbol{F}_{Ry}$ 的正负号可判断合力 $\boldsymbol{F}_R$ 应指向右下方，如图 1-2-5 所示。

2. 平面汇交力系的平衡方程及其应用

平面汇交力系平衡的充要条件为力系的合力等于零，即 $\boldsymbol{F}_R=0$，由式（1-2-6）可得

$$F_R = \sqrt{F_{Rx}^2 + F_{Ry}^2} = \sqrt{\left(\sum F_x\right)^2 + \left(\sum F_y\right)^2} = 0$$

若上式成立，则

$$\begin{cases} \sum F_x = 0 \\ \sum F_y = 0 \end{cases} \tag{1-2-7}$$

即平面汇交力系平衡的充要条件为力系中各力在两个坐标轴上投影的代数和均等于零。这两个方程称为平面汇交力系的平衡方程。应用平衡方程时，坐标轴可以任意选取，因而可以列出无数个方程，但独立的平衡方程只有两个，所以平面汇交力系最多可以求解两个未知量。

列平衡方程式时，未知力的指向可以任意假设，如结果为正值，表示假设的指向就是实际的指向；如结果为负值，表示实际的指向与假设的指向相反。

例 1-2-3　如图 1-2-6（a）所示，重为 G 的球放在倾角为 30°的光滑斜面上，并用绳 AB 系住，AB 与斜面平行，求绳 AB 的拉力 $\boldsymbol{F}_T$ 和斜面所受的压力 $\boldsymbol{F}'_N$。

解：方法一：

（1）受力分析。球受到重力 $\boldsymbol{G}$、光滑面的约束力 $\boldsymbol{F}_N$、绳 AB 的拉力 $\boldsymbol{F}_T$，绘制受力图，如图 1-2-6（b）所示。

（2）建立坐标系。建立图 1-2-6（a）所示坐标系。

（3）列方程求解。

$$\sum F_x = 0, F_T - G\sin 30° = 0$$

$$F_T = G\sin 30° = \frac{G}{2}$$

$$\sum F_y = 0, F_N - G\cos 30° = 0$$

$$F_N = G\cos 30° = \frac{\sqrt{3}G}{2}$$

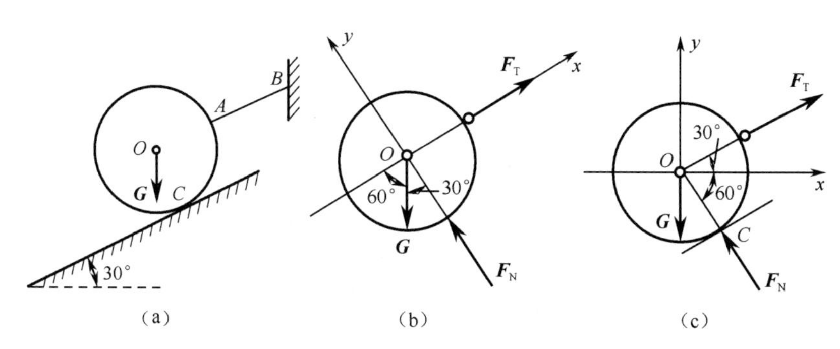

图 1-2-6　例 1-2-3 图

方法二：

(1) 受力分析。球受到重力 $\boldsymbol{G}$、光滑面的约束力 $\boldsymbol{F}_N$、绳 AB 的拉力 $\boldsymbol{F}_T$，绘制受力图，如图 1－2－6（b）所示。

(2) 建立坐标系。建立图 1－2－6（c）所示坐标系。

(3) 列方程求解。

$$\sum F_x = 0, F_T\cos 30° - F_N\sin 30° = 0$$

$$\sum F_y = 0, F_T\sin 30° + F_N\cos 30° - G = 0$$

联立方程求解得

$$F_T = \frac{G}{2},\ F_N = \frac{\sqrt{3}G}{2}$$

斜面所受的压力 $\boldsymbol{F}'_N$ 与球所受的支持力为作用力与反作用力，所以 $\boldsymbol{F}'_N = \frac{\sqrt{2}\boldsymbol{G}}{2}$，方向与 $\boldsymbol{F}_N$ 相反。

由上例可知，建立坐标系时，坐标轴选在与未知力垂直的方向，可以使计算简便。

例 1－2－4 图 1－2－7（a）所示结构由杆 AB、BC 组成，各杆自重不计，A、B、C 处为光滑铰链，在铰链 B 处悬挂重物 $G = 5$ kN，求杆 AB、BC 所受的力 $\boldsymbol{F}'_1$、$\boldsymbol{F}'_2$。

解：(1) 受力分析。由各杆自重不计可知，杆 AB、BC 均为二力构件，所以杆件 AB、BC 受力为沿 A、B 两点和 B、C 两点的连线方向，如图 1－2－7（b）所示。根据作用力与反作用力公理，销轴 B 受到杆 AB、BC 的反作用力 $\boldsymbol{F}_1$、$\boldsymbol{F}_2$ 和重物的重力 $\boldsymbol{G}$ 作用，取销轴 B 为分离体，绘制销轴 B 受力图，如图 1－2－7（c）所示。

(2) 建立坐标系，如图 1－2－7（c）所示。

(3) 列平衡方程求解。

$$\sum F_y = 0, F_2\sin 30° - G = 0$$

$$F_2 = 2G = 10 \text{ kN}$$

$$\sum F_x = 0, -F_1 + F_2\cos 30° = 0$$

$$F_1 = F_2\cos 30° = 8.66 \text{ kN}$$

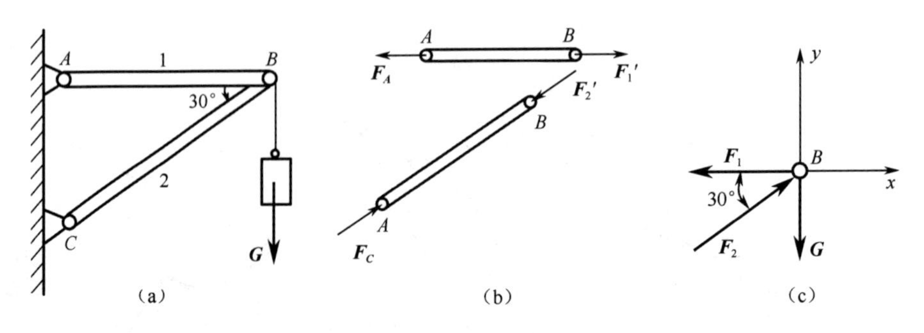

图 1－2－7　例 1－2－4 图

由作用力与反作用力公理，杆 AB、BC 所受的力与铰链 B 所受的力为作用力与反作用力，即

$F_1' = F_1 = 8.66$ kN，方向与 $\boldsymbol{F}_1$ 方向相反。

$F_2' = F_2 = 10$ kN，方向与 $\boldsymbol{F}_2$ 方向相反。

【任务实施】

如图1－2－1所示，起吊一构件，构件重 $G = 10$ kN，钢丝绳与水平线间的夹角为45°，绳自重不计，试计算当构件匀速上升时，两钢丝绳的拉力是多大。

解：(1) 受力分析。由图1－2－1知，对整个体系而言是二力平衡问题。在重力 $\boldsymbol{G}$ 和拉力 $\boldsymbol{F}_{\mathrm{T}}$ 的作用下平衡，于是得到 $F_{\mathrm{T}} = G = 10$ kN。

以吊钩 C 为研究对象，吊钩在力 $\boldsymbol{F}_{\mathrm{T}}$、$\boldsymbol{F}_{\mathrm{T1}}$ 和 $\boldsymbol{F}_{\mathrm{T2}}$ 作用下处于平衡状态。吊钩 C 的受力图如图1－2－8所示。

(2) 建立坐标系。建立坐标系，如图1－2－8所示。

(3) 列平衡方程求解。

$$\sum F_x = 0,\ -F_{\mathrm{T1}}\cos 45^\circ + F_{\mathrm{T2}}\cos 45^\circ = 0 \qquad (a)$$

$$\sum F_y = 0,\ F_{\mathrm{T}} - F_{\mathrm{T1}}\sin 45^\circ - F_{\mathrm{T2}}\sin 45^\circ = 0 \qquad (b)$$

由式 (a) 解得 $F_{\mathrm{T1}} = F_{\mathrm{T2}}$，代入式 (b) 得

$$F_{\mathrm{T}} - F_{\mathrm{T1}}\sin 45^\circ - F_{\mathrm{T2}}\sin 45^\circ = 0$$

$$F_{\mathrm{T1}} = \frac{F_{\mathrm{T}}}{2\sin 45^\circ} = \frac{10}{2 \times 0.707}\ \text{kN} = 7.07\ \text{kN}$$

$$F_{\mathrm{T1}} = F_{\mathrm{T2}} = 7.07\text{kN}$$

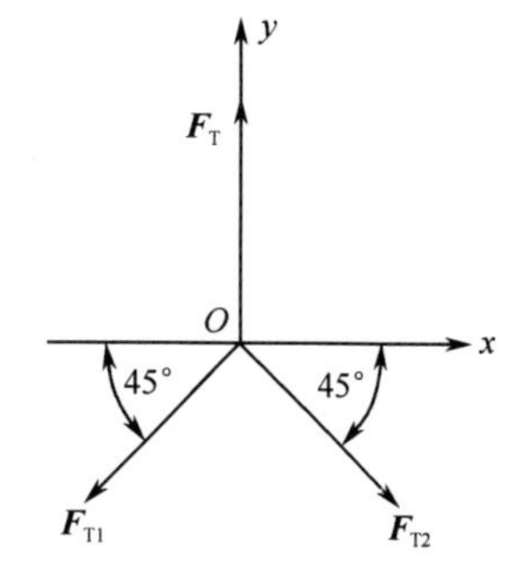

图1－2－8　任务实施图

【任务小结】

1. 力在平面直角坐标轴上的投影

过力 F 的两端点向 x 轴作垂线，垂足 a、b 在轴上截下的线段 ab 就称为力 F 在 x 轴上的投影，记作 F_x

$$\begin{cases} F_x = \pm F\cos\alpha \\ F_y = \pm F\sin\alpha \end{cases}$$

合力投影定理：合力在某轴上的投影等于各分力在同一轴上投影的代数和。

$$\begin{cases} F_{\mathrm{R}x} = F_{1x} + F_{2x} + \cdots + F_{nx} = \sum F_x \\ F_{\mathrm{R}y} = F_{1y} + F_{2y} + \cdots + F_{ny} = \sum F_y \end{cases}$$

2. 平面汇交力系的合成与平衡

(1) 合成：平面汇交力系总可以合成为一个合力 F_{R}。

$$\begin{cases} F_{\mathrm{R}} = \sqrt{F_{\mathrm{R}x}^2 + F_{\mathrm{R}y}^2} = \sqrt{(\sum F_x)^2 + (\sum F_y)^2} \\ \tan\alpha = \dfrac{|F_{\mathrm{R}y}|}{|F_{\mathrm{R}x}|} = \dfrac{|\sum F_y|}{|\sum F_x|} \end{cases}$$

（2）平衡：平面汇交力系平衡的必充条件是合力 F_R 为零 。

（3）平衡方程：

$$\begin{cases} \sum F_x = 0 \\ \sum F_y - 0 \end{cases}$$

平面汇交力系只能列出两个独立平衡方程，解出两个未知数。

【实践训练】

思考题

1－2－1 力的投影和力的分力有什么异同？在什么情况下力在投影轴上的投影等于力的大小？在什么情况下力在投影轴上的投影等于零？同一个力在两个相互垂直的投影轴上的投影有什么关系？

1－2－2 图1－2－9 所示为力 $\boldsymbol{F}$ 相对于两个不同的坐标系，分析力 $\boldsymbol{F}$ 在两坐标系中的投影和分力有什么不同。

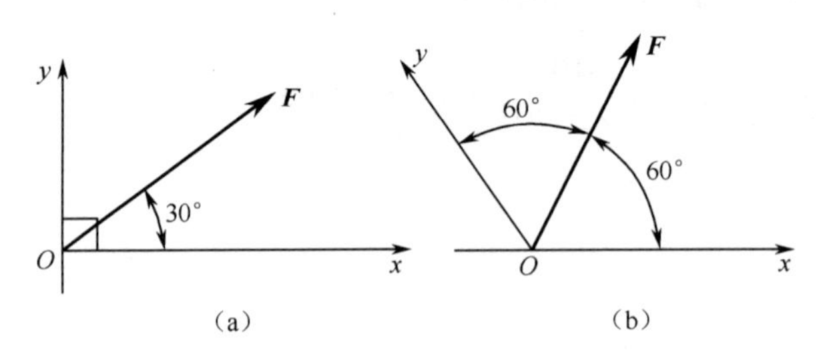

图1－2－9 思考题1－2－2图

1－2－3 物体受到图1－2－10 所示平面汇交力系的作用，且各力不为零，判断两个力系能否平衡。

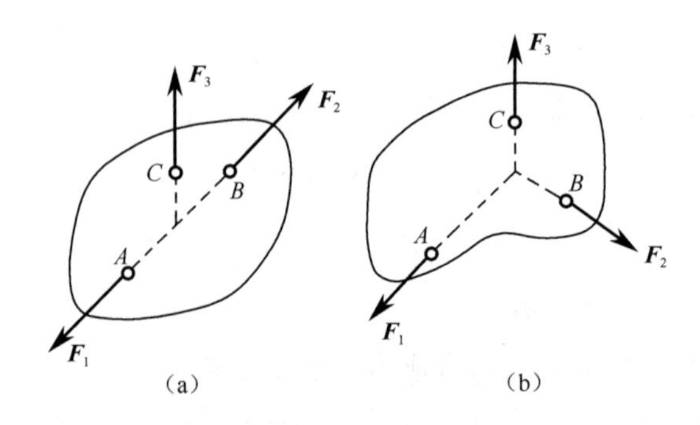

图1－2－10 思考题1－2－3图

1－2－4 平面汇交力系的平衡方程中，两个投影轴是否一定要相互垂直？为什么？若平面汇交力系的各力在任意两个互不平行的轴上投影的代数和都等于零，该平面汇交力系是否平衡？

1－2－5 力 $\boldsymbol{F}_1$、$\boldsymbol{F}_2$在同一投影轴上的投影相等，这两个力是否一定相等？

1－2－6 什么叫合力投影定理？平面汇交力系平衡的条件是什么？

习　题

1－2－1 求图 1－2－11 所示平面汇交力系的合力。已知 $F_1=500$ N，$F_2=1\ 000$ N，$F_3=600$ N，$F_4=2\ 000$ N。

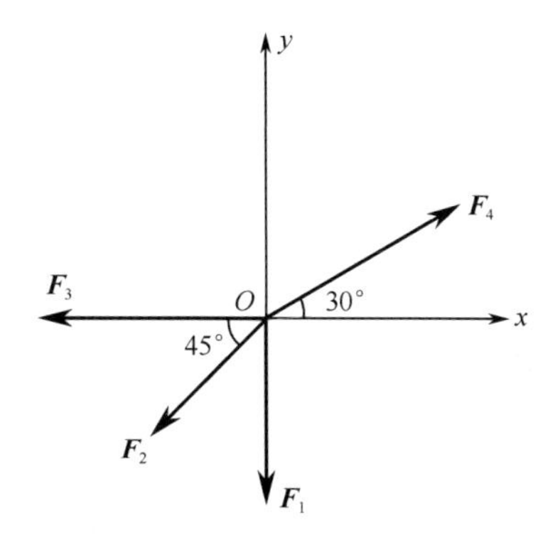

图 1－2－11　习题 1－2－1 图

1－2－2 如图 1－2－12 所示，拖动一辆汽车需要用力 $F=10$ kN，现已知作用力 $\boldsymbol{F}_1$与起初前进方向的夹角 $\alpha=20°$，试计算：

（1）若已知另有作用力 $\boldsymbol{F}_2$与汽车前进方向的夹角 $\beta=30°$，试确定 $\boldsymbol{F}_1$与 $\boldsymbol{F}_2$的大小。

（2）欲使 $\boldsymbol{F}_2$为最小值，试确定夹角 β 及力 $\boldsymbol{F}_1$与 $\boldsymbol{F}_2$的大小。

1－2－3 如图 1－2－14 所示，已知 $F_1=100$ N，$F_2=200$ N，$F_3=300$ N，求此三力分别在 x 轴和 y 轴上的投影。

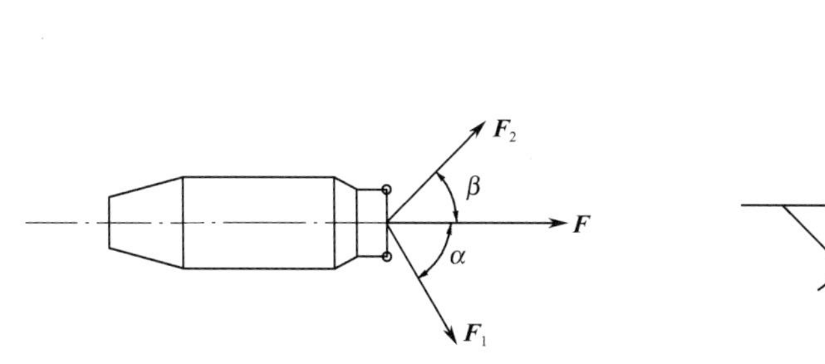

图 1－2－12　习题 1－2－2 图

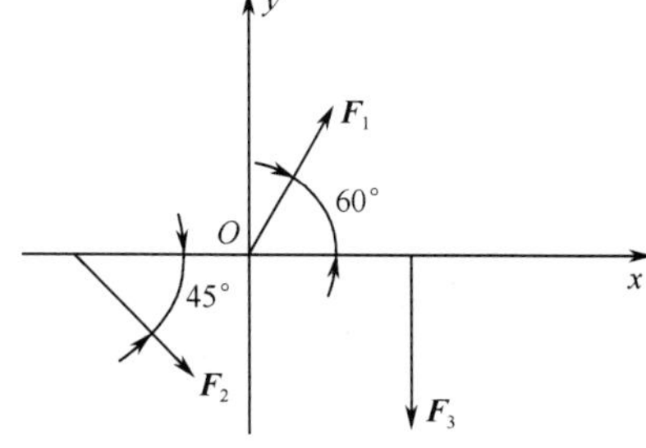

图 1－2－13　习题 1－2－3 图

1－2－4 如图 1－2－14 所示，支架由杆 AB、AC 构成，杆的自重不计，A、B、C 三处都是铰链约束，在 A 点作用有铅垂力 $G=100$ N。求图示两种情况下各杆所受的力。

1－2－5 如图 1－2－15 所示，物块受重力 $G=20$ kN，用绕过滑轮的绳索吊起。杆 AB、AC 与滑轮铰接于 A 处，B 端和 C 端是铰支座，不计杆与滑轮的自重，并忽略滑轮的尺寸。试求平衡时杆 AB、AC 所受的力。

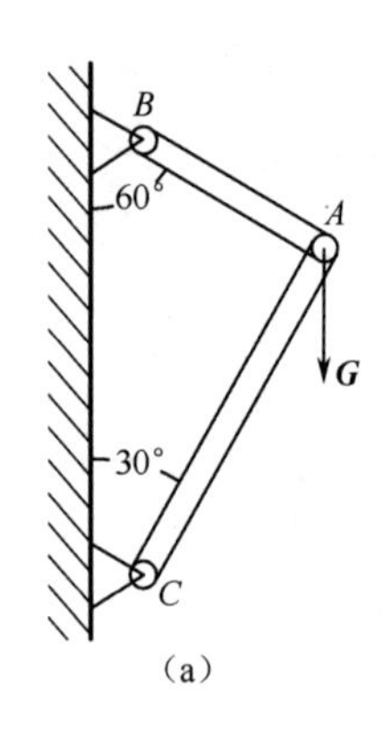

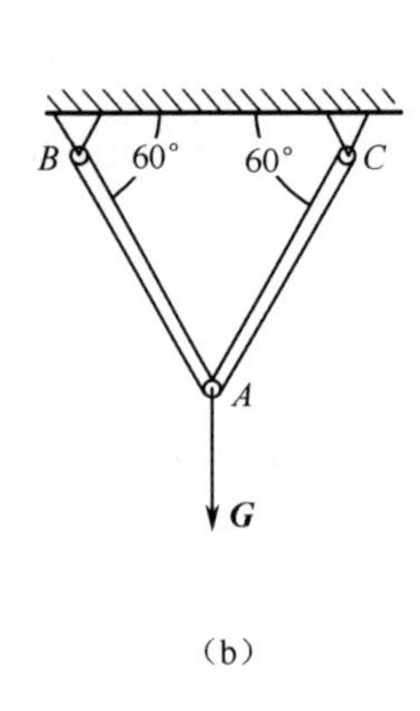

图1－2－14　习题1－2－4图

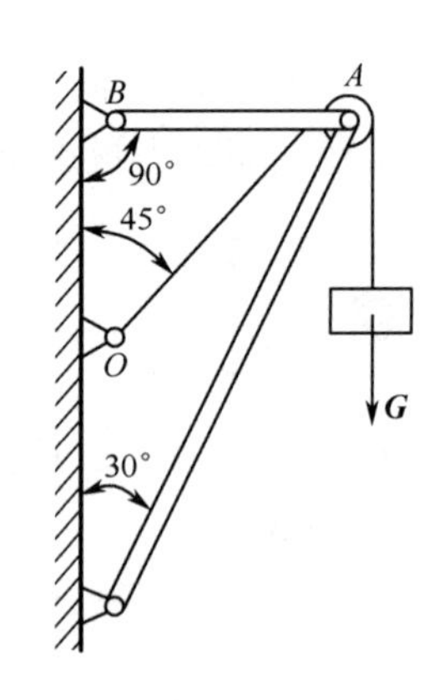

1－2－15　习题1－2－5图

1－2－6 在图1－2－16所示机构中，各杆自重忽略不计。已知力$\boldsymbol{F}_1$，求$\boldsymbol{F}_2$。

1－2－7 在图1－2－17所示夹紧机构中，各杆自重忽略不计。已知力$\boldsymbol{F}$，求工件所受的压力。

1－2－8 在图1－2－18所示机构中，各杆自重忽略不计，已知力$\boldsymbol{P}$，求力$\boldsymbol{Q}$。

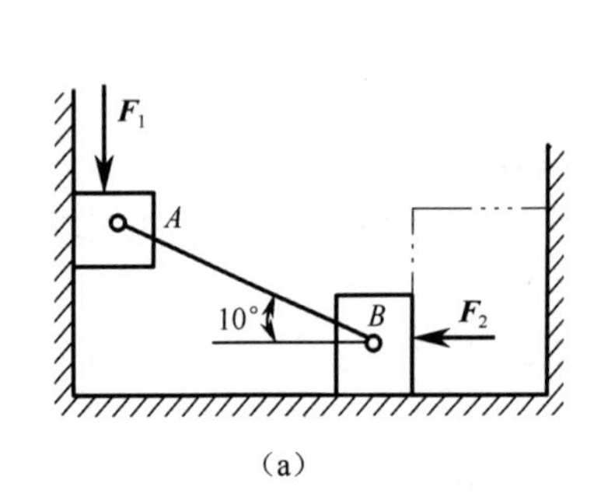

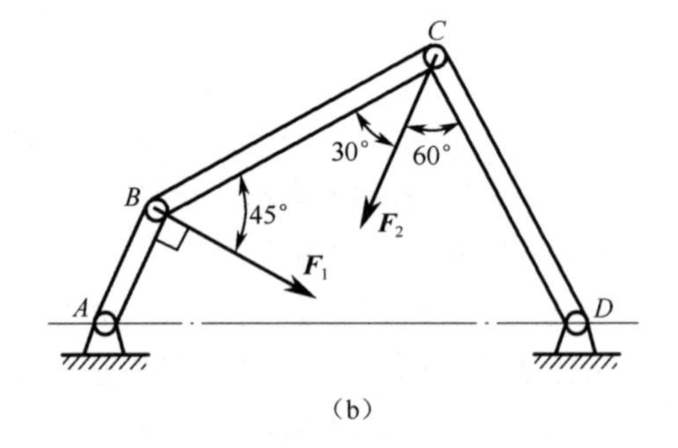

图1－2－16　习题1－2－6图

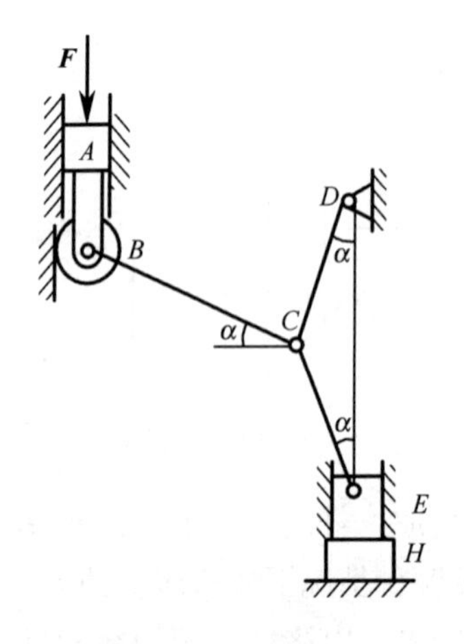

图1－2－17　习题1－2－7图

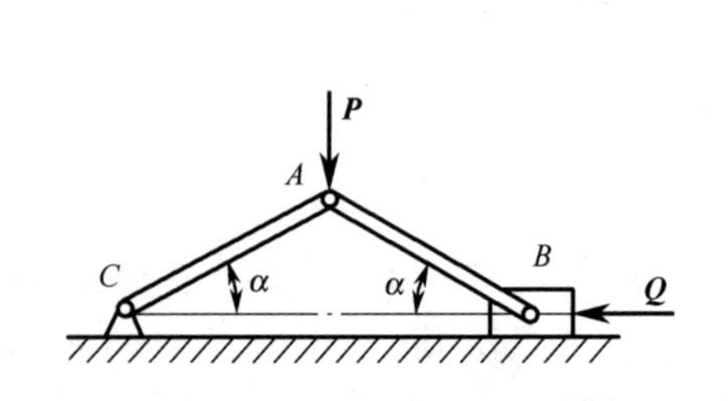

图1－2－18　习题1－2－8图

任务三　平面力偶系平衡问题

【任务描述】

平面连杆机构在图 1－3－1 所示位置平衡，已知 $O_1A=40$ cm，$O_2B=60$ cm，$\alpha=45°$，$\beta=90°$，作用在摇杆 OA 上的力偶矩 $M_1=10$ N·m，不计杆自重，求力偶矩 M_2 的大小。

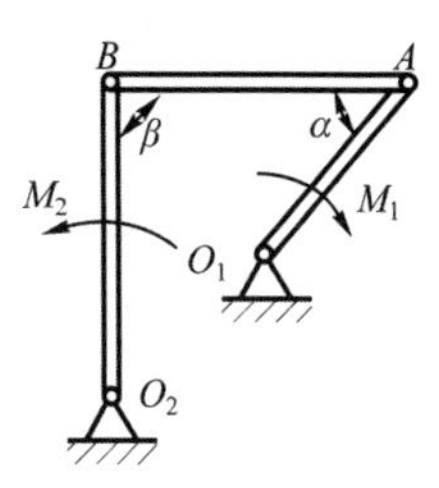

图 1－3－1　平面连杆机构

【任务分析】

了解平面力偶系在工程中的实际应用，掌握求解平面力偶系平衡问题的一般思路、步骤和方法，学会利用平面力偶系平衡规律分析和解决简单的工程实际问题。

【知识准备】

1.3.1　力对点之矩、合力矩定理

1. 力对点之矩的概念

力对点之矩，是力使物体绕某点转动效应的度量。经验告诉我们，力使刚体绕某点转动的效应，不仅与力的大小及方向有关，而且与该点到该力的作用线的距离有关。例如，用扳手拧紧螺母时，扳手绕螺母中心 O 转动（见图 1－3－2），螺母的转动效应除与力 $\boldsymbol{F}$ 的大小和方向有关外，还与点 O 到力作用线的距离 d 有关。距离 d 越大，转动的效果就越好，且越省力；反之则越差。显然，当力的作用线通过螺母的转动中心时，则无法使螺母转动。由此，我们引入平面内力对点之矩的概念，用以度量力使物体绕一点转动的效应。

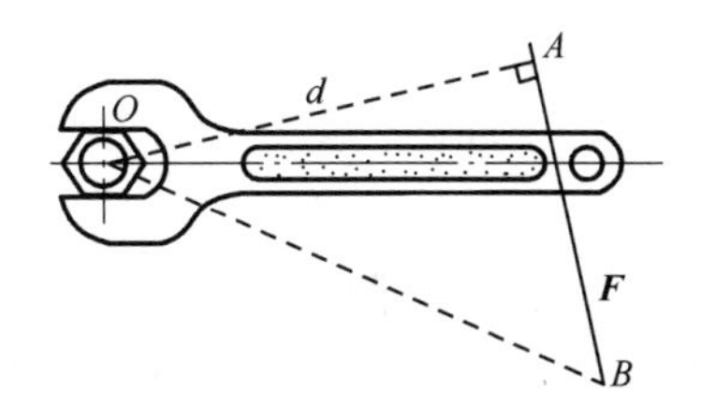

图 1－3－2　力对点之矩的概念

平面力 $\boldsymbol{F}$ 对 O 点之矩是一个代数量，O 点称为矩心，矩心到力作用线的垂直距离 d 称为力臂。力 $\boldsymbol{F}$ 对 O 点之矩用符号 $M_O(\boldsymbol{F})$ 表示

$$M_O(\boldsymbol{F}) = \pm Fd \tag{1-3-1}$$

由式（1-3-1）可知，力矩的大小等于 $\boldsymbol{F}$ 与 O 点到力作用线的垂直距离 d 的乘积，其正负规定为：力使物体绕矩心有逆时针转动效应时，力矩为正，反之为负。力矩的单位是 N·m或 kN·m。

2. 合力矩定理

如图 1-3-3 所示，由力的可传递性原理，将作用于刚体上 A 点的力 $\boldsymbol{F}$ 可以沿其作用线移动到矩心 O 到力 $\boldsymbol{F}$ 作用线的垂足 B 点，而不改变其作用效应。将作用在 B 点的力可以分解为正交分力 $\boldsymbol{F}_x$、$\boldsymbol{F}_y$。

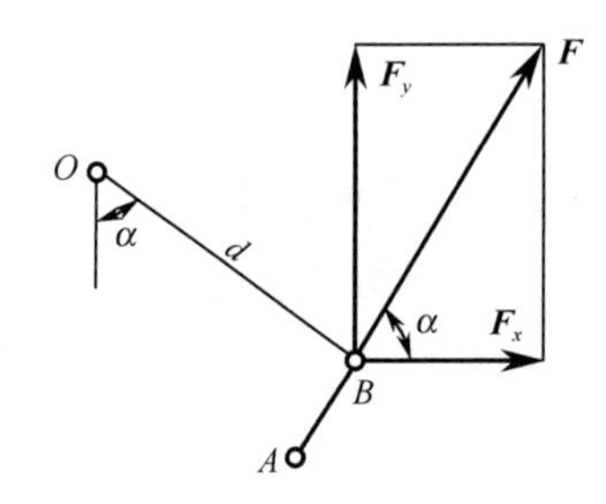

图 1-3-3　合力矩定理

由图 1-3-3 可知，合力 $\boldsymbol{F}$ 和两分力 $\boldsymbol{F}_x$、$\boldsymbol{F}_y$对 O 点的矩分别为

$$M_O(\boldsymbol{F}) = Fd \tag{a}$$

$$M_O(\boldsymbol{F}_x) = F_x \times d\cos\alpha = Fd\cos^2\alpha \tag{b}$$

$$M_O(\boldsymbol{F}_y) = F_y \times d\sin\alpha = Fd\sin^2\alpha \tag{c}$$

由上式可知

$$M_O(\boldsymbol{F}) = M_O(\boldsymbol{F}_x) + M_O(\boldsymbol{F}_y)$$

上式表明：合力对某点的力矩，等于各分力对该点力矩的代数和。这就是合力矩定理。该定理不仅适用于两个分力的情况，而且适用于多个分力的情况；不仅适用于平面力系，而且适用于空间力系。将上式写成一般通式为

$$M_O(\boldsymbol{F}_\mathrm{R}) = M_O(\boldsymbol{F}_1) + M_O(\boldsymbol{F}_2) + \cdots + M_O(\boldsymbol{F}_n) = \sum M_O(\boldsymbol{F}) \tag{1-3-2}$$

因此，求一个力对某点的力矩，一般采用以下两种方法：

（1）用力和力臂的乘积求力矩。这种方法的关键是确定力臂 d。需要注意的是，力臂 d 是矩心到力作用线的距离，即力臂一定要垂直力的作用线。

（2）用合力矩定理求力矩。工程实际中，有时力臂 d 的几何关系较复杂，不易确定时，可将力在力的作用线和矩心所确定的平面内，正交分解为两个分力，然后应用合力矩定理求力对矩心的矩。

例 1-3-1　如图 1-3-4 所示，直齿圆柱齿轮的齿面受一压力角 $\alpha = 20°$ 的法向压力 $\boldsymbol{F}_\mathrm{n}$的作用，$F_\mathrm{n} = 1$ kN，齿面分度圆直径 $d = 160$ mm。试计算力 $\boldsymbol{F}_\mathrm{n}$对轮心 O 之矩。

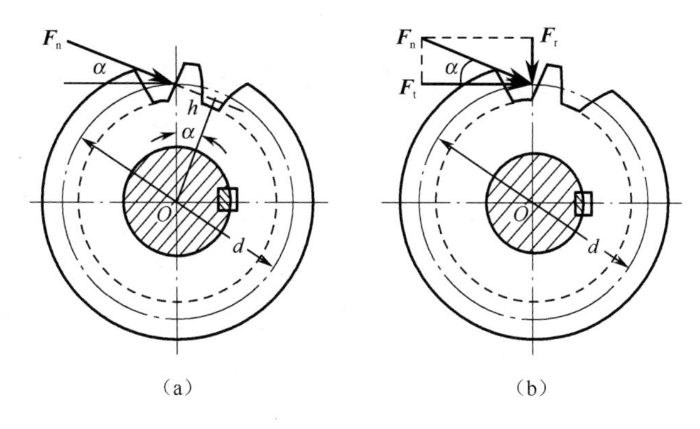

图 1-3-4　直齿圆柱齿轮

解：(1) 直接计算。如图 1-3-4 (*a*) 所示。

$$M_O(\boldsymbol{F}_n) = F_n \cdot h = F_n \times \frac{d}{2}\cos 20° = -1\ 000 \times \frac{160}{2} \times 10^{-3} \times \cos 20°(\text{N}\cdot\text{m}) = -75.2\ (\text{N}\cdot\text{m})$$

(2) 按合力矩定理计算。将力 $\boldsymbol{F}_n$ 分解为径向力 $\boldsymbol{F}_r$ 与圆周力 $\boldsymbol{F}_t$，$F_r = F\sin\alpha$，$F_t = F\sin\alpha$ 由式 (1-3-2) 得

$$M_O(\boldsymbol{F}_n) = M_O(\boldsymbol{F}_r) + M_O(\boldsymbol{F}_t) = 0 - F_t \times \frac{d}{2} = -1\ 000 \times \cos 20° \times \frac{160}{2} \times 10^{-3}(\text{N}\cdot\text{m}) = -75.2\ (\text{N}\cdot\text{m})$$

计算结果为负号，表示力矩使齿轮顺时针旋转。

例 1-3-2　如图 1-3-5 所示，货箱重为 $\boldsymbol{G}$，求水平力 $\boldsymbol{F}$ 应为多少时货箱才能平衡。

解：(1) 将力 $\boldsymbol{F}$ 分解为与货箱两边相平行的分力 $\boldsymbol{F}_1$ 与 $\boldsymbol{F}_2$，$F_1 = F\cos\alpha$，$F_2 = F\sin\alpha$。

(2) 将力 $\boldsymbol{G}$ 分解为与货箱两边相平行的分力 $\boldsymbol{G}_1$ 与 $\boldsymbol{G}_2$，$G_1 = G\sin\alpha$，$G_2 = G\cos\alpha$。

(3) 根据式 (1-3-2)，得

$$M_O(\boldsymbol{F}) = M_O(\boldsymbol{F}_1) + M_O(\boldsymbol{F}_2) = -(F_1 b + F_2 a) = -(Fa\sin\alpha + Fb\cos\alpha)$$

$$M_O(\boldsymbol{G}) = M_O(\boldsymbol{G}_1) - M_O(\boldsymbol{G}_2) = G_1 a/2 - G_2 b/2 = \frac{Ga\cos\alpha}{2} - \frac{Gb\sin\alpha}{2}$$

(4) 若要使货箱平衡则需

$$M_O(\boldsymbol{F}) + M_O(\boldsymbol{G}) = 0$$

所以

$$F = \frac{a\cos\alpha - b\sin\alpha}{2(a\sin\alpha + b\cos\alpha)}$$

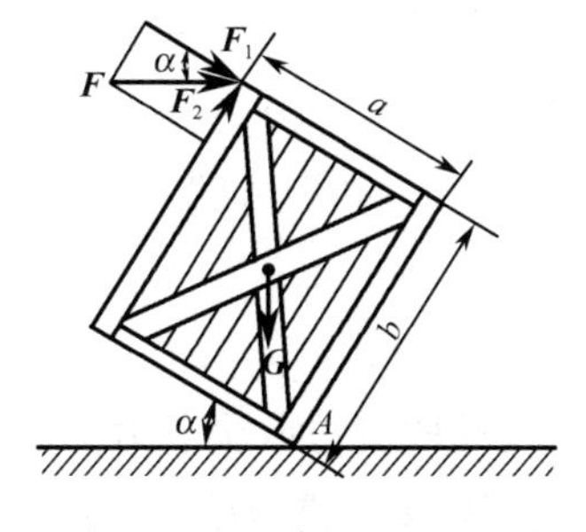

图 1-3-5　例 1-3-2 图

1.3.2 力偶及其基本性质

1. 力偶与力偶矩的概念

在日常生活及生产实践中，常见到物体受一对大小相等、方向相反、作用线互相平行的两个力作用。如人手作用在水龙头开关上的两个力 $\boldsymbol{F}$ 和 $\boldsymbol{F}'$，如图1－3－6（a）所示。司机转动方向盘时，方向盘受到一对力 $\boldsymbol{F}$ 和 $\boldsymbol{F}'$ [见图1－3－6（b）]；钳工双手对丝锥的操作 [见图1－3－6（c）]，作用于丝锥扳手上的一对力 $\boldsymbol{F}$ 和 $\boldsymbol{F}'$。这样的大小相等、方向相反、作用线互相平行的两个力，称为力偶，记作（$\boldsymbol{F}$，$\boldsymbol{F}'$）。

力偶对物体会产生转动效应。其转动效应的强弱用力偶矩度量。力偶矩用 $\boldsymbol{M}$ 或 $M(\boldsymbol{F},\boldsymbol{F}')$表示，力偶矩的单位是 N·m 或 kN·m。

$$M(\boldsymbol{F},\boldsymbol{F}') = \pm Fd \tag{1-3-3}$$

式中 d——两个力之间的垂直距离，称为力偶臂。

力偶矩的大小、转向和作用面，称为力偶的三要素。规定平面力偶若使物体逆时针转动，则力偶矩为正；反之为负。

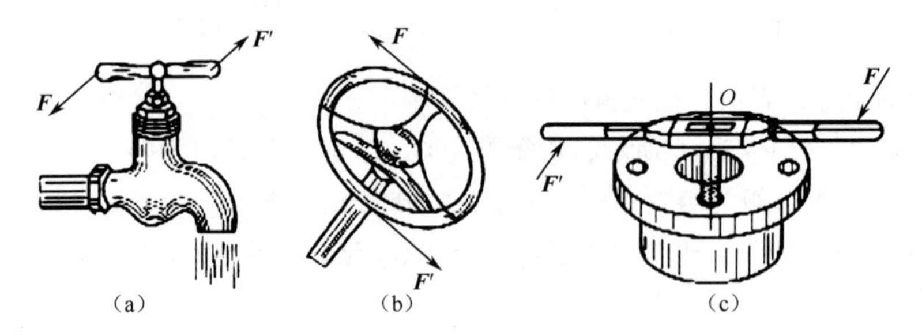

图1－3－6 力偶实例

2. 力偶的基本性质

根据定义，力偶具有如下性质：

(1) 力偶无合力，力偶在任何坐标轴上的投影等于零，如图1－3－7所示。不能用一个力来等效代换，也不能用一个力与之平衡，即力偶只能与力偶平衡。

力偶不能合成为一个力，力偶对刚体不会产生移动效应，只产生转动效应。而单个力对刚体既可以产生转动效应，也可以产生移动效应。力与力偶都是组成力系的基本元素。

(2) 力偶对其作用面内任一点之矩恒等于力偶矩，与矩心的位置无关。

设有力偶（$\boldsymbol{F}$，$\boldsymbol{F}'$），其力偶臂为 d（见图1－3－8），则 $M = Fd$。

在力偶作用面内任取一点 O 为矩心，设点 O 到力 $\boldsymbol{F}$ 的垂直距离为 x，则力 $\boldsymbol{F}$ 与 $\boldsymbol{F}'$分别对点 O 的矩的代数和应为

$$M(\boldsymbol{F},\boldsymbol{F}') = M_O(\boldsymbol{F}) + M_O(\boldsymbol{F}') = F(x+d) - F'x = Fd = M$$

上述推论表明：力偶对刚体的转动效应只取决于力偶矩，而与矩心的位置无关。

(3) 力偶可以在其作用平面内任意移动或转动，而不改变力偶对刚体的作用效应。

(4) 在保持力偶转向和力偶矩大小不变的前提下，可以同时改变力偶中力的大小和力

偶臂的长度，而不改变力偶对刚体的作用效应。

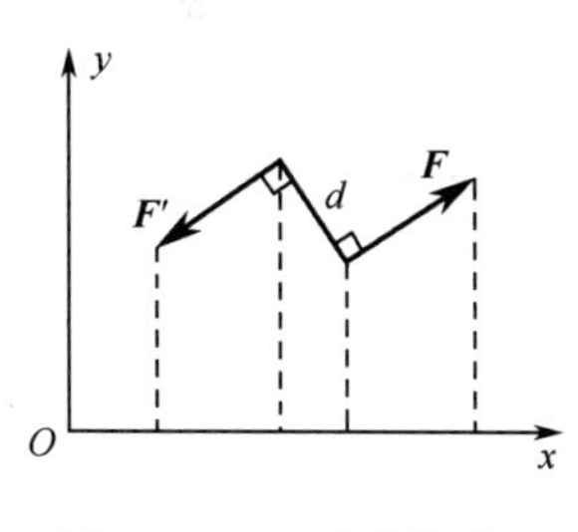

图1-3-7　力偶性质1

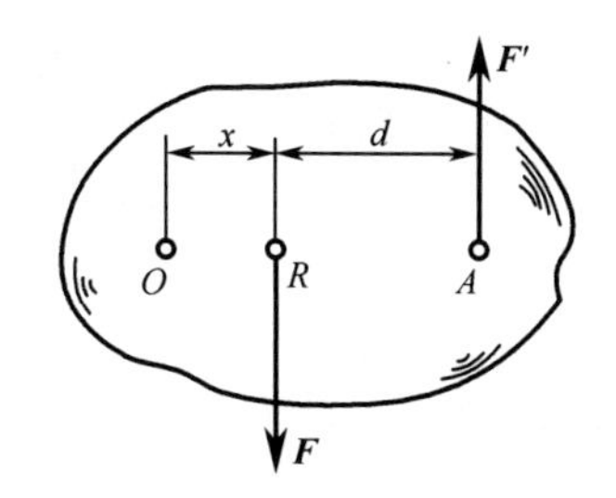

图1-3-8　力偶性质2

注意：力偶的性质（3）、（4）只适用于刚体，不适用于变形体。

由力偶的性质可知，力偶对物体的转动效应只取决于力偶矩的大小、转向和作用面。因此，表示平面力偶时，可以不标力偶在平面内的作用位置以及组成力偶的力和力偶臂的数值，用一带箭头的弧线表示，箭头方向表示力偶的转向，弧线旁的字母 M 或者数字表示力偶矩的大小，如图1-3-9所示。

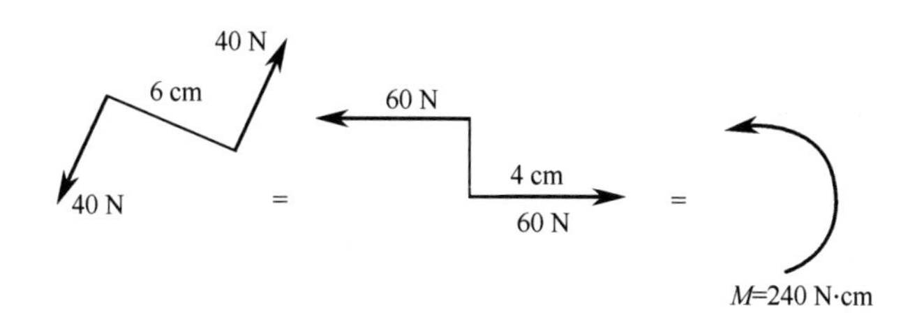

图1-3-9　力偶性质4

1.3.3　平面力偶系的合成与平衡

1. 平面力偶系的合成

若一物体受到作用在同一平面内多个力偶（$\boldsymbol{M}_1$，$\boldsymbol{M}_2$，…，$\boldsymbol{M}_n$）作用时，称为平面力偶系。由前述力偶的性质，力偶对物体只产生转动效应，且转动效应的大小完全取决于力偶矩的大小和转向。那么，物体内某一平面受若干个力偶共同作用时，也只能使物体产生转动效应。可以证明，平面力偶系对物体的转动效应的大小等于各力偶转动效应的总和，即平面力偶系总可以合成为一个合力偶，其合力偶矩等于各分力偶矩的代数和，即

$$M_{\mathrm{R}} = M_1 + M_2 + \cdots + M_n = \sum M_i \qquad (1-3-4)$$

例1-3-3　如图1-3-10所示，多孔钻床在汽缸盖上钻四个直径相同的圆孔，每个钻头作用于工件的切削力为一个力偶，各力偶矩的大小 $M_1 = M_2 = M_3 = M_4 = 15\ \mathrm{N \cdot m}$，转向如图1-3-10所示，求汽缸盖上的合力偶矩。

解：取汽缸盖为研究对象，由式（1-3-4）得

$$M_{\mathrm{R}} = M_1 + M_2 + \cdots + M_4 = (-15) + (-15) + (-15) + (-15) = -60(\mathrm{N \cdot m})$$

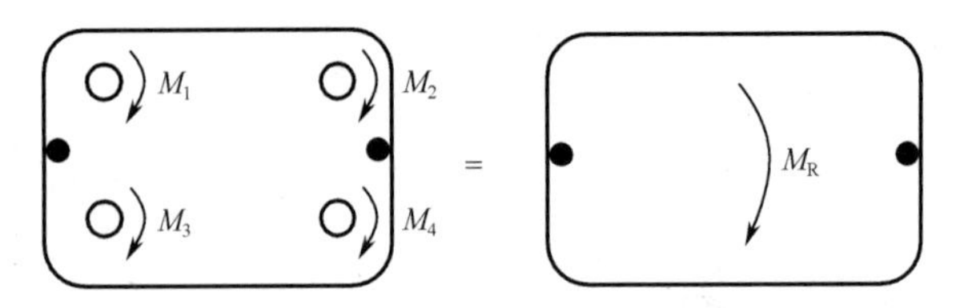

图1－3－10　多孔钻床的力偶

合力偶矩为负，所以方向为顺时针。

2. 平面力偶系的平衡

平面力偶系可合成为一个合力偶，若物体平衡，则该力偶系的合力偶矩必定为零。因此，平面力偶系平衡的充要条件是：力偶系中各分力偶矩的代数和等于零，即

$$\sum M = 0 \tag{1-3-5}$$

平面力偶系只有一个独立的平衡方程，一个研究对象可以求解一个未知量。

例1－3－4　一简支梁如图1－3－11（a）所示，梁上作用一力偶，其力偶矩 $M=100\ \text{N}\cdot\text{m}$，方向如图1－3－11所示，梁长 $l=5$ m，不计梁的自重，求 A、B 两点的约束力。

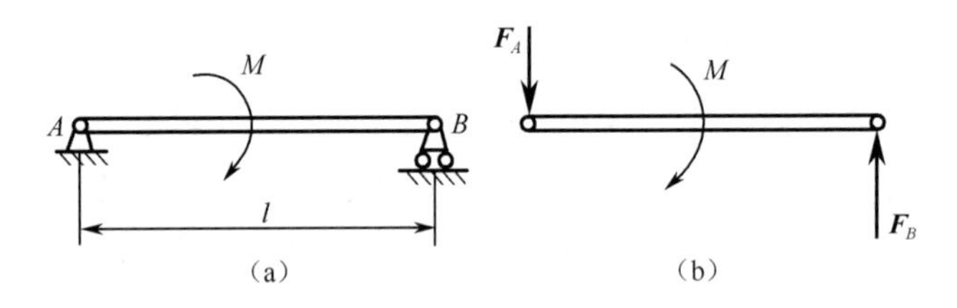

图1－3－11　简支梁力偶

解：（1）受力分析。梁 B 点为活动铰链，约束力 $\boldsymbol{F}_B$ 沿支撑面公法线方向指向受力物体。由力偶的性质可知 $\boldsymbol{F}_A$、$\boldsymbol{F}_B$ 形成一对力偶，与 $\boldsymbol{M}$ 相平衡，绘制梁的受力图如图1－3－11（b）所示。

（2）列方程求解。

由式（1－3－5）得

$$\sum M = 0 \quad F_A l - M = 0$$

所以

$$F_A = F_B = \frac{M}{l} = \frac{100\ \text{N}\cdot\text{m}}{5\ \text{m}} = 20\ \text{N}$$

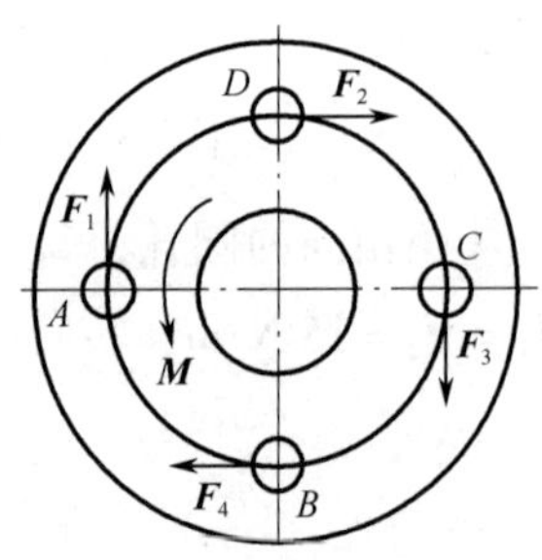

图1－3－12　例1－3－5图

例1－3－5　如图1－3－12所示，螺栓 A、B、C、D 的孔心均匀地分布在同一圆周上，此圆的直径 $d=150$ mm，电动机轴传给联轴器的力偶矩 $M=3\ \text{kN}\cdot\text{m}$，试求每个螺栓所受的力为多少？

解：（1）受力分析。取联轴器为研究对象。作用于联轴器上的力有电动机传给联轴器的力偶、每个螺栓的约束力，四个螺栓的受力均匀，则这 $\boldsymbol{F}_1$ 与 $\boldsymbol{F}_3$、$\boldsymbol{F}_2$ 与 $\boldsymbol{F}_4$ 组成两对力偶，受力如图1－3－12所示。

（2）列平衡方程求解。

由式（1－3－5）得

$$\sum M = 0, \quad -M + F_1 \times d + F_2 \times d = 0$$

得每个螺栓受力

$$F_1 = F_2 = F_3 = F_4 = \frac{M}{2d} = \frac{3 \times 10^3}{2 \times 150 \times 10^{-3}} = 10\ 000\ \text{N} = 10\ \text{kN}$$

1.3.4　力的平移定理

设力 $\boldsymbol{F}$ 作用于刚体上的 A 点，如图 1－3－13（a）所示，根据加减平衡力系公理，若在 O 点加上一对平衡力 $\boldsymbol{F}'$、$\boldsymbol{F}''$，如图 1－3－13（b）所示，与原力 $\boldsymbol{F}$ 等效。力 $\boldsymbol{F}$ 与 $\boldsymbol{F}''$ 又形成一对力偶，其力偶矩为 $M = Fd = M_O(\boldsymbol{F})$。另一力 $\boldsymbol{F}'$ 则可看做是力 $\boldsymbol{F}$ 平移至 O 点的结果，如图 1－3－13（c）所示。

由推证可得：作用于刚体上的力可平移至该刚体上的任一点，但必须附加一力偶，该力偶的矩等于原力对平移点 O 之矩，此即为力的平移定理。

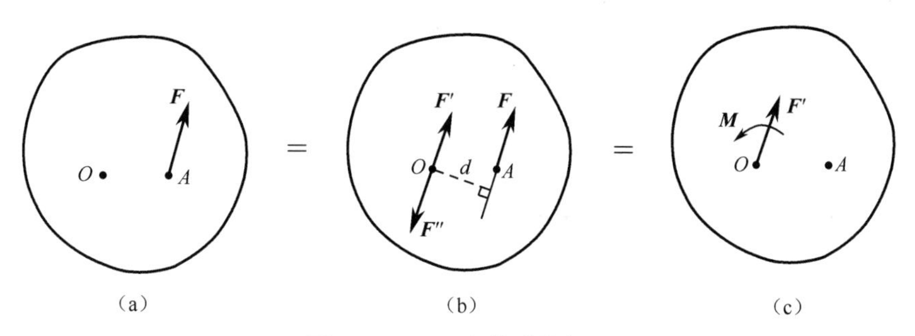

图 1－3－13　力的平移定理

如图 1－3－14 所示，用丝锥攻螺纹时，要求双手用力均匀，这时丝锥只受一个力偶作用。若两手用力不均或单手用力［见图 1－3－14（a）］，则将力平移至丝锥中心后，将得到一个力和一个力偶［见图 1－3－14（b）］，该力偶固然能起到攻螺纹的作用，但该力 $\boldsymbol{F}'$ 将使丝锥发生弯曲，极易使其折断，故应当避免。

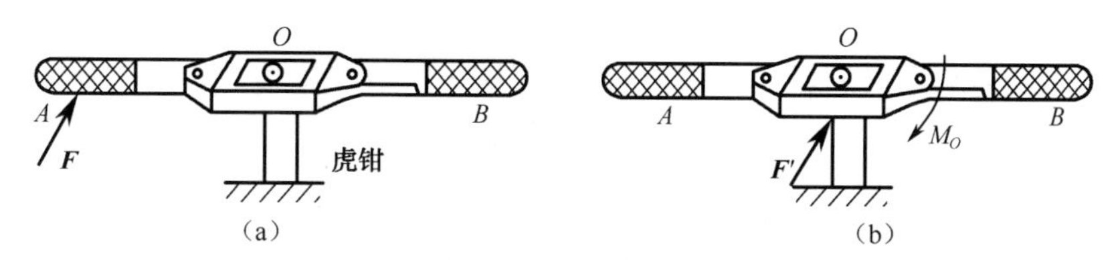

图 1－3－14　丝锥

【任务实施】

平面连杆机构在图 1－3－15（a）所示位置平衡，已知 $O_1A = 40$ cm，$O_2B = 60$ cm，$\alpha = 45°$，$\beta = 90°$，作用在摇杆 O_1A 上的力偶矩 $M_1 = 10$ N·m，不计杆自重，求力偶矩 M_2 的大小。

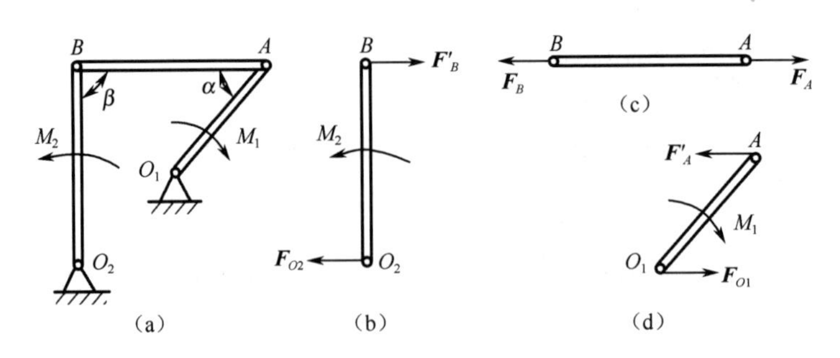

图 1-3-15 平面连杆机构的力偶

解：(1) 受力分析。连杆 AB 为二力构件，其受力如图 1-3-15（c）所示。由作用力与反作用力公理可确定，O_1A、O_2B 在 A、B 点的力 $\boldsymbol{F}'_A$、$\boldsymbol{F}'_B$的方向。

根据力偶只能与力偶平衡，O_2B 杆上作用有力偶 $\boldsymbol{M}_2$，所以作用在 O_2B 杆 O_2和 B 两点的力 $\boldsymbol{F}_{O2}$和 $\boldsymbol{F}'_B$一定为一对力偶，绘制 O_2B 杆的受力图如图 1-3-15（c）所示。

同理，O_1A 杆上作用一个力偶 $\boldsymbol{M}_1$，所以作用在杆 O_1、A 两端点上的力 $\boldsymbol{F}_{O1}$、$\boldsymbol{F}'_A$一定为一对力偶，绘制 O_1A 杆的受力图如图 1-3-15（d）所示。

(2) 列平衡方程求解。

O_1A 杆 $\quad \sum M = 0 \quad F'_A \times O_1A \times \sin 45° - M_1 = 0$

$$F'_A = \frac{M_1}{O_1A \times \sin\alpha} = \frac{10}{0.4 \times \sin 45°} \approx 35.4(\text{N})$$

$$F'_B = F_B = F_A = F'_A = 35.4(\text{N})$$

O_2B 杆 $\quad \sum M = 0, M_2 - F'_B \times O_2B = 0$

得 $\quad M_2 = F'_B \times O_2B = 35.4 \times 0.6 \approx 21.2\ (\text{N·m})$

【任务小结】

本任务的主要内容是平面力偶系的平衡问题及其在实际工程中的应用。

1. 力对点之矩

力使物体产生转动效应的量度称为力矩。

$$M_0(F) = \pm Fd$$

2. 合力矩定理

合力对某点的力矩等于力系中各分力对同点力矩的代数和。

$$M_0(F_R) = \sum M_0(F)$$

3. 力偶及其性质

一对大小相等、方向相反、作用线平行的两个力称为力偶。

性质 1：力偶在坐标轴上的投影为零。力偶只能用力偶来平衡。

性质 2：力偶对其作用平面内任一点的力矩恒等于其力偶矩。

4. 力线平移定理

作用于刚体上的力，可以平移到刚体上的任一点，得到一平移力和一附加力偶，其附加力偶矩等于原力对平移点的力矩。

【实践训练】

思 考 题

1－3－1 何谓力矩？何谓力偶？其正负怎样规定？

1－3－2 力偶有哪些性质？

1－3－3 “力偶的合力为零”这句话对吗？

1－3－4 如果某平面力系由多个力偶和一个力组成，该力系能不能平衡？为什么？

1－3－5 怎样的力偶才是等效力偶？等效力偶是否是组成两个力偶的力和力臂都应该分别相等？

1－3－6 如何解释图1－3－16所示的平衡现象？

1－3－7 图1－3－17（a）、（b）所示的两种受力情况，其效果是否相同？

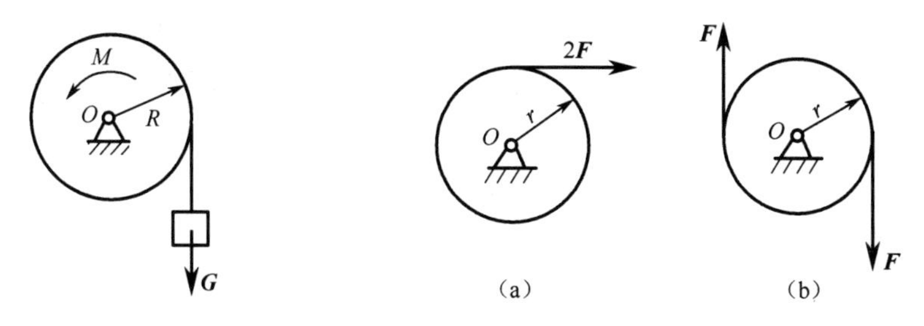

1－3－16　思考题1－3－6图　　　图1－3－17　思考题1－3－7图

习　　题

1－3－1 试计算图1－3－18中力 $\boldsymbol{F}$ 对点 O 之矩。

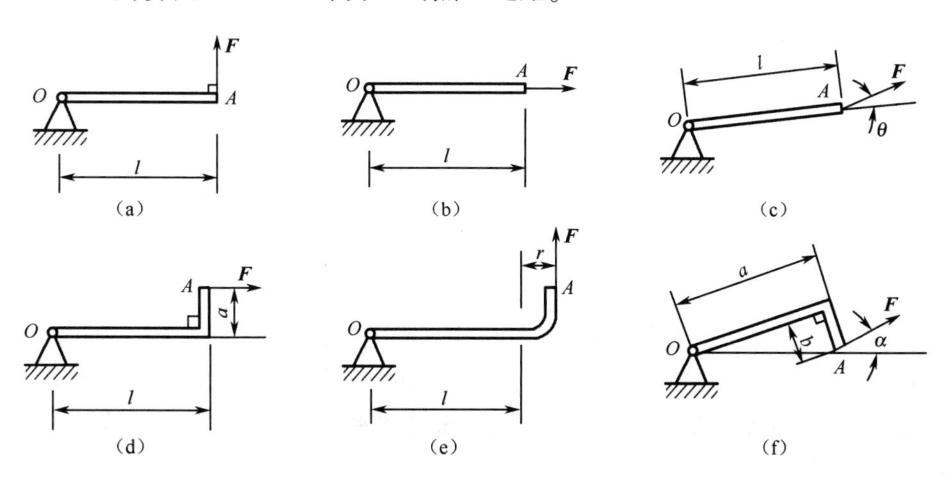

图1－3－18　习题1－3－1图

1－3－2 构件的载荷及支承情况如图1－3－19所示，$l=4$ m。求支座A、B的约束力。

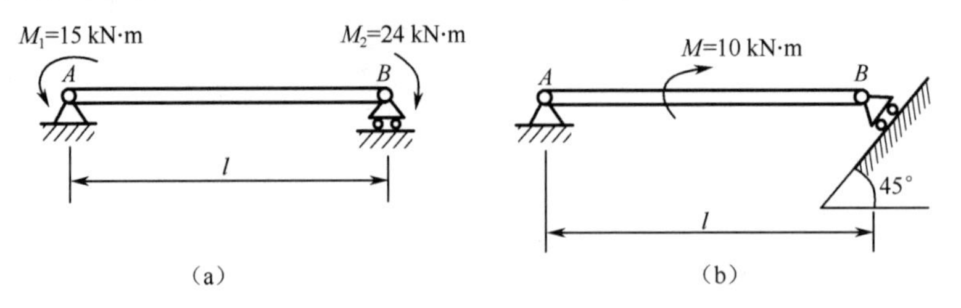

图1－3－19 习题1－3－2图

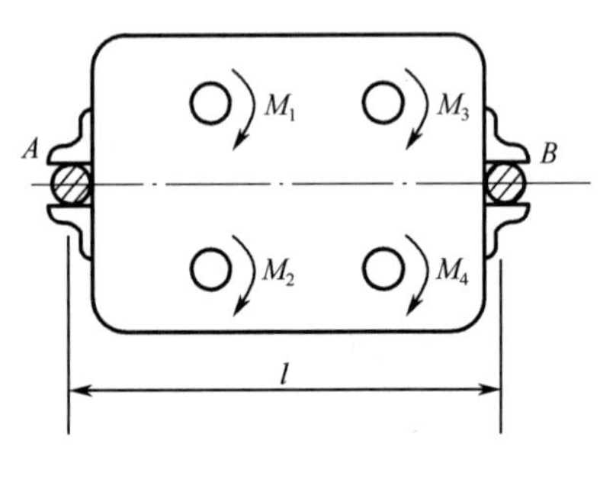

图1－3－20 习题1－3－3图

1－3－3 用多孔钻床在汽缸盖上钻4个直径相同的圆孔，每个钻头作用于工件的切削力构成一个力偶，且各力偶矩的大小$M_1=M_2=M_3=M_4=250$ N·m，转向如图1－3－20所示，工件由固定螺钉卡住，$AB=l=250$ cm。试求螺钉的约束力。

1－3－4 如图1－3－21所示，汽轮发电机在突然短路时，定子上各线圈绕组作用有力偶，它们的合力偶矩$M=1\ 000$ kN·m，A、B相距$l=2.4$ m，试问哪边的地脚螺栓受拉伸？拉力为多大？

1－3－5 如图1－3－22所示，每米挡土墙所受土压力的合力为$\boldsymbol{R}$，其大小$R=200$ kN。求土压力$\boldsymbol{R}$使墙倾覆的力矩。

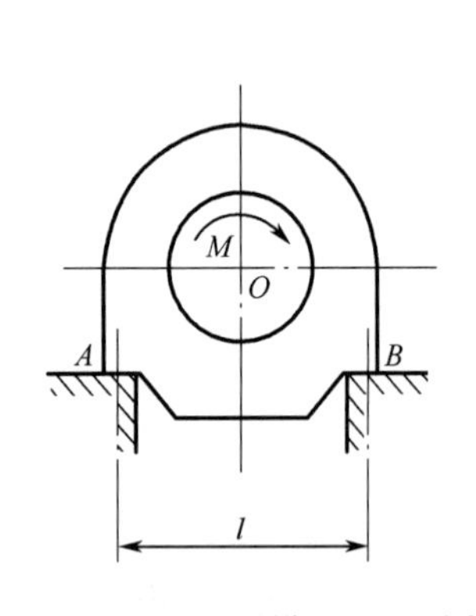

图1－3－21 习题1－3－4图

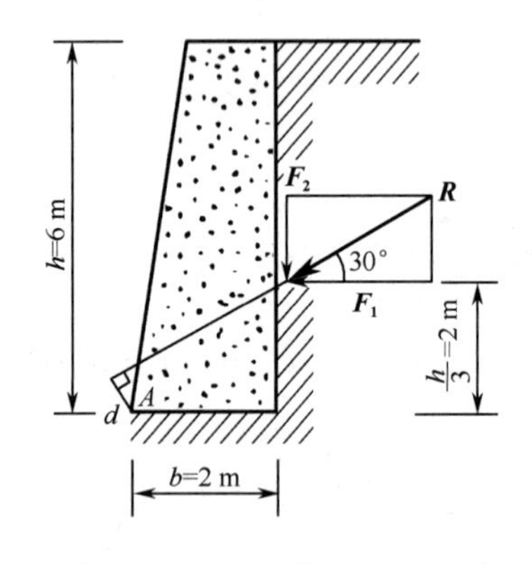

图1－3－22 习题1－3－5图

1－3－6 铰链四杆机构$OABO_1$，在图1－3－23所示位置平衡。已知$OA=0.4$ m，$O_1B=0.6$ m，在OA上作用力偶矩$L_1=1$ N·m的力偶，各杆的重量不计。试求力偶矩$\boldsymbol{L}_2$的大小和杆AB所受的力。

1－3－7 图1－3－24所示为一曲柄摇杆机构。机构中各构件自重不计，圆轮上的销子A在摇杆BC的光滑导槽内，圆轮上作用一力偶，其力偶矩大小为$M_1=2$ kN·m，$OA=r=0.5$ m。在图示位置时OA与OB相互垂直，$\alpha=30°$且系统处于平衡状态。求作用于在摇杆BC上的力偶矩$\boldsymbol{M}_2$及铰链O处的约束力。

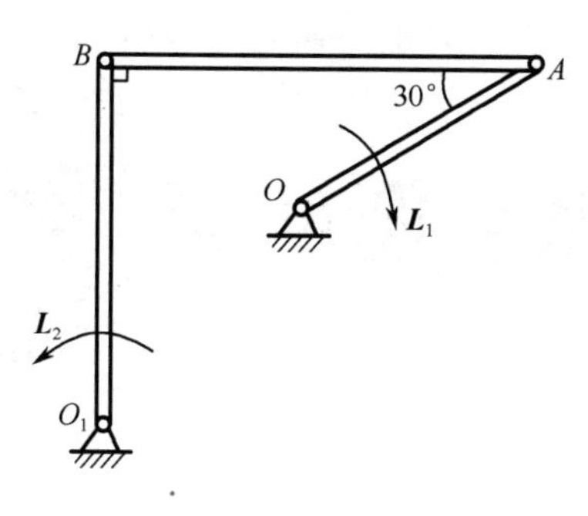

图 1－3－23　习题 1－3－6 图

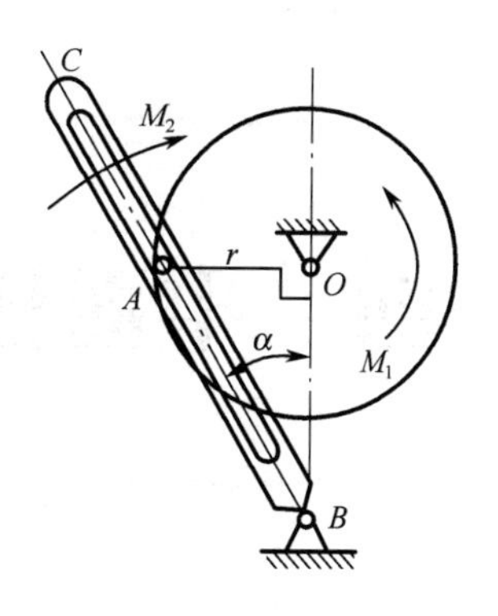

图 1－3－24　习题 1－3－7 图

任务四　平面任意力系平衡问题

【任务描述】

如图1-4-1所示，重为W的物块放在倾角为α的斜面上，物块与斜面间的摩擦因数为μ_S，且$\tan\alpha>\mu_S$。试求使物块在斜面上保持静止时的水平力F的取值范围。

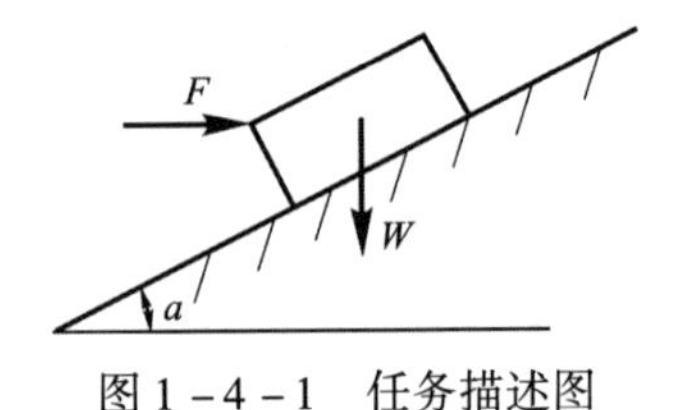

图1-4-1　任务描述图

【任务分析】

理解平面任意力系与摩擦的概念，掌握平面任意力系简化的方法，正确使用平衡条件与平衡方程，利用相关知识解决考虑摩擦的工程实际问题。

【知识准备】

1.4.1　平面任意力系的简化

1. 平面任意力系向一点简化

各力的作用线位于同一平面内，既不平行又不汇交于一点的力系，称为平面任意力系。如图1-4-2 (a) 所示，设作用于刚体上A_1，A_2，…，A_n点的平面任意力系$\boldsymbol{F}_1$，$\boldsymbol{F}_2$，…，$\boldsymbol{F}_n$。在力系所在平面内任选一点O，称为简化中心。根据力线平移定理将力系中各力向O点平移，于是原力系就简化为一个平面汇交力系$\boldsymbol{F}_1'$，$\boldsymbol{F}_2'$，…，$\boldsymbol{F}_n'$和一平面力偶系M_1，M_2，…，M_n [见图1-4-2 (b)]。

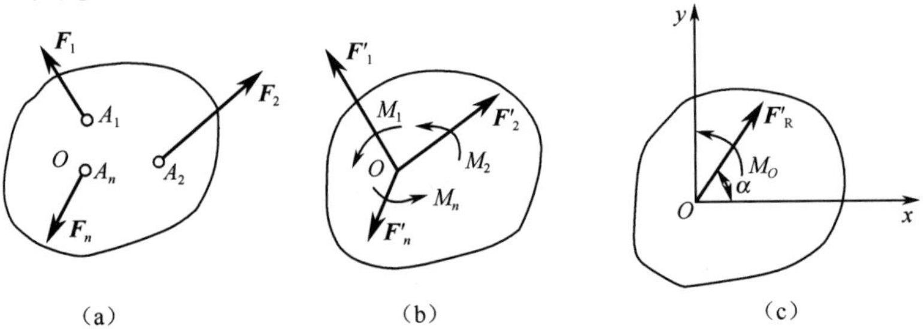

图1-4-2　平面任意力系的简化

1）力系的主矢 $\boldsymbol{F}'_{\mathrm{R}}$

平移力 $\boldsymbol{F}'_1$，$\boldsymbol{F}'_2$，…，$\boldsymbol{F}'_n$组成的平面汇交力系的合力 $\boldsymbol{F}'_{\mathrm{R}}$，称为平面任意力系的主矢。由平面汇交力系的合成可知，主矢 $\boldsymbol{F}'_{\mathrm{R}}$等于各分力的矢量和，作用在简化中心上［见图1－4－2（c）］。主矢$\boldsymbol{F}'_{\mathrm{R}}$的大小和方向为

$$\begin{cases} F'_{\mathrm{R}} = \sqrt{\left(\sum F'_x\right)^2 + \left(\sum F'_y\right)^2} = \sqrt{\left(\sum F_x\right)^2 + \left(\sum F_y\right)^2} \\ \tan\alpha = \left|\dfrac{\sum F_y}{\sum F_x}\right| \end{cases} \tag{1-4-1}$$

式中　α——主矢 $\boldsymbol{F}'_{\mathrm{R}}$与 x 轴间所夹锐角，主矢 $\boldsymbol{F}'_{\mathrm{R}}$的指向由 $\sum F_x$ 和 $\sum F_y$ 的正负决定。

2）力系的主矩 $\boldsymbol{M}_O$

附加力偶 $\boldsymbol{M}_1$，$\boldsymbol{M}_2$，…，$\boldsymbol{M}_n$ 组成的平面力偶系的合力偶矩 $\boldsymbol{M}_O$，称为平面任意力系的主矩。由平面力偶系的合成可知，主矩等于各附加力偶矩的代数和。由于每一附加力偶矩等于原力对简化中心的力矩，所以主矩等于各分力对简化中心力矩的代数和，作用在力系所在的平面上［见图1－4－2（c）］，即

$$M_O = \sum M = \sum M_O(F) \tag{1-4-2}$$

综上所述，平面任意力系向平面内任一点简化，得到一主矢 $\boldsymbol{F}'_{\mathrm{R}}$和一主矩 $\boldsymbol{M}_O$，主矢的大小等于原力系中各分力在两个坐标轴上投影的代数和的平方再开方，作用在简化中心上，其大小和方向与简化中心的选取无关。主矩等于原力系中各分力对简化中心之矩的代数和，其值与简化中心的选取有关。

2. 平面任意力系简化结果的讨论

平面任意力系向平面内任一点简化，得到一主矢和一主矩，但这并不是力系简化的最终结果，简化结果通常有以下4种情况。

（1）$F'_{\mathrm{R}} \neq 0$，$M_O \neq 0$。由力线平移定理的逆过程可知，主矢 $\boldsymbol{F}'_{\mathrm{R}}$和主矩 $\boldsymbol{M}_O$ 也可以合成为一个力 $\boldsymbol{F}_{\mathrm{R}}$，这个力就是平面任意力系的合力。所以，力系简化的最终结果是合力 $\boldsymbol{F}_{\mathrm{R}}$，且大小和方向与主矢 $\boldsymbol{F}'_{\mathrm{R}}$相同，其作用线与主矢 $\boldsymbol{F}'_{\mathrm{R}}$平行，并且两者相距 $d = M_O/F'_{\mathrm{R}}$（见图1－4－3）。

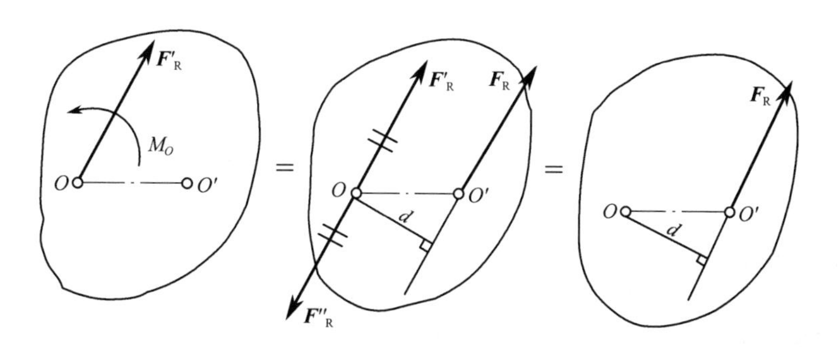

图1－4－3　平面任意力系的简化结果

（2）$F'_{\mathrm{R}} \neq 0$，$M_O = 0$。因为 $M_O = 0$，则主矢 $\boldsymbol{F}'_{\mathrm{R}}$就是力系的合力 F_{R}，其作用线通过简化中心 O。

（3）$F'_R=0$，$M_O\neq0$。此时，表明原力系与一个力偶系等效，主矩大小与简化中心的选取无关。

（4）$F'_R=0$，$M_O=0$。物体在该力系作用下处于平衡状态，原力系为平衡力系。

例1－4－1 图1－4－4所示为一平面任意力系，每方格边长为16 cm，其上A、B、C点的作用力分别为$F_1=F_2=16$ N，$F_3=F_4=16\sqrt{2}$ N。试求力系向O点简化的结果。

解：（1）选O点为简化中心，建立图1－4－4（a）所示坐标系，求力系的主矢和主矩。

$$\sum F_x=F_{1x}+F_{2x}+F_{3x}+F_{4x}=(-16+0-16\sqrt{2}\cos45^\circ+16\sqrt{2}\cos45^\circ)\text{N}=-16\text{ N}$$

$$\sum F_y=F_{1y}+F_{2y}+F_{3y}+F_{4y}=(0-16+16\sqrt{2}\sin45^\circ+16\sqrt{2}\sin45^\circ)\text{N}=16\text{ N}$$

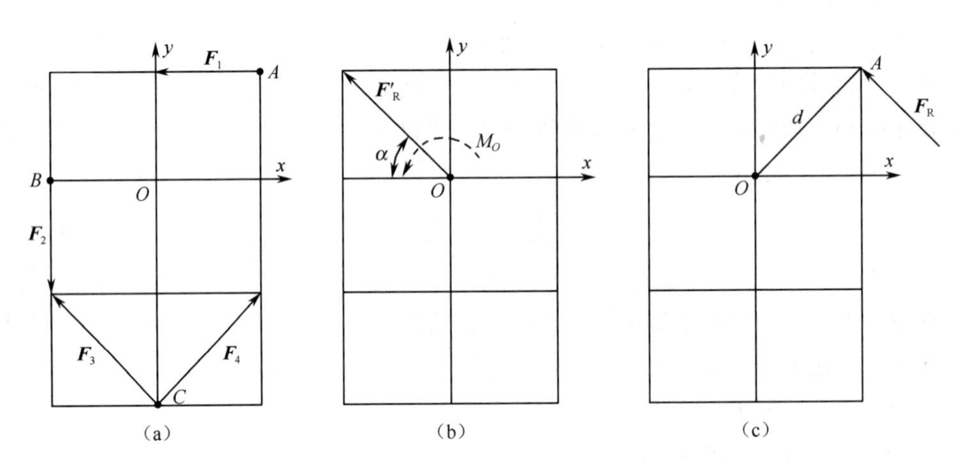

图1－4－4 例1－4－1图

主矢的大小

$$F'_R=\sqrt{\left(\sum F_x\right)^2+\left(\sum F_y\right)^2}=\sqrt{(-16)^2+(16)^2}\text{N}=16\sqrt{2}\text{ N}$$

主矢的方向

$$\tan\alpha=\left|\frac{\sum F_y}{\sum F_x}\right|=\left|\frac{-16}{16}\right|=1,\alpha=45^\circ$$

主矩的大小

$$M_O=\sum M_O(\boldsymbol{F})=(16\times16+16\times16-16\sqrt{2}\cos45^\circ\times32+16\sqrt{2}\cos45^\circ\times32)\text{ N·cm}$$
$$=512\text{ N·cm}$$

主矩的转向为逆时针方向。

力系向O点的简化结果如图1－4－4（b）所示。

（2）由于$F'_R\neq0$，所以力系可合成为一合力$\boldsymbol{F}_R$，即

$$F_R=F'_R=16\sqrt{2}\text{ N}$$

合力$\boldsymbol{F}_R$的作用线到O点的距离d为

$$d=\frac{M_O}{F'_R}=\frac{512}{16\sqrt{2}\boldsymbol{F}}=16\sqrt{2}\text{ cm}$$

如图 1－4－4（c）所示，力系的合力 $\boldsymbol{F}_{\mathrm{R}}$ 的作用线通过 A 点。

1.4.2　平面任意力系的平衡方程及其应用

1. 平衡条件与平衡方程

由上节讨论可知，当平面任意力系的主矢和主矩均为零时，则力系处于平衡；反之，若力系是平衡力系，则主矢、主矩必同时为零。因此，平面任意力系平衡的必要与充分条件为

$$F'_{\mathrm{R}}=0,\ M_O=0$$

即

$$F'_{\mathrm{R}}=\sqrt{\left(\sum F_x\right)^2+\left(\sum F_y\right)^2}=0, M_O=\sum M_O(\boldsymbol{F})=0$$

由此，可得平面任意力系的平衡方程为

$$\begin{cases}\sum F_x=0\\ \sum F_y=0\\ \sum M_O(\boldsymbol{F})=0\end{cases} \tag{1-4-3}$$

式（1－4－3）是平面任意力系平衡方程的一般形式，也称为一矩式方程。这是一组 3 个独立的方程，故最多只能求解出 3 个未知量。

2. 平衡方程的其他形式

平面任意力系的平衡方程除了一般形式外，还有其他两种形式。

1）二矩式方程

$$\begin{cases}\sum F_x=0\\ \sum M_A(\boldsymbol{F})=0\\ \sum M_B(\boldsymbol{F})=0\end{cases} \tag{1-4-4}$$

应用二矩式方程时，所选坐标轴 x 不能与矩心 A、B 的连线垂直。

2）三矩式方程

$$\begin{cases}\sum M_A(\boldsymbol{F})=0\\ \sum M_B(\boldsymbol{F})=0\\ \sum M_C(\boldsymbol{F})=0\end{cases} \tag{1-4-5}$$

应用三矩式方程时，所选矩心 A、B、C 三点不能共线。

例 1－4－2　如图 1－4－5（a）所示，高炉加料小车由钢索牵引沿倾角为 α 的轨道匀速上升，已知小车的重量 G 和尺寸 a、b、h、α，忽略小车和轨道之间的摩擦，试求钢索的拉力 F_{T} 和轨道对小车的约束力。

解：（1）因为已知力和未知力都集中在小车上，以小车为研究对象，取分离体画受力图（见图 1－4－5）。

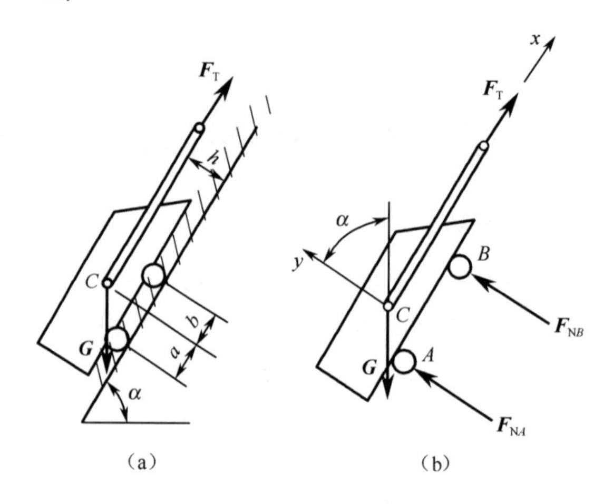

图1－4－5　高炉加料小车

（2）建立坐标系 xCy，本例未知力无交点，矩心可选在未知力 $\boldsymbol{F}_{NA}$ 或 $\boldsymbol{F}_{NB}$ 的作用点上，列平衡方程求解。

$$\sum F_x = 0, F_T - G\sin\alpha = 0$$

得
$$F_T = G\sin\alpha$$

$$\sum M_B(\boldsymbol{F}) = 0, G\sin\alpha h + G\cos\alpha b - F_T h - F_{NA}(a + b) = 0$$

得
$$F_{NA} = \frac{Gb\cos\alpha}{a+b}$$

$$\sum F_y = 0, F_{NA} + F_{NB} - G\cos\alpha = 0$$

得
$$F_{NB} = \frac{Ga\cos\alpha}{a+b}$$

例1－4－3　摇臂吊车如图1－4－6（a）所示，横梁 AB 的 A 端用铰链连接在立柱 EF 上，B 端则通过两端铰接的拉杆 BC 与立柱相连。CB 延伸与 AB 梁相交于 B 点。已知梁重 $G_1 = 4$ kN，载荷重 $F_Q = G_2 = 12$ kN，梁长 $l = 6$ m，载荷距 A 端距离 $x = 4$ m，$\alpha = 30°$。试求拉杆 CB 的拉力 $\boldsymbol{F}_T$ 和铰链 A 的约束力。

解：（1）受力分析。因为已知力和未知力都集中在 AB 梁上，所以选取横梁 AB 为研究对象，画出 AB 梁的分离体受力图（见图1－4－6）。

（2）建立坐标系。建立坐标系 xAy，本例中 A、B 两点，均为两个未知力的交点。若取 A 或 B 点为矩心，可列出只含一个未知力的力矩方程。很明显，取 B 点为矩心列出力矩方程时，计算较简单。

（3）列方程求解。取 B 点为矩心，列出平衡方程

$$\sum M_B(\boldsymbol{F}) = 0, G_1 l/2 + G_2(l - x) - F_{Ay} l = 0$$

得
$$F_{Ay} = G_1/2 + G_2(l - x)/l = [4/2 + 12 \times (6-4)/6]\text{kN} = 6\ \text{kN}$$

$$\sum F_y = 0, F_{Ay} + F_B\sin\alpha - G_1 - G_2 = 0$$

得
$$F_B = (G_1 + G_2 - F_{Ay})/\sin\alpha = (4 + 12 - 6)/\sin30°\ \text{kN} = 20\ \text{kN}$$

$$\sum F_x = 0, F_{Ax} - F_B\cos\alpha = 0$$

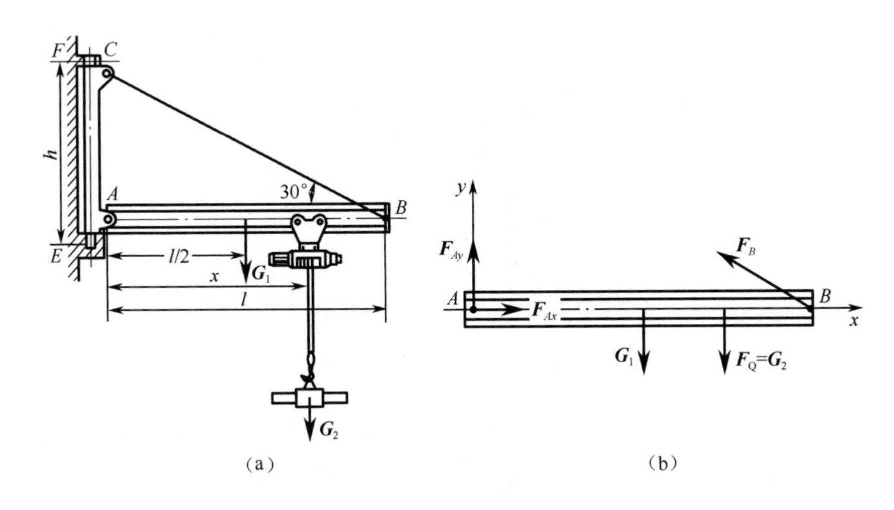

图 1－4－6　摇臂吊车横梁的受力分析

得
$$F_{Ax}=F_B\cos\alpha=20\times\cos30^\circ\text{kN}=17.32\ \text{kN}$$

由上述例题的求解过程可知，平面力系平衡问题的求解步骤为：

(1) 受力分析。确定研究对象，画出受力图。

据已知条件和欲求解的问题确定研究对象，取分离体画受力图。

(2) 确定投影坐标轴与矩心位置。

① 确定投影坐标轴的方法：为了便于列平衡方程，应取较多力的方向为坐标轴的正方向。

② 确定矩心的方法：为了减少方程中未知力的数目，一般选择多个未知力的交点为矩心。

(3) 根据力系的类型，列出相应的平衡方程求解。必要时对结果进行分析讨论。

(4) 可列出非独立的方程，验证结果的正确性。

3. 平面平行力系的平衡方程

若力系中各力作用线在同一平面内且相互平行，称为平面平行力系（见图 1－4－7）。平面平行力系是平面任意力系的特例。如取 y 轴平行于各力作用线，则各力在 x 轴上的投影恒等于零，即 $\sum F_x\equiv0$。因此，平面平行力系的平衡方程为

$$\begin{cases}\sum F_y=0\\ \sum M_O(\boldsymbol{F})=0\end{cases}\tag{1-4-6}$$

平面平行力系的平衡方程也可以用二力矩式表示，即

$$\begin{cases}\sum M_A(\boldsymbol{F})=0\\ \sum M_B(\boldsymbol{F})=0\end{cases}\tag{1-4-7}$$

应用二矩式方程时，所选矩心 A、B 连线不能与各力作用线平行。

由上述可知，平面平行力系只有两个独立方程，因此只能求解两个未知量。

例 1－4－4　塔式起重机如图 1－4－8（a）所示，已知机架重 $G=500$ kN，重心在 O 点，其作用线至右轨的距离 $b=1.5$ m，起重机的最大起重量 $F_P=250$ kN，其作用线至右轨的距离 $l=10$ m，起重机的平衡重为 $\boldsymbol{Q}$，其重心至左轨的距离 $x=6$ m，左右轨相距 $a=3$ m。求起重机满载时不向右倾倒，空载时不向左倾倒的平衡重 $\boldsymbol{Q}$ 的范围。

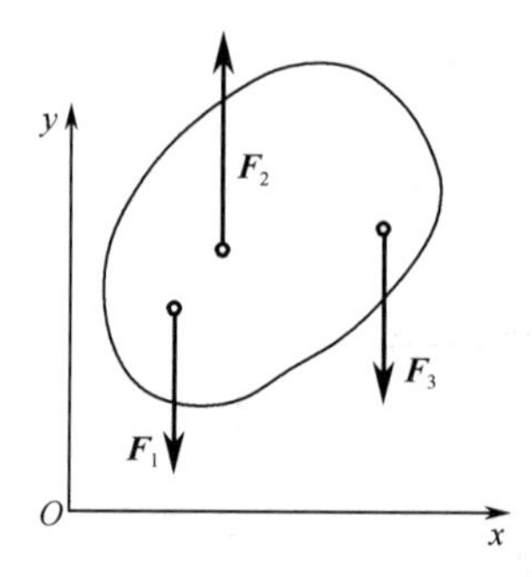

图1-4-7 平面平行力系

解：(1) 取起重机为研究对象。在起吊重物时，作用在它上面的力有机架自重 $\boldsymbol{G}$、平衡重 $\boldsymbol{Q}$、载荷 $\boldsymbol{F}_{\mathrm{P}}$、轨道的支持力 $\boldsymbol{F}_{\mathrm{N}A}$、$\boldsymbol{F}_{\mathrm{N}B}$。这些力组成平面平行力系。起重机在该力系作用下处于平衡。起重机满载与空载都不致翻倒的临界情况是 $F_{\mathrm{N}A}=0$ 或 $F_{\mathrm{N}B}=0$。

画分离体受力图，满载时如图1-4-8(b)所示，空载时如图1-4-8(c)所示。

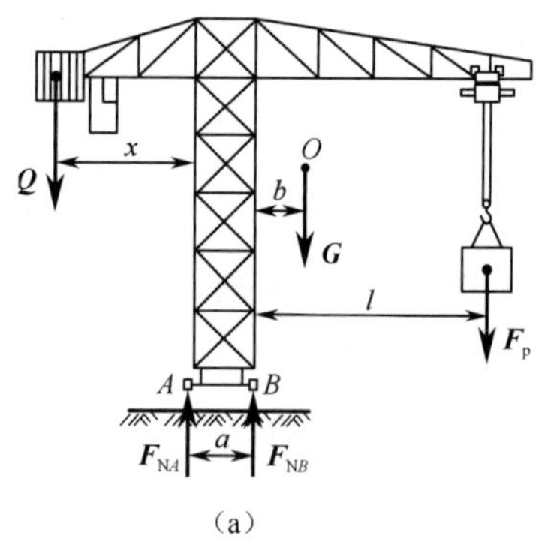

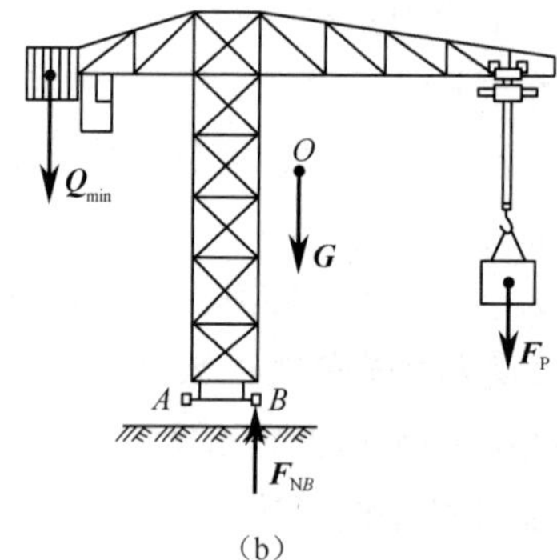

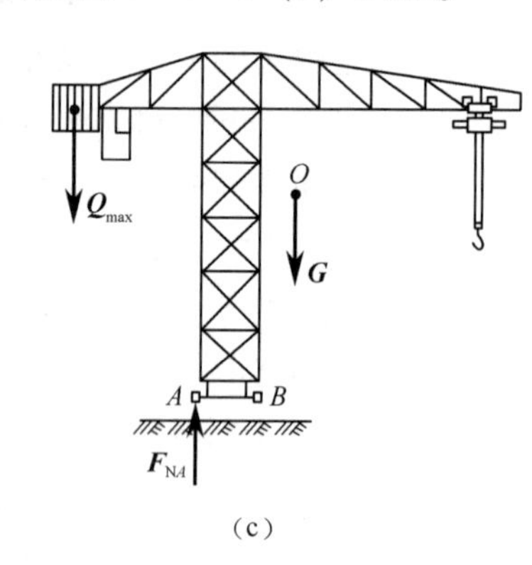

图1-4-8 塔式起重机受力分析

(2) 满载时，按图1-4-8(b)所示，此时为平衡重 $\boldsymbol{Q}$ 的最小值 $Q_{\min}$，平衡重小于 $Q_{\min}$ 时起重机则会向右翻倒，列平衡方程求解。

$$\sum M_B(\boldsymbol{F}) = 0$$

$$Q_{\min} \times (x + a) - Gb - F_{\mathrm{P}} \times l = 0$$

由此得

$$Q_{\min} = \frac{Gb + F_{\mathrm{P}} \times l}{x + a} = \frac{500 \times 1.5 + 250 \times 10}{6 + 3} \approx 361.1\ (\mathrm{kN})$$

(3) 空载时，按图1-4-8(c)所示，此时为平衡重 $\boldsymbol{Q}$ 的最大值 $Q_{\max}$，平衡重超过 $Q_{\max}$ 时起重机则会向左翻倒，列平衡方程求解。

$$\sum M_A(\boldsymbol{F}) = 0$$

$$Q_{\max} \times x - G(a + b) = 0$$

$$Q_{\max} = \frac{G(a + b)}{x} = \frac{500 \times (3 + 1.5)}{6} = 375\ (\mathrm{kN})$$

因此，要保证起重机不致翻倒，平衡重 Q 必须在下面的范围内：

$$361.1\ \text{kN} \leqslant Q \leqslant 375\ \text{kN}$$

分析讨论：从 $Q_{\min} = \dfrac{Gb + F_{\mathrm{P}} \times l}{x + a}$ 和 $Q_{\max} = \dfrac{G(a+b)}{x}$ 可以看出，为了增加起重机的稳定性，可减小 x 值或增加 a 值。

1.4.3　物体系统的平衡问题

1. 静定与静不定问题的概念

由前述可知，若构件在平面任意力系作用下平衡，最多可列出三个独立的方程，求解三个未知量。平面汇交力系和平面平行力系只有两个独立的平衡方程，平面力偶系只有一个独立的方程。

当力系中未知量的数目少于或等于独立平衡方程的数目时，则全部未知量可由独立平衡方程求出，这类问题称为静定问题。如图 1－4－9（a）所示，梁 AB 受力为平面任意力系，可列出三个独立的平衡方程，共有三个未知力，则为静定问题。否则，当力系中未知量的数目多于独立平衡方程的数目时，则全部未知量不能完全由独立平衡方程求出，这类问题称为静不定问题。如图 1－4－9（b）所示，梁 AB 受力为平面任意力系，可列出三个独立的平衡方程，但有四个未知力，则为静不定问题。

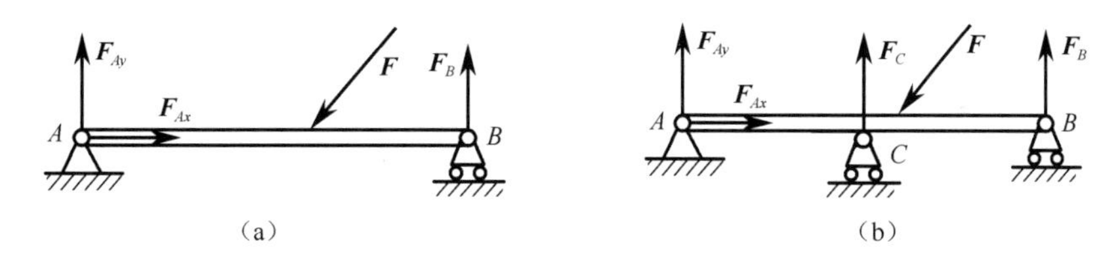

图 1－4－9　静定与静不定结构

（a）静定结构；（b）静不定结构

静不定结构在工程实际中应用较为广泛，因为它可以提高结构的刚度和牢固性，增强结构的承载能力。

静不定问题的求解，要利用材料力学或结构力学部分的内容，找出物体受力与变形之间的关系，列出补充方程，静不定问题即可解决。

2. 物体系统的平衡问题

工程机械或结构一般是由若干构件通过约束所组成的系统，称为物体系统，简称物系。求解物系的平衡问题时，不仅要考虑系统以外物体对系统的作用力，同时还要分析系统内部各构件之间的作用力。系统以外物体对系统的作用力，称为物系外力；系统内部各构件之间的作用力，称为物系内力。物系外力和物系内力是两个相对的概念，当研究整个物系平衡时，由于内力总是成对出现、相互抵消，因此可不予考虑。当研究系统中某一构件或部分构件的平衡时，系统中其他构件对它们的作用力就成为外力，必须考虑。

若整个物系平衡时，组成物系的各个构件也处于平衡。因此在求解时，既可以选整个系统为研究对象，也可以选单个构件或部分构件为研究对象。对所选的研究对象，一般平面任意力系可列出3个独立的方程。分别取力系中 n 个构件为研究对象，最多可列出 $3n$ 个独立的方程，解出 $3n$ 个未知量。若所选的研究对象中有平面汇交力系（或平面平行力系、平面力偶系）时，独立平衡方程的数目将相应地减少。现举例说明物系平衡问题的解法。

例1-4-5 图1-4-10（a）所示为一静定组合梁，由杆 AB 和杆 BC 用中间铰 B 连接，A 端为活动铰支座约束，C 端为固定端约束。已知梁上作用均布载荷 $q=15$ N/m，力偶 $M=20$ kN·m，求 A、C 端的约束力和 B 铰所受的力。

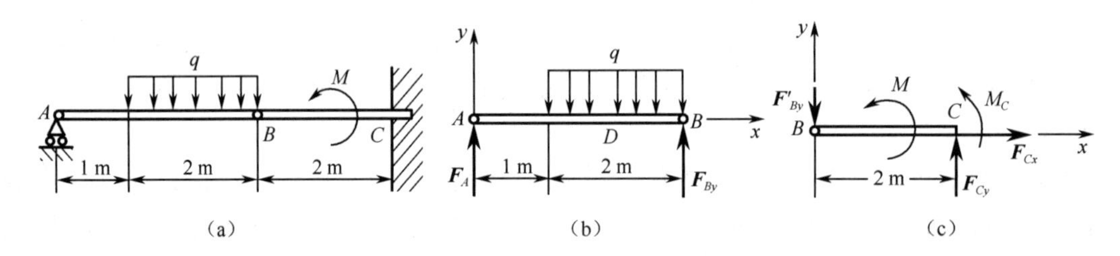

图1-4-10 例1-4-5图

解：（1）取杆 AB 为研究对象，画受力图［见图1-4-10（b）］。AB 杆上作用均布载荷 q，A 为活动铰链，只有竖直方向的约束力 $\boldsymbol{F}_A$，故 B 铰也只有竖直方向的约束力 $\boldsymbol{F}_{By}$。AB 杆受力为平面平行力系的问题，建立 xAy 直角坐标系，列平衡方程

$$\sum M_A(\boldsymbol{F})=0, F_{By}\times 3-2q\times 2=0$$

得

$$F_{By}=\frac{4q}{3}=\frac{4\times 15}{3}\text{kN}=20\text{ kN}$$

$$\sum F_y=0, F_A+F_{By}-2q=0$$

得

$$F_A=2q-F_{By}=(2\times 15-20)\text{ kN}=10\text{ kN}$$

（2）取杆 BC 为研究对象，画受力图［见图1-4-10（c）］。BC 杆上有已知力偶 $\boldsymbol{M}$，B 铰链受力 $\boldsymbol{F}'_{By}$ 与 AB 杆上 B 铰链受力 $\boldsymbol{F}_{By}$ 是作用与反作用的关系，C 端为固定端约束，有约束力 $\boldsymbol{F}_{Cy}$、$\boldsymbol{F}_{Cx}$ 和力偶 $\boldsymbol{M}_C$。BC 杆受力为平面任意力系的问题，建立 xBy 坐标系，列平衡方程

$$\sum F_x=0 \qquad F_{Cx}=0$$

$$\sum F_y=0 \qquad F_{Cy}-F'_{By}=0$$

得

$$F_{Cy}=F'_{By}=F_{By}=20\text{ kN}$$

$$\sum M_C(\boldsymbol{F})=0 \qquad M+M_C+F'_{By}\times 2=0$$

得

$$M_C=-M-2\times F'_{By}=(-20-2\times 20)\text{kN·m}=-60\text{ kN·m}$$

负号说明 C 端约束力偶矩的转向与图示方向相反。

例1-4-6 支架如图1-4-11所示，已知 $W=1.8$ kN，忽略各构件的重力。试求 A、C 固定铰链的约束力。

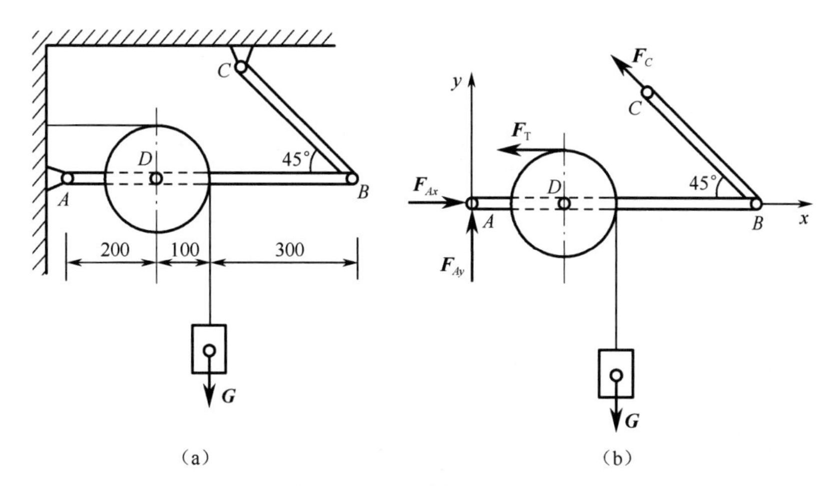

图1-4-11　例1-4-6图

解：取系统整体为研究对象，系统上作用的力有重力 $\boldsymbol{G}$、绳索拉力 $\boldsymbol{F}_T$（$F_T=G$）、铰链 C 的约束力 $\boldsymbol{F}_C$（杆 BC 为二力杆，故 $\boldsymbol{F}_C$ 作用线沿 BC 方向）和铰链 A 的约束力 $\boldsymbol{F}_{Ax}$、$\boldsymbol{F}_{Ay}$，这些力构成一个平面任意力系，如图1-4-11（b）所示。建立 xAy 坐标系，列平衡方程

$$\sum M_A(\boldsymbol{F}) = 0, F_T \times 100 + F_C \sin 45° \times 600 - W \times 300 = 0$$

得

$$F_C = \frac{G \times 300 - F_T \times 100}{\sin 45° \times 600} = \frac{1.8 \times (3-1)}{\frac{\sqrt{2}}{2} \times 6} \text{kN} \approx 0.85 \text{ kN}$$

$$\sum F_x = 0, F_{Ax} - F_T - F_C \cos 45° = 0$$

得

$$F_{Ax} = F_T + F_C \cos 45° = \left(1.8 + 0.85 \times \frac{\sqrt{2}}{2}\right) \text{kN} \approx 2.4 \text{ kN}$$

$$\sum F_y = 0, F_{Ay} + F_C \sin 45° - G = 0$$

得

$$F_{Ay} = G - F_C \sin 45° = \left(1.8 - 0.85 \times \frac{\sqrt{2}}{2}\right) \text{kN} = 1.2 \text{ kN}$$

例1-4-7　图1-4-12（a）所示为一偏心夹紧机构。图示位置压杆 AC 处于水平位置，已知偏心轮所受载荷 $\boldsymbol{F}$，$\alpha=30°$，$a=120$ mm，$b=60$ mm，$e=15$ mm，$l=100$ mm。不计接触面间的摩擦，求工件 E 所受的夹紧力。

解：该题若以机构整体为研究对象，则不能求出任何一个未知量。所以，必须将机构拆开，分别对各构件进行受力分析。

（1）以偏心轮为研究对象，作用于偏心轮上的力有 $\boldsymbol{F}$、$\boldsymbol{F}_{NC}$、$\boldsymbol{F}_{Dx}$、$\boldsymbol{F}_{Dy}$，受力如图1-4-12（b）所示。列平衡方程

$$\sum M_D(\boldsymbol{F}) = 0, \ F(l + e\sin\alpha) - F_{NC} e\sin\alpha = 0$$

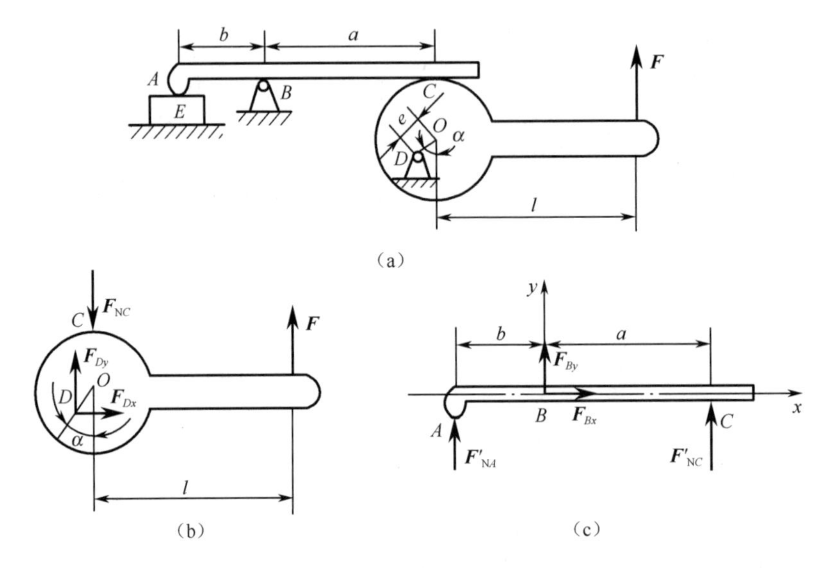

图 1－4－12 例 1－4－7 图

得

$$F_{NC}=\frac{F(l+e\sin\alpha)}{e\sin\alpha}=\frac{100+15\sin30°}{15\sin30°}F=\frac{100+15\times\frac{1}{2}}{15\times\frac{1}{2}}F=14.3F$$

由于不需要求 D 处的约束力，故不必列出投影方程。

（2）以压杆 AC 为研究对象，作用于杆上的力有 $\boldsymbol{F}'_{NA}$、$\boldsymbol{F}_{Bx}$、$\boldsymbol{F}_{By}$ 和 $\boldsymbol{F}'_{NC}$。受力如图 1－4－12（c）所示。列平衡方程

$$\sum M_B(\boldsymbol{F})=0, F'_{NC}a-F'_{NA}b=0$$

得

$$F'_{NA}=\frac{aF'_{NC}}{b}=\frac{120\times14.3F}{60}=28.6F$$

工件 E 所受的夹紧力 F_{NA} 与 F'_{NA} 等值、反向，是作用力与反作用力的关系。

1.4.4 考虑摩擦时构件的平衡问题

在前面研究物体平衡时，将物体接触面间的摩擦忽略不计，而视为绝对光滑的理想状态。实际上完全光滑的接触面并不存在。工程中，一些构件的接触面比较光滑且具有良好的润滑条件，摩擦很小，不起主要作用时，为使问题简化可不计摩擦。但在许多工程问题中，摩擦对构件的运动和平衡起着主要作用，因此必须考虑。例如，车靠摩擦制动、带轮靠摩擦传递动力等，都是摩擦有利的一面。摩擦也有其有害的一面，它会带来阻力、消耗能量、加剧磨损、缩短机器寿命等。因此，研究摩擦是为了掌握摩擦的一般规律，利用其有利的一面，而限制或消除其有害的一面。

按物体接触面间发生的相对运动形式，摩擦可分为滑动摩擦和滚动摩擦；按两物体接触面是否存在相对运动，可分为静摩擦和动摩擦；按接触面间是否有润滑，可分为干摩擦和液

体摩擦。本节主要介绍静滑动摩擦及考虑摩擦时物体的平衡问题。

1. 滑动摩擦的概念

两相互接触的物体发生相对滑动或有相对滑动趋势时，在接触处就存在阻碍物体相对滑动的力，这种力称为滑动摩擦力。滑动摩擦力作用于接触处的公切面上，并与物体相对滑动或相对滑动趋势的方向相反。滑动摩擦根据两接触面间的相对运动是否存在，可分为静滑动摩擦和动滑动摩擦两类。

1）静滑动摩擦

物体接触面间产生滑动摩擦的规律，可通过图 1－4－13 所示实验说明。

在台面上放一小盘 A，盘内盛砝码，盘与砝码共重 G_1，盘连一绳绕过定滑轮 B，绳另一端悬挂一小盘 C，则绳对盘的拉力 $\boldsymbol{F}_T$ 等于小盘 C 与盘内砝码的总重 $\boldsymbol{G}_2$。当拉力 $\boldsymbol{F}_T$ 逐渐增大，摩擦力 $\boldsymbol{F}_f$ 也随之增大，此时，摩擦力具有约束反力的性质，可见摩擦力的值不固定，一直保持与拉力 $\boldsymbol{F}_T$ 平衡。当 $\boldsymbol{F}_f$ 随 $\boldsymbol{F}_T$ 增加到某一临界最大值 F_{fmax}（称为临界摩擦力）时，就不会再增加，此时，盘 A 处于将要滑动而又未滑动的临界状态，若 $\boldsymbol{F}_T$ 再增加一点，物体将开始滑动。此时，静摩擦力达到最大值。由此可知，静摩擦力的变化范围为

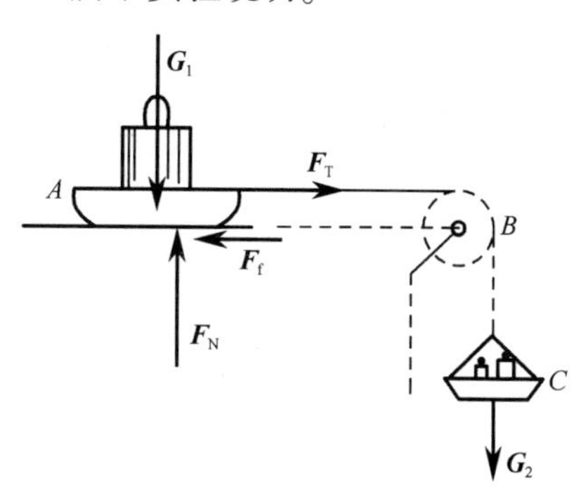

图 1－4－13　静滑动摩擦

$$0 \leqslant F_f \leqslant F_{fmax}$$

库仑通过大量实验证明，临界摩擦力的大小与物体接触面间的正压力成正比，即

$$F_{fmax} = \mu_s F_N \qquad (1-4-8)$$

式中　F_N——接触面间的正压力；

μ_s——静摩擦因数，其大小与两物体接触面间的材料及表面情况（表面粗糙度、干湿度、温度等）有关，常用材料的静摩擦因数 μ_s 可从工程手册中查得。式（1－4－8）称为库仑定律或静摩擦定律。

库仑定律指明了利用和减小摩擦的途径，即可以从影响摩擦力的摩擦因数与正压力入手。例如，一般车辆以后轮为驱动轮，故设计时应使重心靠近后轮，以增加后轮的正压力。在轮胎表面压出各种花纹，以增大摩擦因数。

综上所述，静摩擦力也是一种被动且未知的约束力。其基本性质用以下三要素表示。

（1）大小。在平衡状态时，$0 \leqslant F_f \leqslant F_{fmax}$，由平衡条件确定；在临界状态下 $F_f = F_{fmax} = \mu_s F_N$。

（2）方向。与物体间相对滑动趋势的方向相反，并沿接触面作用点的切向。

（3）作用点。在接触处摩擦力的合力作用点上。

2）动滑动摩擦

继续上述试验，当力 F_T 超过 F_{fmax} 时，物体开始滑动，此时物体所受摩擦力为动摩擦力 $\boldsymbol{F}'_f$。

大量实验表明，$\boldsymbol{F}'_f$ 的大小与接触面间的正压力成正比，即

$$F'_f = \mu F_N \qquad (1-4-9)$$

式中 μ——动摩擦系数，是与材料和表面情况有关的常数，一般 μ 的值小于 μ_s 的值。

动摩擦力与静摩擦力比较，有两点不同：①动摩擦力一般小于静摩擦力，说明维持一个物体的运动要比使它由静止进入运动要容易。②静摩擦力的大小要由与主动力有关的平衡条件确定；而动摩擦力的大小则与主动力的大小无关，只要相对运动存在，它就是一个常值。

2. 摩擦角与自锁现象

若物体处于静摩擦状态，物体在接触面受到约束力 $\boldsymbol{F}_N$ 和 F_f 的共同反作用，若将这两个力合成，其合力 $\boldsymbol{F}_R$ 就代表了物体接触面对物体的全部约束作用，$\boldsymbol{F}_R$ 称为全约束力。

全约束力 $\boldsymbol{F}_R$ 与接触面法线的夹角为 φ，如图 1-4-14（a）所示。显然，夹角 φ 随静摩擦力 $\boldsymbol{F}_f$ 的变化而变化，当静摩擦力达到最大值时，夹角 φ 也达到最大值 φ_m，φ_m 称为摩擦角。由图 1-4-14（b）可知

$$\tan\varphi_m = \frac{F_{fmax}}{F_N} = \frac{\mu_s F_N}{F_N} = \mu_s \tag{1-4-10}$$

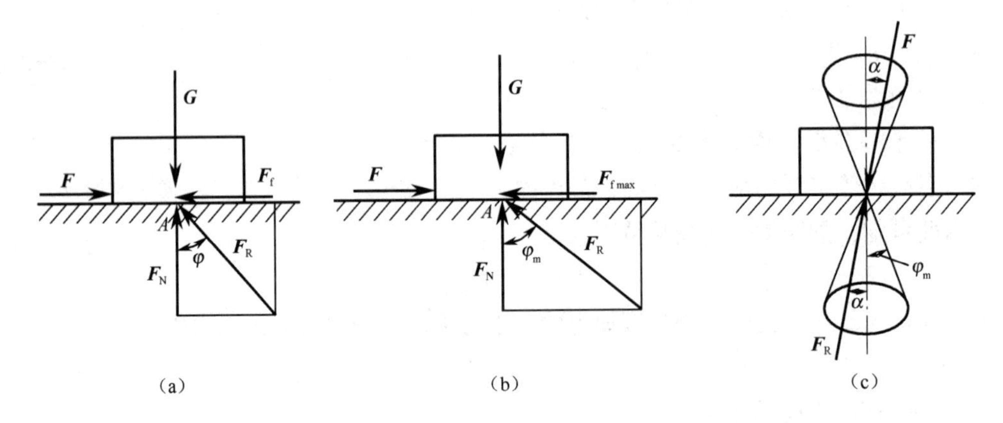

图 1-4-14 摩擦角

式（1-4-10）表明，摩擦角的正切等于静摩擦因数，它也是表示材料与接触面摩擦性质的物理量。摩擦角表示全约束力能够生成的范围，若物体与支撑面的摩擦因数在各个方向都相同，则这个范围在空间就形成一个锥体，称为摩擦锥。全约束力的作用线不可能超出摩擦锥，如图 1-4-14（c）所示。若外力 $\boldsymbol{F}$ 作用在摩擦锥范围内，则约束面必产生一个等值、反向、共线的全约束力 $\boldsymbol{F}_R$ 与之平衡，且无论外力 $\boldsymbol{F}$ 的值增加到多大，都不会使物体滑动，这种现象称为自锁。由图 1-4-14（c）可知，自锁条件为

$$\alpha \leqslant \varphi_m \tag{1-4-11}$$

3. 考虑摩擦时物体的平衡问题

求解考虑摩擦时物体的平衡问题，与忽略摩擦时物体的平衡基本相同。不同的是在画受力图时要画出摩擦力，要注意摩擦力的方向与滑动趋势的方向相反。

求解时除列出平衡方程外，还需要列出补充方程，在平衡状态：$0 \leqslant F_f \leqslant F_{fmax}$，摩擦力是一个范围值。在临界状态：$F_f = F_{fmax} = \mu_s F_N$，摩擦力是一个极限值。

例 1-4-8 制动装置如图 1-4-15（a）所示，已知制动轮与制动块间的摩擦因数为 μ_s，鼓轮上的转矩为 $\boldsymbol{M}$，几何尺寸如图 1-4-15（a）所示。试求制动所需要的最小力 $\boldsymbol{F}$。

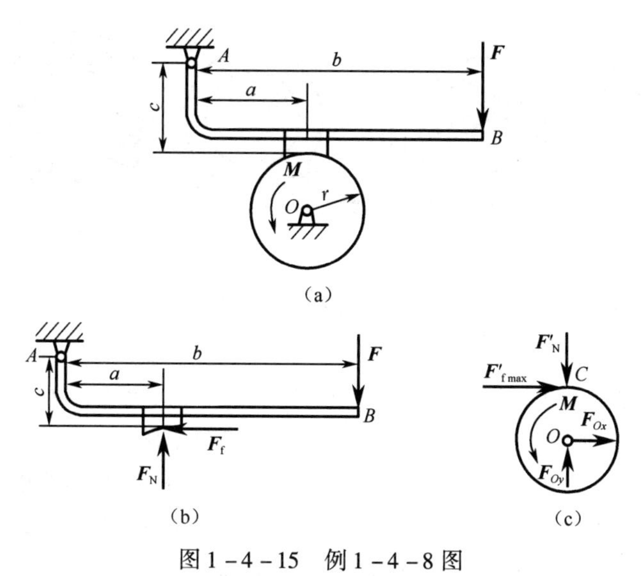

图 1-4-15　例 1-4-8 图

解：(1) 分别取制动臂 AB 和鼓轮 O 为研究对象，画受力图［见图 1-4-15 (b)、(c)］。

(2) 因为欲求力 $\boldsymbol{F}$ 的最小值，故摩擦处于临界状态。

对鼓轮［见图 1-4-15 (c)］，列平衡方程为

$$\sum M_O(\boldsymbol{F})=0,\ \boldsymbol{M}-F'_{\text{fmax}}r=0$$

$$F'_{\text{fmax}}=\frac{M}{r}$$

列补充方程

$$F'_{\text{fmax}}=\mu_s F'_N$$

得

$$F'_N=\frac{M}{r\mu_s}$$

对制动臂［见图 1-4-15 (b)］，列平衡方程

$$\sum M_A(\boldsymbol{F})=0,\ F_N a-Fb-F_{\text{fmax}}c=0$$

得

$$F=\frac{F_N a-F_{\text{fmax}}c}{b}=\frac{M(a-c\mu_s)}{br\mu_s}$$

4. 滚动摩擦简介

搬运重物时，若在重物下面垫上辊轴，比直接放在地面上推动要省力得多，如图 1-4-16 所示。这说明用滚动代替滑动所受到的阻力要小得多。车辆用车轮、用滚动轴承代替滑动轴承，就是这个道理。

滚动比滑动省力，可用图 1-4-17 所示的车轮在地面上滚动来说明。将一重为 $\boldsymbol{G}$ 的车轮放在地面上，在轮心施加一较小的水平拉力 $\boldsymbol{F}$，此时车轮与地面接触处就会产生一摩擦阻力 $\boldsymbol{F}_f$，以阻止车轮滑动。如图 1-4-17 (a) 所示，主动力 $\boldsymbol{F}$ 与摩擦阻力 $\boldsymbol{F}_f$ 组成一力偶，

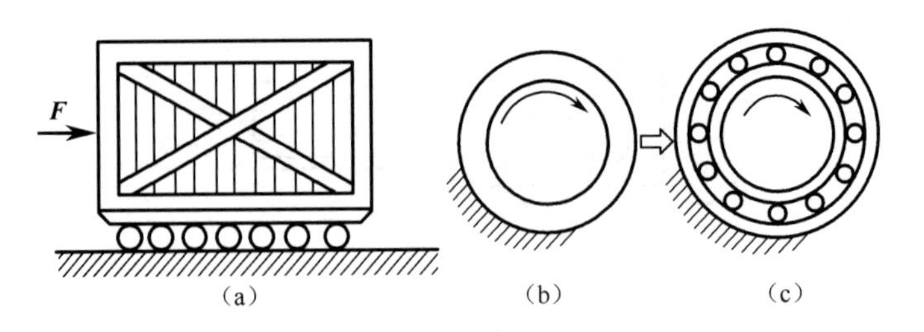

图1-4-16　滚动摩擦

（a）车轮；（b）、（c）用滚动轴承代替滑动轴承

其力偶矩为 $\boldsymbol{F}_{\mathrm{R}}$，不论它有多小，都将驱使车轮转动。实际情况是，车轮由于重力 G 的作用，车轮和地面都会产生变形。变形后，车轮与地面接触面上的约束力分布情况如图1-4-17（b）所示。将这些约束力向 A 点简化，可得到法向约束力 $\boldsymbol{F}_{\mathrm{N}}$、切向约束力 $\boldsymbol{F}_{\mathrm{f}}$ 及滚动摩擦力偶矩 $\boldsymbol{M}_{\delta}$，如图1-4-17（c）所示。此时，力偶矩 $M_{\delta}=F_{\mathrm{N}}e$，起阻止车轮滚动的作用，其转向与车轮的滚动趋势方向相反，称为滚动摩擦力偶矩。

当力 $\boldsymbol{F}$ 逐渐增大使车轮达到开始滚动而尚未滚动的临界状态，此时，法向约束力 $\boldsymbol{F}_{\mathrm{N}}$ 的偏移值 e 也相应地逐渐增大到最大值 δ，滚动摩擦力偶矩 $\boldsymbol{M}_{\delta}$ 随主动力矩 $\boldsymbol{F}_{\mathrm{R}}$ 的增大而增大，当滚动摩擦力偶矩达到最大值 $M_{\delta\max}$ 时，再增大力 $\boldsymbol{F}$，车轮就开始滚动了。由此可知，滚动摩擦力偶矩也是介于零与最大值之间，即 $0\leqslant M_{\delta}\leqslant M_{\delta\max}$。

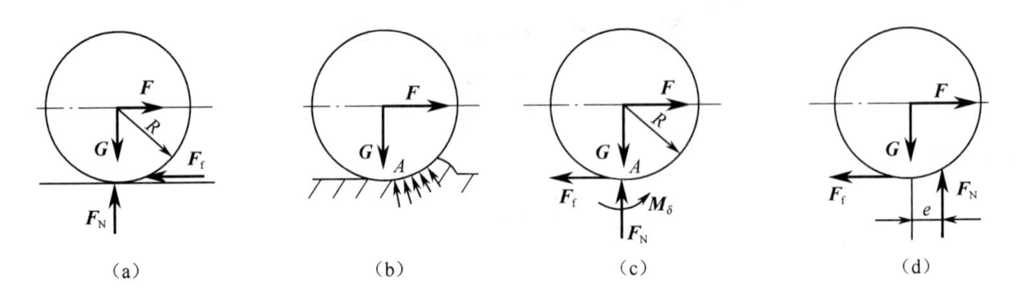

图1-4-17　车轮的滚动摩擦分析

实验表明，最大滚动摩擦力偶矩与法向约束力成正比，即

$$M_{\delta\max}=\delta F_{\mathrm{N}} \tag{1-4-12}$$

式中　δ——有长度单位的系数，称为滚动摩擦因数。δ 为实际接触面法向约束力与理论接触点 A 的最大偏矩 e［见图1-4-17（d）］，与相互接触物体表面的材料性质和表面状况有关，材料硬，接触表面变形就小，δ 值也小。如车胎打足气后使车胎变形减小，便可以减小滚动摩擦阻力。

分析图1-4-17所示车轮的滑动条件为 $F>F_{\mathrm{f}}$，即 $F>\mu_{\mathrm{s}}G$。车轮的滚动条件为 $Fr>M_{\delta\max}$ 即 $F>(\delta/r)G$，由于 $(\delta/r)<\mu_{\mathrm{s}}$，所以使车轮滚动比滑动省力。

当物体在支撑面上做纯滚动时，在接触点处也一定产生滑动摩擦力 F_{f}，但它并未达到最大值，也不是动摩擦力。力 F_{f} 在静力学问题中依据平衡条件求解，在动力学问题中要由动力学方程求解。

【任务实施】

如图 1－4－18 所示，重为 W 的物块放在倾角为 α 的斜面上，物块与斜面间的摩擦因数为 μ_s，且 $\tan\alpha>\mu_s$。试求使物块在斜面上保持静止时的水平力 $\boldsymbol{F}$ 的取值范围。

解： 要使物块在斜面上静止，力 $\boldsymbol{F}$ 不能太小，也不能太大。若力 $\boldsymbol{F}$ 太小，物块将沿斜面向下滑动；若力 $\boldsymbol{F}$ 太大，物块将沿斜面向上滑动。因此，力 $\boldsymbol{F}$ 的值必在一范围内。

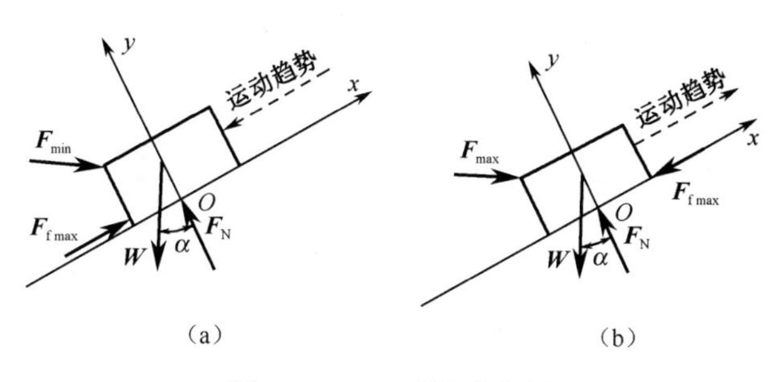

图 1－4－18　任务实施图

（1）确定物块不致沿斜面下滑所需力 $\boldsymbol{F}$ 的最小值 F_{min}。取物块为研究对象，设物块处于将要下滑的临界状态，静摩擦力已达到最大值，方向沿斜面向上，受力如图 1－4－18（a）所示，沿斜面方向建立坐标系 xOy，列平衡方程和补充方程为

$$\sum F_x=0,\quad F_{min}\cos\alpha-W\sin\alpha+F_{fmax}=0$$

$$\sum F_y=0,\quad F_N-F_{min}\sin\alpha-W\cos\alpha=0$$

$$F_{fmax}=\mu_s F_N$$

联立以上方程解得

$$F_{min}=\frac{\sin\alpha-\mu_s\cos\alpha}{\cos\alpha+\mu_s\sin\alpha}W$$

（2）确定物块不致沿斜面上滑所需力 $\boldsymbol{F}$ 的最大值 F_{max}。取物块为研究对象，设物块处于将要上滑的临界状态，静摩擦力已达到最大值，方向沿斜面向下，受力如图 1－4－18（b）所示，沿斜面方向建立坐标系 xOy，列平衡方程和补充方程为

$$\sum F_x=0,\quad F_{max}\cos\alpha-W\sin\alpha-F_{fmax}=0$$

$$\sum F_y=0,\quad F_N-F_{max}\sin\alpha-W\cos\alpha=0$$

$$F_{fmax}=\mu_s F_N$$

联立以上方程解得

$$F_{max}=\frac{\sin\alpha+\mu_s\cos\alpha}{\cos\alpha-\mu_s\sin\alpha}W$$

因此，要使物块在斜面上保持静止，水平力 $\boldsymbol{F}$ 的取值范围是

$$\frac{\sin\alpha-\mu_s\cos\alpha}{\cos\alpha+\mu_s\sin\alpha}W\leqslant F\leqslant\frac{\sin\alpha+\mu_s\cos\alpha}{\cos\alpha-\mu_s\sin\alpha}W$$

【任务小结】

本任务的主要内容是平面任意力系的简化及平衡问题以及考虑摩擦时如何处理有关平衡问题。

1. 平面任意力系的简化

平面任意力系向平面任意点简化，得到一主矢 F'_R 和一主矩 M_0。

主矢的大小等于原力系中各分力在坐标轴投影代数和的平方和再开方，作用在简化中心上。主矩的大小等于各分力对简化中心力矩的代数和。

$$F'_R = \sqrt{(\sum F_x)^2 + (\sum F_y)^2} \qquad M_0 = \sum M_0(F)$$

2. 平面任意力系的平衡方程

（1）平衡条件：平面任意力系平衡的充要条件为 $F'_R = 0$，$M_0 = 0$。

（2）平衡方程：

①一矩式方程：

$$\begin{cases} \sum F_x = 0 \\ \sum F_y = 0 \\ \sum M_0(\boldsymbol{F}) = 0 \end{cases}$$

应用一矩式方程时，为使求解简便，坐标轴一般选在与未知力垂直的方向上，矩心可选在未知力作用点（或交点）上。

②二矩式方程：

$$\begin{cases} \sum F_x = 0 \\ \sum M_A(\boldsymbol{F}) = 0 \\ \sum M_B(\boldsymbol{F}) = 0 \end{cases}$$

应用二矩式方程时，所选坐标轴 x 不能与矩心 A、B 的连线垂直。

③三矩式方程：

$$\begin{cases} \sum M_A(\boldsymbol{F}) = 0 \\ \sum M_B(\boldsymbol{F}) = 0 \\ \sum M_C(\boldsymbol{F}) = 0 \end{cases}$$

应用三矩式方程时，所选矩心 A、B、C 三点不能共线。

3. 静定与静不定问题的概念

（1）静定问题：力系中未知数的个数少于或等于独立平衡方程个数，全部未知数可由独立平衡方程解出。

（2）静不定问题：力系中未知数个数多于独立平衡方程个数时，全部未知数不能完全由独立平衡方程解出。

4. 物体系统的平衡问题

外力和内力系统外物体对系统的作用力称为物系外力，系统内部各构件之间的相互作用力称为物系内力。

物系平衡：物系处于平衡，那么物系的各个构件都处于平衡。因此在求解时，既可以选整个物系为研究对象，也可以选单个构件或部分构件为研究对象。

5. 滑动摩擦的概念

（1）静滑动摩擦力：物体接触面间具有相对滑动趋势时，接触面存在有阻碍滑动趋势的力。

$$0 \leqslant F_f \leqslant F_{f\max} = \mu_5 F_N$$

（2）动滑动摩擦力：物体接触面间产生相对滑动时，接触面间就存在有阻碍相对滑动的力。

$$F_f' = \mu F_N$$

6. 摩擦角与自锁现象

摩擦角 ϕ_m：最大全反力 F_{Rm} 与法线之间的夹角称为摩擦角。

摩擦角的正切值等于摩擦因数，即

$$\tan \phi_m = \mu_s$$

自锁现象：全反力作用线落在摩擦锥内的现象称为自锁。自锁的条件为：全反力与法线的夹角小于或等于摩擦角，即

$$\phi \leqslant \phi_m$$

【实践训练】

思考题

1-4-1 设平面任意力系向一点简化得到一个合力，问能否找到一个适当的点为简化中心，使其简化为一合力偶？

1-4-2 绞车如图 1-4-19 所示，其三臂互成 120° 且等长，三臂上的作用力均为 **F** 且与臂垂直，试求此三力向绞盘中心 O 简化的结果。

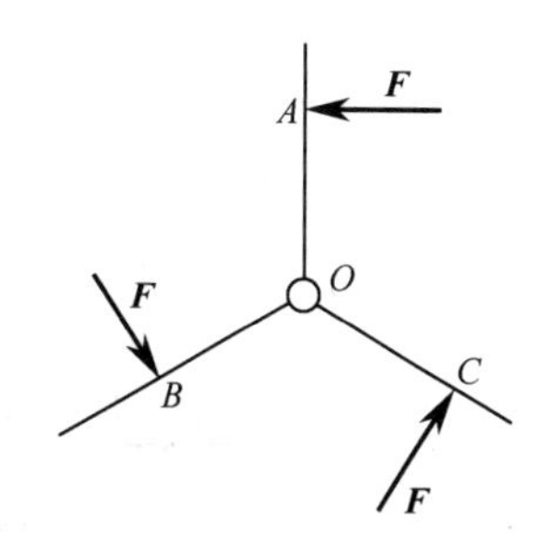

图 1-4-19　思考题 1-4-2 图

1-4-3 试解释应用二矩式方程时，为什么要附加条件两矩心连线与投影轴不垂直？应用三矩式方程时，为什么要附加条件三矩心 A、B、C 三点不共线？

1-4-4 试判断图 1-4-20 所示结构中哪些是静定问题？哪些是静不定问题？

1-4-5 物体放在粗糙的桌面上，是否一定会受到摩擦力的作用？

1-4-6 试分析图 1-4-21 所示汽车行驶时，由发动机驱动的后轮上摩擦力的方向。汽车的前轮空套在轴上（非越野车），前轮上的摩擦力是什么方向。

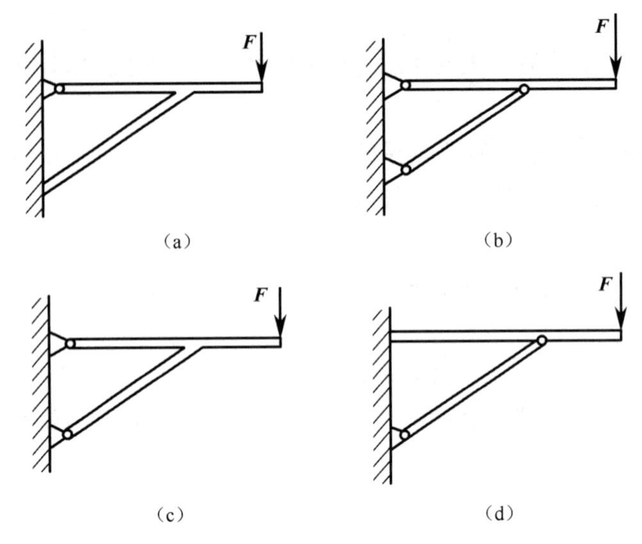

图1-4-20　思考题1-4-4图

1-4-7 如图1-4-22所示，重为 $\boldsymbol{G}$ 的物块受到力 $\boldsymbol{F}$ 作用靠在墙上平衡，若物块与墙间的摩擦因数为 μ_s，求物块与墙间的摩擦力 $\boldsymbol{F}_f$。

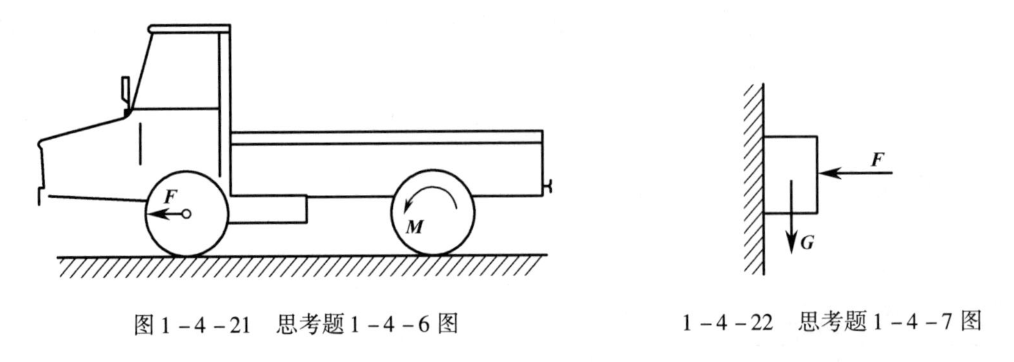

图1-4-21　思考题1-4-6图　　　1-4-22　思考题1-4-7图

1-4-8 如图1-4-23所示，物块重为 $\boldsymbol{G}$，与地面间的摩擦因数为 μ_s。欲使物块向右滑移，图1-4-23（a）与图1-4-23（b）中哪种施力方法省力？若要最省力，角 α 应为多大？

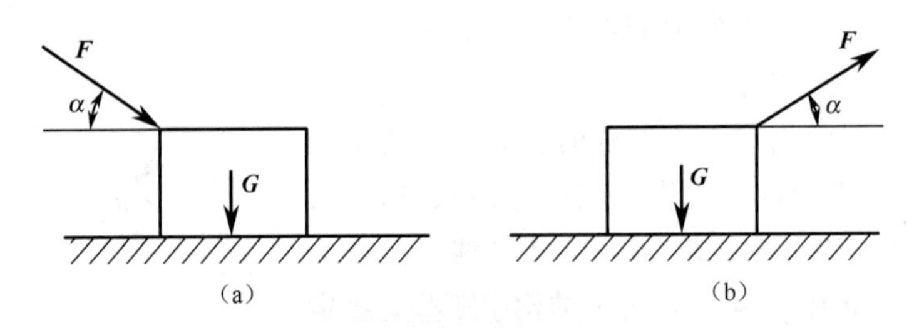

图1-4-23　思考题1-4-8图

1-4-9 如图1-4-24所示，重为 $\boldsymbol{G}$ 的物体放在地面上，有一主动力 $\boldsymbol{F}$ 刚好作用在摩擦锥的范围之外，此时物体是否一定运动？

1－4－10 为什么拉车时，路硬、轮胎气足、车轮直径大、就能省力？

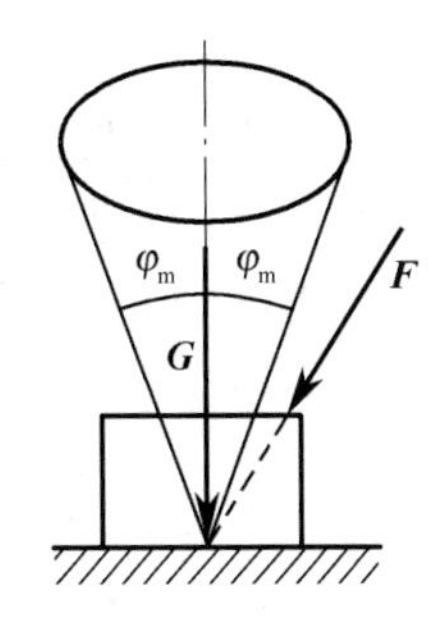

图 1－4－24　思考题 1－4－9 图

习　题

1－4－1 图 1－4－25 所示是边长为 $4a$ 的正方形平板，其上 A、O、B、C 点作用力分别为：$F_1=F$，$F_2=2\sqrt{2}F$，$F_3=2F$，$F_4=3F$。试求作用于板上该力系的合力 $\boldsymbol{F}_R$。

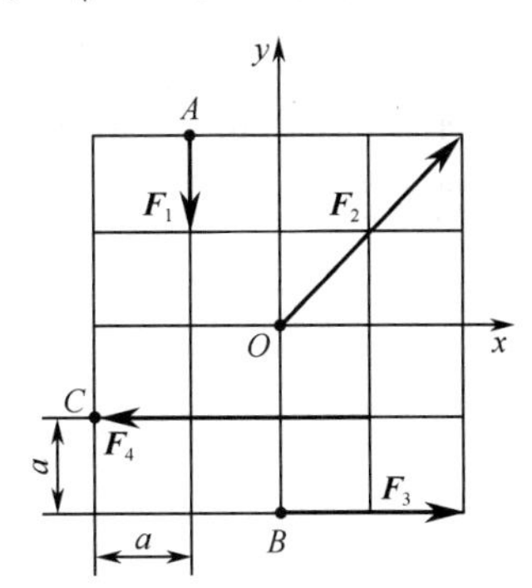

图 1－4－25　习题 1－4－1 图

1－4－2 如图 1－4－26 所示，支架受载荷 $\boldsymbol{G}$ 作用，杆件自重不计，试分别求两支架 A 端的约束力和 BC 杆所受的力。

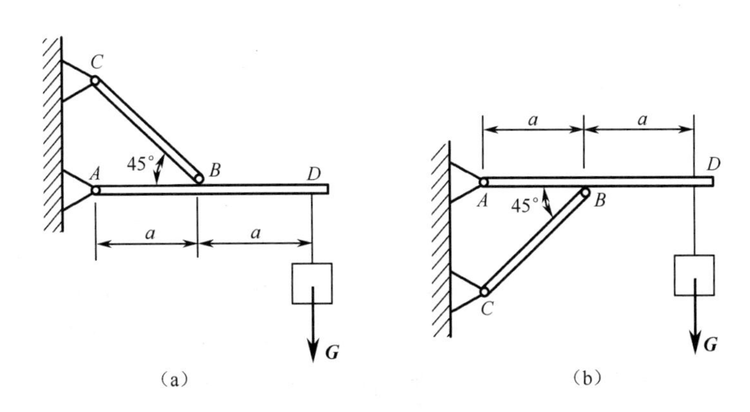

图 1－4－26　习题 1－4－2 图

1－4－3 如图1－4－27所示，已知 q、a，且 $F=qa$，$M=qa^2$，试求各梁的支座反力。

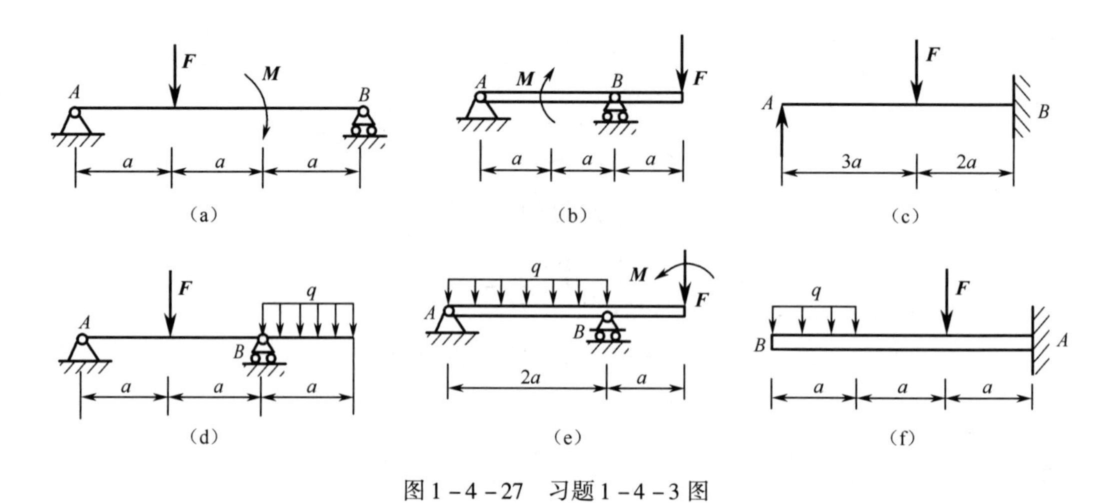

图1－4－27 习题1－4－3图

1－4－4 安装设备时常用起重摆杆，其简图如图1－4－28所示。起重摆杆 AB 重 $G_1=1.8$ kN，作用在 AB 中点 C 处。提升的设备重量为 $G=20$ kN。试求系在摆杆 A 端的绳 AD 的拉力及 B 铰链的约束力。

1－4－5 如图1－4－29所示，圆形水箱总重 $G=160$ kN，固定在支架 $ABCD$ 上，水箱侧面受风压力 $q=16$ kN/m。为保证水塔平衡，试求支座 A、B 间的最小距离 $l_{\min}$。

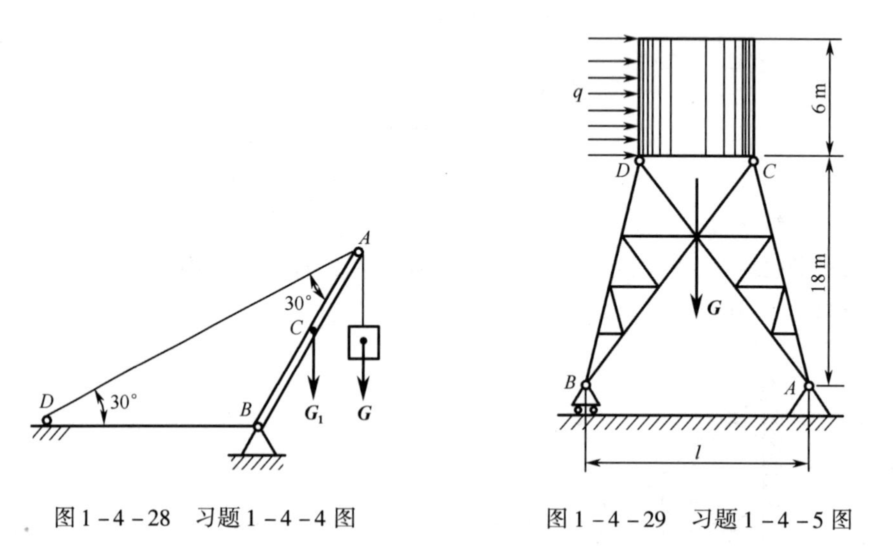

图1－4－28 习题1－4－4图　　图1－4－29 习题1－4－5图

1－4－6 如图1－4－30所示，由杆 AB、BC 和 CE 组成的支架和滑轮 E 支持着物体，物体重$G=12$ kN。不计滑轮自重，求支座 A、B 的约束力及杆 BC 所受的力。

1－4－7 如图1－4－31所示，汽车起重机的重量 $W_1=26$ kN，伸臂重 $G_1=4.5$ kN，起重机旋转和固定部分的重量 $W_2=31$ kN。设伸臂在起重机对称面内，求图示位置汽车不至翻倒的最大起重载荷 G_2。

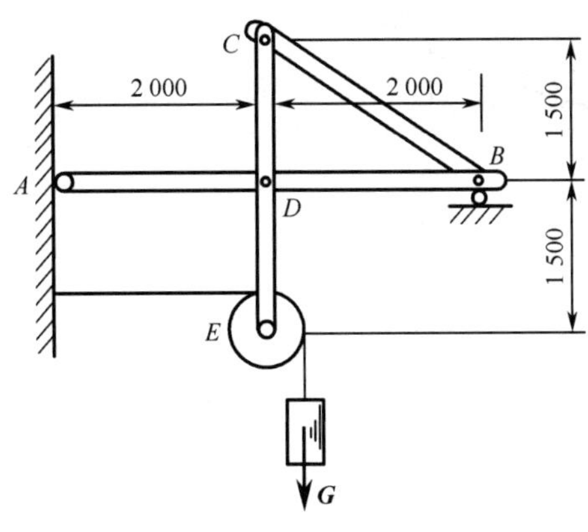

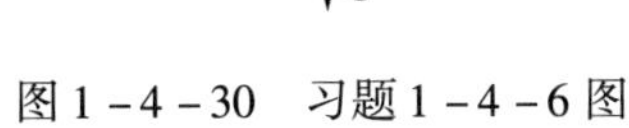
图1-4-30　习题1-4-6图

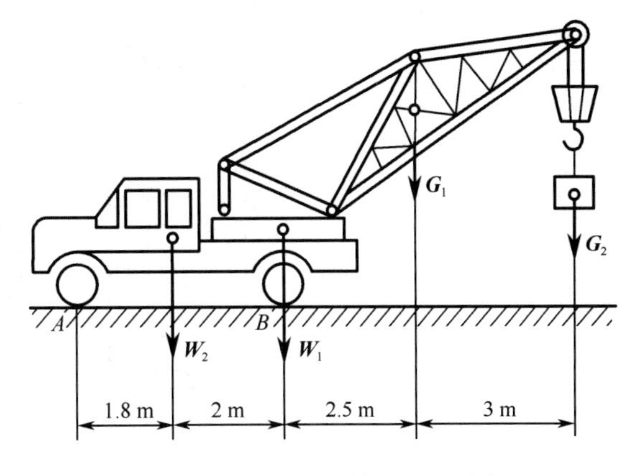

图1-4-31　习题1-4-7图

1-4-8 在图1-4-32所示各组合梁中，已知 q、a，且 $F=qa$，$M=qa^2$。试求各梁 A、B、C、D 处的支座反力。

1-4-9 图1-4-33为一往复式水泵简图。电动机作用在齿轮1上的驱动力偶矩为 M_O，两个齿轮的节圆半径分别为 $r_1=50$ mm，$r_2=75$ mm，曲柄 $O_2A=50$ mm，连杆长 $AB=250$ mm，齿轮压力角 $\alpha=20°$。当曲柄在图示位置时，活塞上的工作阻力 $F=6$ kN。若忽略各构件自重和摩擦，试求驱动力偶矩 M_O。

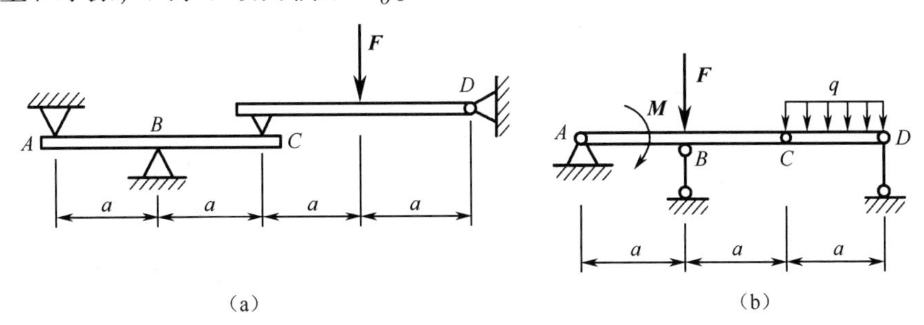

图1-4-32　习题1-4-8图

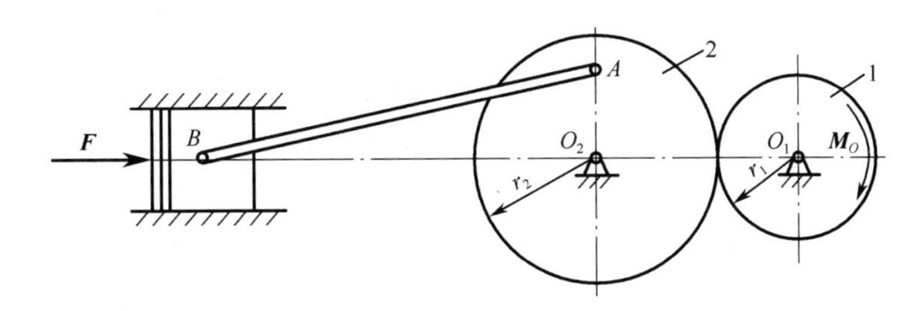

图1-4-33　习题1-4-9图

1-4-10 气动夹具如图1-4-34所示，已知气体压强 $q=40$ N/cm²，汽缸直径 $d=8$ cm，$\alpha=15°$，$a=15$ cm。求杠杆对工件的压力 $\boldsymbol{F}_Q$。

1-4-11 如图1-4-35所示，已知物块重 $G=100$ N，斜面的倾角 $\alpha=30°$，物块与斜面间的摩擦因数 $\mu_s=0.38$。求使物块沿斜面向上运动的最小力 $\boldsymbol{F}$ 的大小。

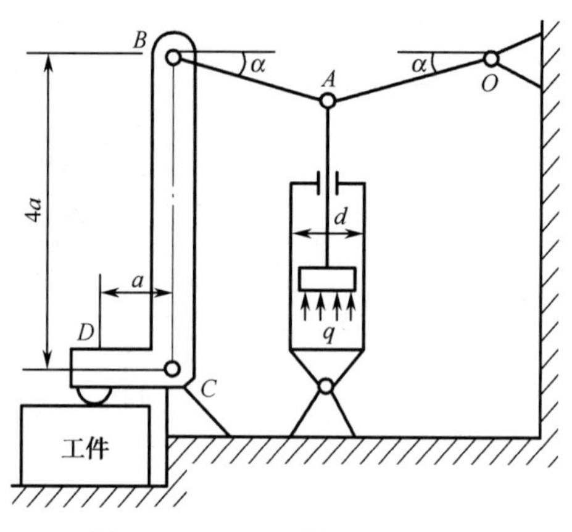

图1-4-34　习题1-4-10图

1-4-12 如图1-4-36所示，梯子AB重为$G=200$ N，靠在光滑墙上，已知梯子与地面间的摩擦因数$\mu_s=0.25$，今有重为$G_1=650$ N的人沿梯子向上爬，试问人达到最高点A时，梯子保持平衡的最小角度α应为多少？

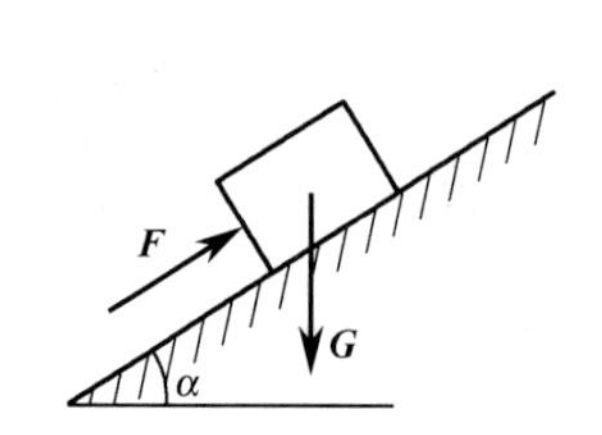

图1-4-35　习题1-4-11图

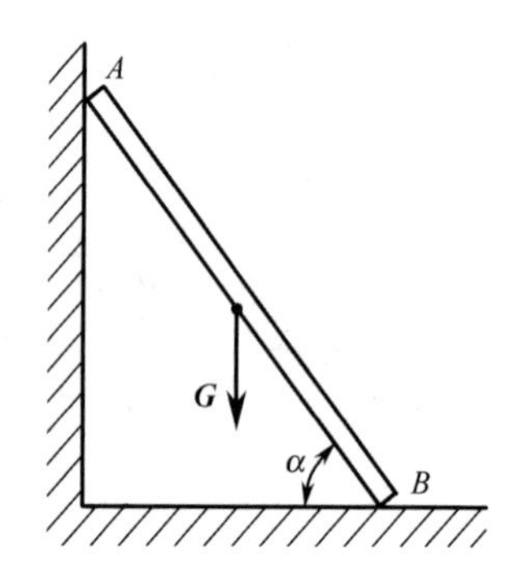

图1-4-36　习题1-4-12图

1-4-13 图1-4-37所示的绞车，其鼓轮半径$r=150$ mm，制动轮半径$R=250$ mm，$a=1\ 000$ mm，$b=500$ mm，$c=500$ mm，重物$G=1$ kN，制动轮与制动块间的摩擦因数$\mu_s=0.5$。试求当绞车吊着重物时，为使重物不至下落，施加在制动臂上的力$\boldsymbol{F}$。

1-4-14 修理电线工人重为$\boldsymbol{G}$，攀登电线杆时所用脚上套钩如图1-4-38所示，已知电线杆的套钩的尺寸$b=100$ mm，套钩与电线杆间的摩擦因数$\mu_s=0.3$。套钩的重量忽略不计，试求脚踏处至电线杆间的距离a至少为多大才能保证工人安全操作。

1-4-15 如图1-4-39所示，重$G=280$ N的轮子，放在直角固定面上。轮径$R=200$ mm，在$r=100$ mm的轮轴上挂一重物A，接触处的摩擦因数均为$\mu_s=0.25$，试求轮子保持平衡时重物A的最大值。

1-4-16 如图1-4-40所示，滚子重$G=3$ kN，半径$R=300$ mm，放在水平面上。若滚动摩擦因数$\delta=5$ mm，试求$\alpha=0°$及$\alpha=30°$两种情况下拉动滚子所需力$\boldsymbol{F}$的值。

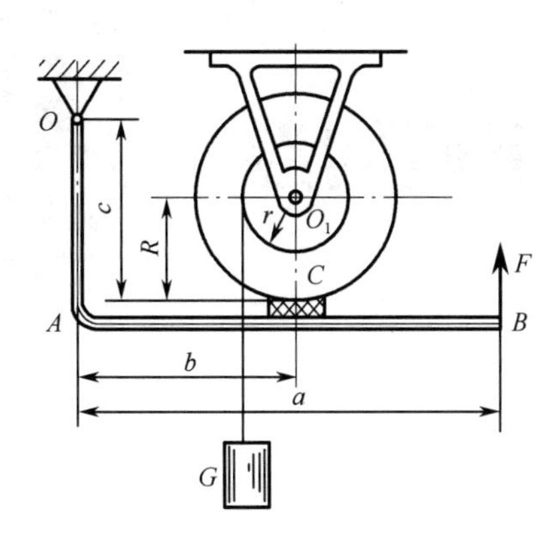

图 1－4－37　习题 1－4－13 图

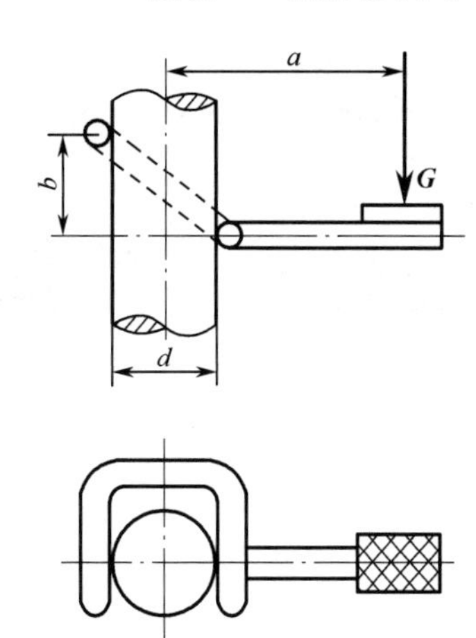

图 1－4－38　习题 1－4－14 图

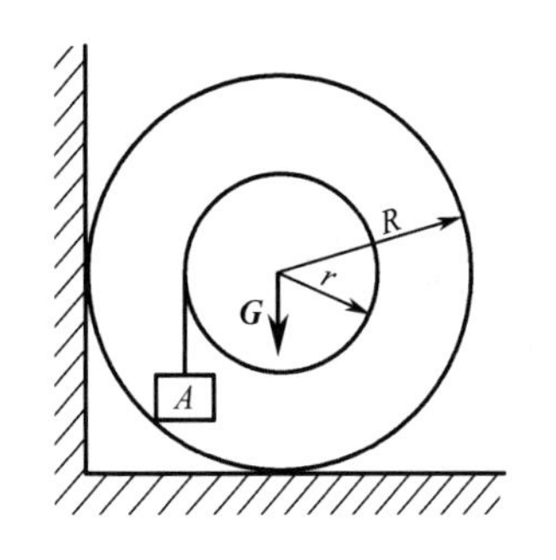

图 1－4－39　习题 1－4－15 图

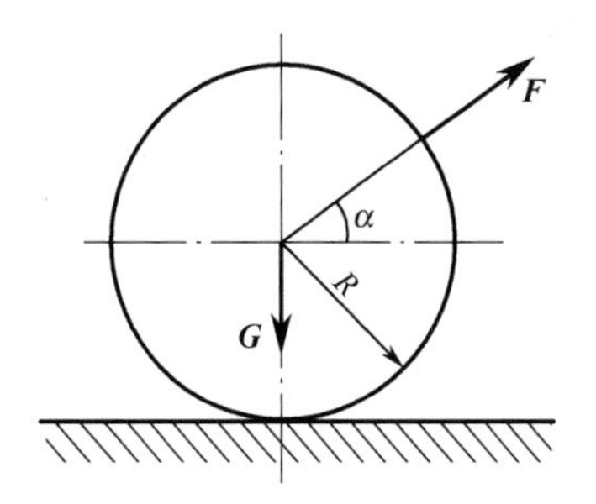

图 1－4－40　习题 1－4－16 图

任务五　空间力系平衡问题

【任务描述】

如图 1－5－1 所示，电动机通过联轴器带动带轮轴，求 A、B 两轴承的约束反力。

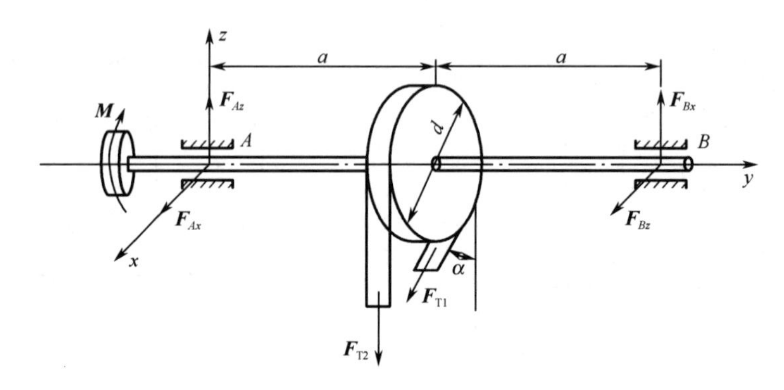

图 1－5－1　空间力系实例

【任务分析】

掌握力在空间坐标轴上的投影，理解力对轴之距的概念，了解力系空间平衡方程的求解，了解重心的概念以及重心位置的确定。

【知识准备】

1.5.1　力的投影和分解

1. 空间力系的概念

空间力系是各力的作用线不在同一平面内的力系。这是力系中最普遍、最一般的情形。许多工程结构和机械构件都受空间力系的作用，如车床主轴、起重设备、高压输电线塔和飞机的起落架等所受的力均属于空间力系。设计和分析这些结构时，都要应用空间力系的简化和平衡理论。

空间力系的主要类型有：各力的作用线汇交于一点时，称为空间汇交力系，如图 1－5－2（a）所示；当各力作用线相互平行时，称为空间平行力系，如图 1－5－2（b）所示；若各力的作用线在空间任意分布，既不全部汇交也不全部平行，则该力系称为空间任意力系，如图 1 – 5 – 2（c）所示。

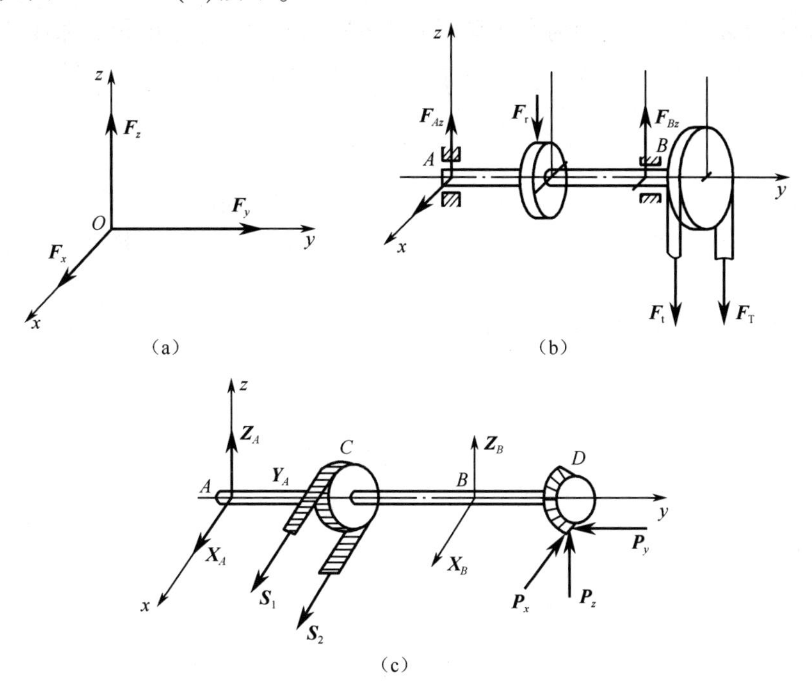

图 1 – 5 – 2　空间力系

2. 力在空间直角坐标轴上的投影

1）直接投影法

力在空间直角坐标轴上的投影定义与在平面力系中的定义相同。若已知力与轴的夹角，就可以直接求出力在轴上的投影，这种求解方法称为直接投影法。

设空间直角坐标系的三个坐标轴如图 1 – 5 – 3 所示，若力 $\boldsymbol{F}$ 与 x、y、z 轴正向的夹角 α、β、γ 为已知，由图 1 – 5 – 3（a）可知，力 $\boldsymbol{F}$ 在三个坐标轴上的投影等于力的大小乘以该夹角的余弦，即

$$\begin{cases} F_x = F\cos\alpha \\ F_y = F\cos\beta \\ F_z = F\cos\gamma \end{cases} \tag{1-5-1}$$

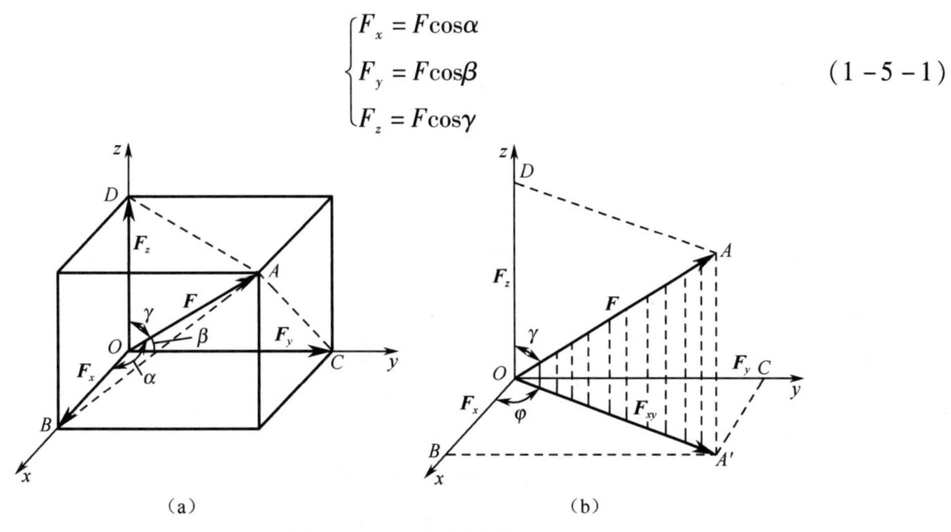

图 1 – 5 – 3　直接投影法

力在轴上的投影为代数量，其正负号的规定：从力的起点到终点若投影后的趋向与坐标轴正向相同，力的投影为正；反之为负。而力沿坐标轴分解所得的分量则为矢量。虽然两者大小相同，但性质不同。这是因为力在平面上的投影不能像在轴上的投影那样简单地用正负号来表明，而必须要用矢量来表示。本章中的黑体 $\boldsymbol{F}$ 表示力 $\boldsymbol{F}$ 是一个矢量，不仅代表其大小，还代表其方向。

2）二次投影法

当已知力与一个坐标轴的夹角和该力在垂直于该轴的平面的投影与另一轴的夹角时，可采用二次投影法，即先将力投影到一个坐标轴上和该平面上，然后再将这个过渡量进一步投影到所选的坐标轴上。

若已知力 $\boldsymbol{F}$ 与 z 轴的夹角为 γ、力 $\boldsymbol{F}$ 在 Oxy 平面上的投影 $\boldsymbol{F}_{xy}$ 与 x 轴正向的夹角为 φ，则力 $\boldsymbol{F}$ 在 x、y、z 三轴的投影为

$$\begin{cases} F_x = F\sin\gamma\cos\varphi \\ F_y = F\sin\gamma\sin\varphi \\ F_z = F\cos\gamma \end{cases} \tag{1-5-2}$$

力 $\boldsymbol{F}$ 的大小、方向为

$$\begin{cases} F = \sqrt{F_{xy}^2 + F_z^2} = \sqrt{F_x^2 + F_y^2 + F_z^2} \\ \cos\alpha = \dfrac{F_x}{F},\ \cos\beta = \dfrac{F_y}{F},\ \cos\gamma = \dfrac{F_z}{F} \end{cases} \tag{1-5-3}$$

例 1-5-1 在长为 4 m、宽为 3 m、高为 2.5 m 的长方体上作用有三个空间力，如图 1-5-4 所示，其中 $F_1 = 500\ \text{N}$，$F_2 = 1\ 000\ \text{N}$，$F_3 = 1\ 500\ \text{N}$，求各力在 3 个坐标轴上的投影。

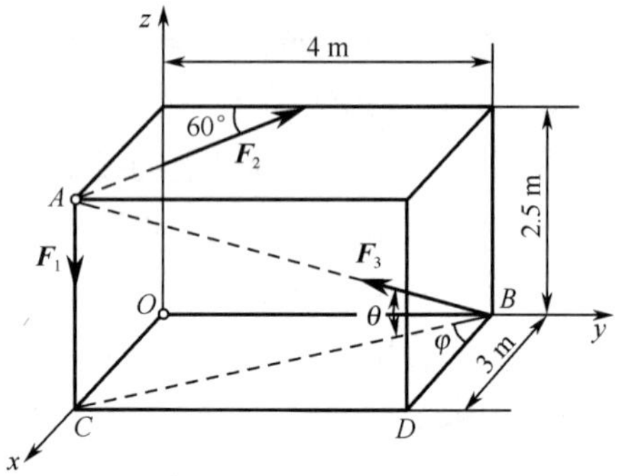

图 1-5-4 例 1-5-1 图

解：依题意有

（1）$\boldsymbol{F}_1$ 与 z 轴平行，故采用直接投影法即可得到

$$F_{1x} = 0 \quad F_{1y} = 0 \quad F_{1z} = -500\ \text{N}$$

（2）$\boldsymbol{F}_2$ 与坐标平面 Oxy 平行，故采用直接投影法即可得到

$$\begin{cases} F_{2x} = -1\ 000 \times \sin 60°\ \text{N} = -866\ \text{N} \\ F_{2y} = 1\ 000 \times \cos 60°\ \text{N} = 500\ \text{N} \\ F_{2z} = 0 \end{cases}$$

（3）$\boldsymbol{F}_3$ 为空间力，可采用二次投影法求解。

首先将 $\boldsymbol{F}_3$ 投影到 z 轴得到 $\boldsymbol{F}_{3z}$，投影到坐标平面 Oxy 上得到 $\boldsymbol{F}_{3xy}$，然后再将 $\boldsymbol{F}_{3xy}$ 投影到 x 轴和 y 轴上。

由图 1-5-4 可知，$\sin\theta = \dfrac{AC}{AB} = \dfrac{2.5}{5.59}$，$\cos\theta = \dfrac{BC}{AB} = \dfrac{5}{5.59}$，$\sin\varphi = \dfrac{CD}{CB} = \dfrac{4}{5}$，$\cos\varphi = \dfrac{DB}{CB} = \dfrac{3}{5}$。

第一次投影：

$$\begin{cases} F_{3xy} = F_3\cos\theta \\ F_{3z} = F_3\sin\theta \end{cases}$$

第二次投影：

$$\begin{cases} F_{3x} = F_{3xy}\cos\varphi = F_3 \times \cos\theta\cos\varphi = 1\ 500 \times \dfrac{5}{5.59} \times \dfrac{3}{5}\text{N} = 805\ \text{N} \\ F_{3y} = -F_{3xy}\sin\varphi = -F_3 \times \cos\theta\sin\varphi = -1\ 500 \times \dfrac{5}{5.59} \times \dfrac{4}{5}\text{N} - 1\ 073\ \text{N} \\ F_{3z} = F_3 \times \sin\theta = 1\ 500 \times \dfrac{2.5}{5.59}\text{N} = 671\ \text{N} \end{cases}$$

3. 力在空间直角坐标轴上的分解

一个空间力可分解为互相垂直的三个分力。例如有一个力 $\boldsymbol{F}$，取空间直角坐标系 $Oxyz$（见图 1－5－3），以 $\boldsymbol{F}$ 为对角线作平行正六面体，根据力平行四边形法则，先将力 $\boldsymbol{F}$ 分解为两个分力，即沿 z 轴方向的分力 $\boldsymbol{F}_z$ 和垂直于 z 轴平面内的分力 $\boldsymbol{F}_{xy}$。然后进一步将 $\boldsymbol{F}_{xy}$ 分解为沿 x 轴方向的分力 $\boldsymbol{F}_x$ 和沿 y 轴方向的 $\boldsymbol{F}_y$。三个分力 $\boldsymbol{F}_x$、$\boldsymbol{F}_y$ 和 $\boldsymbol{F}_z$ 的大小分别等于力 $\boldsymbol{F}$ 在 x、y、z 轴上的投影的绝对值。

例 1－5－2　图 1－5－5（a）所示为斜齿圆柱齿轮，传动时受到啮合力 F 的作用，已知 $F=7$ kN，$\alpha=20°$、$\beta=15°$，求 $\boldsymbol{F}$ 的三个分力圆周力 $\boldsymbol{F}_y$、径向力 $\boldsymbol{F}_r$ 和轴向力 $\boldsymbol{F}_x$。

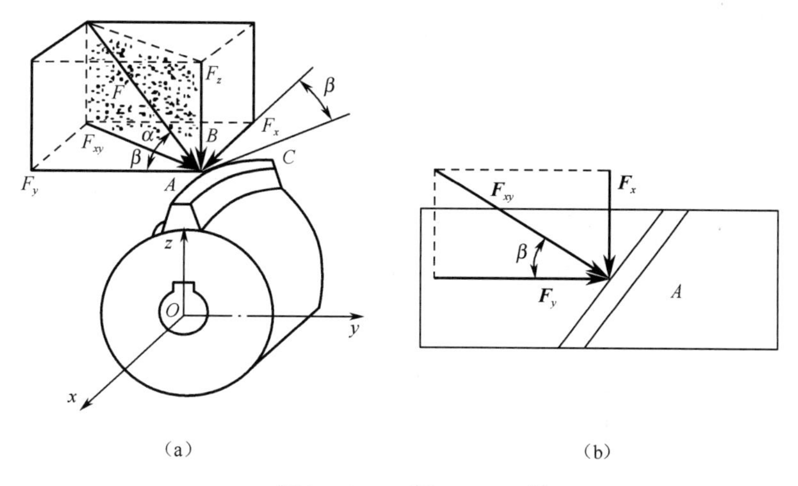

图 1－5－5　例 1－5－2 图

解：建立以力 $\boldsymbol{F}$ 为对角线的正六面体可得图 1－5－5（a）所示直角坐标系 $Oxyz$，分别将啮合力 $\boldsymbol{F}$ 向平面坐标 Oxy 和 z 轴分解，得到 $\boldsymbol{F}_{xy}$ 和径向力 F_r；再将 $\boldsymbol{F}_{xy}$ 向 x、y 轴上分解，分别得到轴向力 $\boldsymbol{F}_x$ 和圆周力 $\boldsymbol{F}_y$，如图 1－5－5（b）所示。

圆周力：$F_y = F_{xy}\cos\beta = F\cos\alpha\cos\beta = 6.35$ kN

径向力：$F_r = -F\sin\alpha = -2.39$ kN

轴向力：$F_x = F_{xy}\sin\beta = F\cos\alpha\sin\beta = 1.70$ kN

1.5.2　力对轴之矩

1. 力对轴之矩

在工程实际中，经常遇到刚体绕定轴转动的情形，为了度量力使物体绕定轴转动的效果，我们引入力对轴之矩的概念。这里从用手推门的实例来引入力对轴之矩的定义。

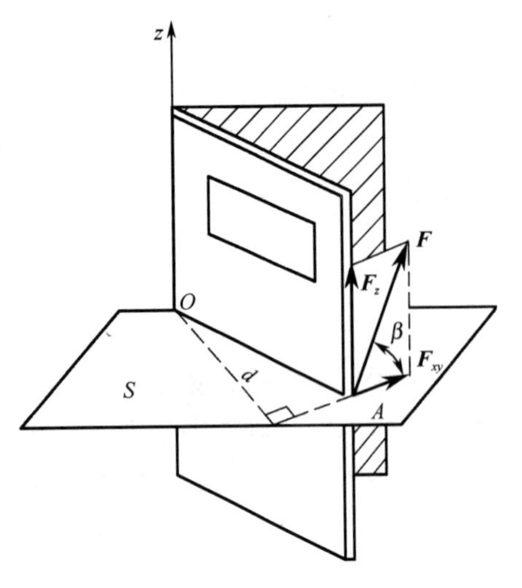

图1－5－6　力对轴之矩

如图1－5－6所示，在门的A点作用一力$\boldsymbol{F}$，与过A点且与z轴垂直的平面S的夹角为β，不失一般性，将S平面设为坐标Oxy平面。为了研究力$\boldsymbol{F}$使门绕z轴转动的效应，可把推门的力$\boldsymbol{F}$分解为平行于z轴的分力$\boldsymbol{F}_z$和垂直于z轴的平面内的分力$\boldsymbol{F}_{xy}$，$\boldsymbol{F}_{xy}$大小或等于$\boldsymbol{F}$在垂直与z轴的平面上的投影。由经验可知，分力$\boldsymbol{F}_z$不能使静止的门转动，所以力$\boldsymbol{F}_z$对z轴的力矩为零；只有分力$\boldsymbol{F}_{xy}$才能使静止的门绕z轴转动，力$\boldsymbol{F}$对z轴之矩等于分力$\boldsymbol{F}_{xy}$对z轴之矩。现用符号M_z（$\boldsymbol{F}$）表示力$\boldsymbol{F}$对z轴之矩，点O为$\boldsymbol{F}_{xy}$所在平面Oxy平面与z轴的交点，d为点O到$\boldsymbol{F}_{xy}$作用线的距离。因此力$\boldsymbol{F}$对z轴之矩为

$$M_z(\boldsymbol{F}) = M_z(\boldsymbol{F}_{xy}) = M_O(\boldsymbol{F}_{xy}) = \pm F_{xy} \cdot d \tag{1－5－4}$$

式（1－5－4）表明，空间力对轴之矩等于此力在垂直于该轴的平面上的投影对该轴与此平面交点之矩。

力对轴之矩是力使物体绕该轴转动效应的度量，其单位为N·m，是一个代数量，正负号表示力对轴之矩的转向。正负号可用右手螺旋法则来判定：伸出右手，拇指指向转动轴的正向（图1－5－6中则为z轴，转轴的选取视情况而定），四个手指的转向若与力$\boldsymbol{F}$使物体转动的方向相同，即为正，相反即为负；也可从转轴正向看物体的转动，使物体逆时针方向转动的力矩为正，反之为负，如图1－5－7所示。

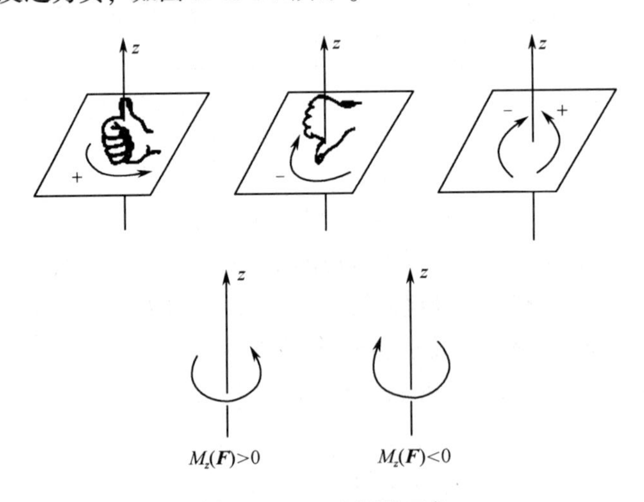

图1－5－7　力矩的正负

从式（1－5－4）可以看出，有两种特殊的情况使力对轴之矩等于零，即

（1）当力与轴相交时，即力通过轴线（此时$d=0$），力对轴之矩$M_z(\boldsymbol{F})=0$；

（2）当力与轴平行时，（此时$F_{xy}=0$）时，力对轴之矩$M_z(\boldsymbol{F})=0$。

2. 合力矩定理

在平面问题中所定义的力对平面内某点O之矩，实际上就是力对通过此点且与平面垂

直的轴之矩。因此在平面力系中，推证过的合力矩定理在空间力系中同样适用。例如，有一空间力系由 $\boldsymbol{F}_1$，$\boldsymbol{F}_2$，…，$\boldsymbol{F}_n$组成，其合力为 $\boldsymbol{F}_{\mathrm{R}}$，则可证明合力 $\boldsymbol{F}_{\mathrm{R}}$对某轴之矩等于各分力对同一轴之矩的代数和，即

$$M_z(\boldsymbol{F}_{\mathrm{R}}) = \sum M_z(\boldsymbol{F}) \tag{1-5-5}$$

式（1-5-5）即空间力系的合力矩定理。应用此式时，要注意力矩的正负。

3. 力对轴之矩的计算

在计算力对某轴之矩时，经常应用合力矩定理，将力分解为三个方向的分力，然后分别计算各分力对这个轴之矩，求其代数和，即得力对该轴之矩。

例 1-5-3　图 1-5-8 所示为某手摇曲柄，$AB = 100$ mm，$BC = 150$ mm，$CD = 50$ mm，AB 与 BC 垂直，BC 与 CD 垂直，力 $\boldsymbol{F}$ 作用在 D 点，$F = 1\ 000$ N，求 $\boldsymbol{F}$ 对 z 轴的力矩。

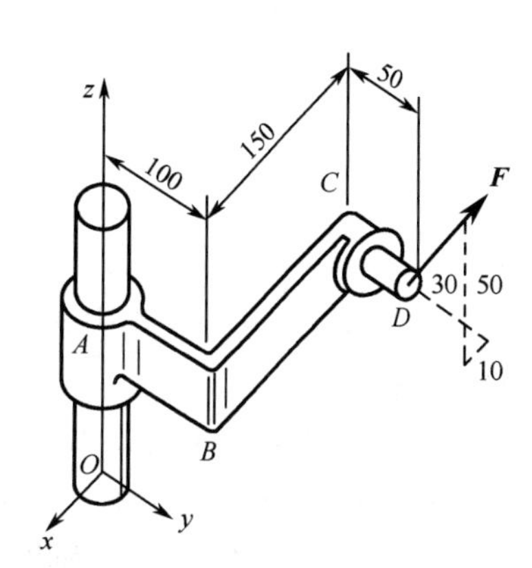

图 1-5-8　例 1-5-3 图

解：依题意有

（1）设 $\boldsymbol{F}$ 与 Oxy 平面夹角为 φ，将 $\boldsymbol{F}$ 向 Oxy 平面投影，得

$$F_{xy} = F\cos\varphi = 1\ 000 \times \frac{\sqrt{30^2+10^2}}{\sqrt{30^2+10^2+50^2}}\ \mathrm{N} \approx 534.52\ \mathrm{N}$$

（2）设与 y 轴夹角为 γ，由合力矩定义可得

$$M_z(\boldsymbol{F}) = M_z(\boldsymbol{F}_{xy}) = M_z(\boldsymbol{F}_x) + M_z(\boldsymbol{F}_y) = -F_{xy}\sin\gamma \times 150 - F_{xy}\cos\gamma \times 150$$

$$= \left(-534.52 \times \frac{10}{\sqrt{30^2+10^2}} \times 150 - 534.52 \times \frac{30}{\sqrt{30^2+10^2}} \times 150\right)\mathrm{N\cdot mm} \approx -101.418\ \mathrm{N\cdot m}$$

1.5.3　空间力系的平衡方程

1. 空间力系的简化

设物体作用空间力系 $\boldsymbol{F}_1$，$\boldsymbol{F}_2$，…，$\boldsymbol{F}_n$，如图 1-5-9（a）所示。与平面任意力系的简化方法一样，在物体内任取一点 O 为简化中心，由力的平移定理可知，将图中各力平移到 O 点时，都必须同时附加一个相应的力偶，其力偶矩矢等于该力对简化中心 O 之矩，如图 1-5-9（b）所示。这样就可得到一个作用于简化中心 O 点的空间汇交力系和一个附加的空间力偶系。

将作用于简化中心 O 点的空间汇交力系和空间力偶系分别合成，便可以得到一个作用于简化中心 O 点的主矢 $\boldsymbol{F}'_{\mathrm{R}}$和一个主矩 $\boldsymbol{M}_O$，如图 1-5-9（c）所示。

主矢 $\boldsymbol{F}'_{\mathrm{R}}$的大小为

$$F'_{\mathrm{R}} = \sum_{i=1}^{n} F_i = \sqrt{(\sum F_x)^2 + (\sum F_y)^2 + (\sum F_z)^2} \tag{1-5-6}$$

主矢 $\boldsymbol{F}'_{\mathrm{R}}$是原力系中各力的矢量和，因此与简化中心的选取无关。

主矩 $\boldsymbol{M}_O$ 的大小为

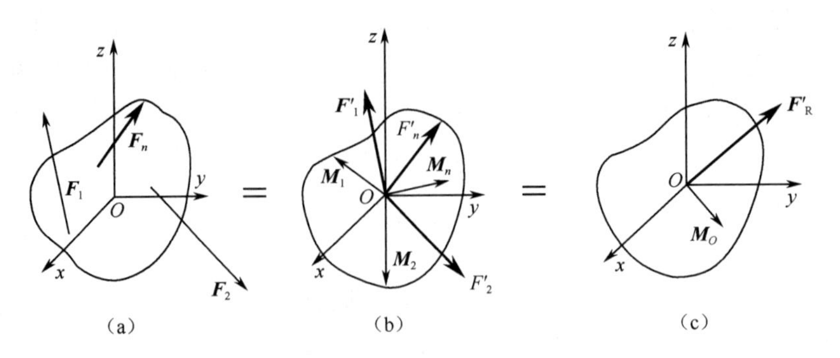

图1－5－9　空间力系的简化

$$M_O = \sum_{i=1}^{n} M_O(\boldsymbol{F}_i) \tag{1-5-7}$$

主矩 $\boldsymbol{M}_O$ 等于原力系中各力对简化中心 O 之矩的矢量和，可见主矩 $\boldsymbol{M}_O$ 一般与简化中心的选取有关。

2. 空间力系的平衡方程

在空间受力运动的物体可能有以下几种运动情况，如图1－5－10所示，即沿 x、y、z 轴方向的移动和绕 x、y、z 轴的转动（6个自由度）。

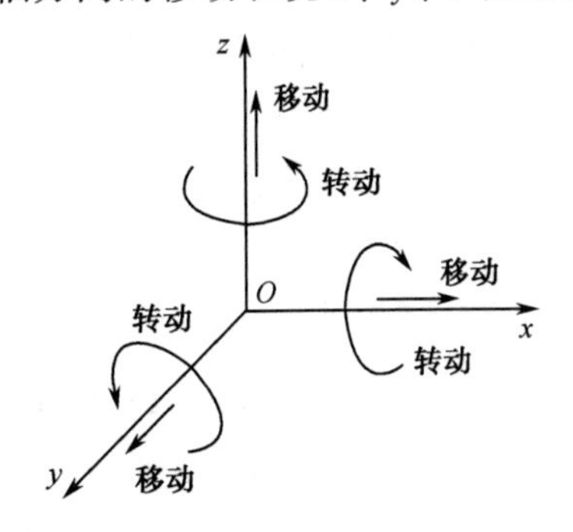

图1－5－10　空间力系的平衡方程

物体在空间力系中平衡的充要条件是既不能沿 x、y、z 三轴方向移动，也不能绕 x、y、z 三轴转动。若物体沿 x 轴方向不能移动，则此空间力系各力在 x 轴上投影的代数和为零，即 $\sum F_x = 0$；同理，如物体沿 y、z 轴方向不能移动，则力系中各力在 y、z 轴上投影的代数和也必为零，即 $\sum F_y = 0$，$\sum F_z = 0$。若物体不能绕 x 轴转动，则空间力系中各力对 x 轴之矩的代数和为零，即 $\sum M_x(\boldsymbol{F}) = 0$；同理，若物体不能绕 y、z 轴转动，则空间力系中各力对 y、z 轴之矩的代数和也必为零，即 $\sum M_y(\boldsymbol{F}) = 0$，$\sum M_z(\boldsymbol{F}) = 0$。由此得到空间任意力系的平衡方程为

$$\begin{cases} \sum F_x = 0 \\ \sum F_y = 0 \\ \sum F_z = 0 \\ \sum M_x(\boldsymbol{F}) = 0 \\ \sum M_y(\boldsymbol{F}) = 0 \\ \sum M_z(\boldsymbol{F}) = 0 \end{cases} \tag{1-5-8}$$

于是得到如下结论：空间任意力系平衡的充分必要条件是所有各力在三个坐标轴中每个轴上的投影的代数和等于零，以及这些力对于每一个坐标轴的力矩的代数和也等于零。

式（1－5－8）包含6个方程式，由于它们是空间力系平衡的充要条件，当六个方程式都能满足，则物体必处于平衡，因此如再加写更多的方程式，都不是独立的。空间力系只有

六个独立的平衡方程，可求解六个未知量。前三个方程式称为投影方程式，后三个方程式称为力矩方程式。

空间汇交力系和空间平行力系是空间任意力系的特殊情况，由空间任意力系的平衡方程可以推出以下方程。

1）空间汇交力系的平衡方程

由于空间汇交力系对汇交点的主矩恒为零（$M_O \equiv 0$），故其平衡方程为

$$\begin{cases} \sum F_x = 0 \\ \sum F_y = 0 \\ \sum F_z = 0 \end{cases}$$

2）空间平行力系的平衡方程

不失一般性，假设该力系的各力平行于 z 轴，则平衡方程为

$$\begin{cases} \sum F_z = 0 \\ \sum M_x(\boldsymbol{F}) = 0 \\ \sum M_y(\boldsymbol{F}) = 0 \end{cases}$$

需要指出的是，空间汇交力系、空间平行力系都只有三个独立的平衡方程，故只能解三个未知量。

例 1－5－4　三轮推车如图 1－5－11 所示。已知 $AH = BH = 0.5$ m，$CH = 1.5$ m，$EH = 0.3$ m，$ED = 0.5$ m，所载重物的重量 $G = 1.5$ kN，作用在 D 点，推车的自重忽略不计。试求 A、B、C 三轮所受的压力。

解：（1）受力分析。取小车为研究对象，小车受已知载荷 G 和未知的 A、B、C 三轮的约束反力 $\boldsymbol{F}_{NA}$、$\boldsymbol{F}_{NB}$、$\boldsymbol{F}_{NC}$ 作用，这些力构成一空间平行力系，受力如图 1－5－11 所示。

（2）建立坐标系，如图 1－5－11 所示。

（3）列平衡方程式并求解。

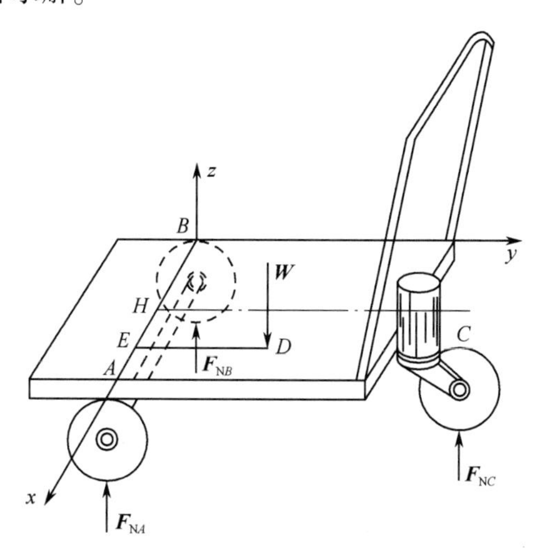

图 1－5－11　例 1－5－4 图

$\sum M_x = 0$，$F_{NC} \times HC - G \times ED = 0$

$$F_{NC} = G \times \frac{ED}{HC} = 1.5 \times \frac{0.5}{1.5}\text{kN} = 0.5\ \text{kN}$$

$\sum M_y = 0$，$G \times EB - F_{NC} \times HB - F_{NA} \times AB = 0$

$$F_{NA} = \frac{G \times EB - F_{NC} \times HB}{AB} = \frac{1.5 \times 0.8 - 0.5 \times 0.5}{1}\text{kN} = 0.95\ \text{kN}$$

$\sum F_z = 0$，$F_{NA} + F_{NB} + F_{NC} - G = 0$

$$F_{NB} = W - F_{NA} - F_{NC} = (1.5 - 0.95 - 0.5)\text{kN} = 0.05\ \text{kN}$$

1.5.4　轮轴类构件平衡问题的平面解法

当空间任意力系平衡时，它在任意平面上的投影所组成的平面任意力系也是平衡的。因而在机械工程中，常将空间力系投影到三个坐标平面上，画出构件受力图的三视图，分别列出它们的平衡方程，同样可解除所求的未知量。这种将空间问题简化为三个平面问题的研究方法，称为空间问题的平面解法。本方法适合于求解轮轴类构件的平衡问题。

在应用空间力系的平衡方程解题时，其方法和步骤与平面力系相似，即先确定研究对象，进行受力分析，作出受力图，然后建立合适的坐标系，列出空间力系平衡方程并解出待求的未知量。

例 1－5－5　某转轴如图 1－5－12（a）所示。已知带紧边拉力 $F_T = 5\ \text{kN}$，松边拉力 $F_t = 2\ \text{kN}$，带轮直径 $D = 160\ \text{mm}$，齿轮分度圆直径为 $d = 100\ \text{mm}$，压力角（齿轮啮合力与分度圆切线间夹角）$\alpha = 20°$，求齿轮圆周力 $\boldsymbol{F}_t$、径向力 $\boldsymbol{F}_r$ 和轴承的约束反力。

解： 由图 1－5－12 可知，转轴共受 8 个力作用，为空间任意力系。对于空间力系的解法有两种：一是直接应用空间力系的平衡方程求解；二是将空间力系转化为平面力系求解，即把空间的受力图投影到三个坐标平面，画出主视、俯视、侧视三个方向的受力图，按平面力系讨论，分别列出它们的平衡方程，同样可解出所求的未知量。本题用两种方法分别求解。

方法一：

（1）受力分析。取传动轴为研究对象，画出受力图，如图 1－5－12（a）所示。

（2）建立坐标系。建立图 1－5－12（a）所示坐标系。

（3）列方程求解。由式（1－5－8）写出平衡方程。

$\sum F_x = 0$，$F_{Ax} + F_{Bx} + F_t = 0$

$\sum F_z = 0$，$F_{Az} + F_{Bz} - F_r - (t + T) = 0$

$\sum M_x(\boldsymbol{F}) = 0$，$-F_r \times 200 + F_{Bz} \times 400 - (t + T) \times 460 = 0$

$\sum M_y(\boldsymbol{F}) = 0$，$-(T - t) \times \dfrac{D}{2} + F_t \times \dfrac{d}{2} = 0$

$\sum M_z(\boldsymbol{F}) = 0$，$-F_t \times 200 - F_{Bx} \times 400 = 0$

解得

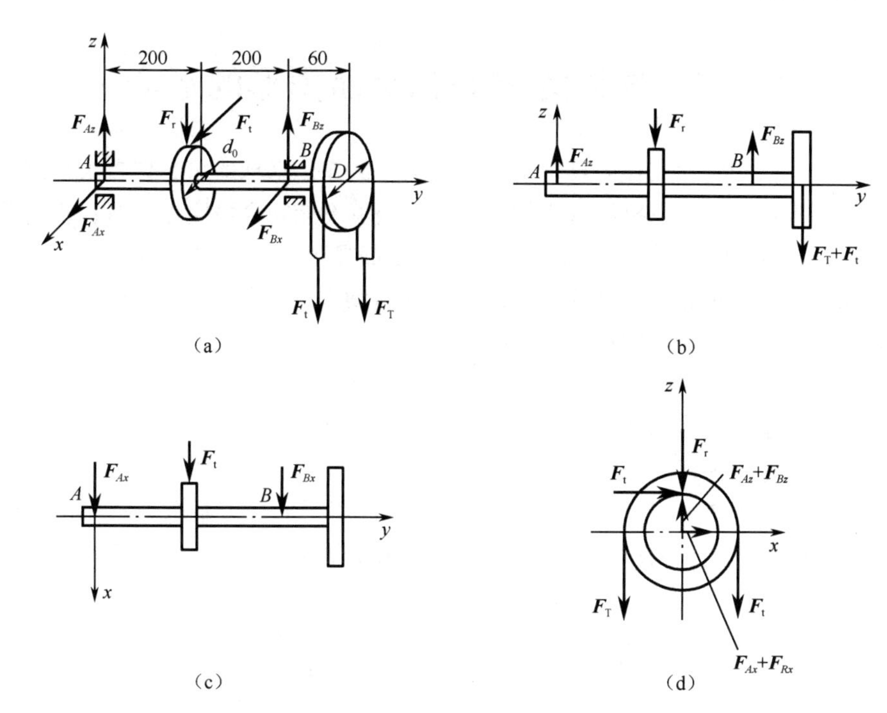

图 1－5－12　转轴的受力分析

$$F_{Ax} = -2.4\ \text{kN},\ F_{Az} = -0.17\ \text{kN},\ F_t = 4.8\ \text{kN}$$

$$F_{Bx} = -2.4\ \text{kN},\ F_{Bz} = 8.92\ \text{kN},\ R_{Bz} = 8.92\ \text{kN},\ F_r = 1.747\ \text{kN}$$

方法二：

（1）受力分析。取传动轴为研究对象，并画出它的分离体在三个坐标平面投影的受力图，如图 1－5－12（b）、（c）、（d）所示。

（2）建立坐标系。按所在的平面建立坐标系，如图 1－5－11（b）、（c）、（d）所示。

（3）列方程求解。分别在 xz、yz、xy 面按平面力系平衡问题进行计算。

对 xz 面：$\sum M_A(\boldsymbol{F}) = 0$，$(T - t) \cdot \dfrac{D}{2} - F_t \cdot \dfrac{d}{2} = 0$

得 $F_t = 4.8\ \text{kN}$，$F_r = F_t \tan\alpha = 1.747\ \text{kN}$

对 yz 面：$\sum F_z = 0$，$F_{Az} + F_{Bz} - F_r - (t + T) = 0$

$\sum M_A(\boldsymbol{F}) = 0$，$-F_r \times 200 + F_{Bz} \times 400 - (t + T) \times 460 = 0$

得 $F_{Az} = -0.17\ \text{kN}$，$F_{Bz} = 8.92\ \text{kN}$

对 xy 面：$\sum F_x = 0$，$F_{Ax} + F_{Bx} + F_t = 0$

$\sum M_A(\boldsymbol{F}) = 0$，$-F_t \times 200 - F_{Bx} \times 400 = 0$

得 $F_{Ax} = -2.4\ \text{kN}$，$F_{Bx} = -2.4\ \text{kN}$

比较这两种方法可以看出，后一种方法把空间力系问题转化为平面力系问题，较易掌握，尤其适用于轮轴类构件的平衡问题的求解。

1.5.5 物体的重心和平面图形的形心

重心在日常生活和实际工程中具有重要的意义。例如，水坝的重心位置关系到坝体在水压力作用下能否维持平衡；飞机的重心位置设计不当就不能安全稳定地飞行；构件截面的重心（形心）位置将影响构件在载荷作用下的内力分布规律，与构件受力后能否安全工作有着紧密的联系。总之，重心与物体的平衡、物体的运动以及构件的内力分布是密切相关的。本节介绍物体重心的概念和确定重心位置的方法。

1. 平行力系的中心

在研究平行力系对物体的作用时，不仅需要知道平行力系合力的大小，还需要确定合力作用点，该点我们称为平行力系中心。

设空间平行力系由 $\boldsymbol{F}_1$、$\boldsymbol{F}_2$，…，$\boldsymbol{F}_n$ 构成，可以证明：平行力系合力的作用点位置仅与各平行力的代数值和作用点的位置有关，而与平行力系整体的方向无关，且平行力系中心的坐标为

$$x_C = \frac{\sum F_i x_i}{\sum F_i},\ y_C = \frac{\sum F_i y_i}{\sum F_i},\ z_C = \frac{\sum F_i z_i}{\sum F_i}$$

上式中，x_i、y_i、z_i为分力 F_i作用点的坐标。

2. 物体的重心

地球表面附近的物体，都受到地球引力的作用。物体受到的地球引力是空间分布力系，这些力可近似地看做空间平行力系，此平行力系的中心即是物体的重心，该力系的合力 $\boldsymbol{G}$ 即为物体的重力。

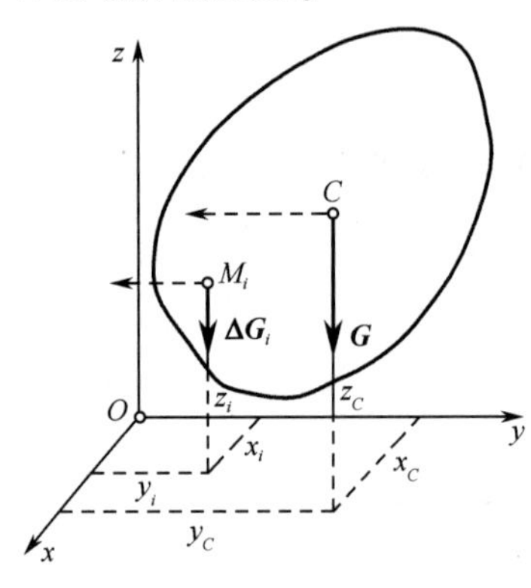

图 1－5－13　物体的重心

下面根据合力矩定理建立重心的坐标公式。如图 1－5－13 所示，取直角坐标系 $Oxyz$，其中 z 轴平行于物体的重力，将物体分割成许多微小部分，其中某一微小部分 M_i的重力为 $\Delta\boldsymbol{G}_i$，其作用点的坐标为 x_i、y_i、z_i，设物体的重心以 C 表示，重心的坐标为 C（x_C、y_C、z_C）。

重力 $\boldsymbol{G}$ 对于 y 轴合力矩定理

$$G \cdot x_C = \Delta G_1 x_1 + \Delta G_2 x_2 + \cdots + \Delta G_n x_n = \sum \Delta G_i \cdot x_i$$

有 $x_C = \dfrac{\sum \Delta G_i x_i}{G}$。

重力 G 对于 x 轴合力矩定理（利用右手螺旋法则判断合力矩方向，此处为负）

$$-G \cdot y_C = -\Delta G_1 y_1 - \Delta G_2 y_2 - \cdots - \Delta G_n y_n = -\sum \Delta G_i \cdot y_i$$

有 $y_C = \dfrac{\sum \Delta G_i y_i}{G}$。

由于重力 $\boldsymbol{G}$ 此时与 z 轴平行，故为了求坐标 z_C，可将物体连同坐标系一起绕 x 轴逆时针旋转90°，这时重力 $\boldsymbol{G}$ 与 $\boldsymbol{G}_i$都平行于 y 轴，并与 y 轴反向，如图 1－5－13 所示中带箭头的虚线

所示。然后再对 x 轴应用合力矩定理 $G\cdot z_C=\Delta G_1z_1+\Delta G_2z_2+\cdots+\Delta G_nz_n=\sum\Delta G_i\cdot z_i$，有 $z_C=\dfrac{\sum\Delta G_iz_i}{G}$。

由上式可以知道物体的重心坐标为

$$x_C=\frac{\sum\Delta G_ix_i}{G},\ y_C=\frac{\sum\Delta G_iy_i}{G},\ z_C=\frac{\sum\Delta G_iz_i}{G}\tag{1-5-9}$$

其中 $G=\sum\Delta G_i$。

若物体为均质体，质量密度为 ρ，体积为 V，以 ΔV_i 表示微小部分 M_i 的体积，则 $G=\rho Vg$，$\Delta G_i=\rho\Delta V_i$，重心公式为

$$x_C=\frac{\sum\Delta V_ix_i}{V},\ y_C=\frac{\sum\Delta V_iy_i}{V},\ z_C=\frac{\sum\Delta V_iz_i}{V}\tag{1-5-10}$$

由式（1－5－10）可见，均质物体的重心位置与物体的重量无关，完全取决于物体的几何形状。所以，均质物体的重心就是其几何中心，式（1－5－10）亦称为形心坐标公式。确切地说，由式（1－5－9）所确定的点称为物体的重心；由式（1－5－10）所确定的点称为几何形体的形心。对于均质物体，其重心和形心重合在一点上。非均质物体的重心与形心一般是不重合的。

如果物体沿 z 方向是均质等厚平板，设厚度为 δ，ΔA 表示微小部分 M_i 的面积，则 $\Delta V_i=\Delta A_i\delta$，$V=A\delta$，其重心（形心）坐标为

$$x_C=\frac{\sum\Delta A_ix_i}{A},\ y_C=\frac{\sum\Delta A_iy_i}{A}\tag{1-5-11}$$

3. 求重心的方法

前面所述的重心和形心坐标公式，是确定重心或形心位置的基本公式。在实际问题中，可视具体情况灵活应用。下面介绍几种工程中常用的确定重心位置的方法。

1）对称法

对于匀质物体，若在几何体上具有对称面、对称轴或对称点，则物体的重心或形心也必在此对称面、对称轴或对称点上。

若物体具有两个对称截面，则重心在两个对称面的交线上；若物体有两根对称轴，则重心在两根对称轴的交点上。如球心是圆球的对称点，同时也是它的重心或形心；矩形的形心就在两个对称轴的交点上。

2）组合法

工程中有些形体虽然比较复杂，但往往是由一些简单形体组成的，这些简单形体的重心通常是已知的或易求的，这样整个组合形体的重心就可用式（1－5－9）直接求得。这种方法称为组合法或分割法。一般简单形体的重心坐标可在工程手册中查阅。表 1－5－1 列出了几种常用物体的重心（形心），可供查用。

表1-5-1　几种常用物体的重心

名称	图形	形心坐标	线长、面积、体积
三角形		在三中线交点 $y_C=\frac{1}{3}h$	面积 $A=\frac{1}{2}ah$
梯形		在上、下底边中线连线上 $y_C=\frac{h(a+2b)}{3(a+b)}$	面积 $A=\frac{h}{2}(a+b)$
圆弧		$x_C=\frac{R\sin\alpha}{\alpha}$（$\alpha$以弧度计） 半圆弧$\left(\alpha=\frac{\pi}{2}\right)$ $x_C=\frac{2R}{\pi}$	弧长 $l=2\alpha\times R$
扇形		$x_C=\frac{2R\sin\alpha}{3\alpha}$（$\alpha$以弧度计） 半圆面$\left(\alpha=\frac{\pi}{2}\right)$ $x_C=\frac{4R}{3\pi}$	面积 $A=\alpha R^2$
弓形		$x_C=\frac{4R\sin^3\alpha}{3(2\alpha-\sin^2\alpha)}$	面积 $A=\frac{R^2(2\alpha-\sin2\alpha)}{2}$
抛物线面		$x_C=\frac{3}{5}a$ $y_C=\frac{3}{8}b$	面积 $A=\frac{2}{3}ab$

续表

名称	图形	形心坐标	线长、面积、体积
抛物线面		$x_C=\frac{3}{4}a$ $y_C=\frac{3}{10}b$	面积 $A=\frac{1}{3}ab$
半球形体		$z_C=\frac{3}{8}R$	面积 $V=\frac{2}{3}\pi R^3$

3）实验法（平衡法）

若物体的形状不是由基本形体组成，过于复杂或质量分布不均匀，其重心常用以下方法来确定。

（1）悬挂法。对于形状复杂的薄平板，确定重心位置时，可将板悬挂于任一点 A，如图 1-5-14（a）所示。根据二力平衡定理，板的重力与绳的张力必在同一直线上，故物体的重心一定在铅垂的挂绳延长线 AB 上。重复使用上法，将板挂于 D 点，可得 DE 线。显然，平板的重心即为 AB 与 DE 两线的交点 C，如图 1-5-14（b）所示。

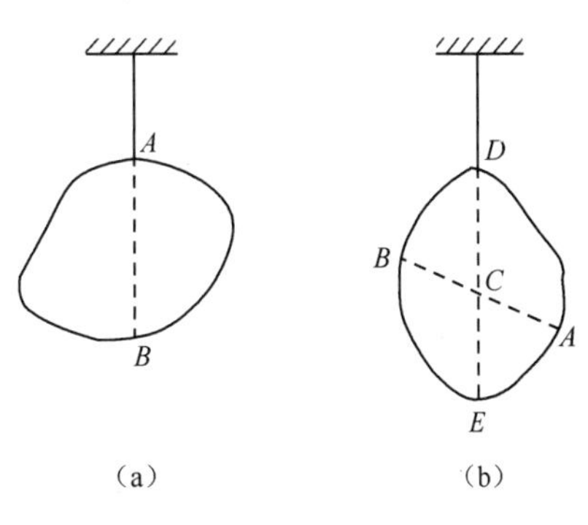

图 1-5-14　悬挂法测重心

（2）称重法。对于形状复杂的零件、体积庞大的物体以及由许多构件组成的机械，常用此法确定其重心的位置。例如，连杆本身具有两个相互垂直的纵向对称面，其重心必在这两个平面的交线，即连杆的中心线 AB 上，如图 1-5-15 所示。其重心在 x 轴上的位置可用下法确定：先称出连杆的重量 W，然后将其一端支于固定支点 A，另一端支于磅秤上。使 AB 处于水平位置，读出磅秤上读数 F_{NB}，并量出两支点间的水平距离 l，则列平衡方程为 $\sum M_A=0$，即 $F_{NB}l-Wx_C=0$，得

$$x_C=\frac{F_{NB}l}{W}$$

例 1-5-6　角钢截面的尺寸如图 1-5-16 所示，试求图示角钢截面的形心坐标。

解：依题意有，整个图形可视为由两个矩形Ⅰ和Ⅱ组成，建立图 1-5-16 所示的 Oxy 直角坐标系，则由图可知，矩形Ⅰ和Ⅱ的面积及相应的形心坐标为

第一个矩形的面积和形心 C_1 的坐标为

$$A_1=20\ \text{mm}\times 4\ \text{mm}=80\ \text{mm}^2,\ x_1=2\ \text{mm},\ y_1=10\ \text{mm}$$

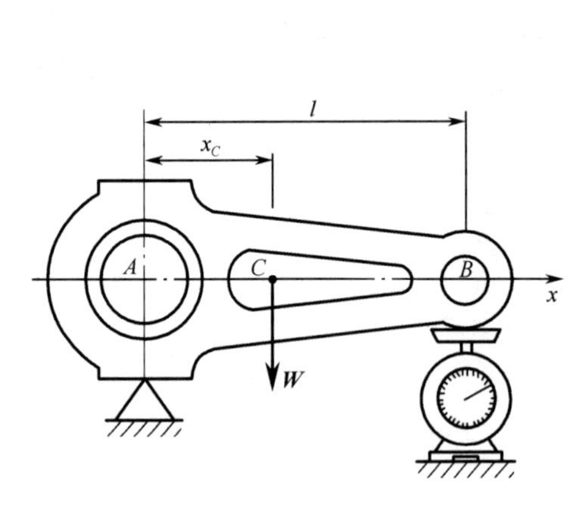

图1-5-15 称重法测重心

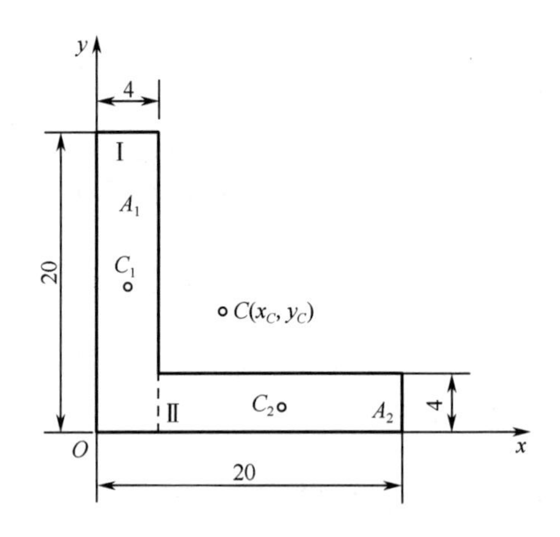

图1-5-16 例1-5-6图

第二个矩形的面积和形心 C_2 的坐标为

$$A_2=16\ \text{mm}\times 4\ \text{mm}=64\ \text{mm}^2,\ x_2=12\ \text{mm},\ y_2=2\ \text{mm}$$

由式（1-5-11）可得截面的形心坐标为

$$x_C=\frac{\sum A_i x_i}{A}=\frac{A_1x_1+A_2x_2}{A_1+A_2}=\frac{80\times 2+64\times 12}{80+64}\ \text{mm}\approx 6.44\ \text{mm}$$

$$y_C=\frac{\sum A_i y_i}{A}=\frac{A_1y_1+A_2y_2}{A_1+A_2}=\frac{80\times 10+64\times 2}{80+64}\ \text{mm}\approx 6.44\ \text{mm}$$

【任务实施】

如图1-5-1所示，电动机通过联轴器传递驱动转矩 $M=20\ \text{N}\cdot\text{m}$ 来带动带轮轴。已知带轮直径 $d=160$ mm，距离 $a=200$ mm，皮带斜角 $\alpha=30°$，带轮两边拉力 $F_{T2}=2F_{T1}$。试求 A、B 两轴承的约束反力。

解：（1）受力分析。取轮轴为研究对象，画出受力图，如图1-5-1所示。

（2）取轴线为 y 轴，建立坐标系。

（3）列平衡方程并求解。

$$\sum M_y=0,\ (F_{T2}-F_{T1})\frac{d}{2}-M=0$$

由 $F_{T2}=2F_{T1}$，得

$$F_{T1}=\frac{2M}{d}=\frac{2\times 20}{0.16}\text{N}=250\ \text{N},\ F_{T2}=2F_{T1}=500\ \text{N}$$

$$\sum M_z=0,\ -F_{Bx}2a-F_{T1}\sin\alpha\times a=0$$

$$F_{Bx}=-0.5F_{T1}\sin\alpha=-0.5\times 250\times\sin 30°\ \text{N}=-62.5\ \text{N}$$

$$\sum M_x=0,\ F_{Bx}2a-F_{T2}a-F_{T1}\cos\alpha\times a=0$$

$$F_{Bx}=0.5(F_{T2}+F_{T1}\cos\alpha)=0.5\times(500+250\times\cos 30°)\text{N}=358.3\ \text{N}$$

$$\sum F_x=0,\ F_{Ax}+F_{Bx}+F_{T1}\sin\alpha=0$$

$$F_{Ax}=-F_{T1}\sin\alpha-F_{Bx}=[-250\times\sin 30°-(-62.5)]\text{N}=-62.5\ \text{N}$$

$$\sum F_z = 0,\ F_{Ax} + F_{Bx} - F_{T2} - F_{T1}\cos\alpha = 0$$

$$\sum F_x = 0,\ F_{Az} + F_{Bx} - F_{T2} - F_{T1}\cos\alpha = 0$$

$$F_{Az} = F_{T2} + F_{T1}\cos\alpha - F_{Bx} = (500 + 250 \times \cos30^\circ - 358.3)\,\text{N} = 358.2\ \text{N}$$

【任务小结】

本任务的主要内容是空间力系的相关知识。

1. 力在空间直角坐标轴上的投影

直接投影法 $\begin{cases} F_x = F\cos\alpha \\ F_y = F\cos\beta \\ F_z = F\cos\gamma \end{cases}$　　二次投影法 $\begin{cases} F_x = F\sin\gamma\cos\varphi \\ F_y = F\sin\gamma\sin\varphi \\ F_z = F\cos\gamma \end{cases}$

2. 力对轴之矩

力对轴之矩等于力在垂直于轴的平面上的投影对该轴与平面交点之矩。

$$M_z(F) = M_z(F_{xy}) = M_o(F_{xy}) = \pm F_{xy} \cdot d$$

3. 合力矩定理

力系合力对某轴之矩，等于各分力对同轴力矩的代数和。

$$M_z(F_R) = \sum M_z(F)$$

4. 空间力系的简化

主矢 F'_R 的大小为：$F'_R = \sum_{i=1}^{n} F_i = \sqrt{(\sum F_x)^2 + (\sum F_y)^2 + (\sum F_z)^2}$

主矩 M_O 的大小为：$M_O = \sum_{i=1}^{n} M_O(F_i)$

5. 空间力系平衡方程

空间任意力系的平衡方程 $\begin{cases} \sum F_x = 0 \\ \sum F_y = 0 \\ \sum F_z = 0 \\ \sum M_x(\boldsymbol{F}) = 0 \\ \sum M_y(\boldsymbol{F}) = 0 \\ \sum M_z(\boldsymbol{F}) = 0 \end{cases}$

6. 物体重心的概念

将物体分割为每个微重力 ΔG_i，构成一个平行力系。此平行力系的中心即物体的重心。

7. 重心的坐标公式

重心坐标 $x_C = \dfrac{\sum \Delta G_i x_i}{G}$，$y_C = \dfrac{\sum \Delta G_i y_i}{G}$，$z_C = \dfrac{\sum \Delta G_i z_i}{G}$

【实践训练】

思考题

1－5－1 空间任意力系向三个互相垂直的坐标平面投影，可得到三个平面力系，每个平面力系可列出三个平衡方程，故共列出九个平衡方程。这样是否可以求解出九个未知量？试说明理由。

1－5－2 将物体沿过重心的平面切开，两边是否一样重？

1－5－3 物体的重心是否一定在物体内部？

1－5－4 物体位置变动时，其重心位置是否变化？如果物体发生了形变，重心位置变不变？

习　题

1－5－1 在图1－5－17所示的边长为 $a=100$ mm、$b=100$ mm、$c=80$ mm 的六面体上，作用有力 $F_1=3$ kN、$F_2=3$ kN、$F_3=5$ kN。试计算各力在坐标轴上的投影。

1－5－2 在图1－5－18所示托架 OC 套在轴 z 上，在 C 点作用力 $F=1\ 000$ N，图中 C 点在 Oxy 面内。试分别求力 $\boldsymbol{F}$ 对 x、y、z 轴之矩。

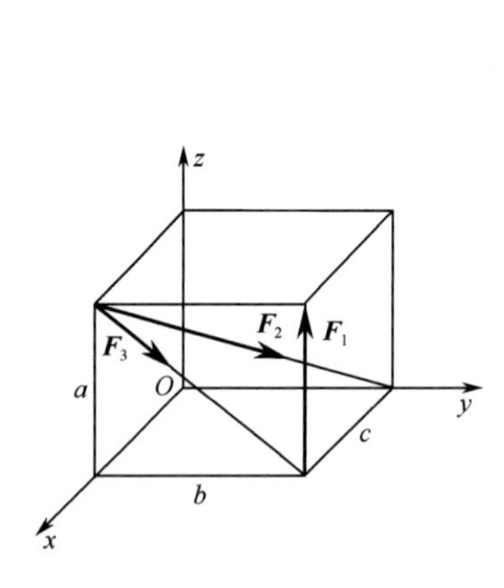

图1－5－17　习题1－5－1图

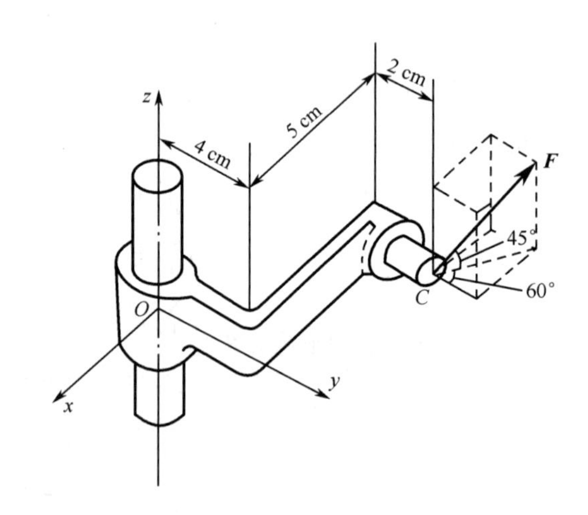

图1－5－18　习题1－5－2图

1－5－3 在图1－5－19所示半径为 r 的圆盘上，在与水平夹角为45°半径的切平面上作用力 $\boldsymbol{F}$，求力 $\boldsymbol{F}$ 对 x、y、z 轴之矩。

1－5－4 如图1－5－20所示，水平轴上装有两个凸轮，凸轮上分别作用有已知力 $F_1=800$ N 和未知力 $\boldsymbol{F}_2$，如轴平衡，求 $\boldsymbol{F}_2$的大小和轴承反力。

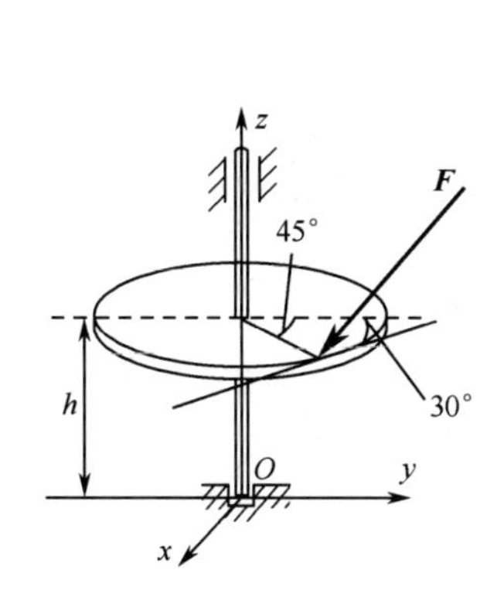

图 1－5－19　习题 1－5－3 图

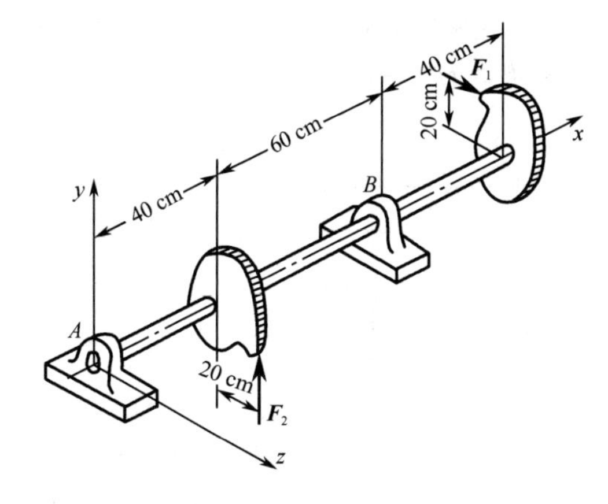

图 1－5－20　习题 1－5－4 图

1－5－5 某传动轴如图 1－5－21 所示。已知轴 B 端联轴器输入外力偶矩为 $\boldsymbol{M}_O$，齿轮 C 分度圆直径为 D，压力角为 α，轮间距为 a、b。求齿轮圆周力、径向力和轴承的约束力。

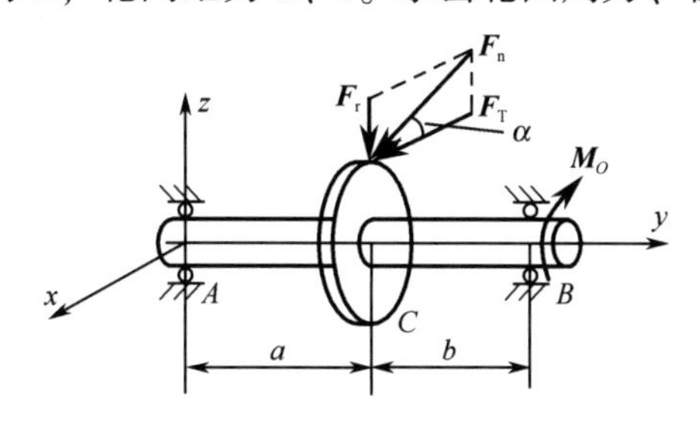

图 1－5－21　习题 1－5－5 图

1－5－6 传动轴如图 1－5－22 所示，已知带轮半径 $R=0.6$ m；自重 $G_2=2$ kN；齿轮半径 $r=0.2$ m，轮重 $G_1=1$ kN。其中 $AC=CB=l=0.4$ m，$BD=0.2$ m，圆周力 $F_z=12$ kN，径向力 $F_r=1.5$ kN，轴向力 $F_a=0.5$ kN，紧边拉力 F_T，松边拉力 F_t，$F_T=2F_t$。试求轴承 A、B 两处的约束反力。

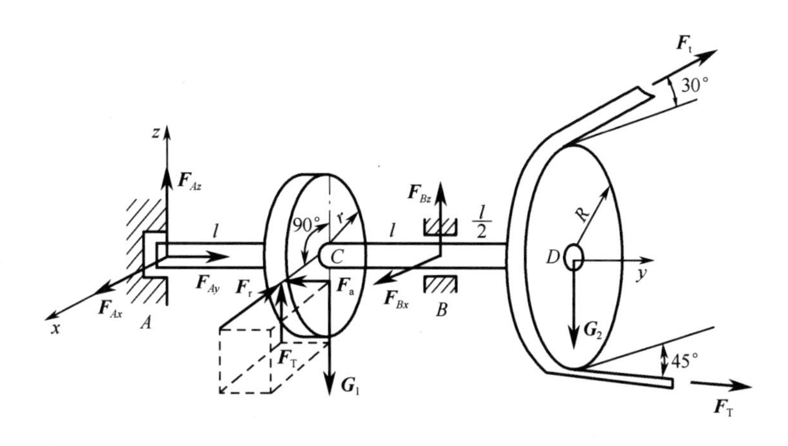

图 1－5－22　习题 1－5－6 图

1－5－7 如图 1－5－23 所示，均质等厚 Z 字形薄板尺寸已在图中标出，单位为 mm。求其重心坐标。

1-5-8 如图1-5-24所示，半径为R的均质圆形薄板上开了一半径为r的圆孔，两圆心的距离为$OO_1=a$，求其形心位置。

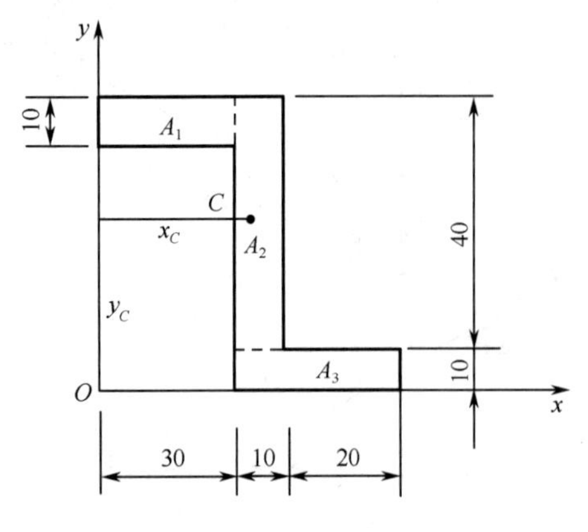

图1-5-23　习题1-5-7图

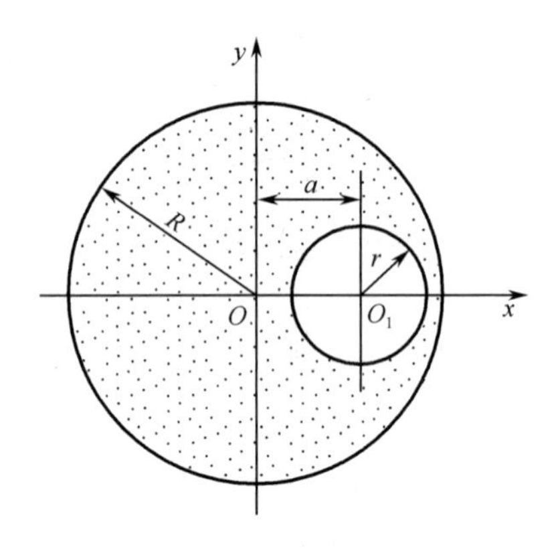

图1-5-24　习题1-5-8图

模块二

材料力学

任务一　轴向拉伸或压缩

【任务描述】

如图 2-1-1 所示，求在 B 点可以悬挂重物的最大重量。

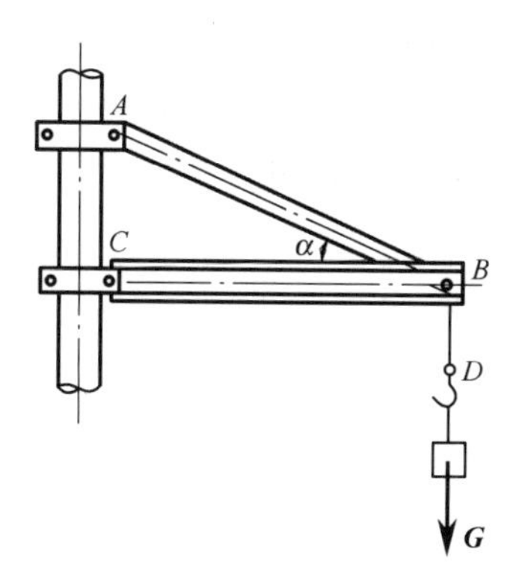

图 2-1-1　轴向拉伸或压缩实例

【任务分析】

结合实践了解材料力学的基本概念，掌握用截面法求内力、应力的方法，正确画出内力图、轴力图，熟练应用强度条件解决工程实际问题。

【知识准备】

2.1.1　材料力学概述

1. 构件的承载能力

机械和结构物通常都会受到各种外力的作用，例如，厂房外墙受到的风压力、吊车梁承受的吊车和起吊物的重力、轧钢机受到的钢坯变形的阻力等，这些力称为载荷。组成机械和结构物的单个组成部分称为构件。在工程实际中，所有工程结构和机械都是由许多构件组成的，必须使每个构件安全可靠，才能保证工程结构和机械正常工作。当机械或工程结构工作时，构件将受到载荷的作用。为保证机械或工程结构的正常工作，构件应有足够的能力负担起应当承受的载荷。因此它应该满足下述要求：

（1）首先要求构件在载荷作用下不会破坏。例如，吊车的钢丝绳在起吊重物时不允许拉断，否则将会引起严重的不良后果。我们把构件抵抗破坏的能力称为构件的强度。工程上要求构件有足够的强度。

（2）有的构件虽然在外力作用下不会破坏，但由于产生了较大的变形，也会影响其正常工作。例如，减速箱中的轴，如果受载过大，就会出现较大的弯曲变形，不仅使轴承、齿轮的磨损加剧，降低零件寿命，而且影响齿轮的正确啮合，使机器不能顺利地运转。我们把构件抵抗变形的能力称为构件的刚度。显然工程上也要求构件有足够的刚度。

（3）另外，对于受压的细长直杆，当压力达到一定效值时，稍有扰动压杆便会由原来的直线平衡状态突然变弯，这种突然改变其原来直线平衡状态的现象，称为丧失稳定性。如千斤顶的丝杠，驱动装置的活塞杆等，载荷过大时将会被压弯，导致不能正常工作。我们把受压的细长直杆能够保持其原有的直线平衡状态称为构件的稳牢性。工程中的细长受压构件上要求构件有足够的稳定性。

所谓构件安全可靠，就是要求构件有足够的强度、刚度和稳定性。

若构件的截面尺寸或材料不能满足上述要求，便不能保证机械或工程结构的安全工作。反之，不恰当地加大构件尺寸、选用优质材料，虽满足了上述要求，却增加了成本。

材料力学的任务就是：

（1）研究构件的强度、刚度和稳定性；

（2）研究材料的力学性能；

（3）合理解决安全与经济之间的矛盾。

构件的强度、刚度和稳定性问题均与所用材料的力学性能有关，因此实验研究和理论分析是完成材料力学的任务所必需的手段。

2. 材料力学的基本假设

在外力作用下，一切固体都将发生变形，故称为变形固体，而构件一般均由固体材料制成，所以构件一般都是变形固体。由于变形固体的性质是多方面的，而且很复杂，因此常忽略一些次要因素。根据工程力学的要求，对变形固体作下列假设。

1）连续性假设

连续性假设认为，构成物体的整个体积内毫无空隙地充满了它的物质。实际上，组成固体的粒子之间存在着空隙并不连续。但这种空隙与构件的尺寸相比极其微小，对于工程中研究的力学问题可以不计。于是就认为固体在其整个体积内是连续的。这样，当把力学量表示为固体某位置坐标的函数时，这个函数是连续的，便于使用数学中连续函数的性质。

2）均匀性假设

均匀性假设认为，物体内的任何部分，其力学性能相同。就金属而言，组成金属的各晶粒的力学性能并不完全相同。但因构件或它的任意一部分中都包含大量的晶粒，而且无规则地排列。固体每一部分的力学性能都是大量晶粒性能的统计平均值，所以可以认为各部分的力学性能是均匀的。如从固体中任意地取出一部分，不论从何处取出，也不论大小，力学性能总是一样的。

3）各向同性假设

各向同性假设认为，在物体内各个不同方向的力学性能相同。就单一的金属晶粒来说，沿不同方向的性能并不完全相同。因金属构件包含大量的晶粒，且又无序地排列，这样沿各个方向的性能就接近相同了。具有这种属性的材料称为各向同性材料如铸钢、铸铜、玻璃等即为各向同性材料。也有些材料沿不同方向的性能并不相同，如木材、纤维织品和一些人工合成材料等。这类材料称为各向异性材料。

3. 内力、截面法及应力的概念

1）附加内力的概念

前面介绍过，研究某一构件时，可假想地把它从周围的其他物体中单独取出，并用力 $\boldsymbol{F}_1$，$\boldsymbol{F}_2$，…代替周围其他物体对构件的作用。如划定研究范围为整个构件，则来自构件外部的力，其中包括约束反力、自重和惯性力等，都可称为外力。当构件处于平衡状态时，作用于构件上的外力构成一个平衡力系。

由物理学可知，即使不受外力作用，构件内部各质点之间也存在着相互作用力，即内力。当受外力作用时，构件各部分间的相对位置发生变化，从而引起上述相互作用力的改变，其改变量称为附加内力。可见，附加内力是构件各部分之间相互作用力因外力而引起的附加值。这样的附加内力随外力增大而加大，到达某一限度时，就会引起构件的破坏，所以附加内力与构件的强度是密切相关的。由于在研究构件的强度、刚度和稳定性时，只涉及附加内力，所以我们将附加内力简称为内力。

2）截面法求内力

为了研究出构件的内力，我们可以用截面 $m—m$ 假想地把受力平衡的构件分成 A、B 两部分，任意地取出一部分 A 作为分离体，如图 2－1－2 所示。

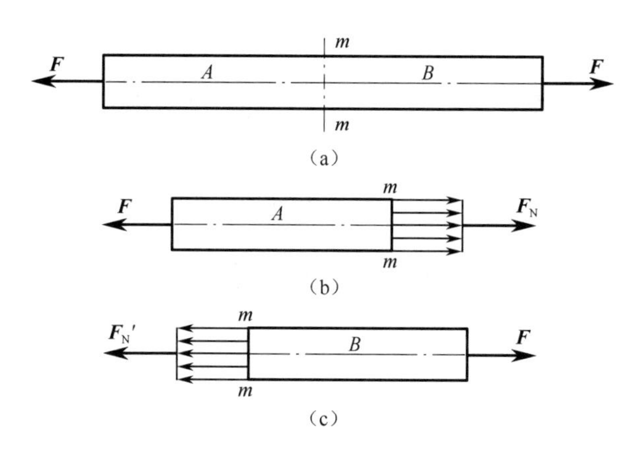

图 2－1－2　截面法求构件内力

对 A 部分，根据二力平衡定理，除外力 $\boldsymbol{F}$ 外，在截面 $m—m$ 上必然还有来自部分 B 的作用力 $\boldsymbol{F}_N$，这就是内力。A 部分是在上述外力和内力共同作用下保持平衡的。类似地，如取出 B 部分，如图 2－1－2（c）所示，则它是在外力 $\boldsymbol{F}$ 和 $m—m$ 截面上的内力 $\boldsymbol{F}_N'$ 共同作用下保持平衡。显然，$\boldsymbol{F}_N$ 和 $\boldsymbol{F}_N'$ 是一对作用力与反作用力，根据作用和反作用定律，二者必然是大小相等且方向相反的。

用截面法求内力可归纳为以下四个步骤：

（1）截——沿欲求内力的截面，假想地用一个截面把杆分为两段。

（2）取——任意取出一段（左段或右段）为研究对象。

（3）代——将另一段对该段截面的作用力，用内力代替。

（4）平——列平衡方程式，求出该截面内力的大小。

截面法是求内力最基本的方法。应注意：应用截面法求内力时，截面不能选在力作用点所处的截面上。

3）应力

因为假设固体是连续的，截面 $m—m$ 上的每一点都应有两部分相互作用的内力，这样，在截面上将形成一个分布的内力系，如图2-1-2（b）、（c）所示。为了描述这个内力系在截面上一点处的强弱程度，引入应力的概念，即用应力描述内力在截面上某点处分布的密集程度。

在受力物体内任一截面上 K 点附近取微面积 ΔA，如图2-1-3所示。ΔA 上分布内力的合力为 $\boldsymbol{\Delta F}$，ΔF 与 ΔA 的比值为

$$p_{\mathrm{m}} = \frac{\Delta F}{\Delta A}$$

式中　p_{m}代表在 ΔA 范围内，单位面积上内力的平均集度，称为平均应力。当 ΔA 趋于零时，p_{m}的大小和方向都将趋于一定极限，可得

$$p = \lim_{\Delta A \to 0} \frac{\Delta P}{\Delta A} = \frac{\mathrm{d}P}{\mathrm{d}A}$$

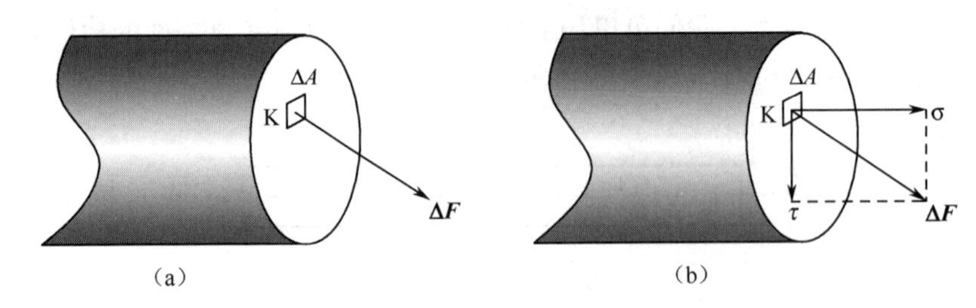

图2-1-3　构件截面的应力

式中　$\boldsymbol{p}$ 称为该点处的全应力，简称为应力。应力 $\boldsymbol{p}$ 是矢量，通常把全应力 $\boldsymbol{p}$ 分解成垂直于截面的分量 σ 和相切于截面的分量τ，σ 称为正应力，τ称为切应力，如图6-2所示。

在国际单位制中，应力的单位是牛顿/米^2（N/m^2），称为帕斯卡，简称帕（Pa），1 Pa = 1 N/m^2。工程上常用兆帕（MPa）或吉帕（GPa）表示应力单位，1 MPa = 1 N/mm^2，1 GPa = 10^3 MPa。

4. 杆变形的基本形式

实际构件有各种不同的形状，所以根据形状的不同可将构件分为杆件、板件、块件和壳体件等。材料力学主要研究长度远大于截面尺寸的构件，这类构件称为杆。杆的主要几何因素是横截面和轴线。杆的轴线是杆各横截面形心的连线。轴线为曲线的杆称为曲杆。轴线为直线的杆称为直杆。最常见的是横截面大小和形状不变的直杆，称为等直杆。根据受力情况，杆的整体变形有以下4种基本形式。

（1）拉伸和压缩。变形形式是由大小相等、方向相反、作用线与杆轴线重合的一对力引起的，表现为杆的长度发生伸长或缩短，如图2-1-4（a）所示。

（2）剪切与挤压。变形形式是由大小相等、方向相反、作用线相互平行且靠近的力引

起的，表现为受剪切杆的两部分沿外力作用方向发生相对错动。发生剪切变形的同时，连接件与被连接件的接触面相互压紧，称为挤压现象，如图 2－1－4（b）所示。

（3）扭转。变形形式是由大小相等、方向相反、作用面都垂直于杆轴的两个力偶引起的，表现为杆的任意两个横截面发生绕轴线的相对转动，如图 2－1－4（c）所示。

（4）弯曲。变形形式是由垂直于杆轴线的横向力，或由作用于包含杆轴的纵向平面内的一对大小相等、方向相反的力偶引起的，表现为杆轴线由直线变为曲线，如图 2－1－4（d）所示。

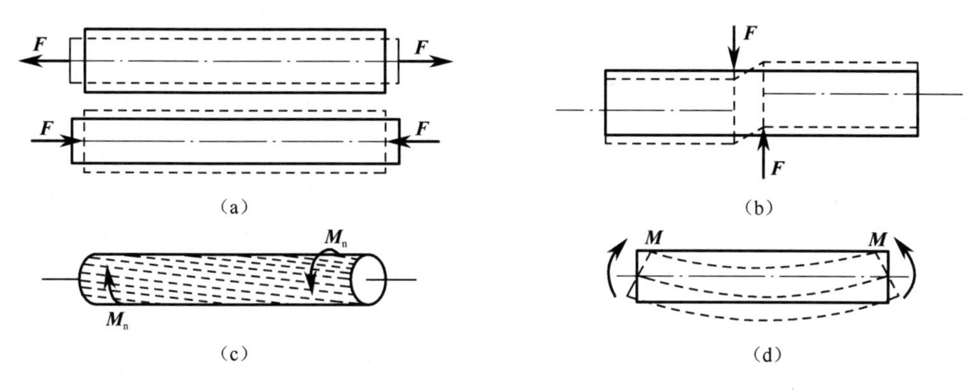

图 2－1－4　杆的基本变形

2.1.2　轴向拉伸或压缩的概念

轴向拉伸或轴向压缩变形是杆件基本变形之一。轴向拉伸或压缩变形的受力及变形特点是，杆件受一对大小相等、方向相反、作用线沿杆件轴线方向的力的作用，杆件伸长或缩短，称为拉伸或压缩。我们把发生轴向拉伸（压缩）的杆件简称为拉（压）杆。轴向拉伸或压缩的杆件的端部可以有各种连接方式，如果不考虑其端部的具体连接情况，其计算简图均可简化为图 2－1－5 所示结构。

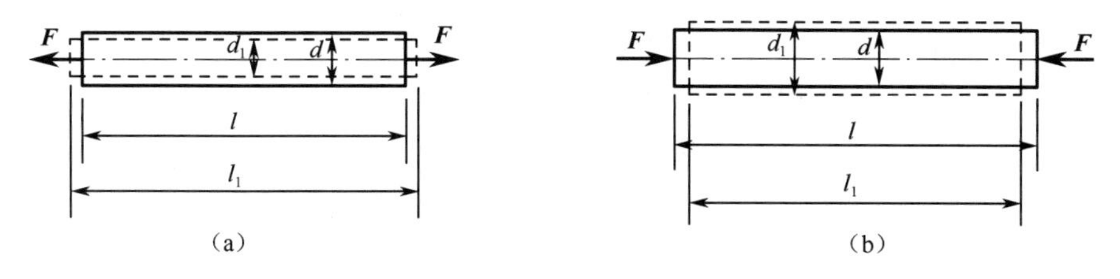

图 2－1－5　轴向拉伸和压缩的概念

1. 轴力

根据内力的概念，我们知道内力可能沿任何方向作用，但如果内力沿着构件的轴线方向，我们就把这个内力称为轴力，用 $\boldsymbol{F}_N$ 表示。区别于轴向力，轴向力是构件所受的外力，此外力沿着轴线方向；但轴力是构件内部的力，即内力。

图 2－1－6（a）所示为一受拉杆件的力学模型，为了确定其横截面的轴力，沿截面 m—m 把杆件截开，分为左、右两段，取其中任意一段为研究对象。杆件在外力作用下处于

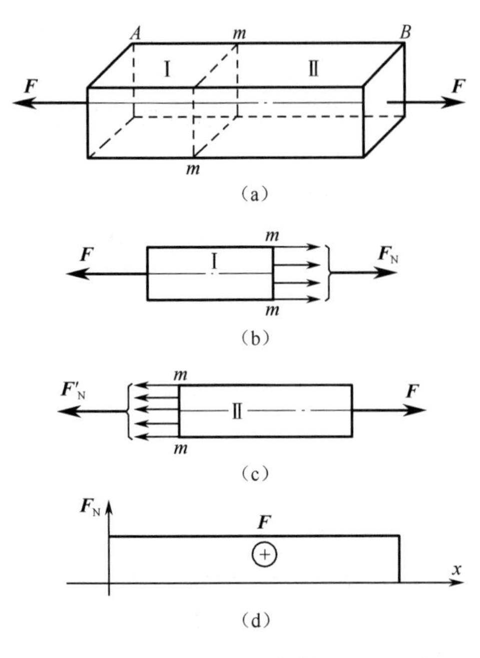

图2-1-6　拉（压）杆横截面上的内力

平衡，则左、右两段也必然处于平衡。左段上有力 $\boldsymbol{F}$ 和截面内力作用［见图2-1-6（b）］，由二力平衡条件，该内力必与外力 $\boldsymbol{F}$ 共线，且沿杆件的轴线方向，则为轴力 $\boldsymbol{F}_N$。由平衡方程可求出轴力的大小为

$$\sum F_x = 0 \quad F_N - F = 0$$

$$F_N = F$$

同理，右段上也有外力 $\boldsymbol{F}$ 和截面内力 $\boldsymbol{F}'_N$，［见图2-1-6（c）］，满足平衡方程。因 $\boldsymbol{F}_N$ 与 $\boldsymbol{F}'_N$ 是一对作用力与反作用力，必等值、反向和共线。因此取左段求出的轴力 F_N，还是取右段求出的内力 F'_N，都表示 m—m 截面的内力。拉杆的轴力正负规定为：背离截面方向的轴力为正，指向截面的轴力为负。

2. 轴力图

为了形象地表明各截面轴力的变化情况，以杆的端点为坐标原点，取平行杆轴线的坐标轴为横坐标 x 轴，称为基线，其值代表截面位置，取 $\boldsymbol{F}_N$ 轴为纵坐标轴，其值代表对应截面的轴力值。正值绘在基线上方，负值绘在基线下方，绘制轴力随截面 x 变化的曲线图称为轴力图，如图2-1-6（d）所示。

例2-1-1　杆件受力如图2-1-7所示，画出该杆件的轴力图。

解：（1）内力分析。在 AB 段任取截面 m—m 假想将杆截开，设取左段为研究对象［见图2-1-7（b）］，假定该截面上的轴力为 $\boldsymbol{F}_{N1}$，且为正。由平衡方程

$$\sum \boldsymbol{F}_x = 0, \ F + \boldsymbol{F}_{N1} = 0$$

得

$$\boldsymbol{F}_{N1} = -F$$

负号表示 $\boldsymbol{F}_{N1}$ 的实际方向与所设的方向相反，截面受压。

同理，在 BC 段任取截面 n—n 假想将杆截开，设取左段为研究对象［见图2-1-7（d）］，以 $\boldsymbol{F}_{N2}$ 代表该截面上的轴力，且为正。由平衡方程

$$\sum F_x = 0, \ F_{N2} - 2F + F = 0$$

得

$$F_{N2} = F$$

（2）绘制轴力图。杆 AB 间所有截面的轴力都相等，都等于 F_{N1}，F_{N1} 为负，所以 AB 之间的轴力图为一在基线下方的水平直线；杆 BC 间所有截面的轴力都相等，都等于 F_{N2} 且为正，所以 BC 之间的轴力图为一在基线上方的水平直线，如图2-1-7（c）所示。

由上例可知，杆件任一截面的轴力 $F_N(x)$，等于截面一侧左段（或右段）杆件上轴向外力的代数和。左段向左（或右段向右）的外力产生正轴力，反之产生负轴力。

例2-1-2　一杆及其受力情况如图2-1-8（a）所示，$F_1 = 16$ kN，$F_2 = 10$ kN，$F_3 = 20$ kN，作杆的轴力图。

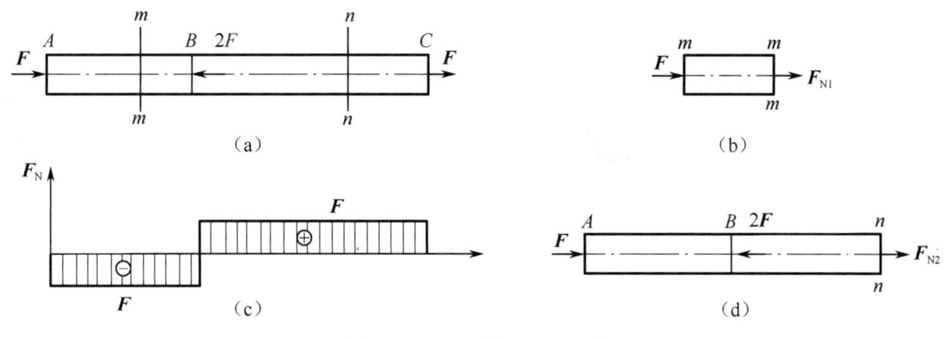

图 2-1-7　例 2-1-1 图

解：(1) 求约束反力。

由平衡方程 $F_D - F_3 - F_2 + F_1 = 0$，得 $F_D - 20\ \mathrm{kN} - 10\ \mathrm{kN} + 16\ \mathrm{kN} = 0$，求得 $F_D = 14\ \mathrm{kN}$

(2) 内力分析。

求 AB 段轴力，假想在 AB 段任一截面 1—1 处截断，取右段 [见图 2-1-8 (b)]，并设轴力 F_{N1} 为正。由平衡方程得

$$\sum F_x = 0,\ F_{N1} - F_1 = 0,\ F_{N1} = F_1 = 16\ \mathrm{kN}$$

结果为正，故 F_{N1} 为拉力。

求 BC 段轴力，假想在 BC 段任一截面 2—2 处截断，取右段 [见图 2-1-8 (c)]，设轴力 F_{N2} 为正。由平衡方程得

$$\sum F_x = 0,\ F_{N2} - F_1 + F_2 = 0,\ F_{N2} = F_1 - F_2 = 16\ \mathrm{kN} - 10\ \mathrm{kN} = 6\ \mathrm{kN}$$

结果为正，故 F_{N2} 为拉力。

若取左段 [见图 2-1-8 (d)]，设轴力 F_{N2} 为正。由平衡方程得

$$\sum F_x = 0,\ F_{N2} - F_3 + F_D = 0,\ F_{N2} = F_3 - F_D = 20\ \mathrm{kN} - 14\ \mathrm{kN} = 6\ \mathrm{kN}$$

结果与取右段相同。

求 CD 段轴力，假想在 CD 段任一截面 3—3 处截断，取左段 [见图 2-1-8 (d)]，并设轴力 F_{N3} 为正。由平衡方程得

$$\sum F_x = 0,\ F_{N3} + F_D = 0,\ F_{N3} = -14\ \mathrm{kN}$$

结果为负值，故 F_{N3} 为压力。

(3) 作轴力图。AB 段轴力 16 kN，轴力图为在基线上方的水平直线；BC 段轴力为 6 kN，轴力图为在基线上方的水平直线；CD 段轴力为 -14 kN，轴力图为在基线下方的水平直线。

3. 拉（压）杆的应力

同种材料制成粗细不同的两根直杆，在相同轴向拉力的作用下，杆内的轴力相同。随着拉力增大，细杆将首先被拉断。这说明只凭内力不能判断构件的强度，杆件的强度不仅取决于内力的大小，而且与截面面积的大小有关，即构件的强度取决于内力在截面上分布的密集程度。为此引入应力的概念。内力在截面上的集度称为应力，垂直于截面的应力称为正应力，平行于截面的应力称为切应力。

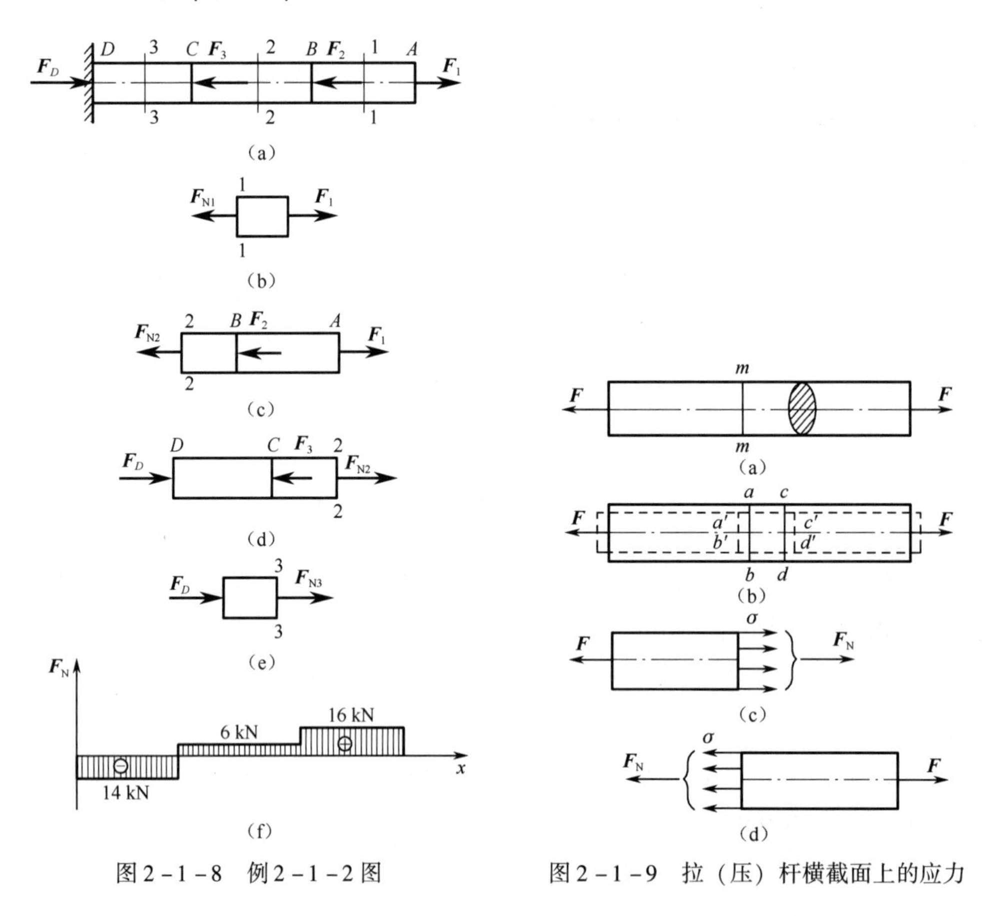

图2－1－8　例2－1－2图

图2－1－9　拉（压）杆横截面上的应力

4. 拉（压）杆横截面上的应力

图2－1－9（a）所示为一等截面直杆，假定在未受力前在该杆侧面作相邻的两条横向线 ab 和 cd，然后使杆受拉力 $\boldsymbol{F}$ 作用发生变形，如图2－1－9（b）所示，并可观察到两横向线平移到 $a'b'$ 和 $c'd'$ 的位置且仍垂直于轴线。这说明，杆件的任一横截面上各点的变形是相同的，即变形前是平面的横截面，变形后仍保持为平面且仍垂直于杆的轴线，称为平面假设。根据这一假设，横截面上所有各点受力相同，内力均匀分布，方向垂直于横截面，如图2－1－9（c）所示。

$$\sigma = \boldsymbol{F}_N / A \tag{2-1-1}$$

式中，$\boldsymbol{F}_N$ 为轴力；A 为杆的横截面面积。由式(7－1)知，正应力的正负号取决于轴力的正负号，若 $\boldsymbol{F}_N$ 为拉力，则 σ 为拉应力；若 $\boldsymbol{F}_N$ 为压力，则 σ 为压应力，并规定拉应力为正，压应力为负。

5. 拉（压）杆的强度计算

为保证拉（压）杆在外力作用下能够安全、可靠地工作，必须使构件横截面的应力小于或等于构件材料的许用应力。当构件各截面的应力不等时，应使构件截面上的最大工作应力小于或等于材料的许用应力。这一条件称为强度设计准则，即

$$\sigma_{max} = \frac{F_N}{A} \leqslant [\sigma] \tag{2-1-2}$$

式中，［σ］为许用应力。应用式（7－2）可以解决以下三类计算问题。

（1）校核强度。已知作用外力 $\boldsymbol{F}$、横截面积 A 和许用应力［$\boldsymbol{\sigma}$］，计算出最大工作应力，验算是否满足强度准则，从而判断构件是否能够安全、可靠地工作。

（2）设计截面尺寸。已知作用外力 $\boldsymbol{F}$、许用应力［$\boldsymbol{\sigma}$］，由强度准则计算出截面面积 A，即 $A \geqslant \frac{F_{Nmax}}{[\sigma]}$，然后根据要求的截面形状，设计出构件的截面尺寸。

（3）确定许可载荷。已知构件的截面面积 A、许用应力［$\boldsymbol{\sigma}$］，由强度准则计算出构件所能承受的最大内力 F_{Nmax}，即 $9F_{Nmax} \leqslant [\sigma]A$，再根据内力与外力的关系，确定出杆件允许的最大载荷 $\boldsymbol{F}$。

离合器踏板

例 2－1－3　汽车离合器踏板如图 2－1－10 所示，已知踏板所受压力为 $F_Q = 400$ N，拉杆 1 的直径 $D = 9$ mm，杠杆臂长 $L = 330$ mm，$l = 56$ mm，拉杆的许用应力［σ］$= 50$ MPa。试校核拉杆 1 的强度。

解：（1）计算拉杆 1 上的拉力 F_P。

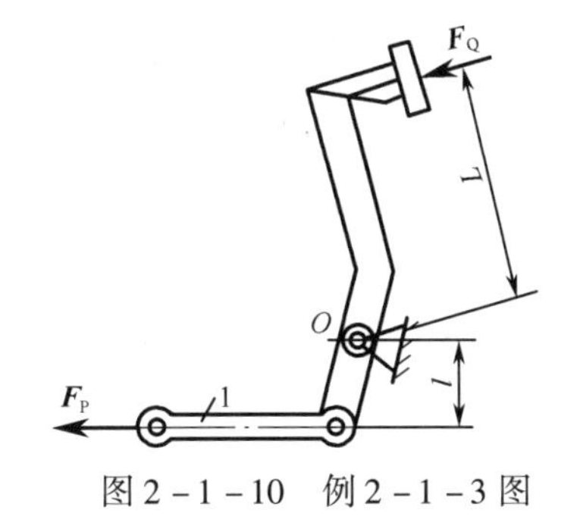

图 2－1－10　例 2－1－3 图

由平衡方程 $\sum M_O(\boldsymbol{F}) = 0$　可得　$F_Q L - F_P l = 0$

$$F_P = \frac{F_Q L}{l} = \frac{400 \times 330}{56} \approx 2\ 357\ (\text{N})$$

（2）校核拉杆 1 的强度。

拉杆 1 两端受到 $F_P = 2\ 357$ N 的拉力作用发生拉伸变形，拉杆 1 中间各截面的轴力 $F_N = F_P = 2\ 357$ N，由强度条件可知

$$\sigma = \frac{F_N}{A} = \frac{2\ 357}{\frac{\pi \times 9^2}{4}} \approx 37\ (\text{MPa}) < [\sigma]$$

故拉杆 1 的强度足够。

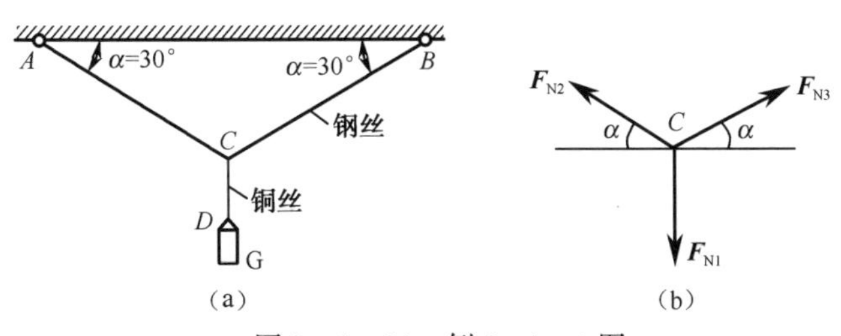

图 2－1－11　例 2－1－4 图

例2-1-4 如图2-1-11（a）所示，重物由钢丝和铜丝结构悬挂在C点，已知$G=200\ \text{N}$，铜丝和钢丝的许用应力分别为$[\sigma]_1=100\ \text{MPa}$和$[\sigma]_2=240\ \text{MPa}$，$\alpha=30^\circ$。求铜丝和钢丝的最小直径$d_1$和$d_2$。

解：（1）受力分析，绘制受力图如图2-1-11（b）所示。

（2）列平衡方程，求钢丝和铜丝的拉力。

铜丝所受的拉力为 $F_{N1}=G=200\ \text{N}$

由 $\sum F_x=0$ 得 $F_{N2}\cos\alpha-F_{N3}\cos\alpha=0$，

所以 $F_{N3}=F_{N2}$。（a）

由 $\sum F_y=0$ 得 $F_{N3}\sin\alpha+F_{N2}\sin\alpha-F_{N1}=0$。（b）

将式（a）代入式（b）解得

$$F_{N3}=F_{N2}=200\ \text{N}$$

（3）求铜丝和钢丝的最小直径d_1和d_2。

由强度条件得 $d_1\geqslant\sqrt{\dfrac{4F_{N1}}{\pi[\sigma]_1}}=\sqrt{\dfrac{200\times4}{100\times3.14}}\approx1.596\ (\text{mm})$

$$d_2\geqslant\sqrt{\dfrac{4F_{N2}}{\pi[\sigma]_2}}=\sqrt{\dfrac{200\times4}{240\times3.14}}\approx1.03\ (\text{mm})$$

2.1.3 材料在拉伸和压缩时的力学性能

1. 低碳钢拉伸时的力学性能

当构件截面上的最大工作应力一定时，构件是否会发生破坏与材料的许用应力即材料的性能有关。材料在外力作用下表现出来力与变形的关系特征，称为材料的力学性能。

常用材料根据其性能可分为塑性材料和脆性材料两大类，其典型代表有低碳钢和铸铁，其力学性能具有广泛的代表性。因此本小节介绍低碳钢和铸铁在常温、静载的力学性能。

1）试件

在进行拉伸试验时，将材料做成国标中规定的标准试件，如图2-1-12所示，取试件中间l长的一段作为测量变形的计算长度，称为标距。通常对圆截面标准试件的标距l与其横截面直径d的比值加以规定，为$l=10d$或$l=5d$两种规格。

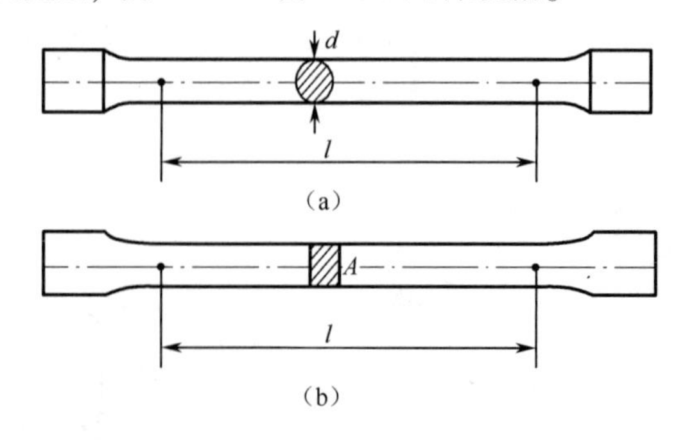

图2-1-12 拉伸试件

试验时，将试件两端装夹在试验机工作台的上、下夹头里，然后使其缓慢加载，直到把试件拉断为止。在试件变形过程中，从试验机的测力度盘上可以读出一系列拉力 $\boldsymbol{F}$ 值，同时在变形标尺上读出与每一 $\boldsymbol{F}$ 值相对应的变形 Δl 值。若以拉力 $\boldsymbol{F}$ 为纵坐标，变形 Δl 为横坐标，绘出力与变形的关系曲线，称做 $F-\Delta l$ 曲线。为了消除试件横截面面积 A 和标距 l 对作用力 $\boldsymbol{F}$ 及变形 Δl 的影响，将 $F-\Delta l$ 曲线转变成应力与应变 $\sigma-\varepsilon$ 曲线，低碳钢 $\sigma-\varepsilon$ 曲线如图 2-1-13 所示。

2）试验设备

使用万能试验机，通过试验机夹头或承压平台的位移，使放在其中的试件发生变形，在试验机的示力盘上则指示出试件的抗力。

3）低碳钢试件的 $\sigma-\varepsilon$ 曲线及其力学性能

对低碳钢拉伸试验所得到的 $\sigma-\varepsilon$ 曲线(见图 7-11)进行研究，大致可分为以下 4 个阶段。

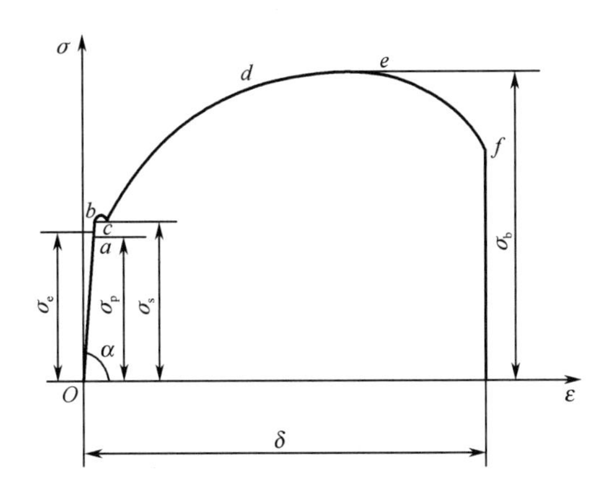

图 2-1-13　低碳钢试件力学性能

(1) 第Ⅰ阶段 oa——弹性阶段。试件的变形完全是弹性的，全部卸除荷载后，试件将恢复其原长，因此称这一阶段为弹性阶段。

在弹性阶段内，a 点是应力与应变成正比即符合胡克定律的最高限，与之对应的应力则称为材料的比例极限，用 σ_p 表示。弹性阶段的最高点 b 是卸载后不发生塑性变形的极限，而与之对应的应力则称为材料的弹性极限，并以 σ_e 表示。由于 σ_p 和 σ_e 非常接近，工程不再加以区分。

(2) 第Ⅱ阶段 bc——屈服阶段。弹性极限后，应力 σ 有幅度不大的波动，应变却急剧地增加，这一现象称为屈服，这一阶段则称为屈服阶段。在此阶段，试件表面上将可看到大约与试件轴线成 45°方向的条纹，是由于材料沿试件的最大切应力面发生滑移而出现的，故通常称为滑移线。

在屈服阶段，其最低点的应力则称为屈服极限，并以 σ_s 表示。σ_s 是材料力学性能很重要的指标，它表示材料不发生塑性变形时能承受的最大应力。

(3) 第Ⅲ阶段 cde——强化阶段。屈服阶段后，由于材料在塑性变形过程中不断发生强化，使试件主要产生塑性变形，且比在弹性阶段内变形大得多，可以较明显地看到整个试件的横向尺寸在缩小。因此，这一阶段称为强化阶段。$\sigma-\varepsilon$ 曲线试件的应力达到了最大值，e 点的应力称为材料的强度极限，以 σ_b 表示。

(4) 第Ⅳ阶段 ef——局部变形阶段。当应力达到强度极限后，试件某一段内的横截面面积显著地收缩，称为“颈缩”现象。颈缩出现后，使试件继续变形所需的拉力减小，$\sigma-\varepsilon$ 曲线相应呈现下降，最后导致试件在缩颈处断裂。

对低碳钢来讲，屈服极限 σ_s 和强度极限 σ_b 是衡量材料强度的两个重要指标。

为了衡量材料塑性性质的好坏，通常以试样断裂后标距的残余伸长量 Δl 与标距 l 的比值 δ 来表示

$$\delta=\frac{\Delta l}{l}\times 100\%$$

式中，δ 称为伸长率，低碳钢的 $\delta = 20\% \sim 30\%$。此值的大小表示材料在拉断前能发生的最大的塑性变形程度，它是衡量材料塑性的一个重要指标。工程上，一般将 $\delta<5\%$ 的材料定为脆性材料。

另一个衡量塑性性质好坏的指标是断面收缩率 ψ

$$\psi=\frac{A-A_1}{A}\times 100\%$$

式中 A_1——拉断后颈缩处的截面面积；

A——变形前标距范围内的截面面积；

ψ——断面收缩率，低碳钢的 $\psi = 60\% \sim 70\%$。

如果卸载后立即重新加载，则应力—应变之间基本上仍遵循着卸载时的同一直线关系，一直到开始卸载时的应力为止。然后则大体上遵循着原来的应力—应变曲线关系。此时，其屈服极限得到提高，但其塑性变形将减少，这一现象通常称为材料的冷作硬化。

2. 其他几种材料在拉伸时的力学性能

16 锰钢以及另外一些高强度低合金钢等材料与低碳钢在 $\sigma-\varepsilon$ 曲线上相似，它们与低碳钢相比，没有明显屈服阶段，国家标准规定，取塑性应变为 0.2% 时所对应的应力值作为屈服极限，以 $\sigma_{0.2}$ 表示（见图 2－1－14）。

图 2－1－15 所示为脆性材料灰口铸铁在拉伸时的 $\sigma-\varepsilon$ 曲线。一般来说，脆性材料在受拉过程中没有屈服阶段，也不会发生颈缩现象。其断裂时的应力即为拉伸强度极限，它是衡量脆性材料拉伸强度的唯一指标。

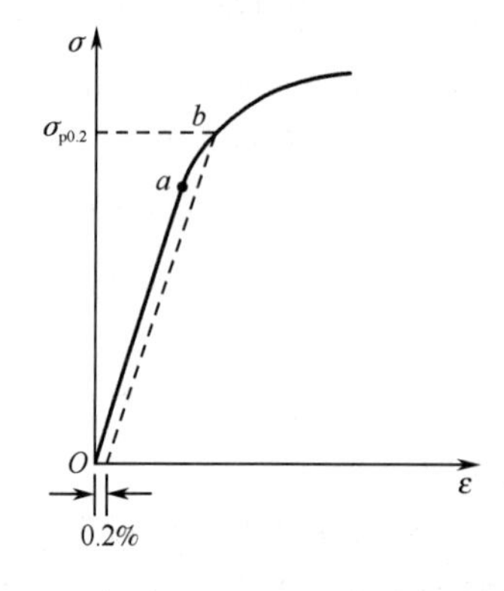

图 2－1－14 没有明显屈服阶段的塑性材料的力学性能

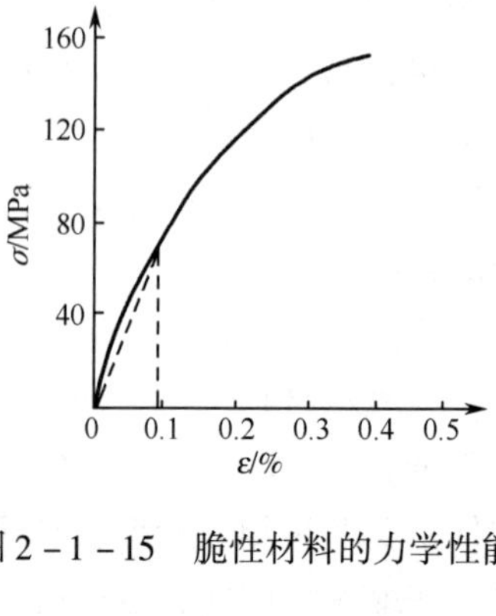

图 2－1－15 脆性材料的力学性能

3. 低碳钢及其他材料压缩时的力学性质

（1）用金属材料做压缩试验时，试件一般做成短圆柱形，长度为直径的 1.5～3 倍。

图 2－1－16所示为低碳钢压缩时的 $\sigma-\varepsilon$ 图。低碳钢压缩与拉伸时当应力达到屈服点附近以后，试件越来越扁，无法压断，故低碳钢试件的压缩强度极限无法测定，但低碳钢拉伸与压缩时的屈服点是相同的。

（2）图 2－1－17 所示为典型脆性材料铸铁压缩时的 $\sigma-\varepsilon$ 曲线。

在图 2－1－17 中，铸铁的压缩曲线没有明显的直线部分，只能在应力较小时近似地认为符合胡克定律。此外，曲线没有屈服阶段，变形不大时铸铁就沿着与轴线大约成 45°角的斜截面发生断裂破坏。为了区分铸铁的抗拉强度与抗压强度，我们用 σ_b^+ 表示抗拉强度，用 σ_b^- 表示抗压强度。很明显，铸铁的抗压强度 σ_b^- 远大于它的抗拉强度 σ_b^+，一般 σ_b^- 约为 σ_b^+ 的 3～5 倍，故脆性材料常用来加工成受压的零件。

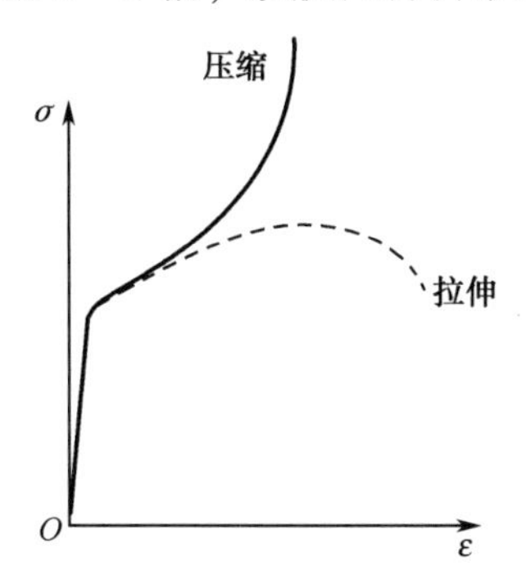

图 2－1－16　塑性材料的拉伸与压缩性能

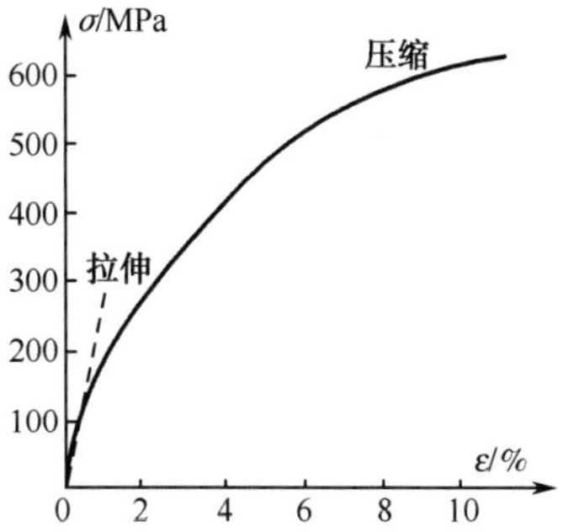

图 2－1－17　典型脆性材料铸铁压缩时的 $\sigma-\varepsilon$ 曲线

4. 拉（压）杆的变形与胡克定律

1）变形与应变

如图 2－1－5 所示，等截面直杆原长为 l，直径为 d，在轴向拉力或压力的作用下，沿轴线方向将发生伸长或缩短，变形后长为 l_1；同时，横向发生缩短或伸长，变形后直径为 d_1，图中实线为变形前的形状，虚线为变形后的形状。变形后的长度改变量 Δl 和直径改变量 Δd 分别为

$$\Delta l = l_1 - l \tag{a}$$

$$\Delta d = d_1 - d \tag{b}$$

式中，Δl 和 Δd 称为杆件的绝对纵向和横向变形量。其单位为 m 或 mm。绝对变形与杆的长度与直径有关，不能准确反映杆的变形程度。为了消除杆的长度和直径的影响，得到单位长度的相对变形量，称为线应变，用符号 ε 和 ε' 表示。

$$\varepsilon = \frac{\Delta l}{l}$$

$$\varepsilon' = \frac{\Delta d}{d}$$

式中，ε 为纵向线应变，ε' 为横向线应变，它们都是量纲为 1 的量。

2）胡克定律

实验表明，在弹性变形范围内，杆件的伸长 Δl 与力 F_N 及杆长 l 成正比，与截面面积 A 成反比，引进比例常数 E，这一比例关系称为胡克定律，即

$$\Delta l = \frac{F_N l}{EA} \tag{2-1-3}$$

式中的比例常数 E 称为弹性模量，其单位为 GPa。

将 $\varepsilon=\dfrac{\Delta l}{l}$，$\sigma=\dfrac{F_{\mathrm{N}}}{A}$代入式（2－1－3）可得

$$\sigma=E\varepsilon \tag{2-1-4}$$

式（2－1－4）是式（2－1－3）的另一种表达式。式（7－4）表明，在弹性变形范围内，应力与应变成正比。

实验表明，在弹性变形范围内，横向线应变与纵向线应变之间保持一定的比例关系，以 μ 代表它们的比值之绝对值，即

$$\mu=\left|-\frac{\varepsilon'}{\varepsilon}\right| \text{或 } \varepsilon'=-\mu\varepsilon \tag{2-1-5}$$

式中，μ 称为泊松比，它是量纲为1的常数，其值随材料而异，可由实验测定。弹性模量 E 和泊松比 μ 都是材料的弹性常数。

例2－1－5 一等直钢杆如图2－1－18所示，材料的弹性模量 $E=210$ GPa。试计算：（1）每段的伸长；（2）每段的线应变；（3）全杆总伸长。

解：（1）求出各段轴力，作轴力图，如图2－1－18所示。

（2）AB 段的伸长 Δl_{AB}。由式（7－3）得

$$\Delta l_{AB}=\frac{F_{\mathrm{N}AB}l_{AB}}{EA}=\frac{5\times10^3\times2}{210\times10^9\times\dfrac{\pi\times10^2\times10^{-6}}{4}}\approx0.000\ 607\ \mathrm{m}\approx0.607\ \mathrm{mm}$$

BC 段的伸长 Δl_{BC}为

$$\Delta l_{BC}=\frac{F_{\mathrm{N}BC}l_{BC}}{EA}=\frac{-5\times10^3\times2}{210\times10^9\times\dfrac{\pi\times10^2\times10^{-6}}{4}}\approx-6.07\times10^{-4}\ \mathrm{m}\approx-0.607\ \mathrm{mm}$$

CD 段的伸长 Δl_{CD}为

$$\Delta l_{CD}=\frac{F_{\mathrm{N}CD}l_{CD}}{EA}=\frac{5\times10^3\times2}{210\times10^9\times\dfrac{\pi\times10^2\times10^{-6}}{4}}\approx6.07\times10^{-4}\ \mathrm{m}\approx0.607\ \mathrm{mm}$$

（3）AB 段的线应变 ε_{AB}为

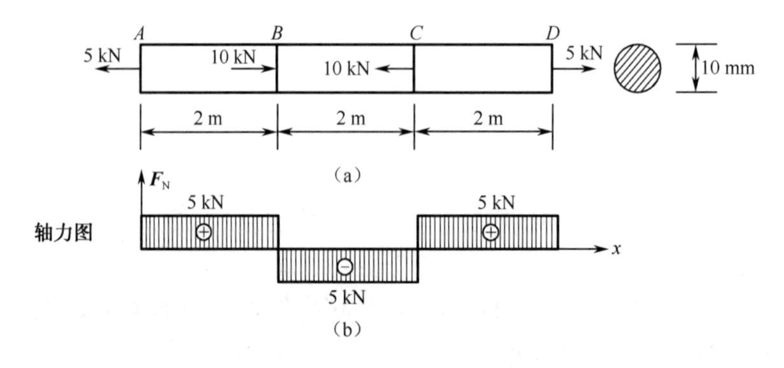

图2－1－18 例2－1－5图

$$\varepsilon_{AB}=\frac{\Delta l_{AB}}{l_{AB}}=\frac{0.000\,607}{2}=3.035\times10^{-4}$$

BC 段的线应变 ε_{BC} 为

$$\varepsilon_{BC}=\frac{\Delta l_{BC}}{l_{BC}}=\frac{-0.000\,607}{2}=-3.035\times10^{-4}$$

CD 段的线应变 ε_{CD} 为

$$\varepsilon_{CD}=\frac{\Delta l_{CD}}{l_{CD}}=\frac{0.000\,607}{2}=3.035\times10^{-4}$$

（4）全杆总伸长 Δl_{AD}

$$\Delta l_{AD}=\Delta l_{AB}+\Delta l_{BC}+\Delta l_{CD}=0.607-0.607+0.607=0.607\ (\text{mm})$$

5. 强度条件、安全因数和许用应力

1）极限应力

材料丧失正常工作能力时的应力，称为极限应力，用 $\boldsymbol{\sigma}_u$ 表示。对于塑性材料，当应力达到屈服极限 σ_s 时，将发生较大的塑性变形，此时虽未发生破坏，但因变形过大将影响构件的正常工作，引起构件失效，所以把 σ_s 定为极限应力，即 $\sigma_u=\sigma_s$。对于脆性材料，因塑性变形很小，断裂就是破坏的标志，故以强度极限作为极限应力，即 $\sigma_u=\sigma_b$。

2）安全因数及许用应力

为保证构件有足够的强度，在荷载作用下所引起的应力（称为工作应力）的最大值应低于极限应力，考虑到在设计计算时的一些近似因素、结构在使用过程中偶尔会遇到超载的情况等，所以，为了安全起见，应把极限应力打一折扣，即除以一个大于 1 的系数，以 n 表示，称为安全因数，所得结果称为许用应力，用 $[\sigma]$ 表示，即

塑性材料有

$$[\sigma]=\frac{\sigma_s}{n_s} \qquad (2-1-6)$$

脆性材料有

$$[\sigma]=\frac{\sigma_b}{n_b} \qquad (2-1-7)$$

式中　n_s，n_b——塑性材料和脆性材料的安全因数。

【任务实施】

如图 2－1－19 所示，在 B 点悬挂重物 G，AB 为木杆，横截面积 $A_1=100\ \text{cm}^2$，其许用应力 $[\sigma]_1=7$ MPa；BC 为钢杆横截面面积 $A_2=6\ \text{cm}^2$，其许用应力 $[\sigma]_2=160$ MPa。求许可悬挂的重物 G 的最大值。

解：（1）受力分析，画分离体受力图，如图 2－1－19 所示。

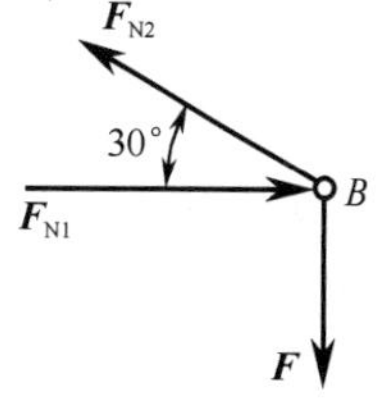

图 2－1－19　任务实施图

（2）列平衡方程求 AB、BC 杆的轴力。

$$\sum F_x=0,\ F_{N2}\cos30^\circ-F_{N1}=0$$

$$\sum F_y=0,\ F_{N2}\sin30^\circ-F=0$$

解得

$$F_{N1}=1.732F,\ F_{N2}=2F$$

（3）确定许可载荷。

由强度条件得

$$F_{N1}\leqslant A_1[\sigma]_1,\ F\leqslant A_1[\sigma]_1/1.732=100\times10^2\times7/1.732\approx40.4\ (\text{kN})$$

$$F_{N2}\leqslant A_2[\sigma]_2,\ F\leqslant A_2[\sigma]_2/2=6\times10^2\times160/2=48\ (\text{kN})$$

所以结构所能承受的最大载荷 $F=40.4$ kN。

【任务小结】

1. 材料力学基本知识：

组成机械和结构物的单个组成部分统称为**构件**。

构件抵抗破坏的能力称为构件的**强度**。

构件抵抗变形的能力称为构件的**刚度**。

把受压的细长直杆能够保持其原有的直线平衡状态称为构件的**稳定性**。

材料力学的基本假设：**连续性假设、均匀性假设、各向同性假设**。

附加内力是构件各部分之间的相互作用力因外力而引起的附加值。

杆件的4种基本变形：**拉伸与压缩、剪切与挤压、扭转、弯曲**。

2. 用截面法求内力：

用截面法求内力可归纳为4个步骤：

（1）**截**：沿欲求内力的截面，假想地用一个截面把杆分为两段。

（2）**取**：任意取出一段（左段或右段）为研究对象。

（3）**代**：将另一段对该段截面的作用力用内力代替，

（4）**平**：列平衡方程式，求出该截面内力的大小。

3. 轴向拉伸与压缩基本知识

内力沿着构件的轴线方向，把这个内力称为**轴力**。

轴力正负规定为：**背离截面方向的轴力为正，指向截面的轴力为负**。

轴力随截面 x 变化的曲线图称为**轴力图**。

应力是描述内力在界面上某点处分布的密集程度。

垂直于截面的应力称为**正应力**，平行于截面的应力称为**切应力**。

4. 强度计算条件

$$\sigma_{max}=\frac{F_N}{A}\leqslant[\sigma]$$

5. 胡克定律：

$$\Delta l=\frac{F_N l}{EA}$$

【实践训练】

思考题

2－1－1 材料力学的基本任务是什么?

2－1－2 何谓构件的强度、刚度、稳定性?

2－1－3 何谓变形固体?在材料力学中对变形固体做了哪些基本假设?

2－1－4 什么是内力?求内力的方法是什么?

2－1－5 试述用截面法确定内力的方法和步骤。

2－1－6 什么是应力?应力有几种?

2－1－7 为什么要研究应力?应力是矢量还是标量?

2－1－8 材料力学的主要研究对象是什么?

2－1－9 杆在外力作用下产生的基本变形形式有哪几种?试举几例工程和日常生活中的例子。

2－1－10 直杆在怎样的受力情况下才会产生轴向拉伸或压缩?

2－1－11 何谓轴力?轴力的正负号是怎样规定的?

2－1－12 受拉或受压直杆横截面上正应力公式是如何建立的?

2－1－13 低碳钢在拉伸过程中表现为几个阶段?

2－1－14 材料的塑性如何衡量?何谓塑性材料?何谓脆性材料?

2－1－15 何谓许用应力?何谓强度条件?应用强度条件可以求解哪几类计算问题?

2－1－16 胡克定律有哪两种表达形式?

2－1－17 试指出下列概念的区别：外力与内力；内力与应力；轴向变形与线应变；正应力与切应力；弹性变形与塑性变形；比例极限与弹性极限。

2－1－18 在下列关于轴向拉压杆轴力的说法中，错误的是（　　）。

A. 轴力的作用线与杆轴向重合

B. 轴力是沿杆轴作用的外力

C. 轴力与杆的横截面积、材料有关

D. 拉压杆的内力只有轴力

2－1－19 在图 2－1－20 所示阶梯杆中，*AB* 段为钢，*BD* 段为木材，在力 ***F*** 的作用下则（　　）。

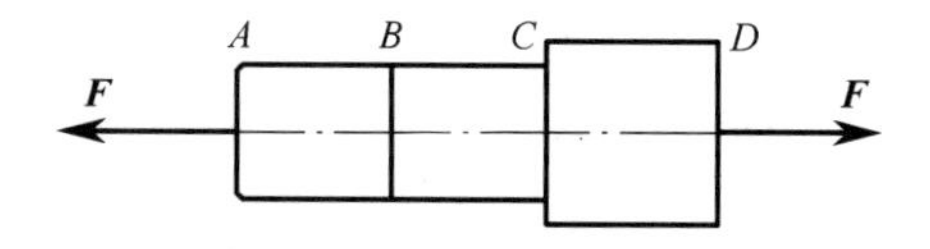

图 2－1－20　思考题 2－1－19 图

A. *AB* 段轴力最大　　　　B. *BC* 段轴力最大

C. CD 段轴力最大　　　　D. 三段轴力一样大

2－1－20 材料相同、横截面面积相等的圆形截面与方形截面拉杆，在相同拉力作用下，拉杆横截面上的应力（　　）。

A. 两杆相等　　　　B. 圆杆的较大　　　　C. 方杆的较大

2－1－21 杆件受到的轴力越大，则横截面上的正应力就越大，这种说法对吗？

习　题

2－1－1 画出图2－1－21所示杆的轴力图。

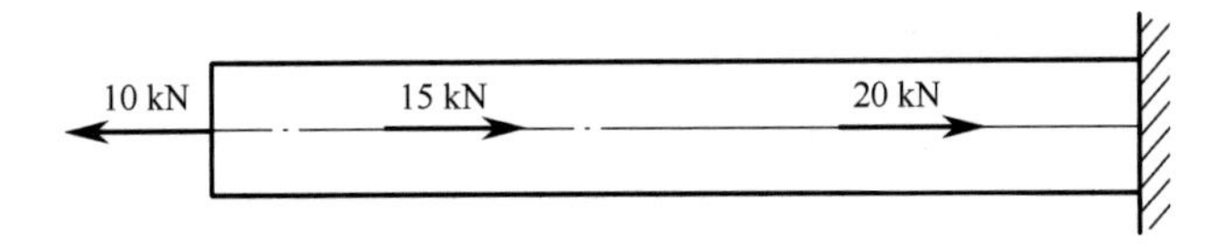

图2－1－21　习题2－1－1图

2－1－2 阶梯杆如图2－1－22所示。已知：$A_1=8\ \mathrm{cm}^2$，$A_2=4\ \mathrm{cm}^2$，$E=200\ \mathrm{GPa}$。试求杆件的总伸长。

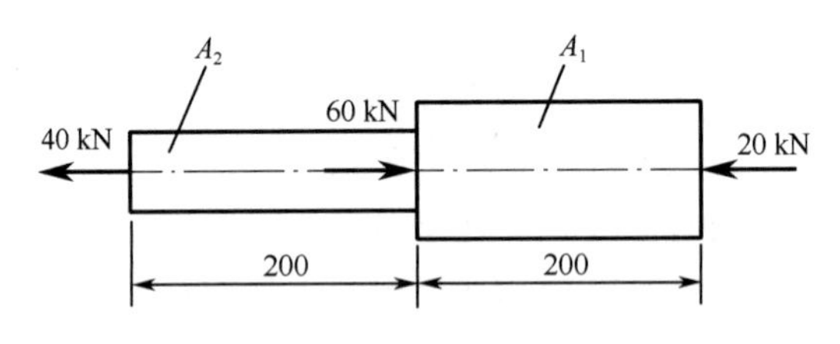

图2－1－22　习题2－1－2图

2－1－3 桁架如图2－1－23所示，在 A 点承受竖直向下的力 $\boldsymbol{F}$ 作用，杆1、2截面均为圆形，直径 $d_1=30\ \mathrm{mm}$，$d_2=20\ \mathrm{mm}$，两杆材料相同，许用应力 $[\sigma]=160\ \mathrm{MPa}$，求 $\boldsymbol{F}$ 的最大值。

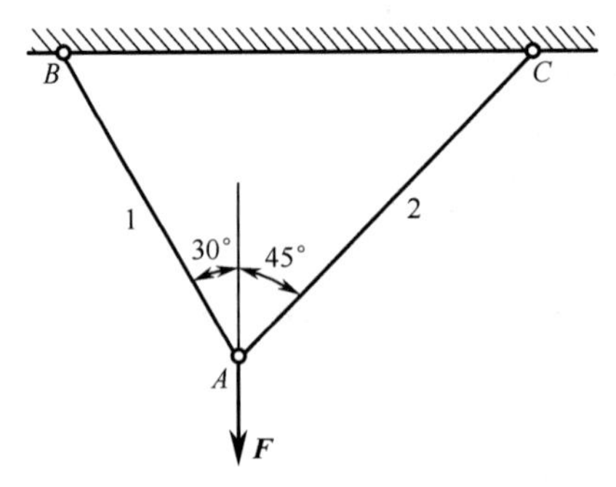

图2－1－23　习题2－1－3图

2－1－4 如图2－1－24所示，油缸盖与缸体用6个螺栓连接，已知油缸内径 $D=350\ \mathrm{mm}$，液压 $p=1\ \mathrm{MPa}$，若螺栓的许用应力 $[\sigma]=40\ \mathrm{MPa}$，求螺栓的小径 d_1。

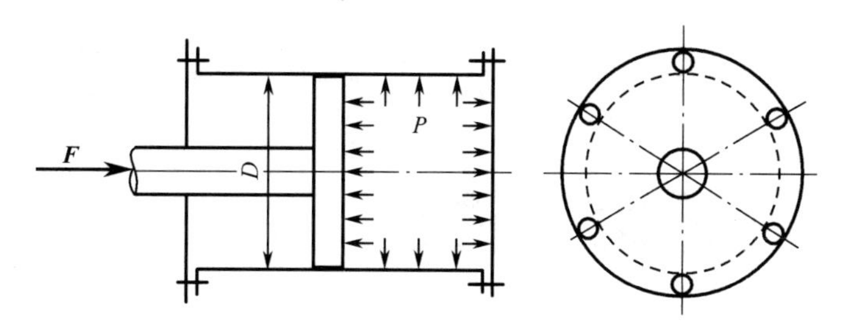

图 2－1－24　习题 2－1－4 图

2－1－5 如图 2－1－25 所示，铣床工作台进给油缸，缸内工作油压 $p=2$ MPa，油缸内经 $D=75$ mm，活塞杆直径 $d=18$ mm，活塞杆的许用应力 $[\sigma]=50$ MPa，校核活塞杆的强度。

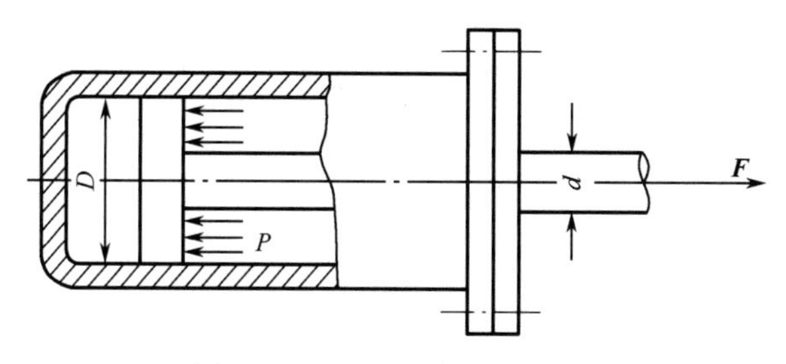

图 2－1－25　习题 2－1－5 图

任务二　剪切与挤压

【任务描述】

连接齿轮和轴的键连接如图 2－2－1 所示。已知轴传递的转矩 $M=400$ N·m，轴的直径$d=32$ mm，键的尺寸为$6\times h\times l=10$ mm $\times 8$ mm $\times 50$ mm，键的许用切应力 $[\tau]=87$ MPa，许用挤压应力 $[\sigma_{3y}]=140$ MPa。试校核键连接的强度。

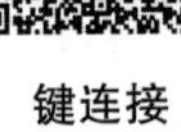

键连接

【任务分析】

理解剪切和挤压的概念，掌握切应力和挤压应力的计算方法，灵活应用剪切和挤压的强度条件解决工程问题。

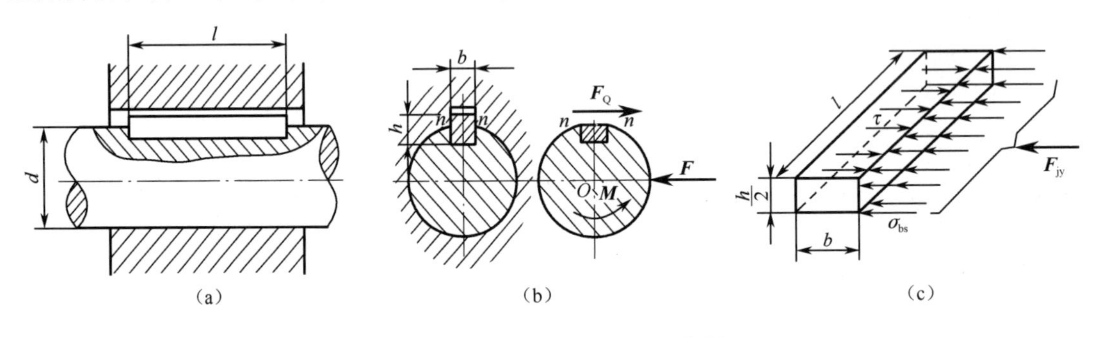

图 2－2－1　剪切与挤压工程实例

【知识准备】

2.2.1　剪切与挤压的实用计算

1. 剪切和挤压的概念

如图 2－2－2 所示，工程中常用的一些螺栓、铆钉、销钉、键等连接件，承受两个大小相等、方向相反、且作用线相距很近的外力作用时，两力作用线之间的截面 $m—m$ 处发生了相对错动，这种变形称为剪切变形，产生相对错动的截面 $m—m$ 称为剪切面，因剪切变形造成的破坏叫做剪切破坏。

连接件发生剪切变形的同时，连接件与被连接件的接触面相互压紧，这种现象称为挤压现象，接触面叫挤压面，如图 2－2－3 所示。挤压力过大时，在接触面的局部范围内将发生塑性变形，甚至被压溃。这种因挤压力过大，连接件接触面的局部范围内发生的破坏叫挤压破坏。

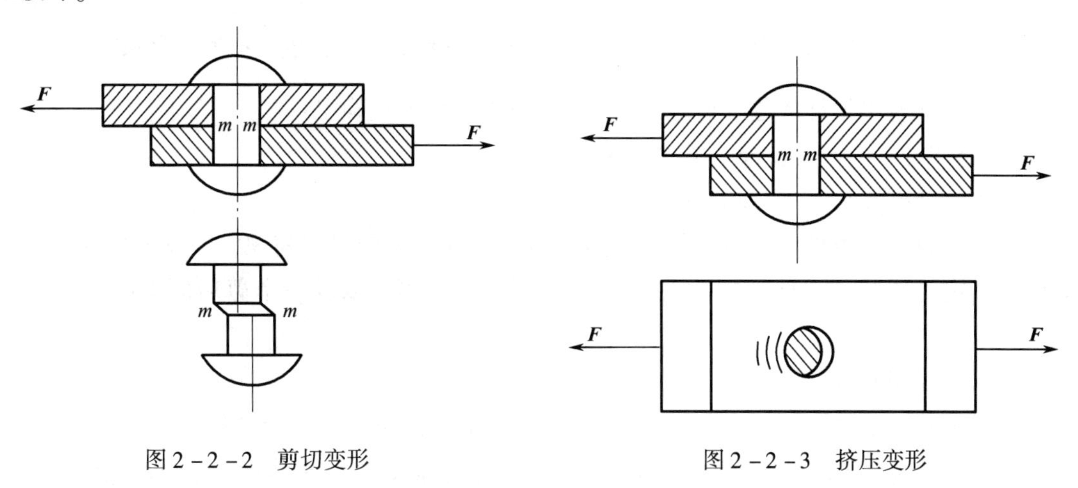

图 2－2－2　剪切变形　　　　图 2－2－3　挤压变形

必须指出，挤压和压缩是两个完全不同的概念，挤压变形发生在两构件相互接触的表面，而压缩则是发生在一个构件上。挤压发生在局部，压缩发生在整个构件上。

2. 剪切实用计算

为了对连接件进行抗剪强度计算，需先求出剪切面上的内力。现以图 2－2－4（a）所示的螺栓为例进行分析。

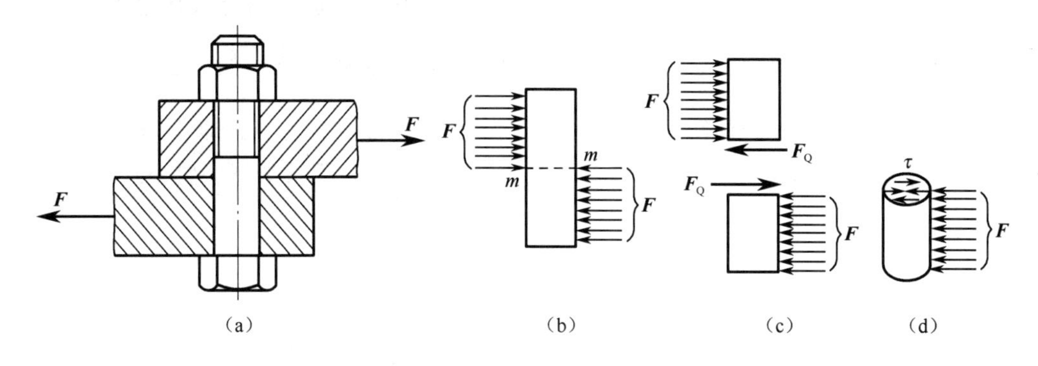

图 2－2－4　剪切面面积的计算

用截面法假想地将螺栓沿其剪切面 $m—m$ 截开，取任一部分为研究对象，如图 2－2－4 所示。由平衡条件可知，必有一个沿截面作用的内力，称为剪力，用 $\boldsymbol{F}_Q$表示。剪力 $\boldsymbol{F}_Q$的大小由平衡条件确定，即

$$\sum \boldsymbol{F}=0,\ \boldsymbol{F}-\boldsymbol{F}_Q=0$$

得

$$\boldsymbol{F}_Q=\boldsymbol{F}$$

由于剪力 $\boldsymbol{F}_Q$的作用，剪切面上有平行于截面的应力存在，称为切应力，用符号 τ 表示。

假定切应力在剪切面上的分布是均匀的，由此得剪切强度条件

$$\tau=\frac{F_Q}{A}\leqslant[\tau] \tag{2-2-1}$$

式中 A——剪切面面积；

$[\tau]$——许用切应力，$[\tau]=\frac{\tau_b}{n_b}$，其中 τ_b 为材料的抗剪强度，n_b 为安全系数。

$[\tau]$ 可从有关设计规范中查得，也可按如下的经验公式确定：

塑性材料：$[\tau]=(0.6\sim0.8)[\sigma]$

脆性材料：$[\tau]=(0.80\sim1.0)[\sigma]^+$

应用抗剪强度条件同样可以解决连接件抗剪强度计算的三类问题，即校核强度、设计截面和确定许用载荷。计算中要注意考虑所有的剪切面，以及每个剪切面上的剪力和切应力。

3. 挤压实用计算

挤压面上相互的作用力称为挤压力，用 $\boldsymbol{F}_{jy}$ 表示。挤压面上承受的挤压应力，用 $\boldsymbol{\sigma}_{jy}$ 表示。挤压应力在挤压面上的分布也是比较复杂的，所以同剪切计算一样，工程计算中常采用“实用计算法”，即假定挤压应力在挤压面上是均匀分布的，则保证连接件不致因挤压而失效，连接件应具有足够的强度条件，即

$$\sigma_{jy}=\frac{F_{jy}}{A_{jy}}\leqslant[\sigma_{jy}] \tag{2-2-2}$$

式中 A_{jy}——挤压面积，在计算中，A_{jy} 要根据接触面的具体情况而定。

图2-2-5（a）所示联轴键，挤压面为平面，则挤压面面积为有效接触面面积 $A_{jy}=\frac{hl}{2}$；若挤压面是圆柱形曲面，如铆钉、销钉、螺栓等圆柱形连接件，如图2-2-5（b）所示，则挤压计算面积按半圆柱侧面沿挤压力方向的正投影面面积计算，即 $A_{jy}=dt$。

$[\sigma_{jy}]$ 为许用挤压应力，设计时可查阅有关设计手册，也可按如下经验公式确定：

塑性材料

$$[\sigma_{jy}]=(1.5\sim2.5)[\sigma_b]$$

脆性材料

$$[\sigma_{jy}]=(0.9\sim1.5)[\sigma_b]^+$$

必须注意，如果连接件和被连接件的材料不同，应对许用应力较低者进行挤压强度计算。这样，才能保证结构安全、可靠地工作。

例2-2-1 如图2-2-6（a）所示，挂钩用销钉连接，已知 $F=20$ kN，$t=10$ mm，销钉的许用切应力 $[\tau]=60$ MPa，许用挤压应力 $[\sigma_{jy}]=160$ MPa。试求销钉直径 d。

解：（1）根据抗剪强度条件设计直径 d。如图2-2-6（c）所示，以销钉为研究对象，进行外力分析，由平衡条件 $\sum \boldsymbol{F}=0$ 得

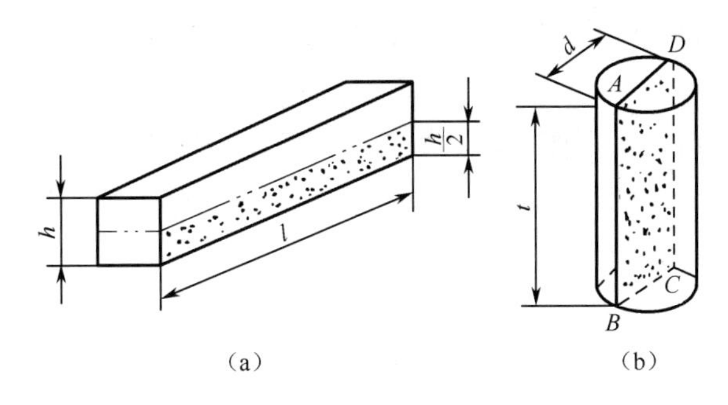

图 2-2-5　挤压面积的计算

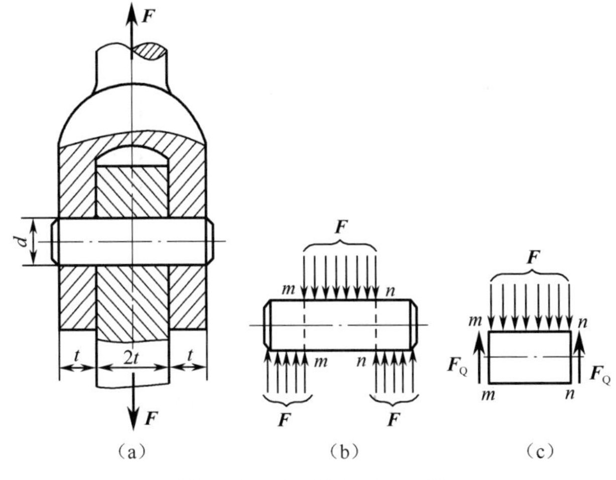

图 2-2-6　例 2-2-1 图

$$F_Q = 10 \text{ kN}$$

根据抗剪强度条件

$$\tau = \frac{F_Q}{A} \leqslant [\tau]$$

得

$$A = \frac{\pi d^2}{4} \geqslant \frac{F_Q}{[\tau]}$$

故

$$d \geqslant \sqrt{\frac{4 \times F_Q}{\pi\ [\tau_j]}} = \sqrt{\frac{4 \times 10 \times 10^3}{\pi \times 60}} \text{ mm} = 14.6 \text{ mm}$$

(2) 根据挤压强度条件设计销钉直径 d。由图 2-2-6 (b) 可知，挤压力为 $F/2$ 处的挤压面面积为 $A_{jy} = td$，所以两处的挤压应力相同。按挤压强度条件

$$\sigma_{jy} = \frac{F_{jy}}{A_{jy}} = \frac{F/2}{td} \leqslant [\sigma_{jy}]$$

得

$$d \geqslant \frac{F}{2t[\sigma_{jy}]} = \frac{20 \times 10^3}{2 \times 10 \times 160} \text{ mm} = 6.25 \text{ mm}$$

要同时满足剪切和挤压强度，销钉最小直径选择 $d=15$ mm。

4. 焊接焊缝实用计算

焊接焊缝主要承受剪切，如图2-2-7所示，假定沿焊缝的最小断面即焊缝最小剪切面发生破坏，并假定切应力在剪切面上是均匀分布的。若一侧焊缝的剪力 $F_Q=F/2$，于是，焊缝的剪切强度准则为

$$\tau_{max}=\frac{F_Q}{A_{min}}=\frac{F_Q}{\delta l\cos45^\circ}\leqslant[\tau] \tag{2-2-3}$$

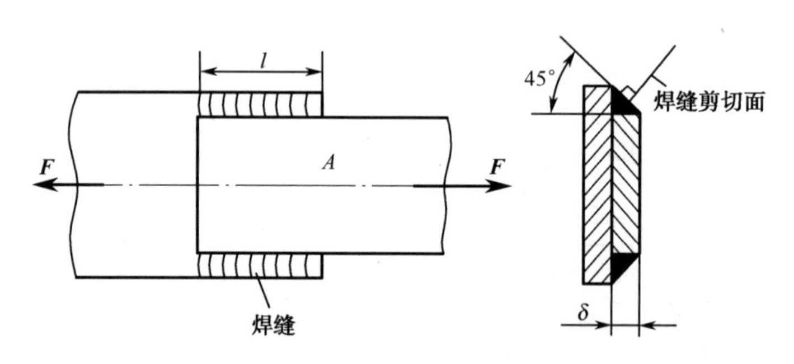

图2-2-7 焊缝实用计算

2.2.2 剪切胡克定律简介

与拉伸试验类似，在剪切试验中，当切应力不超过材料的剪切比例极限 τ_p 时，切应力 τ 与该点处的切应变 γ 成正比，如图2-2-8所示，即

$$\tau=G\gamma \tag{2-2-4}$$

式（2-2-4）称为剪切胡克定律。式中，G 称为材料的切变模量，是表示材料抵抗剪切变形能力的量。它的量纲与应力相同。

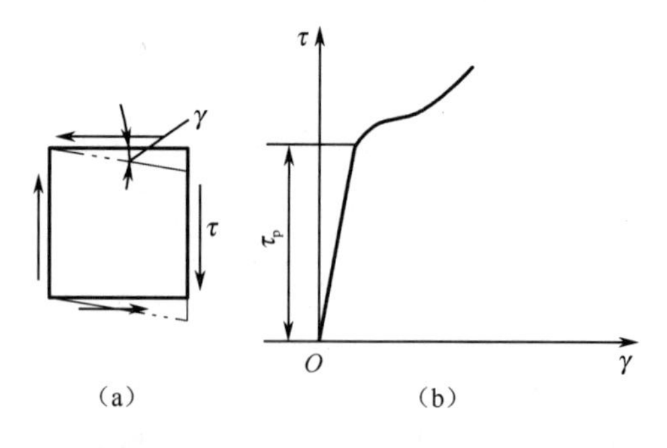

图2-2-8 剪切胡克定律

可以证明，对于各向同性材料，材料的三个弹性常数 G、E、μ 之间存在着下列关系：

$$G=\frac{E}{2(1+\mu)} \tag{2-2-5}$$

可见，G、E、μ 是三个相互关联的常数，若通过拉伸试验测得 E、μ 值，就可按式

(2-2-5)计算求出 G 值，而不必做剪切实验。

【任务实施】

连接齿轮和轴的键连接如图2-2-1（a）所示，已知轴传递的转矩 $M=400\ \mathrm{N\cdot m}$，轴的直径 $d=32\ \mathrm{mm}$，键的尺寸为 $b\times h\times l=10\ \mathrm{mm}\times 8\ \mathrm{mm}\times 50\ \mathrm{mm}$，键的许用切应力［$\tau$］$=87\ \mathrm{MPa}$，许用挤压应力［$\sigma_{jy}$］$=140\ \mathrm{MPa}$。试校核键连接的强度。

解：（1）剪切强度校核。首先确定键在剪切面上的剪力 $\boldsymbol{F}_Q$，为此将键沿剪切面 n—n 假想截开，并把半个键和轴一起取出，如图2-2-1（b）所示。由平衡条件 $\sum M_O(\boldsymbol{F})=0$，可得

$$F_Q\times\frac{d}{2}-M=0$$

$$F_Q=\frac{2M}{d}=25\ \mathrm{kN}$$

剪切面面积

$$A=bl=500\ \mathrm{mm}^2$$

因而

$$\tau=\frac{F_Q}{A}=50\ \mathrm{MPa}<[\tau]$$

故键满足剪切强度条件。

（2）挤压强度校核。先确定挤压力 $\boldsymbol{F}_{jy}$。由半个键的平衡［见图2-2-1（c）］，知 $F_{jy}=F_Q=25\ \mathrm{kN}$，键的挤压面面积

$$A_{jy}=\frac{1}{2}hl=200\ \mathrm{mm}^2$$

因而

$$\sigma_{jy}=\frac{F_{jy}}{A_{jy}}=\frac{25\times10^3}{200}\ \mathrm{MPa}=125\ \mathrm{MPa}<[\sigma_{jy}]$$

所以，键满足挤压强度条件。

【任务小结】

1. 剪切的概念

联轴键和铆钉在工作时，其一截面发生了相对错动，这种变形称为剪切变形，产生相对错动的截面称为剪切面。

（1）剪切的受力特点：沿构件横向作用等值、反向、作用线相距很近的一对外力。

（2）剪切的变形特点：夹在两外力作用线之间剪切面发生相对错动。

2. 挤压的概念

（1）挤压：连接件接触面相互作用而压紧的现象。

（2）挤压破坏：连接件接触面的局部范围内发生塑性变形或压溃。

3. 剪切的实用计算

强度准则：$\tau = \frac{F_Q}{A} \leqslant [\tau]$

4. 挤压的实用计算

强度准则：$\sigma_{jy} = \frac{F_{jy}}{A_{jy}} \leqslant [\sigma_{jy}]$

【实践训练】

思考题

2－2－1 构件在什么情况下产生剪切变形？什么情况下产生挤压变形？挤压和压缩有什么不同？

2－2－2 如图2－2－9所示，哪个构件应考虑压缩强度？哪个构件应考虑挤压强度？

2－2－3 分析图2－2－10所示螺栓接头中螺栓的剪切面和挤压面。

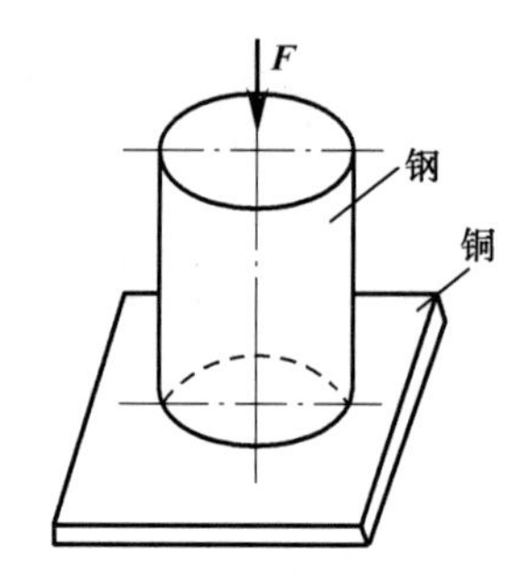

图2－2－9　思考题2－2－2图

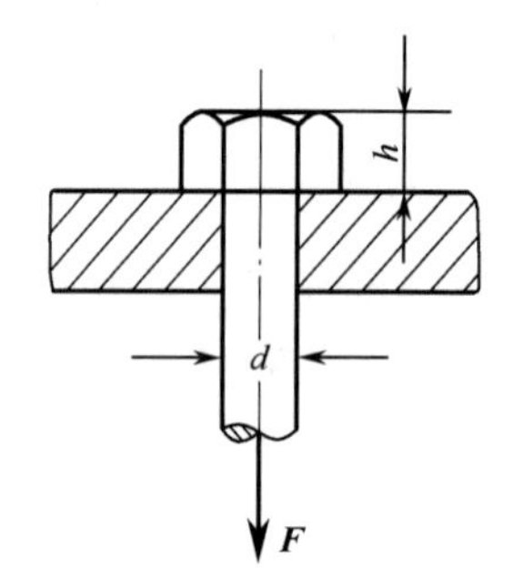

图2－2－10　思考题2－2－3图

2－2－4 分析图2－2－11所示接头中的剪切面和挤压面。

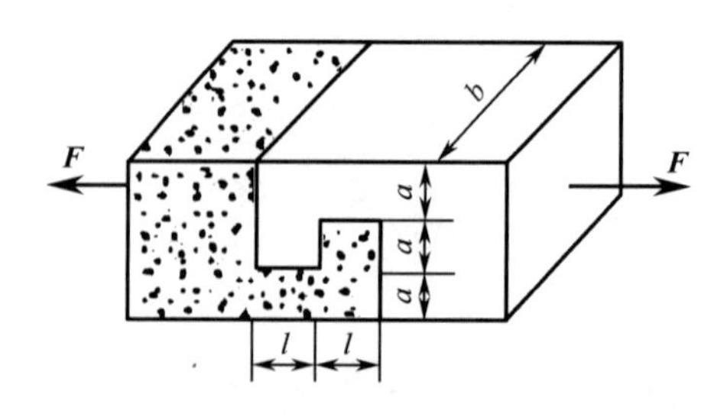

图2－2－11　思考题2－2－4图

2－2－5 在连接件上，剪切面和挤压面分别________于外力方向。

A. 垂直和平行　　B. 平行和垂直　　C. 平行　　D. 垂直

2－2－6 受剪螺栓的直径增大一倍，当其他条件不变时，剪切面上的切应力将为原来的

（　　），挤压应力将变为原来的（　　）。

A. 1/2　　B. 3/8　　C. 1/4　　D. 不变

习　题

2－2－1 如图2－2－12所示，带轮直径 $D=2$ m，传动轴直径 $d=100$ mm，键的尺寸为 $b\times h\times l=30\ \text{mm}\times12\ \text{mm}\times100\ \text{mm}$。平带拉力 $F_1=8$ kN，$F_2=4$ kN，平键的许用应力 $[\tau]=80$ MPa，$[\sigma_{jy}]=120$ MPa，试校核键连接的强度。

2－2－2 销钉连接如图2－2－13所示，$F=18$ kN，$t_1=8$ mm，$t_2=5$ mm，销钉与板材料相同，$[\tau]=60$ MPa，$[\sigma_{jy}]=200$ MPa，销钉直径 $d=16$ mm。试校核销钉的强度。

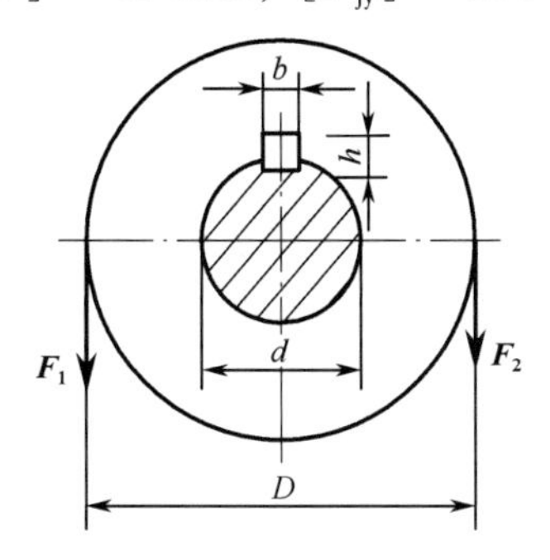

图2－2－12　习题2－2－1图

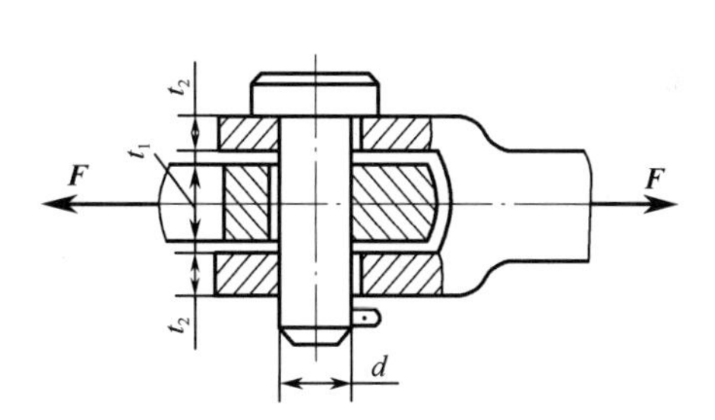

图2－2－13　习题2－2－2图

2－2－3 如图2－2－14所示，剪床需用剪刀切断直径为12 mm的棒料，已知棒料的抗剪强度 $\tau_b=320$ MPa，求剪刀需施加的切断力。

2－2－4 套筒式联轴器如图2－2－15所示，已知轴的直径 $D=30$ mm，套筒的厚度 $\delta=8$ mm，允许传递的最大力偶矩 $M=20$ N·m，若销钉材料的许用应力 $[\tau]=200$ MPa。求销钉的直径 d。

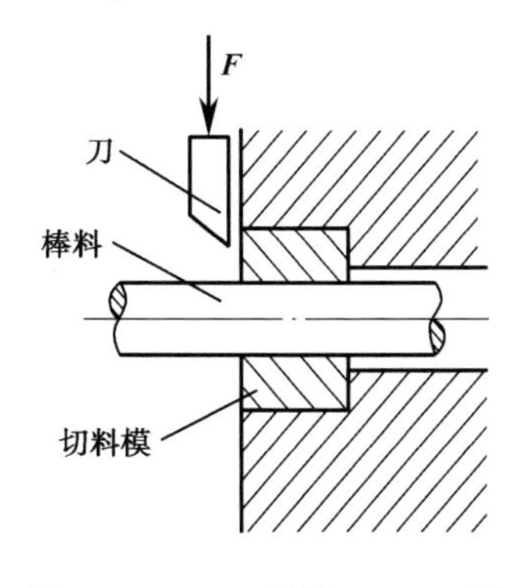

图2－2－14　习题2－2－3图

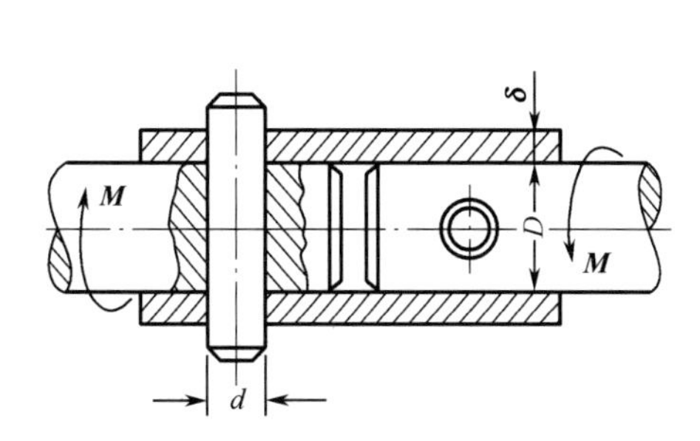

图2－2－15　习题2－2－4图

2－2－5 如图2－2－16所示，已知钢板的厚度 $t=8$ mm，拉力 $F=30$ kN，钢板和螺栓材料的许用应力 $[\sigma]=160$ MPa，$[\tau]=80$ MPa，$[\sigma_{jy}]=200$ MPa，确定结构的尺寸 a、b 和螺栓的直径 d。

2－2－6 如图2－2－17所示，曲臂杠杆在铅直力 $\boldsymbol{F}_1$ 和水平力 $\boldsymbol{F}_2$ 的作用下保持平衡，拉杆 CD 的直径 $d=30$ mm，其许用拉应力 $[\sigma]=160$ MPa，销钉 B 的许用剪应力 $[\tau]=80$ MPa，如欲使销钉的强度不低于拉杆的强度，则销钉的直径应为多少？

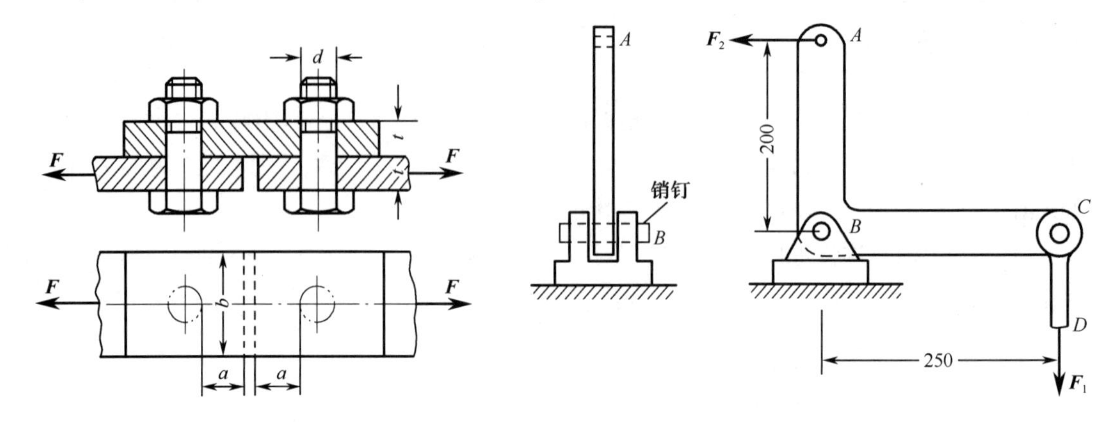

图2－2－16　习题2－2－5图　　　图2－2－17　习题2－2－6图

2－2－7 如图2－2－18所示，已知冲床的最大冲力为400 kN，冲头材料的许用应力 $[\sigma]=440$ MPa，被冲剪钢板的剪切强度极限 $\tau_b=360$ MPa。求在最大冲力作用下所能冲剪的圆孔的最小直径 d 和钢板的最大厚度 δ。

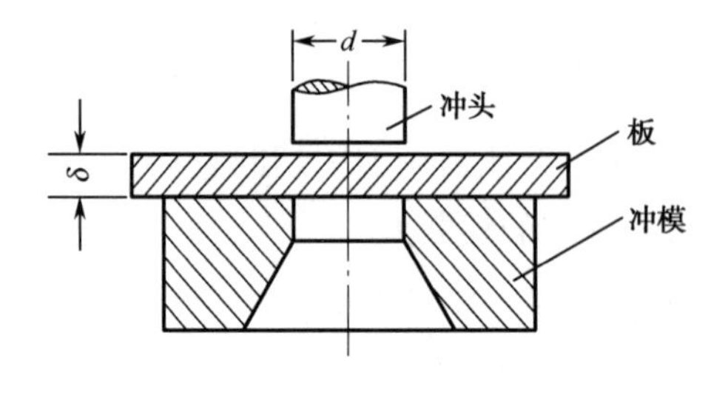

图2－2－18　习题2－2－7图

任务三　扭　　转

【任务描述】

汽车传动轴如图 2-3-1 所示，由 45 号钢的无缝钢管制成，外径 $D=90$ mm，壁厚 $\delta=2.5$ mm，工作时的最大力偶矩 $M=1.5$ kN·m，若材料的许用切应力 $[\tau]=60$ MPa。求：(1) 校核该轴的强度；(2) 若改用材料相同的实心圆轴，设计其直径 d；(3) 比较实心轴和空心轴的重量。

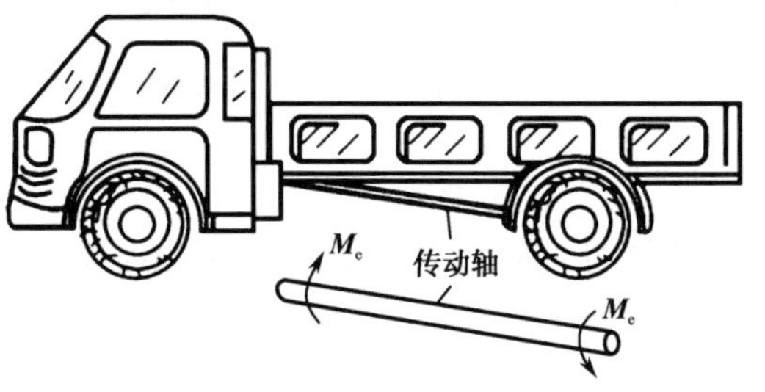

汽车传动轴

图 2-3-1　汽车传动轴

【任务分析】

了解扭转的概念，掌握圆轴扭转时的应力与强度计算方法，正确画出其扭矩图，灵活应用强度条件、刚度条件解决工程实际问题。

【知识准备】

2.3.1　扭矩和扭矩图

1. 扭转变形概念

在工程实际中，有很多发生扭转变形的杆件，如汽车传动轴（见图 2-3-1）、拧螺钉的螺丝刀 [见图 2-3-2（a）]、打孔的手电钻 [见图 2-3-2（b）]、汽车方向盘 [见图 2-3-2（c）] 等。

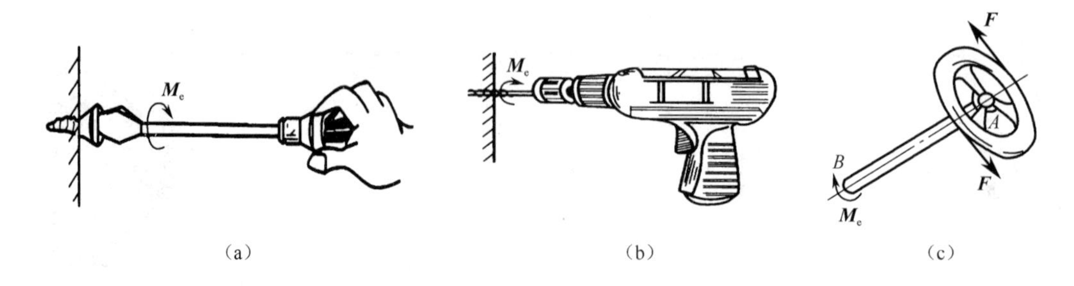

图2-3-2 扭转构件的应用

分析以上受扭杆件的受力特点是：杆件受到作用面与轴线垂直的外力偶作用，其变形特点是杆件的各横截面绕轴线发生相对转动，这种变形称扭转变形。变形后杆件各横截面之间绕杆轴线相对转动了一个角度，称为扭转角，用 φ 表示，如图2-3-3所示。扭转变形的构件称为轴。工程上常见的受扭转的构件截面形状为圆形。

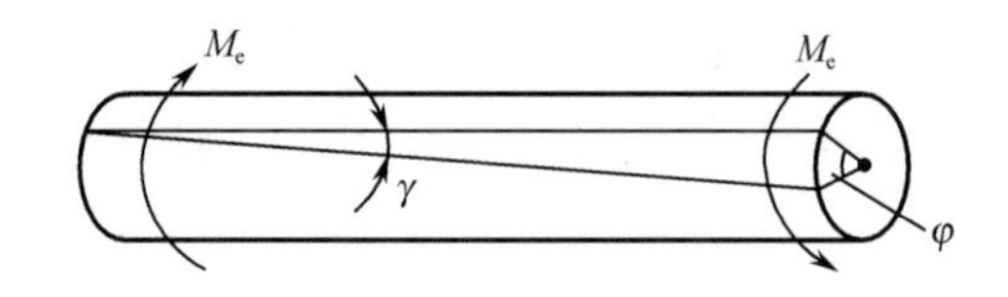

图2-3-3 扭转变形的特点

2. 外力偶矩的计算

工程实际中，作用于轴上的外力偶矩，一般不是直接给出的，而是由轴所传递的功率 P 和转速 n，根据理论力学中的公式（2-3-1）算出的：

$$M = 9\,550\,\frac{P}{n}\,\mathrm{N \cdot m} \tag{2-3-1}$$

式中 M——作用在轴上的外力偶矩，单位为 N·m；

P——轴传递的功率，单位为 kW；

n——轴的转速，单位为 r/min。

3. 扭矩

已知受扭圆轴外力偶矩，可以利用截面法求任意横截面的内力。［图2-3-4（a）］所示为受扭圆轴，设外力偶矩为 $\boldsymbol{M}_e$，求距 A 端为 x 的任意截面 $m-n$ 上的内力。假设在 $m-n$ 截面将圆轴截开，取左部分为研究对象［图2-3-4（b）］，由平衡条件 $\sum \boldsymbol{M}_x = 0$，得内力偶矩 $\boldsymbol{T}$ 和外力偶矩 $\boldsymbol{M}_e$ 的关系

$$T = M_e \tag{2-3-2}$$

式中，内力偶矩 $\boldsymbol{T}$ 称为扭矩。

由式（2-3-2）可知，任一截面的扭矩大小等于所取段上所有外力偶矩的代数和。同理可取右段为研究对象，求得的扭矩与以左段为研究对象求出的扭矩大小相等，方向相反。

为使取左段和右段所求出的扭矩的正负号一致，用右手定则规定扭矩的正负：以右手握住轴线，四指的方向为扭矩的方向，拇指的方向背离截面，扭矩为正；反之，扭矩为负。

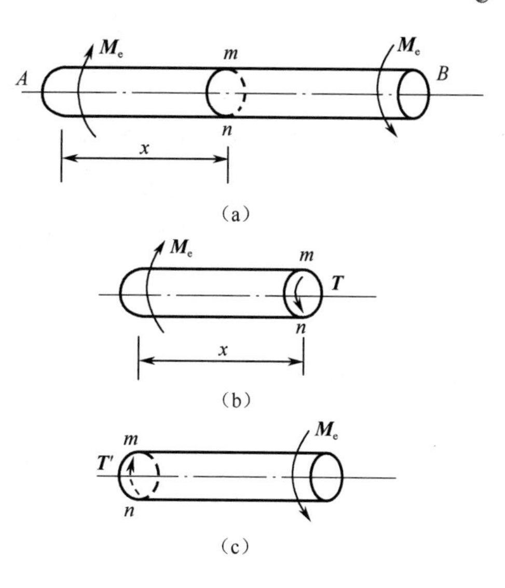

图 2－3－4　扭转构件截面的扭矩

如图 2－3－4 所示，从同一截面取左段研究［图（b）］和右段研究［图（c）］时的扭矩均为正号。

4. 扭矩图

为了清楚地表示扭矩沿轴线变化的规律，以便于确定危险截面，常用与轴线平行的 x 坐标表示横截面的位置，以与之垂直的坐标表示相应横截面的扭矩，把计算结果按比例绘在图上，正值扭矩画在 x 轴上方，负值扭矩画在 x 轴下方。这种图形称为扭矩图，如图 2－3－5 所示。

例 2－3－1　传动轴如图 2－3－5 所示，转速 $n=300$ r/min，A 轮为主动轮，输入功率 $N_A=10$ kW，B、C、D 为从动轮，输出功率分别为 $P_B=4.5$ kW，$P_C=3.5$ kW，$P_D=2.0$ kW。试求各段扭矩。

解：（1）计算外力偶矩：

$$M_A=9\ 549\cdot\frac{P_A}{n}=9\ 549\times\frac{10\ \text{kW}}{300\ \text{r/min}}=318.3\ \text{N·m}$$

$$M_B=9\ 549\cdot\frac{P_B}{n}=9\ 549\times\frac{4.5\ \text{kW}}{300\ \text{r/min}}=143.2\ \text{N·m}$$

$$M_C=9\ 549\cdot\frac{P_C}{n}=9\ 549\times\frac{3.5\ \text{kW}}{300\ \text{r/min}}=111.4\ \text{N·m}$$

$$M_D=9\ 549\cdot\frac{P_D}{n}=9\ 549\times\frac{2.0\ \text{kW}}{300\ \text{r/min}}=63.7\ \text{N·m}$$

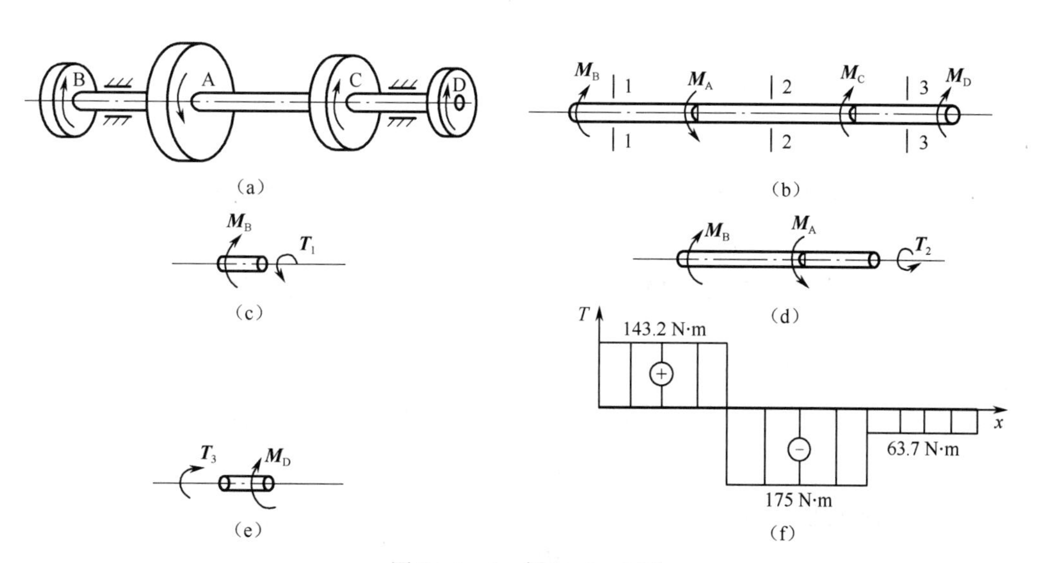

图 2－3－5　例 2－3－1 图

（2）如图2-3-5所示，计算各段扭矩：

$T_1=M_B=143.2\ \text{N·m}$ ［见图2-3-5（c）］

$T_2=M_B-M_A=143.2\ \text{N·m}-318.3\ \text{N·m}=-175\ \text{N·m}$ ［见图2-3-5（d）］

$T_3=-M_D=-63.7\ \text{N·m}$ ［见图2-3-5（e）］

T_2 和 T_3 为负值说明实际方向与假设的相反。

（3）绘制扭矩图。

根据轴各段的扭矩，按比例绘制扭矩图［见图2-3-5（f）］。最大扭矩在 AC 段，$|T|_{max}=175\ \text{N·m}$。

2.3.2 圆轴扭转时的应力与强度计算

1. 圆轴扭转时横截面上的应力

圆轴扭转时横截面上任一点处切应力的计算公式为

$$\tau_\rho=\frac{T\rho}{I_p} \tag{2-3-3}$$

式中 τ_ρ——横截面上任一点的切应力（MPa）；

T——该横截面上的转矩（N·mm）；

I_p——横截面对圆心的极惯性矩（mm^4）；

ρ——所求应力的点到圆心的距离（mm）。

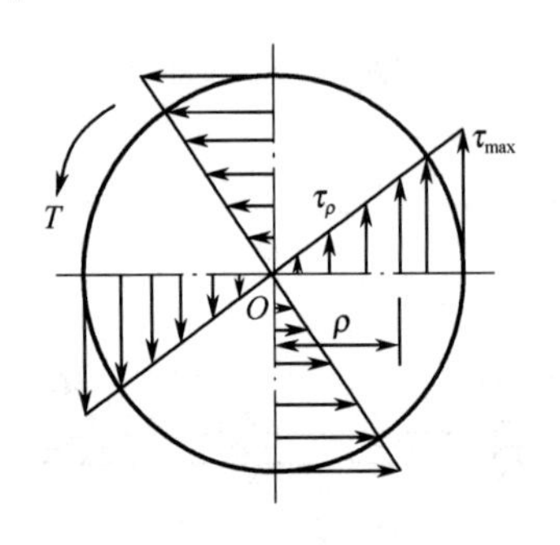

图2-3-6 扭转构件截面上切应力的分布

圆轴扭转时横截面上任一点处切应力的分布规律如图2-3-6所示。显然，当 $\rho=D/2$ 时，切应力有最大值 $\tau_{max}=(T·D/2)/I_p$。

令
$$W_p=\frac{I_p}{\frac{D}{2}}$$

则上式可改为
$$\tau_{max}=\frac{T}{W_p} \tag{2-3-4}$$

式中 W_p——抗扭截面系数（mm^3），是表征圆轴抵抗破坏能力的几何参数。

式（2-3-3）及式（2-3-4）只适用于圆轴（空心或实心），且只有当 τ_{max} 不超过材料的比例极限时方可应用。

2. 极惯性矩及抗扭截面系数

工程上经常采用的轴有实心圆轴和空心圆轴两种，它们的极惯性矩与抗扭截面系数按下式计算。

（1）实心圆截面设直径为 D，则有

极惯性矩
$$I_p=\frac{\pi D^4}{32}\approx 0.1D^4$$

抗扭截面系数　$$W_p=\frac{I_p}{\frac{D}{2}}=\frac{\pi D^3}{16}\approx 0.2D^3$$

（2）空心圆截面设外径为 D，内径为 d，$\alpha=d/D$，则有

极惯性矩　$$I_p=\frac{\pi}{32}(D^4-d^4)\approx 0.1D^4(1-\alpha^4)$$

抗扭截面系数　$$W_p=\frac{I_p}{\frac{D}{2}}=\frac{\pi D^3}{16}(1-\alpha^4)\approx 0.2D^3(1-\alpha^4)$$

3. 圆轴扭转强度条件

工程上要求圆轴扭转时最大切应力不得超过材料的许用切应力［τ］，轴不发生破坏，即圆轴扭转强度条件为

$$\tau_{max}=\frac{T_{max}}{W_p}\leqslant[\tau] \qquad (2-3-5)$$

对于承受多个外力偶矩且截面不同的轴，最大切应力 τ_{max} 不一定在 T_{max} 所在的截面，也不一定在最小的截面，应综合 T_{max} 和 W_p 两方面的因素来确定。

2.3.3　等直圆轴扭转时的变形及刚度条件

1. 圆轴扭转时的变形

轴的扭转变形用两横截面的相对扭转角 φ 表示，研究表明，相对扭转角 φ 与轴承受的扭矩 T、轴的长度 l 成正比；与轴材料的切变模量 G 和极惯性矩 I_p 成反比，即

$$\varphi=\frac{Tl}{GI_p} \qquad (2-3-6)$$

式中　GI_p——圆轴扭转刚度，它表示轴抵抗扭转变形的能力。

若两横截面之间 T 有变化，或极惯性矩 I_p 变化，抑或材料不同（切变模量 G 变化），则应通过分段计算出各段的扭转角，然后代数相加。

2. 圆轴扭转刚度条件

工程中轴类构件，除应满足强度要求外，对刚度也有一定要求，由于 φ 与长度 l 成正比，所以不能只根据 φ 判断轴的刚度是否足够。所以对轴的刚度常用相对扭转角沿杆长度的变化程度来度量，称为单位长度扭转角，用 θ 表示，所以轴的刚度条件为

$$\theta=\frac{\varphi}{l}=\frac{T}{GI_p}\leqslant[\theta]$$

在工程中，［θ］的单位习惯用（°）/m（度/米）表示，将上式中的弧度换算为度，得

$$\theta_{max}=\left(\frac{T}{GI_p}\right)_{max}\times\frac{180°}{\pi}\leqslant[\theta] \qquad (2-3-7)$$

许用扭转角［θ］的数值，根据轴的使用精密度、生产要求和工作条件等因素，查阅有关手册确定。

例 2-3-2　图 2-3-7 所示轴的直径 $d=50$ mm，切变模量 $G=80$ GPa，计算该轴两端

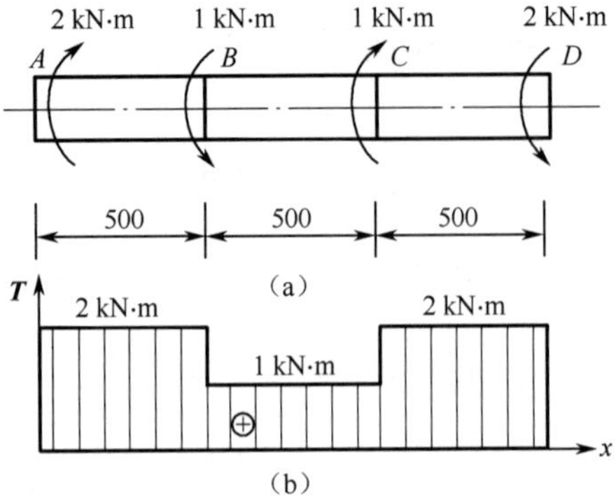

面间的扭转角。

解：(1) 作扭矩图，如图 2-3-7 (b) 所示。

(2) 求极惯性矩。

$$I_p = \frac{\pi d^4}{32} = \frac{\pi}{32} \times (50)^4 \text{mm}^4 = 61.36 \times 10^4 \text{mm}^4$$

(3) 求扭转角。

两端面之间扭转角 φ_{AD} 为

$$\varphi_{AD} = \varphi_{AB} + \varphi_{BC} + \varphi_{CD}$$

$$\varphi_{AD} = \frac{T_{AB}l}{GI_p} + \frac{T_{BC}l}{GI_p} + \frac{T_{CD}l}{GI_p}$$

$$= \left(\frac{2 \times 10^6 \times 500}{80 \times 10^3 \times 61.36 \times 10^4} + \frac{1 \times 10^6 \times 500}{80 \times 10^3 \times 61.36 \times 10^4} + \frac{2 \times 10^6 \times 500}{80 \times 10^3 \times 61.36 \times 10^4}\right) \times \frac{180^\circ}{\pi}$$

$$\approx 2.92^\circ$$

图 2-2-7 例 2-3-2 图

例 2-3-3 某传动轴的传递功率 $P=60$ kW，转速 $n=250$ r/min，许用切应力 $[\tau]=40$ MPa，许用单位长度扭转角 $[\theta]=0.5°/\text{m}$，切变模量 $G=80$ GPa。试计算传动轴所需的直径。

解：(1) 计算轴的扭矩

$$T = 9\,550 \times \frac{60 \text{ kW}}{250 \text{ r/min}} = 2\,292 \text{ N·m}$$

(2) 根据强度条件求所需直径

$$\tau = \frac{T}{W_p} = \frac{16T}{\pi d^3} \leqslant [\tau]$$

$$d \geqslant \sqrt[3]{\frac{16T}{\pi[\tau]}} = \sqrt[3]{\frac{16 \times 2\,292 \times 10^3 \text{ N·mm}}{\pi \times 40\text{MPa}}} \approx 66.3 \text{ mm}$$

(3) 根据圆轴扭转的刚度条件，求直径

$$\theta_{max} = \frac{T_{max}}{GI_p} \times \frac{180}{\pi} \leqslant [\theta]$$

$$d \geqslant \sqrt[4]{\frac{32T \times 180}{G\pi^2[\theta]}} = \sqrt[4]{\frac{32 \times 2\,292 \times 10^3 \times 180}{80 \times 10^9 \times 0.5 \times \pi^2}} \approx 0.076 \text{ m} = 76 \text{ mm}$$

故应按刚度条件确定传动轴直径，取 $d=76$ mm。

【任务实施】

汽车传动轴如图 2-3-1 所示，由 45 号钢的无缝钢管制成，外径 $D=90$ mm，壁厚 $\delta=2.5$ mm，工作时的最大力偶矩 $M=1.5$ kN·m，若材料的许用切应力 $[\tau]=60$ MPa。求：(1) 校核该轴的强度；(2) 若改用材料相同的实心圆轴，设计其直径 d；(3) 比较实心轴和空心轴的重量。

解：(1) 校核轴的强度。

传动轴的内外径比

$$\alpha = \frac{d}{D} = \frac{90-2\times 2.5}{90} \approx 0.944$$

抗扭截面系数为

$$W_p = \frac{\pi D^3}{16}(1-\alpha^4) = \frac{\pi\times(90)^3}{16}\times(1-0.944^4)\ mm^3 \approx 295\times 10^2\ mm^3$$

最大扭矩与最大外力偶矩相等，即 $T = M = 1.5\ N\cdot m$，由强度条件得

$$\tau_{max} = \frac{T}{W_p} = \frac{1.5\times 10^6\ N\cdot mm}{295\times 10^2 mm^3} \approx 50.8\ MPa < [\tau]$$

所以传动轴强度足够。

（2）设计实心轴直径 d。

由强度条件得 $d \geqslant \sqrt[3]{\frac{T}{0.2\ [\tau]}} = \sqrt[3]{\frac{1.5\times 10^6}{0.2\times 60}} = 50(mm)$

（3）比较实心轴重量 G_1 和空心轴的重量 G_2。

由强度条件得，当 $\alpha = 0.944$ 时，空心轴的最小外径为

$$D \geqslant \sqrt[3]{\frac{T}{0.2\ [\tau]\ (1-\alpha^4)}} = \sqrt[3]{\frac{1.5\times 10^6}{0.2\times 60\times(1-0.944^4)}} \approx 85(mm)$$

内径为 $d_1 = D\alpha = 85\times 0.944 = 80(mm)$

由于材料均匀，所以重量之比即为体积之比，体积之比即为面积之比，即

$$\frac{G_1}{G_2} = \frac{V_1}{V_2} = \frac{A_1}{A_2} = \frac{\pi d^2/4}{\pi(D^2-d_1^2)/4} = \frac{50^2}{85^2-80^2} = 3.03$$

此题结果表明，在其他条件相同的情况下，实心轴重量是空心轴重量的3倍，空心轴节省材料是非常明显的。这是由于实心圆轴横截面上的切应力沿半径呈线性规律分布，圆心附近的应力很小，这部分材料没有充分发挥作用，若把轴心附近的材料向边缘移置，使其成为空心轴，就会增大 I_p 或 W_p，从而提高了轴的强度。然而，空心轴的壁厚也不能过薄，否则会发生局部皱褶而丧失其承载能力（即丧失稳定性）。

【任务小结】

本任务的主要内容是圆轴的扭转内力——扭矩、应力分析与强度计算、等直圆轴扭转时的变形及刚度计算等。

1. 外力偶矩的计算

$$M = 9549\frac{p}{n}$$

2. 扭转内力——扭矩T

扭矩：圆轴扭转时横截面的内力偶矩。

结论1：两个外力偶矩作用截面之间各个截面的扭矩值相等。

结论2：圆轴任意截面的扭矩 $T(x)$，等于截面一侧（左段或右段）轴段上所有外力偶矩的代数和。

结论3：扭矩图的简便画法——从轴的左端画起，外力偶矩作用截面处，扭矩图有突变，突变幅值等于外力偶矩大小，突变方向沿外力偶矩箭头方向；在无外力偶矩作用的轴段上，扭矩保持常量。

3. 扭转应力

$$\tau_{\rho} = \frac{T\rho}{I_{p}}$$

4. 极惯性矩及抗扭截面系数

（1）实心圆截面：

$$I_{p} = \frac{\pi D^{4}}{32} \approx 0.1D^{4}, \quad W_{p} = \frac{I_{p}}{\frac{D}{2}} = \frac{\pi D^{3}}{16} \approx 0.2D^{3}$$

（2）空心圆截面：

$$I_{p} = \frac{\pi}{32}(D^{4} - d^{4}) \approx 0.1D^{4}(1 - \alpha^{4}), \quad W_{p} = \frac{I_{p}}{\frac{D}{2}} = \frac{\pi D^{3}}{16}(1 - \alpha^{4}) \approx 0.2D^{3}(1 - \alpha^{4})$$

5. 圆轴扭转强度条件

$$\tau_{max} = \frac{T_{max}}{W_{p}} \leqslant [\tau]$$

6. 圆轴扭转时的变形（相对扭转角）

$$\varphi = \frac{Tl}{GI_{p}}$$

7. 圆轴扭转刚度条件

$$\theta_{max} = \left(\frac{T}{GI_{p}}\right)_{max} \times \frac{180^{\circ}}{\pi} \leqslant [\theta]$$

【实践训练】

思考题

2-3-1 减速器中高速轴直径大还是低速轴直径大？

2-3-2 横截面面积相同的空心圆轴和实心圆轴相比，为什么空心圆轴的强度和刚度都较大？

2-3-3 直径相同，材料不同的两根等长的实心圆轴，在相同的扭矩作用下，其最大切应力 τ_{max} 和最大单位扭转角 θ_{max} 是否相同？

2-3-4 从力学角度，空心截面和实心截面哪种更为合理？

2-3-5 为什么扭转构件的截面一般应为圆形？

2-3-6 图2-3-8所示为传动轴的两种布置方式，哪种对提高承载能力有利？

2-3-7 分析图2-3-9所示扭转时的切应力分布图，哪些是正确的，哪些是错误的？

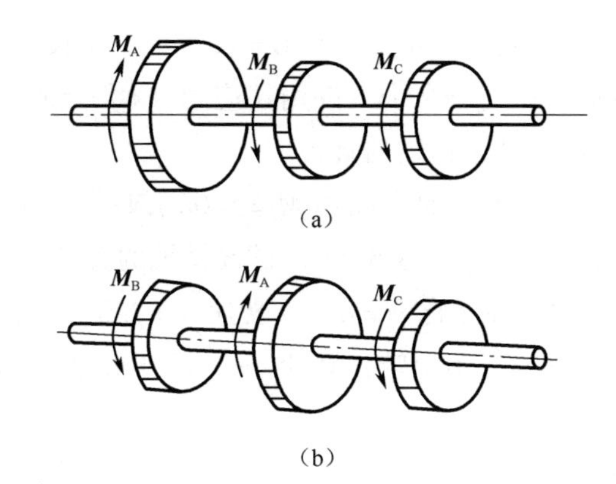

图 2-3-8 思考题 2-3-6 图

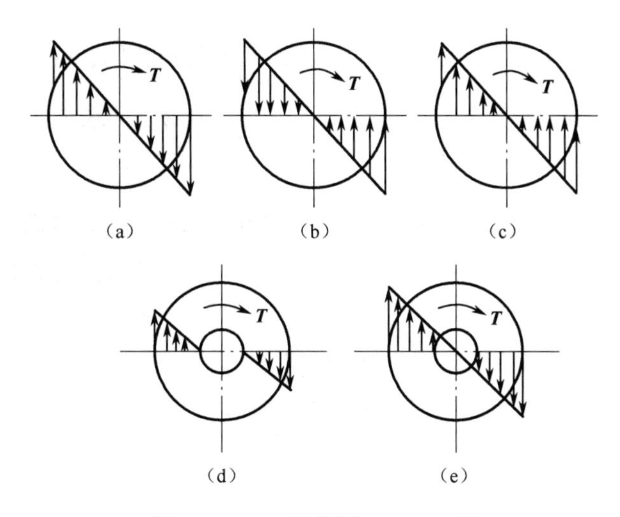

图 2-3-9 思考题 2-3-7 图

习 题

2-3-1 作下列各轴的扭矩图（见图 2-3-10）。

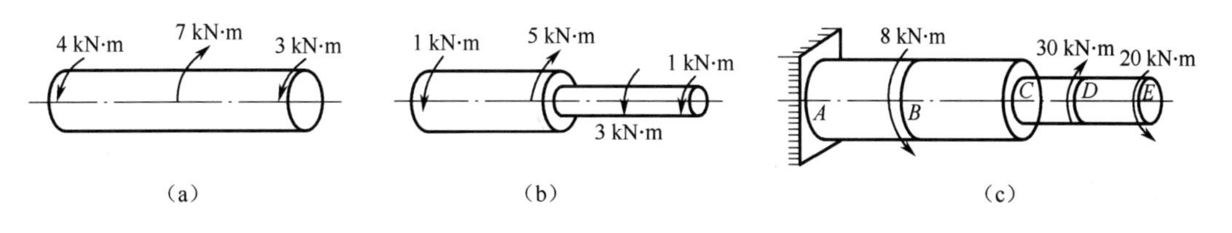

图 2-3-10 习题 2-3-1 图

2-3-2 一直径为 90 mm 的圆截面轴，其转速为 45 r/min，设横截面上的最大切应力为 50 MPa，试求所传递的功率。

2-3-3 某钢轴直径 $d=80$ mm，扭矩 $T=2.4$ kN·m，材料的许用切应力 $[\tau]=45$ MPa，

单位长度许用扭转角 $[\theta]=0.50$ /m，切变模量 $G=80$ GPa。试校核此轴的强度和刚度。

2－3－4 一钢轴受扭矩 $T=1.2$ kN·m，许用切应力 $[\tau]=50$ MPa，许用扭转角 $[\theta]=0.5°/m$，切变模量 $G=80$ GPa。试选择轴的直径。

2－3－5 桥式起重机传动轴传递的力偶矩 $M=1.08$ kN·m，材料的许用切应力 $[\tau]=40$ MPa，$G=80$ GPa，同时规定 $[\theta]=0.5°/m$。试设计轴的直径。

2－3－6 某空心钢轴，内外径之比 $\alpha=0.8$，转速 $n=250$ r/min，传递功率 $N=60$ kW，已知许用切应力 $[\tau]=40$ MPa，许用扭转角 0.8°/m，切变模量 $G=80$ GPa。试设计钢轴的内径和外径。

2－3－7 某传动轴，横截面上的最大扭矩 $T=1.5$ kN·m，许用切应力 $[\tau]=50$ MPa，试按下列两种方案确定截面直径：（1）横截面为实心圆截面；（2）横截面为内外径之比为 $\alpha=0.9$的空心圆截面。

2－3－8 横截面面积相等的实心轴和空心轴，两轴材料相同，受同样的扭矩 T 作用，已知实心轴直径 $d_1=30$ mm，空心轴内外径之比 $\alpha=\dfrac{d}{D}=0.8$。试求二者最大切应力之比及单位长度扭转角之比。

2－3－9 钢质实心轴和铝质空心轴（内外径比值 $\alpha=0.6$）的横截面面积相等，钢轴许用应力 $[\tau_1]=80$ MPa，铝轴许用应力 $[\tau_2]=50$ MPa，若仅从强度条件考虑，哪一根轴能承受较大的扭矩？

2－3－10 已知轴的许用切应力 $[\tau]=21$ MPa，切变模量 $G=80$ GPa，许用单位扭转角 $[\theta]=0.30$ /m。试问此轴的直径 d 达到多大时，轴的直径应由强度条件决定，而刚度条件总可满足。

2－3－11 传动轴外径 $D=50$ mm，长度 $l=510$ mm，l_1 段内径 $d_1=25$ mm，l_2 段内径 $d_2=38$ mm，欲使轴两段扭转角相等，则 l_2 应是多长。

任务四　梁的弯曲

【任务描述】

图 2-4-1 所示桥式起重机大梁由 40b 工字钢制成，跨长 $l=12$ m，材料的许用应力 $[\sigma]=140$ MPa，电葫芦自重 $G=0.5$ kN，梁的自重不计，求起重机的最大起吊重量 F。

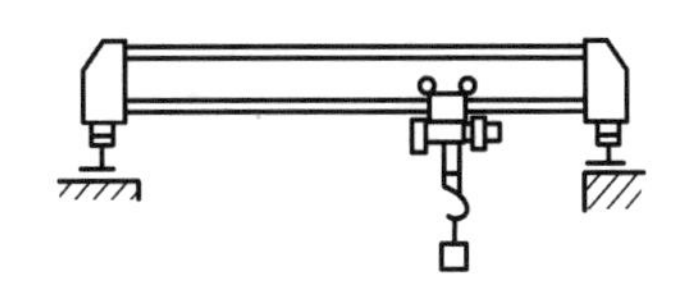

图 2-4-1　桥式起重机大梁

桥式起重机

【任务分析】

了解平面弯曲的概念，掌握梁横截面上的内力、应力的计算方法，正确画出其剪力图和弯矩图，灵活应用强度条件解决工程实际问题。

【知识准备】

2.4.1　平面弯曲的概念与工程实例

图 2-4-1 所示的起重机大梁、图 2-4-2 所示的火车轮轴及图 2-4-3 所示车刀等都属于工程中承受弯曲的杆件，在外力作用下其轴线由直线弯成一条连续而光滑的曲线，这种变形称为弯曲变形。工程中把以弯曲变形为主要变形的杆件称为梁。

工程中的梁，横截面一般都有一根纵向对称轴 y，如图 2-4-4 所示。梁的每个横截面的纵向对称轴构成梁的纵向对称面，如图 2-4-5 所示。若作用于梁上的所有外力（包括力偶）都在纵向对称平面内，梁的轴线在其纵向对称平面内弯成一条曲线，这种弯曲称为平面弯曲。平面弯曲是最常见、最基本的弯曲变形。从以上实例可以得出，直梁平面弯曲的受力与变形特点是：作用于这些杆件的外力为垂直于杆轴的横向力，或力偶作用面通过杆轴线的外力偶，梁的轴线弯成一条曲线。

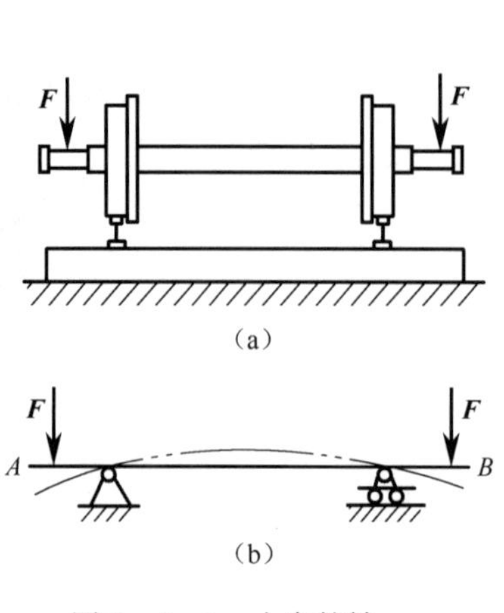

图2－4－2　火车轮轴

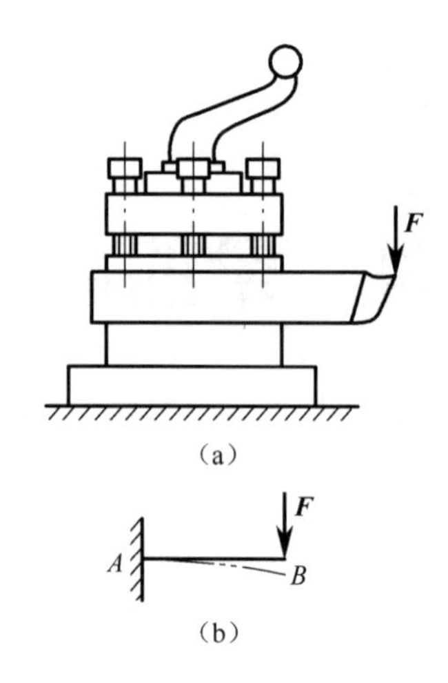

图2－4－3　车刀

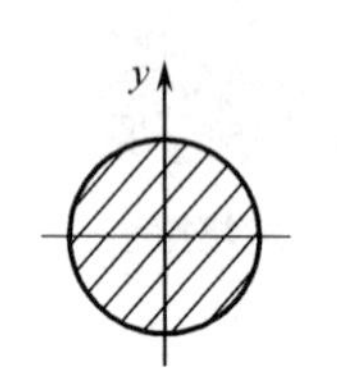
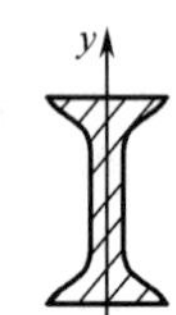

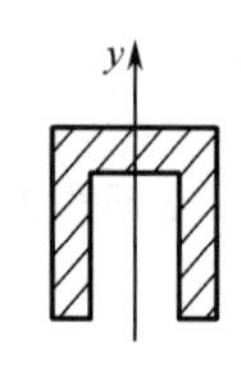

图2－4－4　梁常用的截面

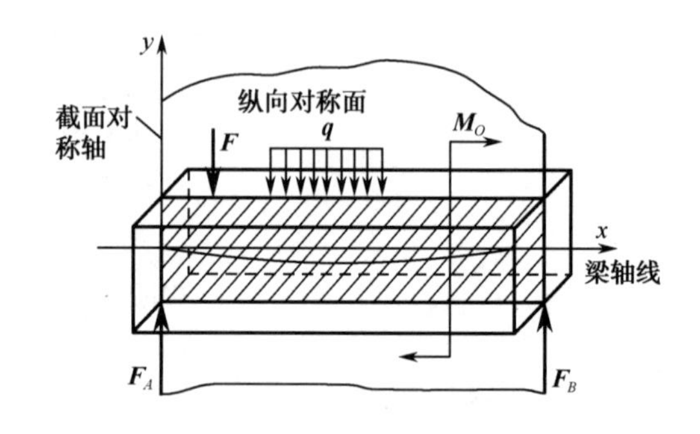

图2－4－5　梁的纵向对称面

2.4.2　平面弯曲的梁的力学模型

为了便于分析和计算平面弯曲的梁的强度和刚度，需要建立其力学模型，得出其计算简图。梁的力学模型包括梁的简化、载荷的简化和支座的简化。

1. 梁的简化

无论梁的外形尺寸如何，通常用梁的轴线 *AB* 代替梁，如图2－4－2（b）、图2－4－3（b）、图2－4－4（b）所示。

2. 载荷的简化

作用于梁上的外力，可简化为以下三种力的模型：

（1）分布载荷。分布载荷是沿梁的全长或部分长度连续分布的横向力。若是均匀分布，称为均布载荷。均布载荷常用载荷集度 $\boldsymbol{q}$ 表示，如图2－4－1所示桥式起重机大梁的自重，即作用在梁的全长上载荷集度为 $\boldsymbol{q}$ 的均布载荷。若载荷分布连续但不均匀，称为分布载荷，用 $\boldsymbol{q}(x)$ 表示，$\boldsymbol{q}(x)$ 称为分布载荷的载荷集度，如图2－4－6所示。

（2）集中力。当力的作用范围远小于梁的长度时，可简化为作用于一点的集中力。如火车车厢对轮轴的作用力（见图2－4－2）及起重机吊重对大梁的作用（见图2－4－1）等，都可简化为集中力。

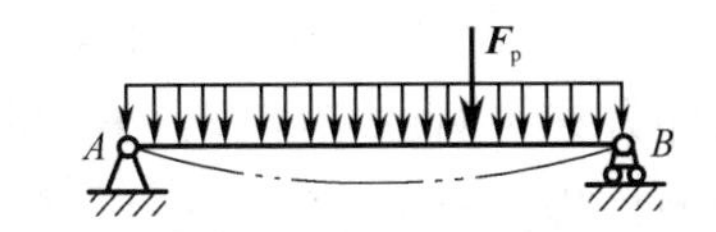

图 2－4－6　桥式起重机大梁力学简图

(3) 集中力偶。当力偶作用的范围远小于梁的长度时，可简化为集中作用于某一截面的集中力偶。如图 2－4－7 (a) 所示，斜齿轮的轴向分力 $\boldsymbol{F}_a$，若平移到轴上而附加的力偶 $\boldsymbol{M}$ 分布在齿轮宽度 CD 上，因 CD 段轴的长度远小于整个轴的长度，故简化为集中作用于 CD 段轴中点截面上的集中力偶，其力偶矩 $M = F_a r$，如图 2－4－7 (b) 所示。

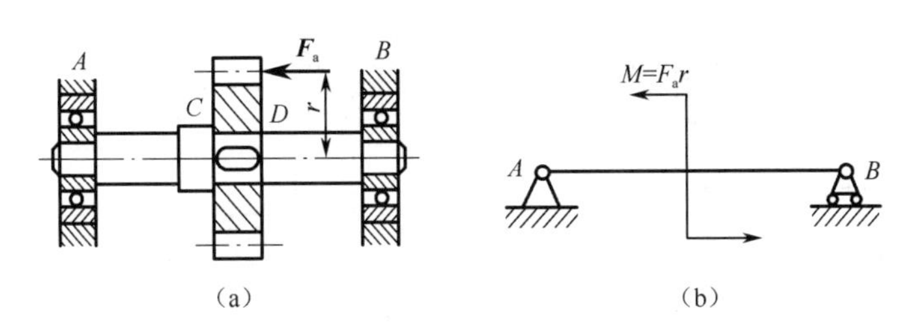

图 2－4－7　集中力偶

3. 支座的简化

根据支座对梁的不同约束，可将梁的支座简化为固定铰支座、活动铰支座和固定端支座。

4. 静定梁的基本力学模型

根据梁的支座约束情况，工程中将梁分为三种基本形式：

(1) 简支梁。梁的两端分别为固定铰支座和活动铰支座，如图 2－4－6 所示。

(2) 外伸梁。梁的两支座分别为固定铰支座和活动铰支座，但梁的一端或两端伸出支座外，如图 2－4－2 所示。

(3) 悬臂梁。梁的一端为固定端支座，另一端为自由端，如图 2－4－3 所示。

以上梁的支座约束力可通过静力学平衡方程求得，称为**静定梁**。否则，称为**静不定梁**。

2.4.3　梁的内力——剪力和弯矩

当作用在梁上的全部外力（包括载荷和支座约束力）确定后，应用截面法可求出任一横截面上的内力。

1. 用截面法求剪力和弯矩

如图 2－4－8 (a) 所示的悬臂梁，在自由端作用一集中力 $\boldsymbol{F}$，欲求距梁左端 x 处 $m—m$ 截面上的内力。首先，由静力学平衡方程求出其支座反力 $F_B = F$，约束力偶矩 $M_B = Fl$，如图 2－4－8 (b) 所示。

利用截面法假想沿横截面 $m—m$ 将梁截成两段，取左段为研究对象，如图 2－4－8 (c)

所示。由于整个梁在外力作用下平衡，所以各段梁也必平衡。要使左段梁处于平衡，那么横截面 $m—m$ 上必有一个作用线与外力 $\boldsymbol{F}$ 平行的切向内力 $\boldsymbol{F}_Q$ 与之平衡；同时力 $\boldsymbol{F}$ 与 $\boldsymbol{F}_Q$ 形成一力偶，使左段梁有顺时针转动的趋势，而实际梁仍处于平衡状态，因此在该横截面上还应有一个逆时针转向的力偶矩 $\boldsymbol{M}$。

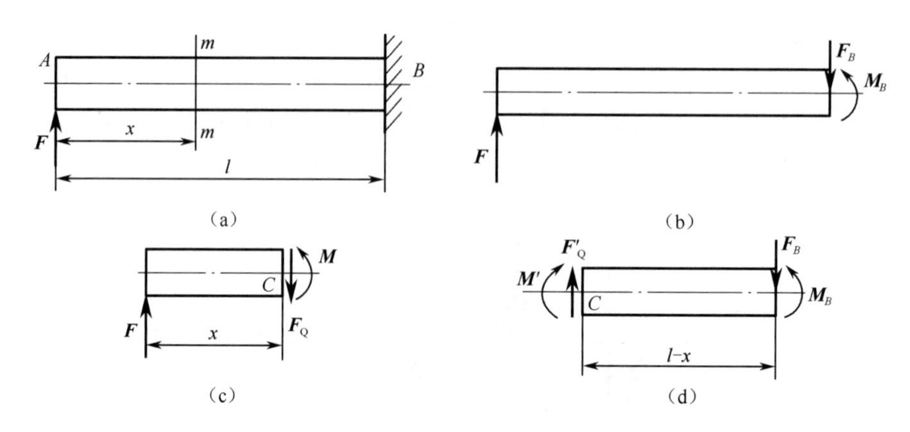

图 2－4－8　剪力和弯矩的计算

由平衡方程

$$\sum F_y = 0, \quad F - F_Q = 0$$

得

$$F_Q = F$$

这个作用线平行于截面的内力称为**剪力**，用符号 $\boldsymbol{F}_Q$ 表示。

由平衡方程

$$\sum M_C = 0, \quad M - Fx = 0$$

得

$$M = Fx$$

式中的矩心 C 是 x 截面的形心，这个作用平面垂直于横截面的力偶矩称为弯矩，用符号 $\boldsymbol{M}$ 表示。

同理，取 x 截面右段梁为研究对象［图 2－4－8（d）］，由平衡方程

$$\sum F_y = 0, \quad F'_Q - F_B = 0$$

得

$$F'_Q = F_B = \boldsymbol{F}$$

由

$$\sum M_C = 0, \quad M_B - F_B(l - x) - M' = 0$$

得

$$M' = M_B - F_B(l - x) = Fx$$

由结果可知，无论取截面左侧为研究对象还是取截面右侧为研究对象，计算结果相同。

2. 剪力 F_Q、弯矩 M 的正负规定

为使所取截面左段梁和右段梁求得的剪力与弯矩不仅数值相等，且符号一致，规定剪力与弯矩的正负如下（见图 2-4-9）：

（1）剪力的正负规定。凡对所取梁内任一点产生的力矩是顺时针转向的剪力为正，反之为负。即以截面左侧为研究对象时，向下的剪力为正，反之为负；以截面右侧为研究对象时，向上的剪力为正，反之为负。

（2）弯矩的正负规定。凡使所取梁段产生上凹下凸变形的弯矩为正，反之为负，即以截面左侧为研究对象时，逆时针转向弯矩为正，反之为负；以截面右侧为研究对象时，顺时针转向弯矩为正，反之为负。

也可简单表述为：剪力左上右下为正，反之为负；弯矩左顺右逆为正，反之为负。

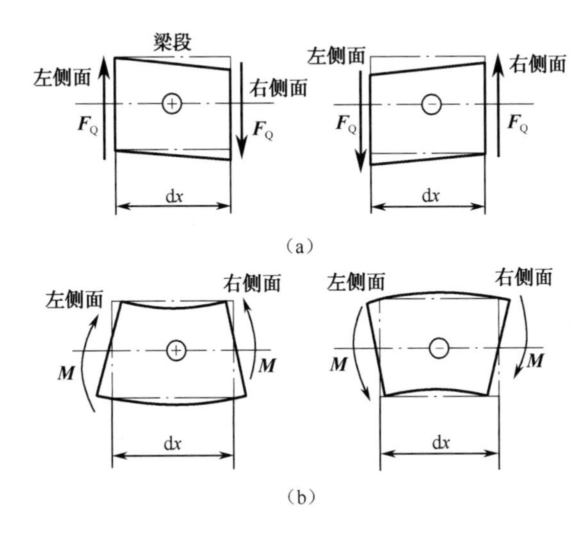

图 2-4-9　剪力和弯矩的正负规定

（a）剪力的正负规定；（b）弯矩的正负规定

应用截面法求剪力和弯矩时，通常先假设剪力和弯矩为正，然后由平衡条件计算剪力和弯矩的大小，若计算结果为正，说明内力的实际方向与假设方向相同；若结果为负，说明内力的实际方向与假设方向相反。

3. 任意截面上剪力 F_Q 和弯矩 M 的计算

由 10.2.1 节中的计算可知，梁上任意 x 截面上的剪力，等于 x 截面左侧（或右侧）梁上外力的代数和。截面左侧向上的外力或右侧向下的外力产生正的剪力；反之，产生负的剪力。梁上任意 x 截面上的弯矩，等于 x 截面左侧（或右侧）梁上外力对 x 截面形心力矩的代数和。截面左侧顺时针转向或右侧逆时针转向的外力矩产生正的弯矩；反之，产生负的弯矩。

简单表述为：

$F_Q(x)=x$ 截面左侧（或右侧）梁上外力的代数和

$M(x)=x$ 截面左侧（或右侧）梁上外力矩的代数

例 2-4-1 外伸梁如图 2-4-10 所示，已知均布载荷集度为 q，集中力偶 $M_C = qa^2$，且$\Delta \to 0$。求梁各指定截面上的剪力和弯矩。

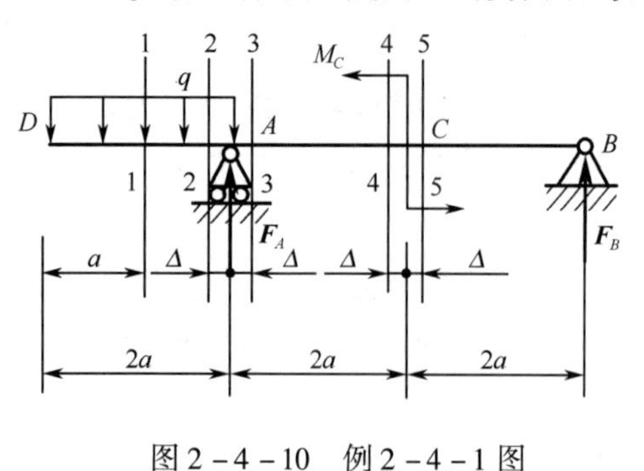

图 2-4-10 例 2-4-1 图

解：（1）求支座反力，取整个梁为研究对象，画受力图，列平衡方程。

由 $\sum M_A(F) = 0$，$F_B \times 4a + M_C + 2qa^2 = 0$

得

$$F_B = -\frac{3}{4}qa$$

由 $\sum F_y = 0$，$F_A + F_B - 2qa = 0$

得

$$F_A = \frac{11}{4}qa$$

（2）求各指定截面的剪力和弯矩

1—1 截面：由 1—1 截面左段梁上外力的代数和求得该截面的剪力为

$$F_{Q1} = -qa$$

由 1—1 截面左段梁上外力对截面形心力矩的代数和求得该截面的弯矩为

$$M_1 = -qa \times \frac{1}{2}a = -\frac{1}{2}qa^2$$

2—2 截面：由 2—2 截面左段梁计算，得

$$F_{Q2} = -q(2a - \Delta) = -2qa$$

$$M_2 = -q \times (2a - \Delta) \times (a - \Delta) = -2qa^2$$

3—3 截面：由 3—3 截面左段梁计算，得

$$F_{Q3} = -q \times 2a + F_A = -2qa + \frac{11}{4}qa = \frac{3}{4}qa$$

$$M_3 = F_A\Delta - q \times 2a(a + \Delta) = -2qa^2$$

4—4 截面：由 4—4 截面右段梁计算，得

$$F_{Q4} = -F_B = \frac{3}{4}qa$$

$$M_4 = M_C + F_B(2a + \Delta) = qa^2 - \frac{3}{4}qa \times 2a = -\frac{1}{2}qa^2$$

5—5 截面：由 5—5 截面右段梁计算，得

$$F_{Q5} = -F_B = \frac{3}{4}qa$$

$$M_5 = F_B(2a - \Delta) = -\frac{3}{2}qa^2$$

由上述计算结果可得：

（1）集中力作用处的两侧临近截面的弯矩相同，剪力不同，说明剪力在集中力作用处沿力的方向产生了突变，突变的幅值等于集中力的大小。

(2) 集中力偶作用处的两侧临近截面的剪力相同，弯矩不同，说明弯矩在集中力偶作用处产生了突变，突变的幅值等于集中力偶的大小。

(3) 由于集中力和集中力偶的作用截面上剪力和弯矩分别有突变，因此，应用截面法求任意指定截面的剪力和弯矩时，截面不能取在集中力和集中力偶所在的截面上。

2.4.4　剪力图与弯矩图

1. 剪力方程和弯矩方程

一般情况下，梁横截面上的剪力和弯矩是随梁横截面位置的变化而连续变化的，把剪力和弯矩可表示为截面坐标 x 的函数

$$F_Q = F_Q(x)$$
$$M = M(x)$$

以上两式称为梁的剪力方程和弯矩方程。

2. 剪力图和弯矩图

与绘制轴力图和转矩图一样，也可以绘制梁各横截面上的剪力 F_Q 和弯矩 M 随梁横截面位置参数 x 变化的曲线，分别称为梁的剪力图和弯矩图。

例 2-4-2　简支梁如图 2-4-11 所示，在 C 处作用一集中力 $\boldsymbol{F}$，列出此梁的剪力方程和弯矩方程，并画剪力图和弯矩图。

解：(1) 求支座反力。由平衡方程得

$$F_A = \frac{Fb}{l}, \qquad F_B = \frac{Fa}{l}$$

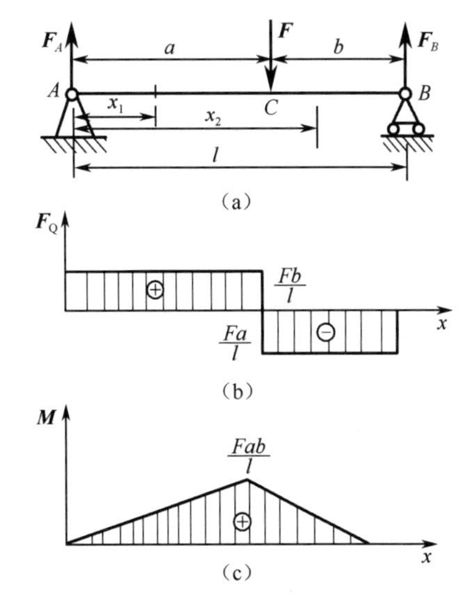

图 2-4-11　例 2-4-2 图

(2) 列梁的剪力方程和弯矩方程。以梁的左端 A 点为坐标原点。由于集中力 $\boldsymbol{F}$ 作用在 C 点，梁在 AC 和 CB 段内的剪力和弯矩不能用同一方程来表示，应分段考虑。在 AC 段内取距梁左端 A 点为 x_1 的任意截面，以 x_1 截面左侧梁确定该截面上的剪力方程和弯矩方程分别为

$$F_Q(x_1) = F_A = \frac{Fb}{l} \quad (0 < x_1 < a)$$

$$M(x_1) = F_A x_1 = \frac{Fb}{l}x_1 \quad (0 \leqslant x_1 \leqslant a)$$

同理，在 CB 段内取距梁左端 A 点为 x_2 的任意截面，以 x_2 截面左侧梁确定该截面上的剪力方程和弯矩方程分别为

$$F_Q(x_2) = F_A - F = \frac{Fb}{l} - F = -\frac{Fa}{l} \quad (a < x_2 < l)$$

$$M(x_2) = F_A x_2 - F(x_2 - a) = \frac{Fb}{l}x_2 - F(x_2 - a) = \frac{Fa}{l}(l - x_2) \quad (a \leqslant x_2 \leqslant l)$$

（3）画剪力图。由剪力方程知，剪力图为分段的水平线，如图2-4-11（b）所示。

（4）画弯矩图。由弯矩方程知，弯矩图为分段的斜直线，如图2-4-11（c）所示。

AC 段：当 $x_1=0$ 时，$M_1=0$；当 $x_1=a$ 时，$M_1=\dfrac{Fab}{l}$。

CB 段：当 $x_2=a$ 时，$M_2=\dfrac{Fab}{l}$；当 $x_2=l$ 时，$M_2=0$。

据以上数据可画出弯矩图［见图2-4-11（c）］。由图可见，在集中力作用处（C 截面），其左、右两侧横截面上弯矩相同，$M_{\max}=\dfrac{Fab}{l}$，而剪力图沿力的方向发生突变，突变幅值等于集中力 $\boldsymbol{F}$ 的大小。

例2-4-3 简支梁如图2-4-12所示，在 C 点作用一集中力偶 M_O，列出此梁的剪力方程和弯矩方程，画剪力图和弯矩图。

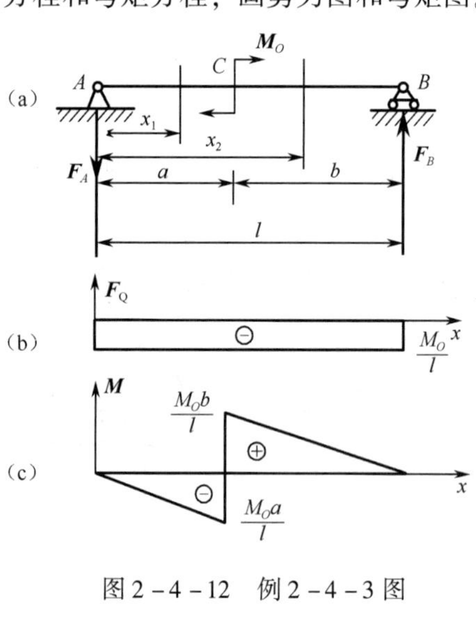

图2-4-12 例2-4-3图

解：（1）求支座反力。由平衡方程得

$$F_A=F_B=\frac{M_O}{l}$$

（2）列梁的剪力方程和弯矩方程。以梁的左端 A 点为坐标原点。由于集中力偶 M_O 作用在 C 点，将梁分为 AC 和 CB 两段，分别在两段内取截面 x_1，x_2，根据截面左侧梁上的外力列出剪力方程和弯矩方程。

AC 段：

$$F_Q(x_1)=F_A=-\frac{M_O}{l}\quad(0<x_1\leqslant a)$$

$$M(x_1)=F_Ax_1=-\frac{M_O}{l}x_1\quad(0\leqslant x_1<a)$$

CB 段：

$$F_Q(x_2)=F_A=-\frac{M_O}{l}\quad(a\leqslant x_2<l)$$

$$M(x_2)=M_O-F_Ax_2=M_O-\frac{M_O}{l}x_2\quad(a<x_2\leqslant l)$$

（3）画剪力图。整个梁上各截面剪力均为$\dfrac{M_O}{l}$，故剪力图为水平线，如图2-4-12（b）所示。

（4）画弯矩图。

AC 段：当 $x_1=0$ 时，$M_1=0$；当 $x_1\to a$ 时，即在 C 点稍左的截面处，$M_1=-\dfrac{M_Oa}{l}$。

CB 段：当 $x_2\to a$ 时，即在 C 点稍右的截面处，$M_2=\dfrac{M_Ob}{l}$；当 $x_2=l$ 时，$M_2=0$。

据以上数据可画出弯矩图［见图2-4-12（c）］。由图可见，在 C 截面处弯矩图发生突变，突变幅值为 M_O。

例 2-4-4　简支梁如图 2-4-13 所示，作用均布载荷 q，列出梁的剪力方程和弯矩方程，画剪力图和弯矩图。

解：（1）求支座反力。由平衡方程得

$$F_A=F_B=\frac{ql}{2}$$

（2）列剪力方程和弯矩方程为

$$F_Q(x)=F_A-qx=\frac{ql}{2}-qx\quad(0<x<l)$$

$$M(x)=F_Ax-qx\times\frac{1}{2}x=\frac{ql}{2}x-\frac{1}{2}qx^2\quad(0\leqslant x\leqslant l)$$

（3）画剪力图。由剪力方程知，剪力图为斜直线。确定直线的两个端点：当 $x\to0$ 时，$F_Q=\frac{ql}{2}$；当 $x\to l$ 时，$F_Q=-\frac{ql}{2}$，即可画出剪力图［见图 2-4-13（b）］。

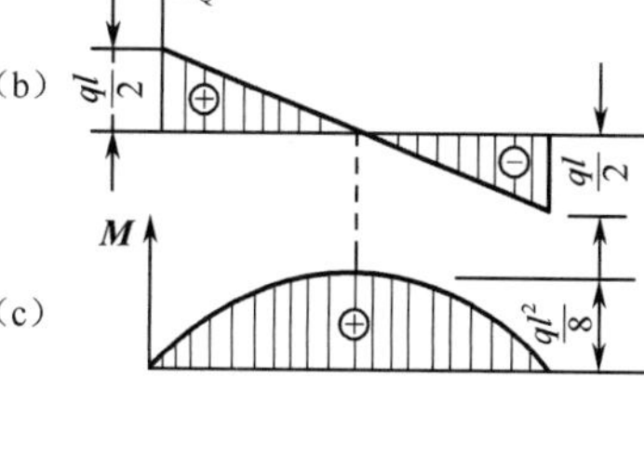

图 2-4-13　例 2-4-4 图

（4）画弯矩图。由弯矩方程知，弯矩图为抛物线，要绘出此曲线至少需要确定三个点：$x=0$，$M=0$；$x=l/2$，$M=ql^2/8$；$x=l$，$M=0$。由此可画出弯矩图［见图 2-4-13（c）］。

由图可见，在两支座内侧横截面上剪力的绝对值最大，其值为 $|F_Q|_{\max}=ql/2$；在梁中点横截面上，剪力 $F_Q=0$，弯矩最大，其值为 $|M|_{\max}=ql^2/8$

3. 弯矩、剪力和载荷集度间的微分关系

梁上的弯矩、剪力和载荷集度间存在着普遍的规律（证明从略）：弯矩方程的一阶导数等于剪力方程，而剪力方程的一阶导数等于载荷集度，即

$$\frac{\mathrm{d}M(x)}{\mathrm{d}x}=F_Q(x)\tag{a}$$

$$\frac{\mathrm{d}F_Q(x)}{\mathrm{d}x}=q(x)\tag{b}$$

利用这些微分关系可以对梁的剪力图、弯矩图进行绘制和检查，由导数的性质可知：

（1）无分布载荷作用的梁段上，即 $q(x)=0$，由式（b）知，$F_Q(x)=$ 常数，即此段梁截面上的剪力为一常数，剪力图为水平线；再由式（a）知，$M(x)$ 为 x 的线性函数，即弯矩图为斜直线，且直线的斜率为 $F_Q(x)=$ 常数。

（2）有均布载荷作用的梁段上，若均布载荷方向向下，$q(x)=-q$，由式（b）知，$F_Q(x)$ 为 x 的线性函数，剪力图为斜直线，且直线的斜率为负；再由式（a）可知 $M(x)$ 为 x 的二次函数，即弯矩图为抛物线（凹向向下）。若均布载荷方向向上，$q(x)=+q$，$F_Q(x)$ 为斜直线，且直线的斜率为正，$M(x)$ 为抛物线（凹向向上），且在剪力等于零的截面，弯矩有极值。

（3）在集中力作用处，剪力图沿力的方向发生突变，突变幅度等于集中力的大小，弯矩图有折点。

（4）在集中力偶作用处，剪力图没有变化，弯矩图发生突变，突变的幅度等于集中力偶的大小，集中力偶顺时针转向时，弯矩图向上突变，否则，弯矩图向下突变。

例 2-4-5 如图 2-4-14 所示，外伸梁 AD 上作用有均布载荷 q，集中力偶 $M_O=3qa^2/2$，集中力 $F=qa/2$，用简便方法画出该梁的剪力图和弯矩图。

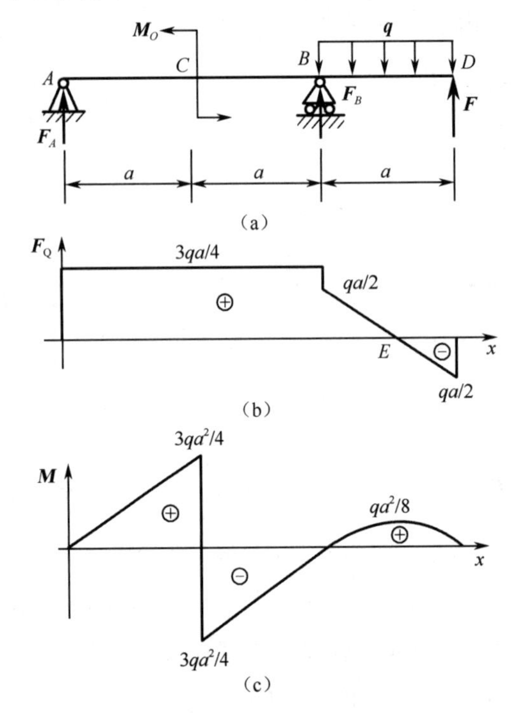

图 2-4-14 例 2-4-5 图

解：（1）求支座反力。由平衡方程得

$$F_A=3qa/4,\ F_B=-qa/4$$

集中力、集中力偶及均布载荷的始末端将梁分为 AC、CB、BD 三段。

（2）画剪力图。从梁的左端开始，A 点处有集中力，剪力图沿力方向向上突变 $F_A=3qa/4$；AC 段无载荷作用，剪力值保持为常量；C 点处作用有集中力偶，剪力值不受影响；B 点处有集中力，剪力图沿力实际方向向下突变 $F_B=qa/4$；BD 段有均布载荷 q 作用，剪力图为斜直线，B 点右侧临界截面（记作 B_+）的剪力 $F_{QB_+}=qa/2$，D 点左侧临近截面（记作 D_-）的剪力 $F_{QD_-}=-qa/2$，此两点连线即 BD 段的剪力图；D 点有集中力 $F=qa/2$，剪力图沿力的方向向上发生突变 $qa/2$ 回到坐标轴。由此得到图 2-4-14（b）所示的剪力图。

（3）画弯矩图。从梁的左端开始，AC 段无载荷作用，弯矩图为斜直线，确定 A_+、C_- 两截面的弯矩值分别为 $M_{A_+}=0$、$M_{C_-}=3qa^2/4$，此两点连线即 AC 段的弯矩图；C 点处有逆时针旋转的力偶，弯矩图向下突变 $M_O=3qa^2/2$，则 $M_{C_+}=3qa^2/4-3qa^2/2=-3qa^2/4$；$CB$ 段无载荷作用，弯矩图为斜直线，确定 C_+、B_- 两截面的弯矩值分别为 $M_{C_+}=-3qa^2/4$、$M_{B_-}=0$，此两点连线即 CB 段的弯矩图；B 点处有集中力 F_B，弯矩图出现转折；BD 段有均布载荷 q 作用，弯矩图为抛物线，其凹向与均布载荷同向向下，确定 B_+、E、D_- 各截面的弯矩值分别为 $M_{B_+}=0$、$M_E=qa/2\times a/2-qa/2\times a/4=qa^2/8$、$M_{D_-}=0$，通过这三点的弯矩值画出抛物线，即得图 2-4-14（c）所示的弯矩图。

2.4.5　梁弯曲时的正应力和强度条件

1. 纯弯曲与横力弯曲

梁弯曲时，横截面上一般产生两种内力——剪力和弯矩，这种弯曲称为横力弯曲。横力弯曲时，梁横截面上既有切应力又有正应力。如果在梁的某段或整个梁横截面上弯矩等于常量而剪力等于零，这种弯曲称为纯弯曲。纯弯曲时，梁横截面上只有正应力而没有切应力。外伸梁如图 2－4－15（a）所示，该梁的剪力图、弯矩图如图 2－4－15（b）、（c）所示，在其 AC、DB 段内各横截面上既有弯矩 $\boldsymbol{M}$ 又有剪力 $\boldsymbol{F}_Q$，即横力弯曲。在其 CD 段内各横截面上，弯矩 $M=$ 常量而剪力 $F_Q=0$，即为纯弯曲变形。实验表明，当梁比较细长时，正应力是决定梁是否破坏的主要因素，切应力是次要因素。因此，切应力的影响可以忽略。为研究方便，先针对纯弯曲梁分析横截面上正应力的分布规律，再将所得结论推广到横力弯曲梁。

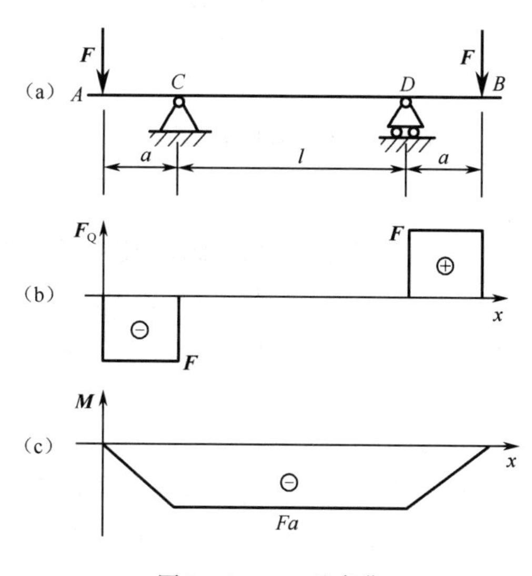

图 2－4－15　纯弯曲

2. 纯弯曲正应力公式

1）实验观察和平面假设

如图 2－4－16 所示，取一矩形截面等直梁，实验前在其表面画两条横向线 $m—m$、$n—n$，两条纵向线 $a—a$、$b—b$，然后在其两端作用外力偶 $\boldsymbol{M}$，梁将发生纯弯曲变形。观察其变形，可看到如下的现象［图 2－4－16（b）］：

（1）横向线 $m—m$、$n—n$ 仍保持为直线且与纵向线正交，并相对转动了一个微小角度。

（2）纵向线弯成了曲线，靠近内凹一侧的纵向线 $a—a$ 缩短，靠近外凸一侧的纵向线 $b—b$ 伸长。

由于梁内部材料的变化无法观察，因此假定梁横截面在变形过程中始终保持为平面。这就是梁纯弯曲时的平面假设。可以设想梁由无数条纵向纤维组成，且纵向纤维间无相互挤压作用，仅处于单向受拉或受压状态。由此可推断，梁发生纯弯曲变形时，横截面上只有正应力。

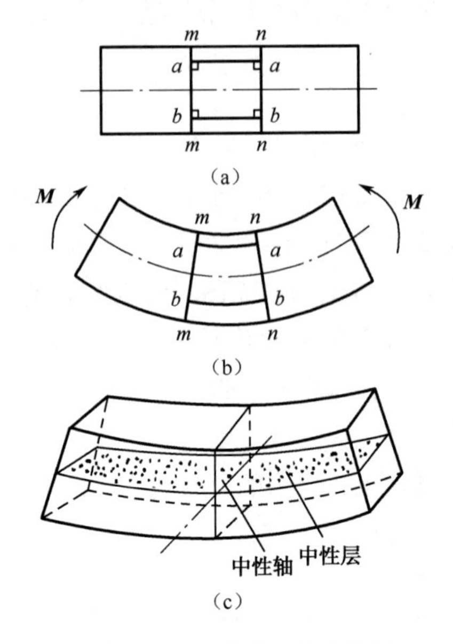

图2－4－16　弯曲梁的中性轴

2）中性层与中性轴

由上述分析可知：梁纯弯曲时，从外凸一侧纤维伸长连续变化到内凹一侧纤维缩短，其间必有一层纤维既不伸长也不缩短，这一纵向纤维层称为中性层［见图2－4－16（c）］。中性层与横截面的交线称为中性轴，中性轴过截面的形心。梁弯曲时，各横截面绕中性轴转动了一个角度。

3）梁纯弯曲时横截面上正应力的分布规律

为了求得正应力在截面上的分布规律，在梁的横截面建立坐标系 xyz，以梁的轴线为 x 轴，梁横截面的对称轴为 y 轴，中性轴为 z 轴［见图2－4－17（a）］。

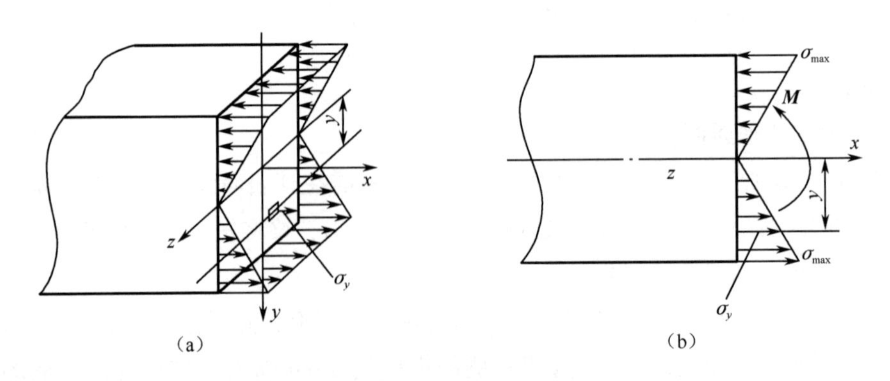

图2－4－17　弯曲梁的应力分布

从图2－4－17（a）可以看出，截面上距中性轴越远的点，所受的应力越大，纵向纤维的伸长（或缩短）量越大，说明该点的线应变越大。由拉（压）胡克定律可知，在材料的弹性范围内，正应力与正应变成正比，从而得出横截面上任一点的正应力与该点到中性轴的

距离 y 成正比，正应力与横截面垂直，其线性分布规律如图 2－4－17（b）所示。

应用变形几何关系和静力学平衡关系进一步可推知：横截面上任一点的正应力与该截面弯矩 $\boldsymbol{M}$ 成正比，与该点到中性轴的距离 y 成正比，而与截面对中性轴 z 的惯性矩 I_z 成反比，其纯弯曲正应力公式为

$$\sigma_y = \frac{My}{I_z} \tag{2-4-1}$$

式中　σ_y——横截面上距中性轴距离为 y 的任一点处正应力；

M——横截面上的弯矩；

I_z——截面对中性轴 z 的惯性矩。

由式（2－4－1）可见，截面的最大正应力 σ_{max} 发生在离中性轴距离最远的上、下边缘的点上，即

$$\sigma_{max} = \frac{My_{max}}{I_z} = \frac{M}{W_z} \tag{2-4-2}$$

令

$$W_z = \frac{I_z}{y_{max}} \tag{2-4-3}$$

梁截面的最大应力为

$$\sigma_{max} = \frac{M}{W_z} \tag{2-4-4}$$

式中　W_z——截面的抗弯截面系数。

式（2－4－1）~式（2－4－4）虽然是在梁纯弯曲时导出的，但对于横力弯曲的梁，只要其跨度与截面高度之比大于 5，仍可用上述公式计算弯曲正应力。

3. 梁常用截面的几何性质

梁常用截面的惯性矩 I_z 和抗弯截面系数 W_z 的计算公式见表 2－4－1。

表 2－4－1　梁常用截面的惯性矩 I_z 和抗弯截面系数 W_z 的计算公式

截面形状	惯性矩 I_z	抗弯截面系数 W_z
b, h, C, z, y	$I_z = \frac{bh^3}{12}$ $I_y = \frac{hb^3}{12}$	$W_z = \frac{bh^2}{6}$ $W_y = \frac{hb^2}{6}$
B, b, H, h, C, z, y	$I_z = \frac{BH^3 - bh^3}{12}$ $I_y = \frac{HB^3 - hb^3}{12}$	$W_z = \frac{BH^3 - bh^3}{6H}$

续表

截面形状	惯性矩 I_z	抗弯截面系数 W_z
	$I_z=\dfrac{BH^3-bh^3}{12}$	$W_z=\dfrac{BH^3-bh^3}{6H}$
	$I_z=I_y=\dfrac{\pi d^4}{64}$	$W_z=\dfrac{\pi d^3}{32}$
	$I_z=I_y=\dfrac{\pi D^4}{64}(1-\alpha^4)$ 式中　$\alpha=d/D$	$W_z=\dfrac{\pi D^3}{32}(1-\alpha^4)$ 式中　$\alpha=d/D$

例 2-4-6　矩形截面悬臂梁如图 2-4-18 所示，$\boldsymbol{F}=1$ kN，试计算 1—1 截面上 A、B、C 各点的应力以及该梁的最大正应力。

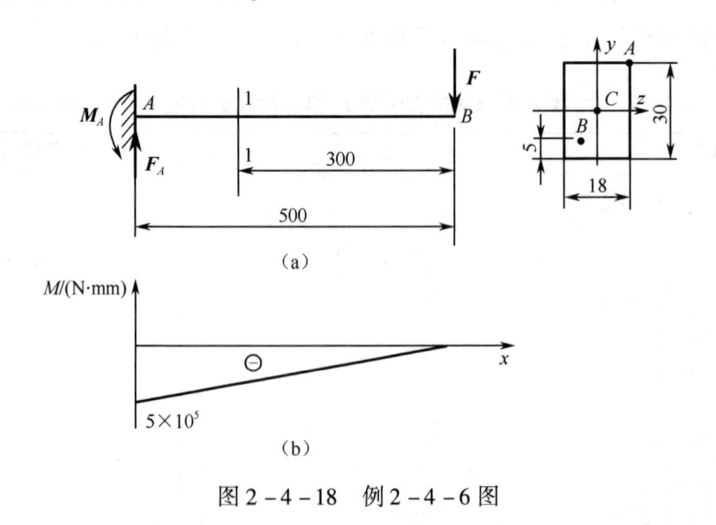

图 2-4-18　例 2-4-6 图

解：（1）求支座反力。

$$F_A=1\ \text{kN},\ M_A=5\times10^5\ \text{N·mm}$$

（2）画弯矩图，如图 2-4-18（b）所示。

（3）计算截面惯性矩和抗弯截面系数。

$$I_z=\frac{bh^3}{12}=\frac{18\times30^3}{12}\ \text{mm}^4=4.05\times10^4\ \text{mm}^4$$

$$W_z=\frac{bh^2}{6}=\frac{18\times30^2}{6}\ \text{mm}^3=2.7\times10^3\ \text{mm}^3$$

（4）求1—1截面上各点的应力　先计算1—1截面上的弯矩，即

$$M_{1-1}=-1\times10^3\times300\ \text{N}\cdot\text{mm}=-3\times10^5\ \text{N}\cdot\text{mm}$$

M_{1-1}为负值，说明该截面上的弯矩使梁产生上凸下凹变形，截面中性轴以上各点的应力为拉应力，以下各点的应力为压应力。

A点：$y_A=\frac{30}{2}\ \text{mm}=15\ \text{mm}$

$$\sigma_A^+=\frac{|M_{1-1}|y_A}{I_z}=\frac{3\times10^5\times15}{4.05\times10^4}\ \text{MPa}\approx111\ \text{MPa}\ （拉应力）$$

B点：$y_B=\left(\frac{30}{2}-5\right)\ \text{mm}=10\ \text{mm}$

$$\sigma_B^-=\frac{|M_{1-1}|y_B}{I_z}=\frac{3\times10^5\times10}{4.05\times10^4}\ \text{MPa}\approx74.1\ \text{MPa}\ （压应力）$$

C点：$y_C=0$

$\sigma_C=0$

（5）求梁的最大正应力。梁的最大正应力应在梁的最大弯矩所在的截面，由弯矩图可知

$$M_{\max}=-1\times10^3\times500\ \text{N}\cdot\text{mm}=-5\times10^5\ \text{N}\cdot\text{mm}$$

故

$$\sigma_{\max}=\frac{|M_{\max}|}{W_z}=\frac{5\times10^5}{2.7\times10^3}\ \text{MPa}\approx185\ \text{MPa}$$

其中，梁截面的上边缘各点承受最大拉应力$\sigma_{\max}^+$，截面的下边缘各点承受最大压应力$\sigma_{\max}^-$。

4. 梁弯曲的强度计算

1）梁弯曲时的正应力强度条件

由式（2-4-4）可知，梁弯曲时横截面上的最大正应力$\sigma_{\max}$发生在截面的上、下边缘处。对于等截面梁来说，$\sigma_{\max}$一定发生在最大弯矩$\boldsymbol{M}_{\max}$所在截面的上、下边缘处，这个$\boldsymbol{M}_{\max}$所在的截面称为危险截面，其上、下边缘处的各点称为危险点。要使梁能够正常工作，必须使梁危险截面上危险点处的最大工作应力不超过材料的许用应力。因此，等截面梁的正应力强度条件为

$$\sigma_{\max}=\frac{M_{\max}}{W_z}\leqslant[\sigma]\tag{2-4-5}$$

式中　$[\sigma]$——材料的许用应力。

对于变截面梁，最大弯矩所在的截面不一定是危险截面，比值$\boldsymbol{M}/W_z$最大的截面才是危险截面。因此，变截面梁的正应力强度条件为

$$\sigma_{\max}=\left(\frac{M}{W_z}\right)_{\max}\leqslant[\sigma]\tag{2-4-6}$$

式（2-4-5）、式（2-4-6）适用于抗拉和抗压性能相同的材料。

工程实际中，为了充分发挥梁的抗弯能力，对于抗拉和抗压性能相同的塑性材料，即$[\sigma^+]=[\sigma^-]$，一般宜采用上、下对称于中性轴的截面形状，直接用式（2-4-5）、式（2-4-6）进行强度计算；而对抗拉与抗压性能不相同的脆性材料，即$[\sigma^+]<[\sigma^-]$，一般宜采用上、下不对称于中性轴的截面形状，其强度条件分别为

$$\left.\begin{aligned}\sigma_{max}^{+}&=\frac{M_{max}y^{+}}{I_z}\leqslant[\sigma^{+}]\\ \sigma_{max}^{-}&=\frac{M_{max}y^{-}}{I_z}\leqslant[\sigma^{-}]\end{aligned}\right\}\quad(2-4-7)$$

式中　y^+——受拉一侧的截面边缘到中性轴的距离；

　　y^-——受压一侧的截面边缘到中性轴的距离。

由于$[\sigma^+]<[\sigma^-]$，所以应尽量使$y^+<y^-$。

2. 梁弯曲时正应力强度计算

应用梁的正应力强度条件，可以解决梁强度计算的3类问题，即校核强度、设计截面和确定许可载荷。

例2-4-7　若例2-4-6中梁材料的许用应力$[\sigma]=200$ MPa，试校核梁的强度；如果梁改为水平放置，梁的强度是否满足要求？

解： 由例2-4-6可知

$$\sigma_{max}=\frac{|M_{max}|}{W_z}=\frac{5\times10^5}{2.7\times10^3}\text{ MPa}\approx185\text{ MPa}<[\sigma]=200\text{ MPa}$$

故梁满足强度条件。

如果梁水平放置，则抗弯截面系数为

$$W_y=\frac{hb^2}{6}=\frac{30\times18^2}{6}\text{ mm}^3=1\ 620\text{ mm}^3$$

则有

$$\sigma_{max}=\frac{|M_{max}|}{W_y}=\frac{5\times10^5}{1\ 620}\text{ MPa}\approx309\text{ MPa}>[\sigma]=200\text{ MPa}$$

故梁不满足强度条件。（从本例中可得到什么启示？请读者思考。）

例2-4-8　简支梁如图2-4-19（a）所示，由工字钢制成，已知$l=6$ m，$F_1=12$ kN，$F_2=21$ kN，梁材料的许用应力$[\sigma]=160$ MPa，试选择工字钢的型号。

解：（1）求支座反力

$$F_A=15\text{ kN},\ F_B=18\text{ kN}$$

（2）画弯矩图，如图2-4-19（b）所示。由弯矩图可知

$$M_{max}=36\text{ kN·m}$$

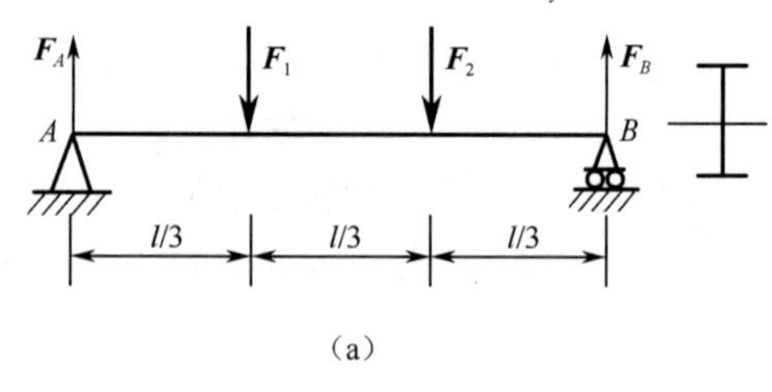

（a）

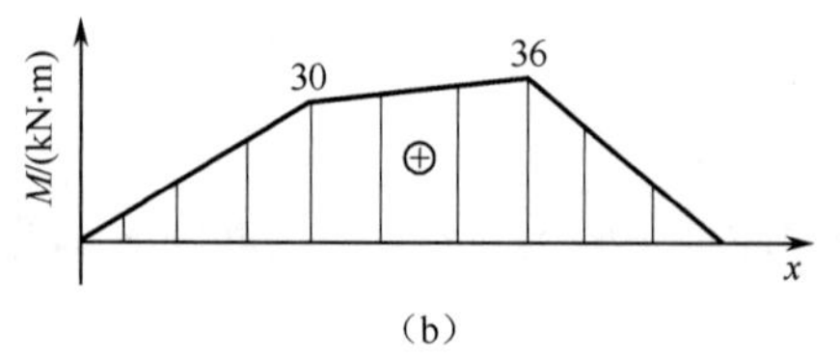

（b）

图2-4-19　例2-4-8图

（3）选择截面。根据正应力强度条件有

$$W_z \geqslant \frac{M_{\max}}{[\sigma]} = \frac{36 \times 10^6}{160}\ \text{mm}^3 = 225\ \text{cm}^3$$

查本书后的附录，选20a号工字钢。其 $W_z = 237\ \text{cm}^3$，大于按强度条件算得的 W_z 值，满足强度要求。如选用的工字钢的 W_z 值略小于按强度条件算得的 W_z 值时，则应再校核一下强度，若超出的 $[\sigma]$ 值在5%以内时，工程上是允许的。

例2-4-9　如图2-4-20所示 T 形截面铸铁梁，已知 $F_1 = 9\ \text{kN}$，$F_2 = 4\ \text{kN}$，$a = 1\ \text{m}$，许用拉应力 $[\sigma^+] = 30\ \text{MPa}$，许用压应力 $[\sigma^-] = 60\ \text{MPa}$，$T$ 形截面尺寸如图2-4-20（b）所示。已知截面对中性轴的惯性矩 $I_z = 763\ \text{cm}^4$，且 $y_1 = 52\ \text{mm}$。试校核梁的强度。

解：（1）求支座反力

$$F_A = 2.5\ \text{kN},\ F_B = 10.5\ \text{kN}$$

（2）画弯矩图。如图2-4-20（c）所示，最大正值弯矩在 C 截面，$M_C = 2.5\ \text{kN·m}$，最大负值弯矩在 B 截面，$M_B = -4\ \text{kN·m}$。

（3）校核梁的强度

C 截面上的最大拉应力发生在截面的下边缘各点处，最大压应力发生在截面的上边缘各点处，分别为

$$\sigma_C^+ = \frac{M_C y_2}{I_z} = \frac{2.5 \times 10^6 \times (120 + 20 - 52)}{763 \times 10^4}\ \text{MPa} = 28.8\ \text{MPa}$$

$$\sigma_C^- = \frac{M_C y_1}{I_z} = \frac{2.5 \times 10^6 \times 52}{763 \times 10^4}\ \text{MPa} = 17\ \text{MPa}$$

B 截面上的最大拉应力发生在截面的上边缘各点处，最大压应力发生在截面的下边缘各点处，分别为

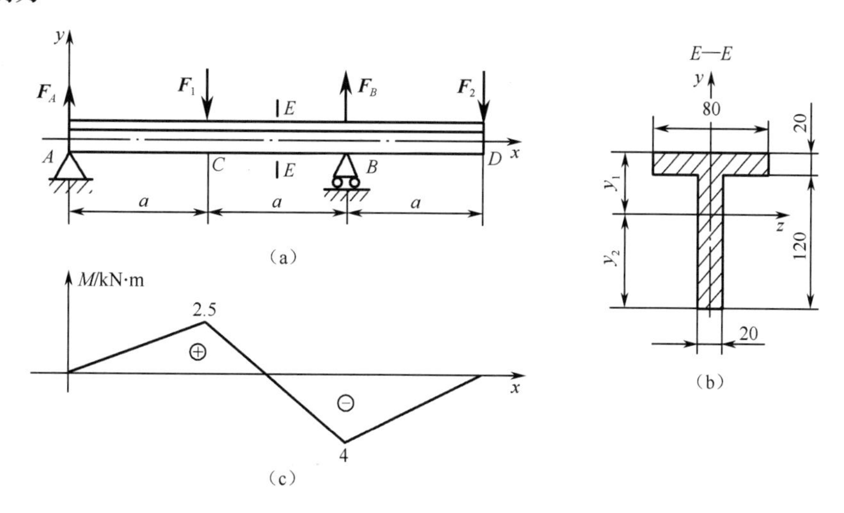

图2-4-20　T 形截面铸铁梁

$$\sigma_B^+ = \frac{M_B y_1}{I_z} = \frac{4 \times 10^6 \times 52}{763 \times 10^4}\ \text{MPa} = 27.3\ \text{MPa}$$

$$\sigma_B^- = \frac{M_B y_2}{I_z} = \frac{4 \times 10^6 \times (120 + 20 - 52)}{763 \times 10^4}\ \text{MPa} = 46.1\ \text{MPa}$$

通过计算可知，梁内最大拉应力发生在 C 截面下边缘各点处，最大压应力发生在 B 截面下边缘各点处。

$$\sigma_{max}^{+}=\sigma_{C}^{+}=28.8\ \text{MPa}<[\sigma^{+}]$$

$$\sigma_{max}^{-}=\sigma_{B}^{-}=46.1\ \text{MPa}<[\sigma^{-}]$$

故梁满足强度条件。

2.4.6 提高梁抗弯强度的措施

在梁的强度计算中，常遇到如何根据工程实际提高梁抗弯强度的问题。从梁的弯曲正应力强度条件可以看出：降低梁的最大弯矩、提高梁的抗弯截面系数，都可以提高梁的抗弯能力。所以，在载荷不变的前提下，通过合理布置载荷和合理安排支座可以降低梁的最大弯矩，以提高梁的抗弯强度。

1. 合理布置梁上载荷

在可能的情况下，适当调整梁上载荷作用的位置，或改变载荷作用的方式，可以有效地减小梁的最大弯矩值。

1）将集中力远离简支梁中点布置

图2－4－21（a）所示的简支梁上作用有集中力 $\boldsymbol{F}$，由弯矩图可见，$M_{max}=Fab/l$，若集中力作用在梁的中点，即 $a=b=l/2$ 时，则 $M_{max}=Fl/4$；若集中力作用点偏离梁的中点，当 $a=l/4$ 时，则 $M_{max}=3Fl/16$；当 $a=l/6$ 时，则 $M_{max}=5Fl/36$；若集中力作用点偏离梁的中点越远，无限靠近支座 A，即 $a\to 0$ 时，则 $M_{max}\to 0$。

由此可见，集中力远离简支梁中点或靠近于支座时可降低最大弯矩，提高梁的抗弯强度。

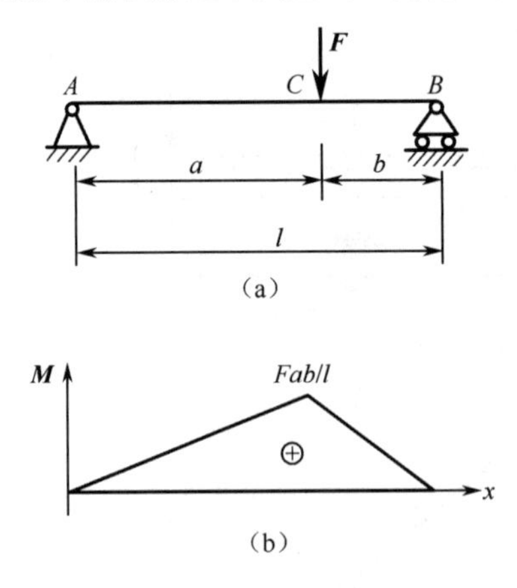

图2－4－21 集中力远离简支梁中点

2）将载荷分散作用

简支梁如图2－4－22（a）所示，若必须在中点作用载荷时，可以通过增加辅梁 CD，使集中力在辅梁上分散作用［见图2－4－22（b）］。集中力作用在梁的中点时，$M_{max}=Fl/4$，增加辅梁 CD 后，$M_{max}=Fx/2$，当 $x=l/4$ 时，则 $M_{max}=Fl/8$。值得注意的是，附加辅梁 CD 的跨长要选择适当，太长会降低辅梁的强度；太短不能提高 AB 梁的强度。

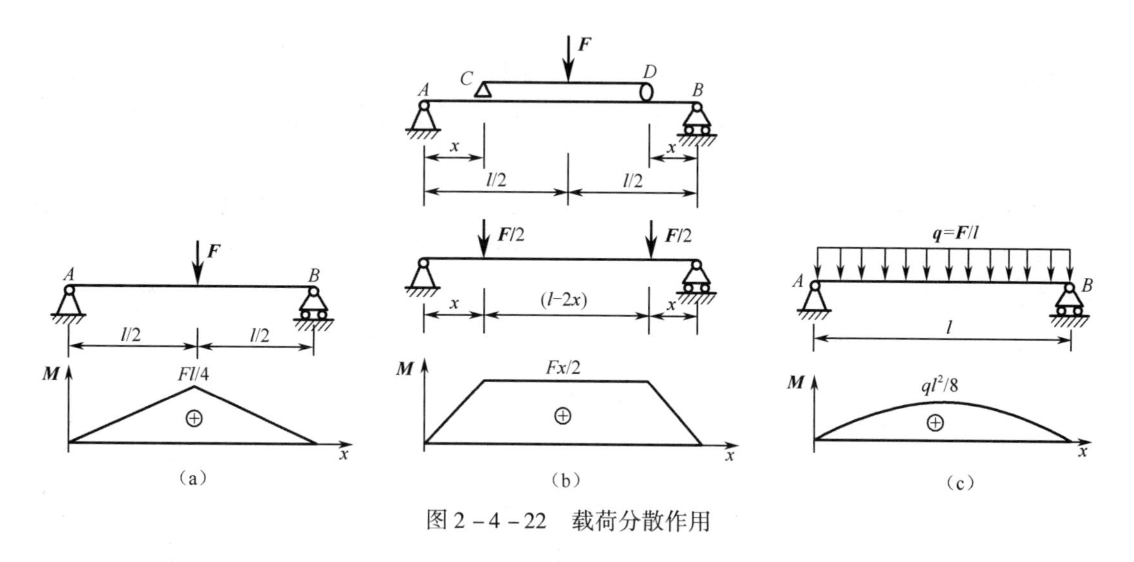

图 2－4－22　载荷分散作用

若将作用在梁中点的集中力 $\boldsymbol{F}$ 均匀分散在梁的跨长上，均布载荷集度 $q=F/l$，如图 2－4－22（c）所示可知，$M_{max}=ql^2/8=Fl/8$。

3. 合理安排梁的支座

图 2－4－22（c）所示的简支梁上作用有均布载荷，在梁的中点处 $M_{max}=ql^2/8$，若将支座 A、B 分别向梁内移动距离 x［见图 2－4－23（a）］，梁的中点弯矩值为 $M_C=ql(l-4x)/8$，支座 A、B 截面的弯矩值为 $M_A=-qx^2/2$。

若 $x=l/5$，则 $M_C=ql^2/40$，$M_A=ql^2/50$，$M_{max}=ql^2/40$，仅是简支梁作用均布载荷时最大弯矩的 1/5。

由以上分析可知，将简支梁支座向梁内移动可使梁中点 C 截面弯矩降低，但支座 A、B 截面的弯矩值会增加。支座移动的合理位置应使 C 截面和 A、B 截面的弯矩绝对值相等，即 $M_C=ql(l-4x)/8=M_A=-qx^2/2$，得方程 $4x^2+4lx-l^2=0$，解得 $x=(\sqrt{2}-1)l/2\approx0.207l$，是支座安放的合理位置。

故工程上将受弯构件的支座一般都向里移动，目的就是降低构件的最大弯矩，如机械设备的底座，运动场上的双杠［见图 2－4－23（b）］等。

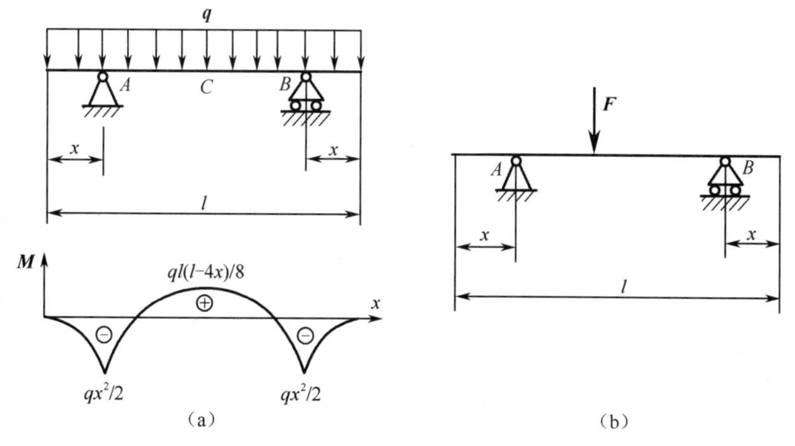

图 2－4－23　合理安排梁的支座

2. 提高抗弯截面系数

通过增大梁的截面面积来提高梁的抗弯截面系数意义不大。只有在截面面积不变的前提下，通过选择合理的截面形状或根据材料性能选择截面才具有实际应用意义。

1）选择合理的截面形状

梁的合理的截面形状通常用抗弯截面系数与截面面积的比值 W_z/A 来衡量。当弯矩一定时，梁的强度随抗弯截面系数 W_z 的增大而提高，因此，为了减轻自重，节省材料，所采用的截面形状应是截面积 A 最小而 W_z 最大的截面形状。若用比值 W_z/A 来衡量，则该比值越大，截面就越经济合理。几种典型截面的 W_z/A 见表 2－4－2。

表 2－4－2　几种常用截面的 W_z/A 值

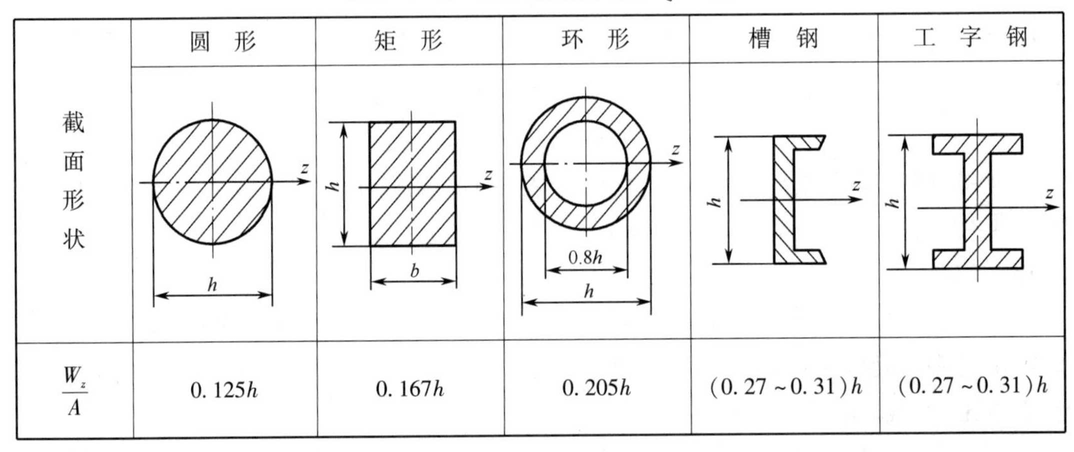

	圆　形	矩　形	环　形	槽　钢	工　字　钢
截面形状					
$\frac{W_z}{A}$	$0.125h$	$0.167h$	$0.205h$	$(0.27\sim0.31)h$	$(0.27\sim0.31)h$

由表 2－4－2 可以看出，圆形截面 W_z/A 值最小，其次是矩形和环形截面，而槽钢和工字钢的 W_z/A 值最大。由此可知最不合理的是圆形截面，矩形和环形截面比圆形截面较合理，最合理的是槽钢和工字钢截面。

为充分利用材料，使截面各点处的材料尽可能地发挥其作用，将实心圆截面改成面积相同的空心圆截面，其抗弯强度可以大大提高。同样，对于矩形截面，将其中性轴附近的材料挖掉，放在离中性轴较远处，就变成了工字钢截面。这样材料的使用就趋于合理，提高了经济性。例如，铁轨、吊车横梁等都做成工字形截面。从梁的弯曲正应力分布规律来看，在梁截面的上、下边缘处，正应力最大，而靠近中性轴附近正应力很小。因此，尽可能使截面积分布距中性轴较远才能发挥材料的作用，而圆形截面恰恰相反，使很大一部分材料没有得到充分利用。

2）根据材料性能选择截面

对于塑性材料，由于其抗拉、抗压性能相同，因此适宜选用上、下对称于中性轴的截面形状（见表 2－4－2），这样，截面边缘的 σ_{max}^{+} 与 σ_{max}^{-} 相同，可同时接近许用应力；但对于脆性材料，由于其抗压性能大于其抗拉性能，因此适宜选用上、下不对称于中性轴的截面形状，如图 2－4－24 所示，其中性轴位置的确定必须使它的最大拉应力与最大压应力同时达到相应的许用应力，即 $y^{+}/y^{-}=[\sigma^{+}]/[\sigma^{-}]$。在工程实际中，要特别注意此类截面构件的安放位置，位置颠倒会大大降低梁的强度。

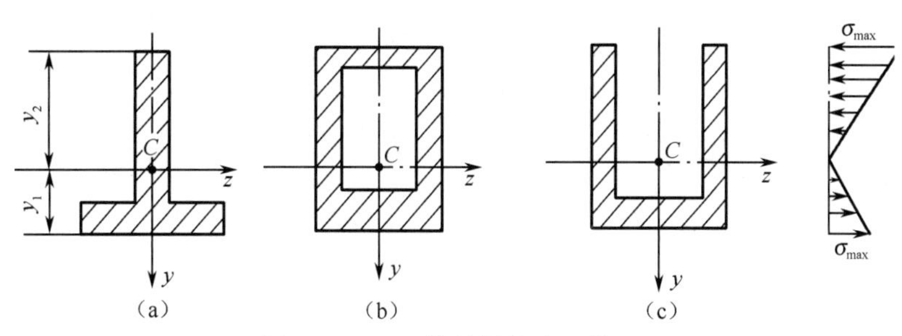

图 2-4-24　铸铁梁的合理截面

3. 采用等强度梁

等截面梁的截面尺寸是由 M_{max} 确定的，但是其他截面的弯矩值较小，截面上、下边缘点的应力也未达到许用应力，材料未得到充分利用。因此从整体来讲，等截面梁不能合理利用材料，故工程上出现了变截面梁。如摇臂钻的摇臂 AB [见图 2-4-25（a）]、汽车板簧 [见图 2-4-25（b）]、阶梯轴 [见图 2-4-25（c）] 等。它们的截面尺寸随截面弯矩的大小而改变，使各截面的最大应力同时近似地满足 $\sigma_{max}=M(x)/W_z(x)\leqslant[\sigma]$。由此得，各截面的抗弯截面系数为

$$W_z(x)\geqslant M(x)/[\sigma]$$

式中　$M(x)$——任意截面的弯矩；

　　　$W_z(x)$——任意截面的抗弯截面系数。

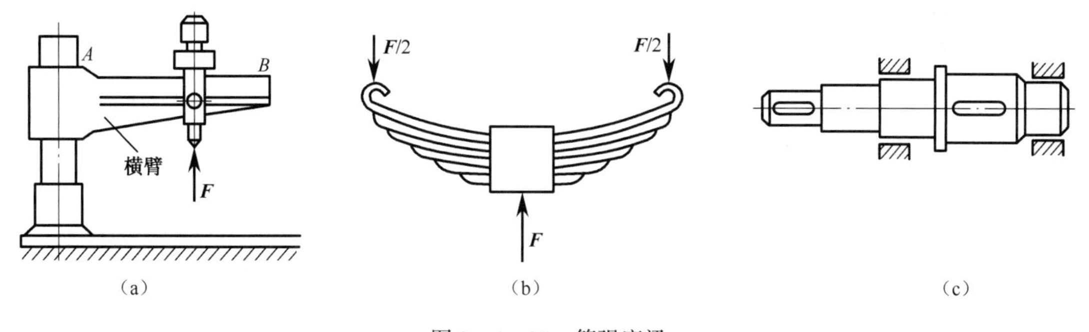

图 2-4-25　等强度梁

2.4.7　梁的变形与刚度计算

工程实际中，梁除了应有足够的强度外，还必须具有足够的刚度，即在载荷作用下梁的弯曲变形不能过大，否则梁就不能正常工作。齿轮轴如图 2-4-26（a）所示，若弯曲变形过大，如图 2-4-26（b）所示，会影响齿轮的正常啮合以及轴与轴承的正常配合，造成传动不平稳，加速轴与齿轮的磨损，并导致所在设备工作精度降低，寿命下降。因此，工程中对梁的变形有一定要求，即其变形量不能超出工程容许的范围。

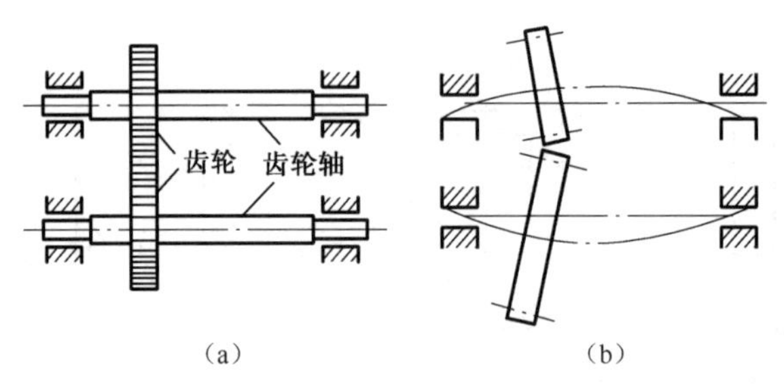

（a）　（b）

图 2－4－26　齿轮轴

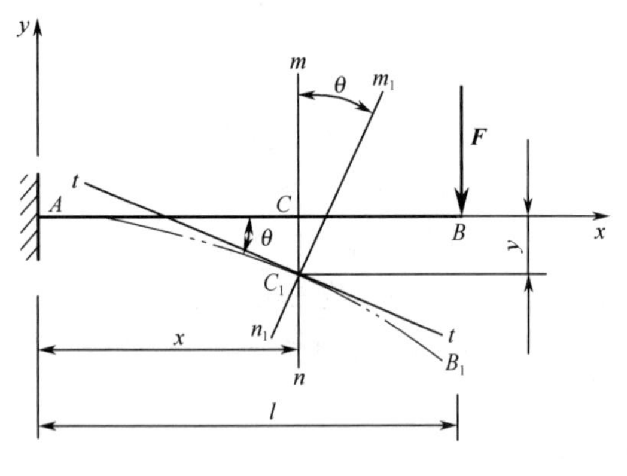

图 2－4－27　梁的转角

1. 挠度和转角

度量梁变形的基本物理量是挠度和转角。悬臂梁如图 2－4－27 所示，在梁的纵向对称平面内作用力 $\boldsymbol{F}$，其轴线弯成一条平面曲线。变形时，梁的每一个横截面绕其中性轴转动了不同的角度，同时每个横截面形心产生了不等的位移。

1）挠度

梁的任一横截面形心在垂直于梁轴线方向的位移称为挠度，用 y 表示。在图 2－4－27 所示的坐标系中，规定挠度 y 向上为正，反之为负。实际上，由于轴线在中性层上长度不变，所以横截面形心产生垂直位移时还伴有轴线方向的位移，因其极微小，可忽略不计。

2）转角

梁的任一横截面绕中性轴转过的角度称为该截面转角，用 θ 表示。在图 2－4－27 所示的坐标系中，规定转角 θ 逆时针为正，反之为负。

3）挠曲线方程

梁发生平面弯曲后，其各个横截面形心的连线，是一条连续光滑的平面曲线，称其为挠曲线。若以梁的轴线为 x 坐标轴（见图 2－4－27），挠曲线可表示为截面坐标 x 的单值连续函数，即挠曲线方程

$$y=f(x)$$

在图 2－4－27 中，过 C_1 点作挠曲线的切线 tt，显然其与 x 轴夹角为 θ。由微分学可知

$$\tan\theta=\frac{\mathrm{d}y}{\mathrm{d}x}=y'$$

由于挠曲线非常平坦，θ 角很小，所以 $\tan\theta\approx\theta$，故有 $\theta=\frac{\mathrm{d}y}{\mathrm{d}x}=y'$，称为转角方程，即梁的挠曲线上任一点的斜率等于该点处横截面的转角。

综上所述，只要确定了梁的挠曲线方程，即可求得任一横截面的挠度和转角。

但是，建立挠曲线方程比较困难，一般通过建立挠曲线的近似微分方程，再通过积分运算求出挠度和转角。但是通过积分求变形比较麻烦，为了便于应用，将常见梁的变形计算结果汇总成表，以备查用。表 2－4－3 给出了简单载荷作用下梁的变形计算公式。利用这些公

式，可根据叠加原理求出梁的变形。

表 2-4-3　梁在简单载荷作用下的变形

序号	梁的简图	挠曲线方程	端截面转角	最大挠度
1		$y=\frac{Mx^2}{2EI}$	$\theta_B=-\frac{Ml}{EI}$	$y_B=-\frac{Ml^2}{2EI}$
2		$y=-\frac{Fx^2}{6EI}(3l-x)$	$\theta_B=-\frac{Fl^2}{2EI}$	$y_B=-\frac{Fl^3}{3EI}$
3		$y=-\frac{Fx^2}{6EI}(3a-x)$ $(0\leqslant x\leqslant a)$ $y=-\frac{Fa^2}{6EI}(3x-a)$ $(0\leqslant x\leqslant l)$	$\theta_B=-\frac{Fa^2}{2EI}$	$y_B=-\frac{Fa^2}{6EI}(3l-a)$
4		$y=-\frac{qx^2}{24EI}(x^2-4lx+6l^2)$	$\theta_B=-\frac{ql^3}{6EI}$	$y_B=-\frac{ql^4}{8EI}$
5		$y=-\frac{Mx}{6EIl}(l-x)\ (2l-x)$	$\theta_A=-\frac{Ml}{3EI}$ $\theta_B=-\frac{Ml}{6EI}$	$x=\left(1-\frac{1}{\sqrt{3}}l\right)$ $y_{\max}=-\frac{Ml^2}{9\sqrt{3}EI}$ $x=\frac{l}{2}$，$y_{l/2}=-\frac{Ml^2}{16EI}$
6		$y=-\frac{Mx}{6EIl}(l^2-x^2)$	$\theta_A=-\frac{Ml}{6EI}$ $\theta_B=-\frac{Ml}{3EI}$	$x=\frac{l}{\sqrt{3}}$ $y_{\max}=-\frac{Ml^2}{9\sqrt{3}EI}$ $x=\frac{l}{2}$，$y_{l/2}=-\frac{Ml^2}{16EI}$

续表

序号	梁的简图	挠曲线方程	端截面转角	最大挠度
7	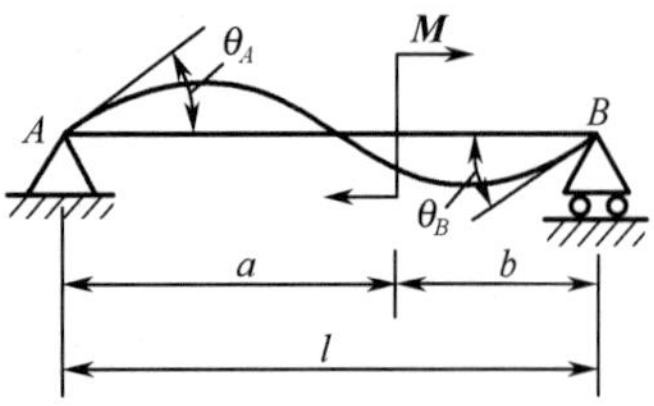	$y=\frac{Mx}{6EIl}(l^2-3b^2-x^2)$ $(0\leqslant x\leqslant a)$ $y=-\frac{M}{6EIl}[-x^3+3l(x-a)^2+(l^2-3b^2)x]$ $(a\leqslant x\leqslant l)$	$\theta_A=-\frac{M}{6EIl}(l^2-3b^2)$ $\theta_B=-\frac{M}{6EIl}(l^2-3a^2)$	
8	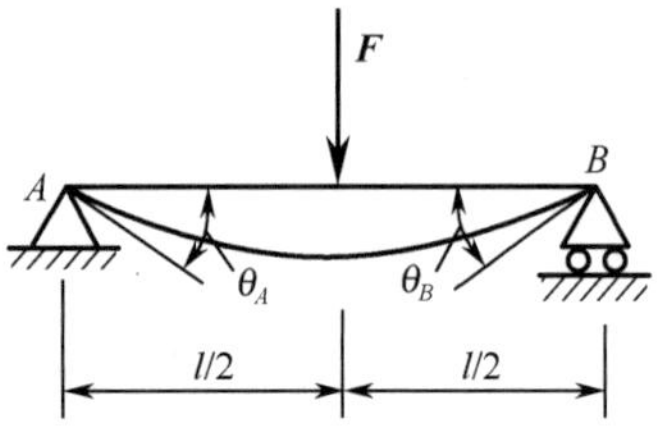	$y=-\frac{Fx}{48EI}(3l^2-4x^2)$ $\left(0\leqslant x\leqslant\frac{l}{2}\right)$	$\theta_A=-\theta_B-\frac{Fl^2}{16EI}$	$y_{\max}=-\frac{Fl^3}{48EI}$
9	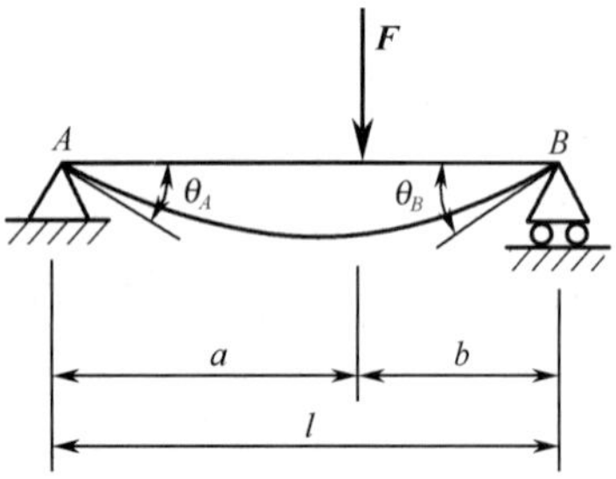	$y=-\frac{Fbx}{6EIl}(l^2-x^2-b^2)$ $(0\leqslant x\leqslant a)$ $y=-\frac{Fb}{6EIl}\left[\frac{l}{b}(x-a)^3+(l^2-b^2)x-x^3\right]$ $(a\leqslant x\leqslant l)$	$\theta_A=-\frac{Fab(l+b)}{6EIl}$ $\theta_B=\frac{Fab(l+a)}{6EIL}$	设 $a>b$，$x=\sqrt{\frac{l^2-b^2}{3}}$ 处 $y_{\max}=-\frac{Fb\sqrt{(l^2-b^2)^3}}{9\sqrt{3}EIl}$ 在 $x=\frac{1}{2}$ 处， $y_{l/2}=-\frac{Fb(3l^2-4b^2)}{48EI}$
10	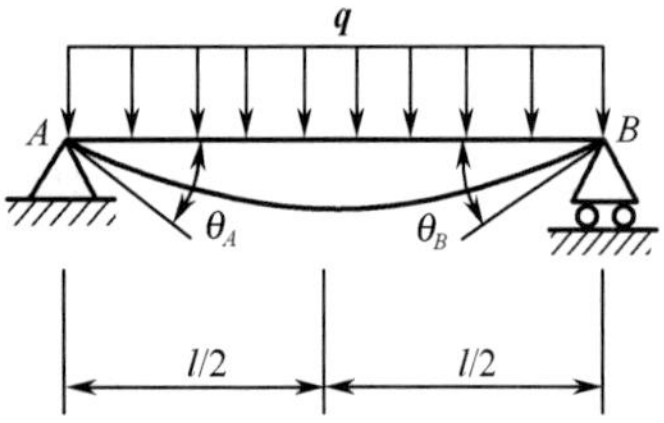	$y=-\frac{qx}{24EI}(l^3-2lx^2+x^3)$	$\theta_A=-\theta_B=-\frac{ql^3}{24EI}$	$y_{\max}=-\frac{5ql^4}{384EI}$
11	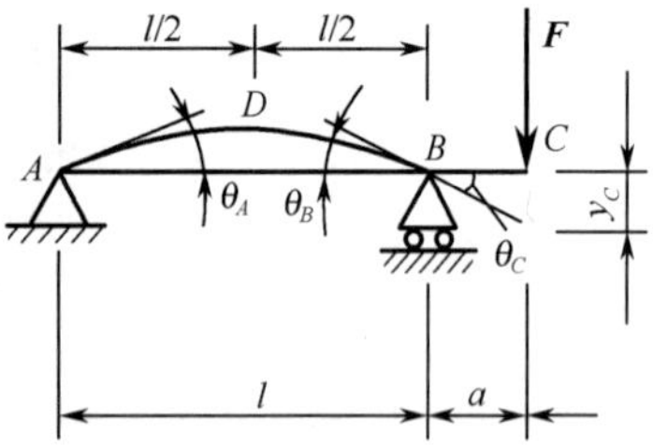	$y=\frac{Fax}{6EIl}(l^2-x^2)$ $(0\leqslant x\leqslant l)$ $y=-\frac{F(x-l)}{6EI}[a(3x-l)-(x-l)^2]$ $(l\leqslant x\leqslant(l+a))$	$\theta_A=-\frac{1}{2}\theta_B=\frac{Fal}{6EI}$ $\theta_B=-\frac{Fal}{3EI}$ $\theta_C=-\frac{Fa}{6EI}(2l+3a)$	$y_C=-\frac{Fa^2}{3EI}(l+a)$
12	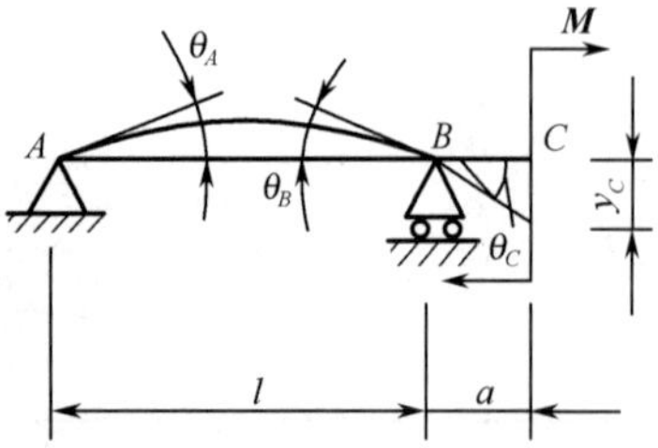	$y=-\frac{Mx}{6EIl}(x^2-l^2)$ $(0\leqslant x\leqslant l)$ $y=-\frac{M}{6EIl}(3x^2-4xl+l^2)$ $(l\leqslant x\leqslant(l+a))$	$\theta_A=-\frac{1}{2}\theta_B=\frac{Ml}{6EI}$ $\theta_B=-\frac{Ml}{3EI}$ $\theta_C=-\frac{M}{3EI}(l+3a)$	$y_C=-\frac{Ma}{6EI}(2l+3a)$

2. 用叠加法求梁的变形

当梁上同时受到几个载荷作用时，在小变形及材料服从胡克定律的条件下，每个载荷引起的变形是相互独立的，因此梁截面的总变形就等于每个载荷单独作用时所产生的变形的代数和，这种方法称为叠加法。

例 2－4－11　简支梁如图 2－4－28 所示，已知 EI_z、l、$\boldsymbol{M}$、$\boldsymbol{q}$，试用叠加法求 C 截面的挠度和 B 截面的转角。

解：将梁上载荷分解为 $\boldsymbol{q}$ 和 $\boldsymbol{M}$ 单独作用的两种情况，如图 2－4－28（b）、（c）所示。

查表 2－4－3 得：在 $\boldsymbol{q}$ 单独作用时，

$$y_{Cq} = -\frac{5ql^4}{384EI_z},\ \theta_{Bq} = \frac{ql^3}{24EI_z}$$

在 $\boldsymbol{M}$ 单独作用时，

$$y_{CM} = -\frac{Ml^2}{16EI_z},\ \theta_{BM} = \frac{Ml}{3EI_z}$$

利用叠加法，即得 $\boldsymbol{q}$ 和 $\boldsymbol{M}$ 共同作用时 C 截面的挠度和 B 截面的转角分别为

$$y_C = y_{Cq} + y_{CM} = -\frac{5ql^4}{384EI_z} - \frac{Ml^2}{16EI_z}$$

$$\theta_B = \theta_{Bq} + \theta_{BM} = \frac{ql^3}{24EI_z} + \frac{Ml}{3EI_z}$$

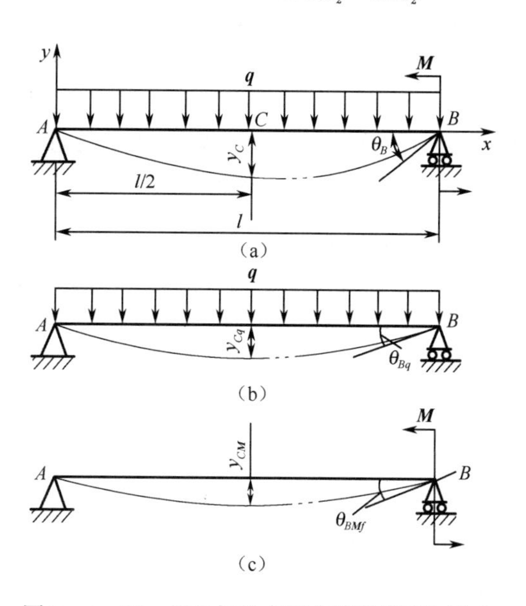

图 2－4－28　用叠加法求简支梁的挠度和转角

例 2－4－11　悬臂梁如图 2－4－29（a）所示，已知 EI_z、l、$\boldsymbol{F}$、$\boldsymbol{q}$，试用叠加法求梁的最大挠度和最大转角。

解：将梁上载荷分解为 $\boldsymbol{q}$ 和 $\boldsymbol{F}$ 单独作用的两种情况，如图 2－4－29（b）、（c）所示。从悬臂梁在载荷作用下自由端有最大变形可知，梁 B 端有最大挠度和最大转角。

查表 2－4－3，由叠加法得梁的最大挠度为

$$y_{\max}=y_{Bq}+y_{BF}=-\frac{ql^4}{8EI_z}-\frac{Fl^3}{3EI_z}$$

梁的最大转角为

$$\theta_{\max}=\theta_{Bq}+\theta_{BF}=-\frac{ql^3}{6EI_z}-\frac{Fl^2}{2EI_z}$$

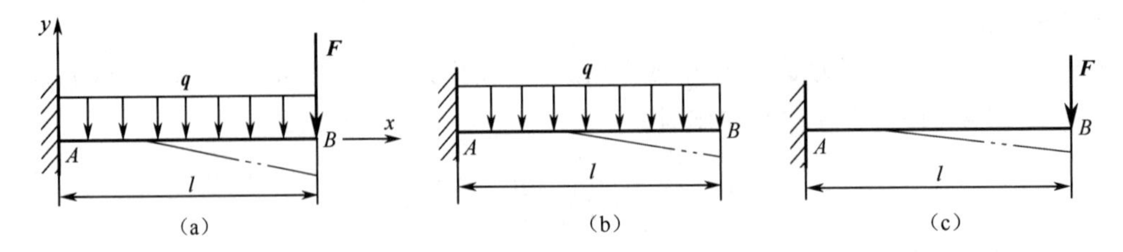

图 2－4－29　用叠加法求悬臂梁的最大挠度和最大转角

3. 梁的刚度计算

研究梁的变形，目的是要对梁进行刚度校核。实际工程中，为避免梁因弯曲变形过大而造成事故，常规定梁的最大挠度和最大转角不能超过许用值。即梁的计算准则为

$$|y|_{\max}\leqslant[y]$$
$$|\theta|_{\max}\leqslant[\theta]$$

式中　$|y|_{\max}$、$|\theta|_{\max}$——梁的最大挠度和最大转角的绝对值；

$[y]$、$[\theta]$——梁的许用挠度和许用转角，其值可根据梁的工作情况及要求查阅有关设计手册。

在设计梁时，一般应使其先满足强度条件，再校核刚度。若刚度不够，再考虑重新设计。

例 2－4－12　图 2－4－30 为机床空心主轴的平面简图。已知轴的外径 $D=80$ mm，内径 $d=40$ mm，梁跨长 $l=400$ mm，$a=100$ mm，材料的弹性模量 $E=210$ GPa，设切削力在该平面上的分力为 $F_1=2$ kN，齿轮啮合力在该平面上的分力为 $F_2=1$ kN。若轴 C 端的许用挠度 $[y_C]=0.000\,1l$，B 截面的许用转角 $[\theta_B]=0.001$ rad。设全轴（包括 BC 段工件部分）近似为等截面梁，试校核机床主轴的刚度。

解：（1）求主轴的惯性矩。

$$I_z=\frac{\pi D^4}{64}(1-\alpha^4)=\frac{3.14\times80^4}{64}\left[1-\left(\frac{40}{80}\right)^4\right]\text{ mm}^4=1.88\times10^6\text{ mm}^4$$

（2）建立主轴的力学模型［见图 2－4－30（b）］。分别画出在 F_1、F_2 单独作用时梁的变形，如图 2－4－30（c）、（d）所示。应用叠加法分别计算 C 截面的挠度和 B 截面的转角为

$$y_C=y_{CF1}+y_{CF2}=\frac{F_1a^2(l+a)}{3EI_z}-\frac{F_2l^2}{16EI_z}a$$

$$=\left[\frac{2\times10^3\times100^2\times(400+100)}{3\times210\times10^3\times1.88\times10^6}-\frac{1\times10^3\times400^2\times100}{16\times210\times10^3\times1.88\times10^6}\right]\text{ mm}$$

$$=5.91\times10^{-3}\text{ mm}$$

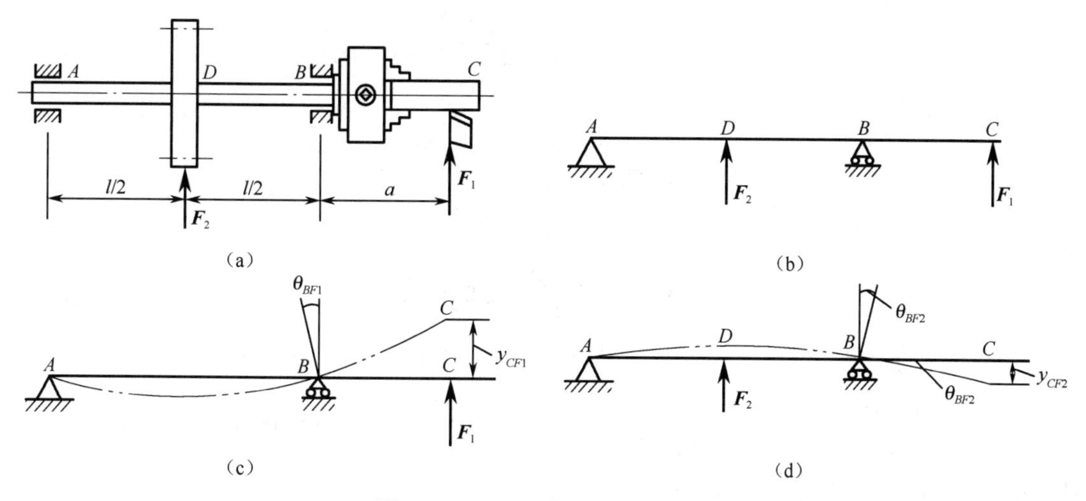

图 2－4－30　机床主轴的变形图

$$\theta_B = \theta_{BF1} + \theta_{BF2} = \frac{F_1 al}{3EI_z} - \frac{F_2 l^2}{16EI_z}$$

$$= \left[\frac{2\times10^3\times100\times400}{3\times210\times10^3\times1.88\times10^6} - \frac{1\times10^3\times400^2}{16\times210\times10^3\times1.88\times10^6}\right] \text{rad}$$

$$= 4.23\times10^{-5}\ \text{rad}$$

（3）校核主轴的刚度

主轴的许用挠度为

$$[y_C] = 0.000\ 1l = 0.000\ 1\times400\ \text{mm} = 40\times10^{-3}\ \text{mm}$$

主轴的许用转角为

$$[\theta_B] = 0.001\ \text{rad} = 100\times10^{-5}\ \text{rad}$$

因此，有

$$y_C < [y_C]$$

$$\theta_B < [\theta_B]$$

故满足刚度要求。

【任务实施】

桥式起重机大梁如图 2－4－31（a）所示，由 40b 工字钢制成，跨长 $l = 12$ m，材料的许用应力 $[\sigma] = 140$ MPa，电葫芦自重 $G = 0.5$ kN，梁的自重不计，求梁能承受的最大起吊重量 F。

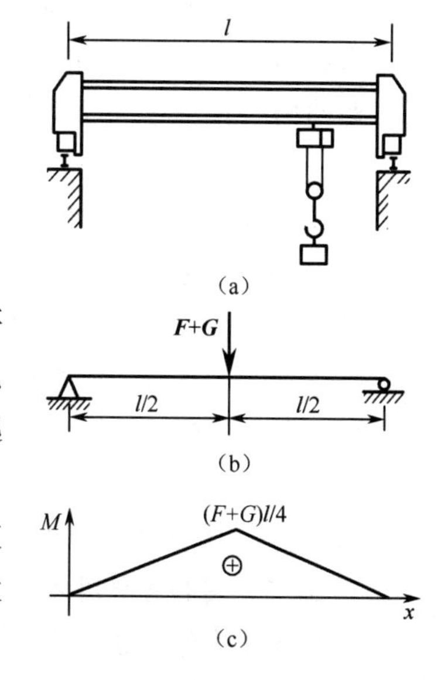

图 2－4－31　桥式起重机大梁

解： 起重机大梁可简化为图 2－4－31（b）所示的简支梁，电葫芦移到梁跨长的中点时，梁跨长的中点截面有最大弯矩，该截面为梁的危险截面，弯矩图如图 2－4－31（c）所示，最大弯矩为

$$M_{max}=\frac{(G+F)l}{4}$$

由强度条件

$$\sigma_{max}=\frac{M_{max}}{W_z}\leqslant[\sigma]$$

得

$$M_{max}=\frac{(G+F)l}{4}\leqslant W_z[\sigma]$$

查本书后的附录型钢表中的40b工字钢，得 $W_z=1\ 140\ cm^3$，代入上式得

$$F\leqslant\frac{4W_z[\sigma]}{l}-G=\frac{4\times1\ 140\times10^3\times140}{12\times10^3}\ N-0.5\times10^3\ N=52\ 700\ N=52.7\ kN$$

故梁能承受的最大起吊重量为 $F=52.7\ kN$。

【任务小结】

本任务的主要内容是梁的内力分析与计算、应力分析与强度计算、梁的变形及刚度计算等。

1. 直梁平面弯曲概念

直梁平面弯曲的受力与变形特点：外力作用于梁的纵向对称平面内，梁轴线弯成一条平面曲线。

2. 梁的力学模型

梁的力学模型包括梁的简化、载荷的简化和支座的简化。静定梁的基本力学模型分为简支梁、外伸梁、悬臂梁。

3. 弯曲内力——剪力 F_Q 和弯矩 M

剪力 F_Q：平行于截面的内力。

弯矩 M：垂直于截面的内力偶矩。

弯曲内力的正负规定：剪力左上右下为正，反之为负。弯矩左顺右逆为正，反之为负。

求梁横截面内力的简便方法如下：

$F_Q(x)$ = 左（或右）段梁上外力的代数和，左上右下为正。

$M(x)$ =左（或右）段梁上外力矩的代数和，左顺右逆为正。

4. 用剪力、弯矩方程画剪力图弯矩图

1）剪力、弯矩方程

$$F_Q=F_Q(x),\ M=M(x)$$

2）剪力、弯矩图——剪力方程和弯矩方程表示的函数图象。

5. 画剪力图和弯矩图的简便方法

（1）集中力作用处：剪力图有突变，弯矩图有折点。

（2）无外力梁段上：剪力图保持常量，弯矩图为斜直线。

（3）集中力偶作用处：剪力图不变化，弯矩图有突变。

（4）均布载荷作用的梁段上：剪力图为斜直线，弯矩图为二次曲线。

6. 弯矩 M（x）、剪力（x）、载荷集度 q（x）间的微分关系

梁的弯矩、剪力、载荷集度间的微分关系：

$$\frac{dM(x)}{dx} = F_Q(x), \frac{dF_Q(x)}{dx} = q(x)$$

7. 用剪力图面积求任意 x 截面弯矩

任意 x 截面的弯矩 M（x） $=0 \to x$ 截面剪力图的面积加上（$0 \to x$）梁段上集中力偶矩的代数和，力偶矩顺时针为正。

8. 纯弯曲 $M \neq 0$，$F_Q=0$ 与横力弯曲 $M \neq 0$，$F_Q \neq 0$

9. 纯弯曲正应力公式

结论 1：（1）各横截面绕中性轴转动了不同的角度，相邻横截面产生了相对转角 $d\theta$；（2）截面间纵向纤维发生拉伸和压缩变形，横截面有正应力；（3）横截面上、下边缘有最大的正应力。

结论 2：弯曲正应力与截面弯矩 M 成正比，与该点到中性轴的距离 y 坐标成正比，而与截面对中性轴 z 的惯性矩 I_Z成反比。

$$\sigma_y = \frac{M \cdot y}{I_Z}, \sigma_{max} = \frac{M \cdot y_{max}}{I_Z} = \frac{M}{W_z}$$

10. 强度计算

$$\sigma_{max} = \frac{M_{max}}{W_z} \leqslant [\sigma]$$

11. 弯曲切应力

截面上、下边缘切应力为零，中性轴有最大切应力。

对于短跨梁、薄壁梁或承受较大剪力的梁，其弯曲切应力强度准则为 $\tau_{max} \leqslant [\tau]$。

12. 降低梁的最大弯矩

（1）集中力远离简支梁中点；

（2）将载荷分散作用；

（3）简支梁支座向梁内移动。

13. 提高抗弯截面系数

（1）选择合理的截面形状：圆形 < 矩形 < 圆环 < 框形 < 工字形；

（2）根据材料性能选择截面：塑性材料宜上、下对称于中性轴的截面形状；脆性材料宜上、下不对称于中性轴的组合截面形状。

14. 等强度梁

$$W_z(x) = \frac{M(x)}{[\sigma]}$$

15. 挠度和转角

（1）挠度：横截面形心在垂直于梁轴线方向的位移。

（2）转角θ：横截面绕中性轴转过的角度。

（3）挠曲线方程：挠曲线表示为截面坐标 x 的函数，即 $y=f(x)$。

16. 求梁的变形

（1）用积分法求梁的变形；

（2）用叠加法求梁的变形。

17. 梁的刚度计算

$$|y|_{max} \leqslant [y], |\theta|_{max} \leqslant [\theta]$$

【实践训练】

2－4－1 什么情况梁发生平面弯曲？

2－4－2 悬臂梁如图2－4－32所示，受集中力 **F** 作用，力 **F** 作用线沿梁截面图示方向，当截面分别为圆形、正方形、长方形时，梁是否发生平面弯曲？

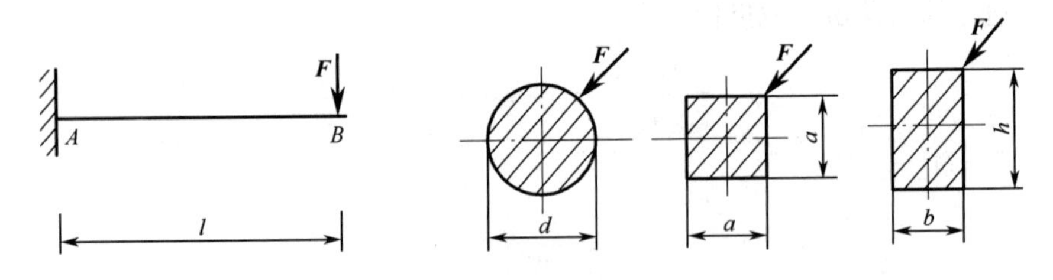

图2－4－32 思考题2－4－2图

2－4－3 求梁任意截面的剪力、弯矩时，截面为什么不能取在集中力或集中力偶作用处？

2－4－4 在集中力作用处，剪力图有突变，弯矩图有转折，是否说明内力在该点处不连续，是否无法确定该点处的内力？

2－4－5 图2－4－33（a）所示的简支梁受集中力偶 $\boldsymbol{M}_O$ 作用，若将 $\boldsymbol{M}_O$ 移到梁中点处［见图2－4－33（b）］，则两者支反力是否相同？剪力图和弯矩图是否相同？

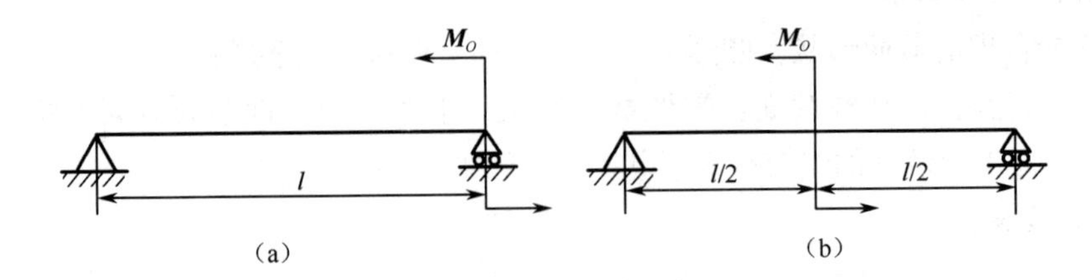

图2－4－33 思考题2－4－5图

2－4－6 图2－4－34（a）所示的梁受均布载荷 $\boldsymbol{q}$ 作用，能否用静力等效的 $\boldsymbol{F}=qa$［见图2－4－34（b）］代替均布载荷？

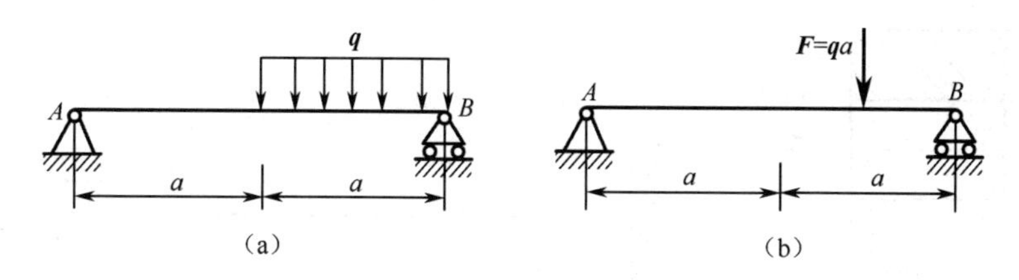

图 2－4－34　思考题 2－4－6 图

2－4－7 什么是中性轴？梁弯曲时的中性轴过截面的形心，中性轴是否一定是截面的对称轴？

2－4－8 什么是纯弯曲？什么是横力弯曲？

2－4－9 最大弯曲正应力是否一定发生在 M_{max}所在的截面上？为什么？

2－4－10 如图 2－4－35 所示，作用在圆形截面梁上的力 $\boldsymbol{F}$，试画出力沿截面不同方位时，截面的中性轴，并标明最大拉、压应力的点。

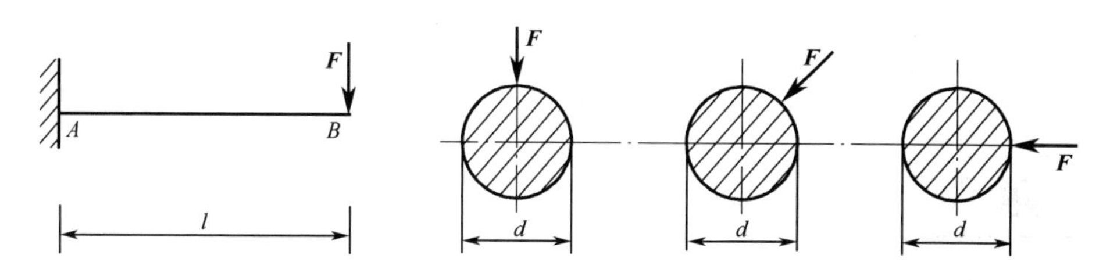

图 2－4－35　思考题 2－4－10 图

2－4－11 图 2－4－36 所示两梁材料相同，但图 2－4－36（a）所示的梁是整体的，而图 2－4－36（b）所示的梁是由三层彼此无联系的薄片梁组合而成，试问两梁的承载能力有何不同？

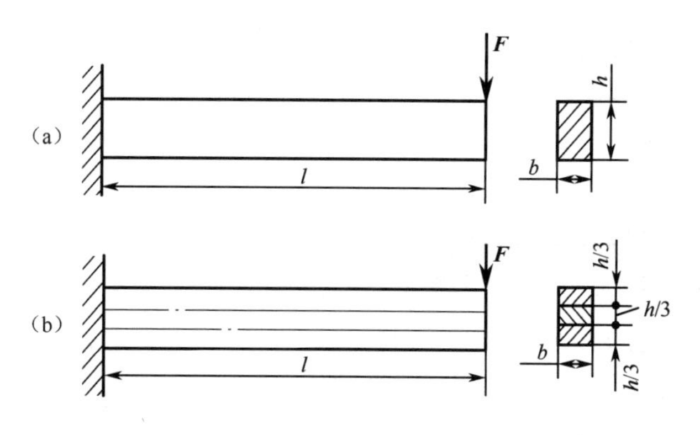

图 2－4－36　思考题 2－4－11 图

2－4－12 图 2－4－37 所示截面的抗弯截面系数 $W_z = BH^2/6 - Bh^2/6$，对吗？

2－4－13 图 2－4－38 所示的铸铁 T 形截面梁，受力 $\boldsymbol{F}$［见图 2－4－38（a）］，作用线沿铅垂方向。试判断 T 形截面图（b）、（c）所示的两种放置方式哪一种较合理？为什么？

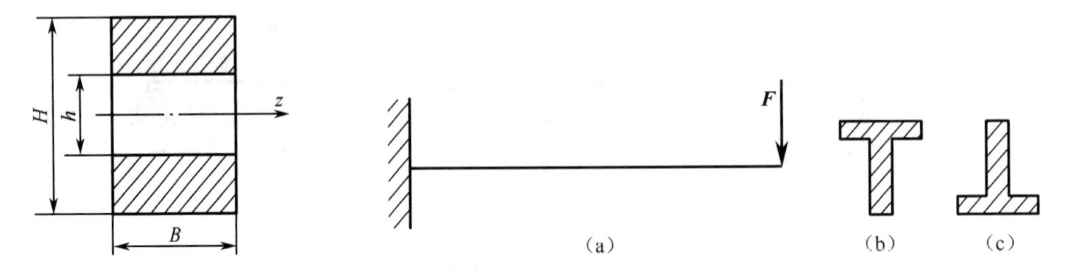

图2－4－37　思考题2－4－12图　　　　图2－4－38　思考题2－4－13图

2－4－14 悬臂梁如图2－4－39所示，若在其固定端处开一圆孔（横孔或竖孔，且孔径相同），试问开横孔对梁的强度影响大还是开竖孔对梁的强度影响大？为什么？

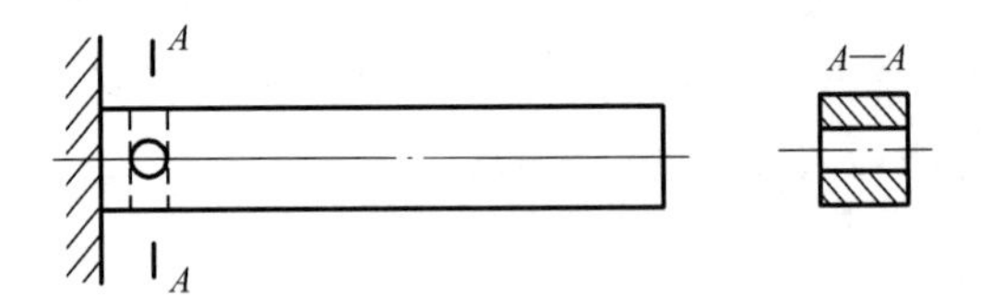

图2－4－39　思考题2－4－14图

习　题

2－4－1 如图2－4－40所示，已知 $\boldsymbol{q}$、$\boldsymbol{F}$、$\boldsymbol{M}_O$、l、a，且 $\Delta\to0$，试求各梁指定截面上的剪力和弯矩。

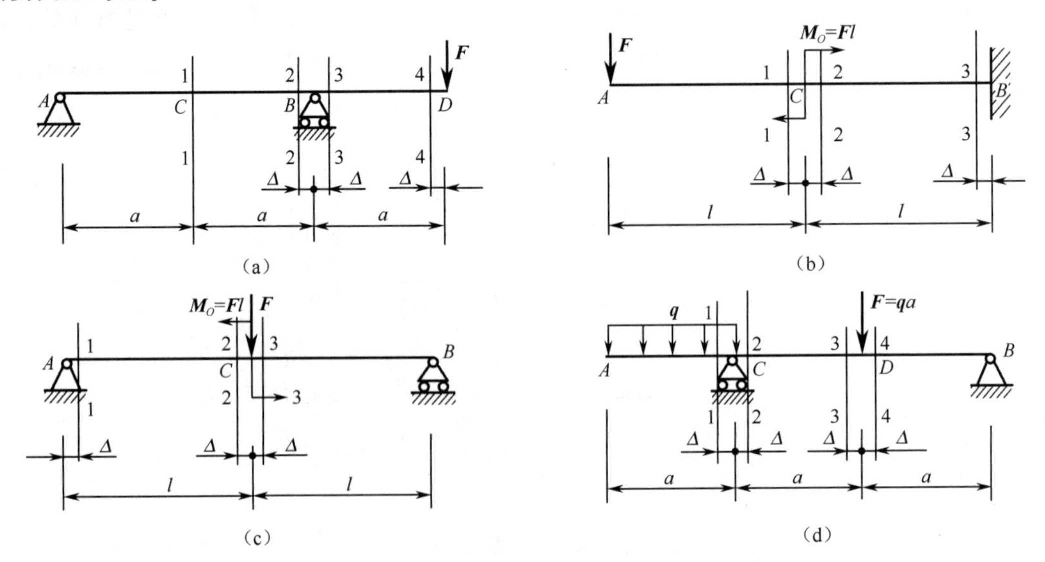

图2－4－40　习题2－4－1图

2－4－2 如图2－4－41所示，已知 $\boldsymbol{q}$、$\boldsymbol{F}$、$\boldsymbol{M}_O$、l、a，列出各梁的剪力和弯矩方程，画出剪力图和弯矩图。

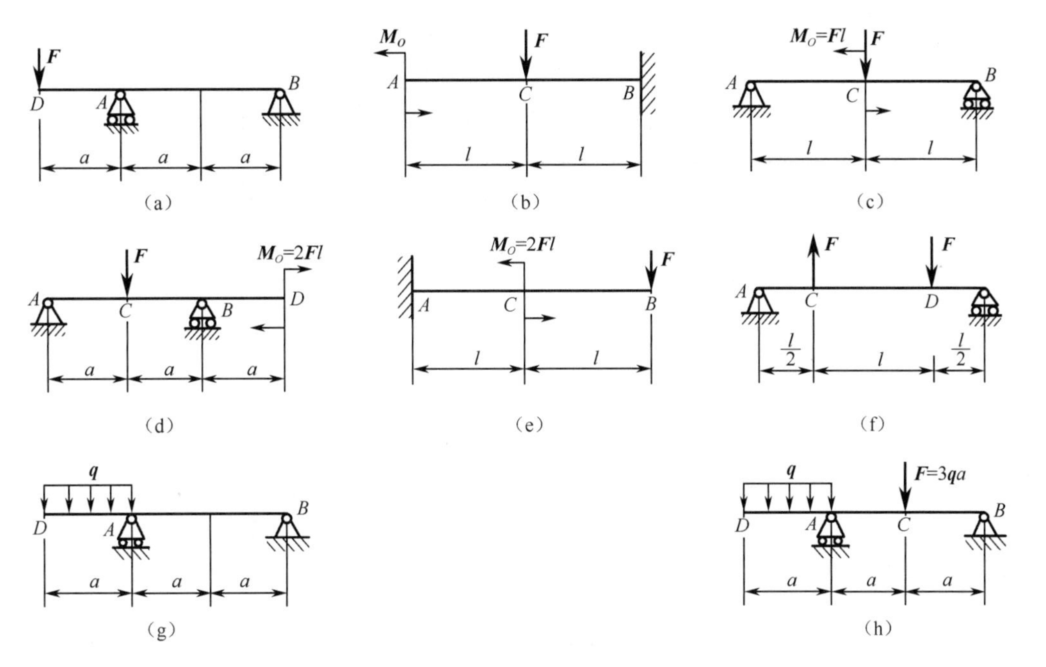

图2－4－41　习题2－4－2图

2－4－3 如图2－4－42所示，已知$\boldsymbol{q}$、$\boldsymbol{F}$、$\boldsymbol{M}_O$、l、a，试画出各梁的剪力图和弯矩图，并求最大剪力和最大弯矩。

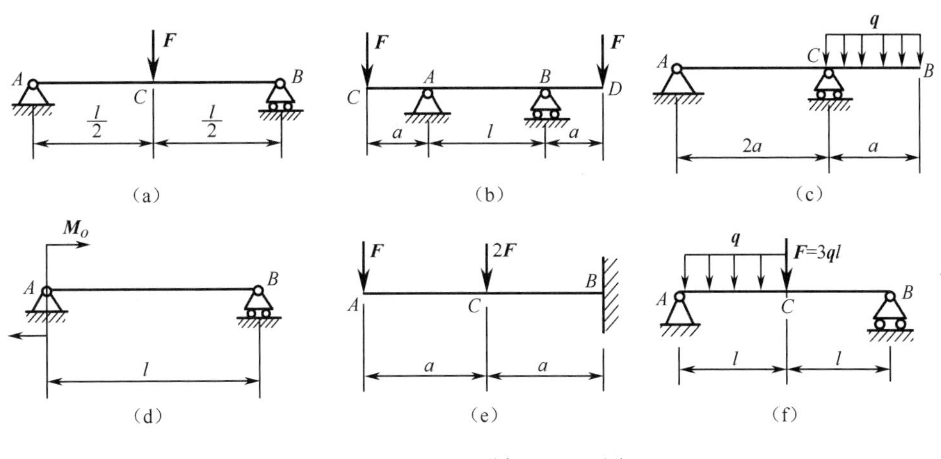

图2－4－42　习题2－4－3图

2－4－4 矩形截面简支梁如图2－4－43所示，已知载荷$\boldsymbol{F}$和梁的几何参数，求梁1—1截面上a、b两点的弯曲正应力。

2－4－5 圆截面简支梁如图2－4－44所示，已知梁的截面直径$d=50$ mm，作用力$F=6$ kN，$a=500$ mm，$[\sigma]=120$ MPa，试按正应力强度条件校核梁的强度。

2－4－6 矩形截面外伸梁如图2－4－45所示，材料的许用应力$[\sigma]=160$ MPa。试按下列两种情况校核此梁的强度：（1）梁的120 mm边长竖直放置；（2）梁的120 mm边长水平放置。

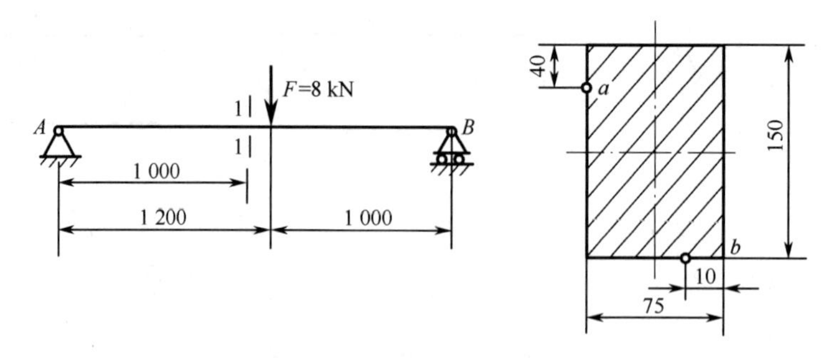

图 2－4－43　习题 2－4－4 图

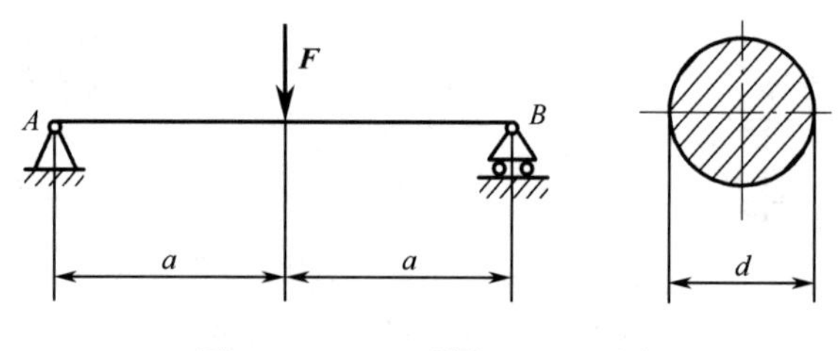

图 2－4－44　习题 2－4－5 图

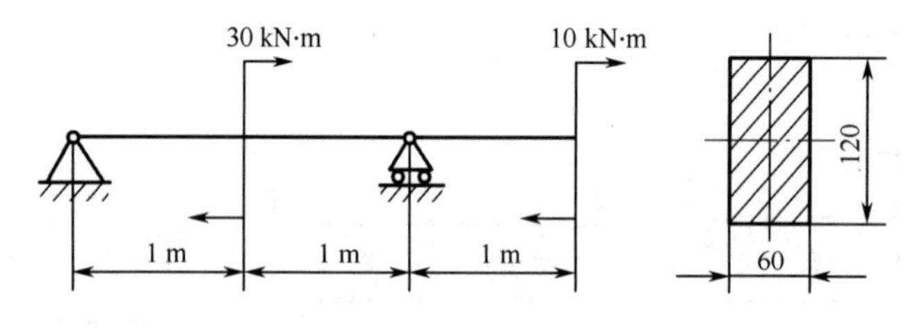

图 2－4－45　习题 2－4－6 图

2－4－7 空气泵的操纵杆如图 2－4－46 所示，截面Ⅰ—Ⅰ和Ⅱ—Ⅱ为矩形，其高宽比均为 $h/b=3$，材料的许用应力$[\sigma]=60$ MPa，$F=20$ kN，$a=340$ mm，试设计这两个矩形截面的尺寸。

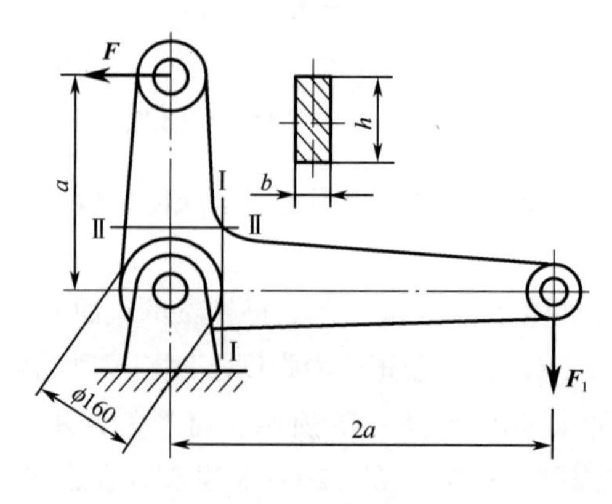

图 2－4－46　习题 2－4－7 图

2－4－8 T形铸铁托架如图2－4－47所示，已知作用力 $F=10$ kN，$l=300$ mm，材料的许用拉应力$[\sigma^+]=40$ MPa，许用压应力$[\sigma^-]=120$ MPa，$n—n$ 截面对中性轴的惯性矩 $I_z=2.0\times10^6\ \text{mm}^4$，$y_1=25$ mm，$y_2=75$ mm，各截面承载能力大致相同。试校核托架 $n—n$ 截面的强度。

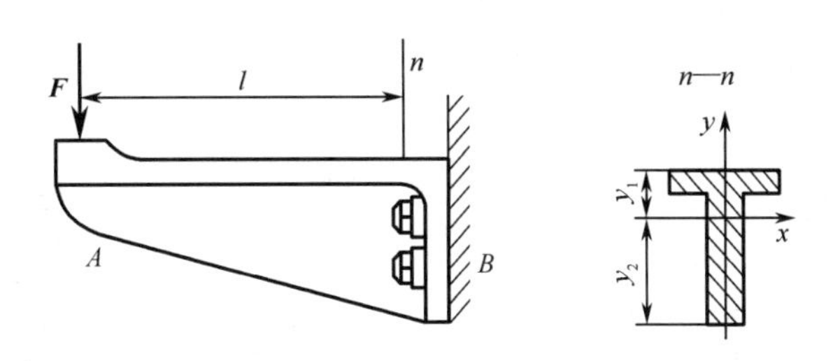

图2－4－47　习题2－4－8图

2－4－9 空心圆截面外伸梁如图2－4－48所示，已知：$M_O=1.2$ kN·m，$l=300$ mm，$a=100$ mm，$D=60$ mm，$[\sigma]=120$ MPa，试按正应力强度条件设计内径 d。

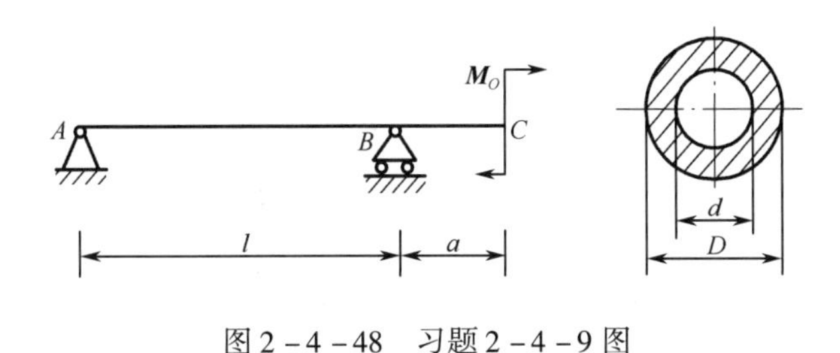

图2－4－48　习题2－4－9图

2－4－10 正方形截面木梁如图2－4－49所示，木材的许用应力$[\sigma]=10$ MPa，现需要在 C 截面中性轴处钻一直径为 d 的圆孔。（1）试按正应力强度条件确定 d 的大小。（2）校核固定端截面是否安全。

2－4－11 图2－4－50所示轧辊的直径 $D=280$ mm，跨长 $L=1\ 000$ mm，$l=300$ mm，$b=400$ mm，轧辊材料的许用应力$[\sigma]=100$ MPa。试求轧辊能承受的最大轧制力 q。

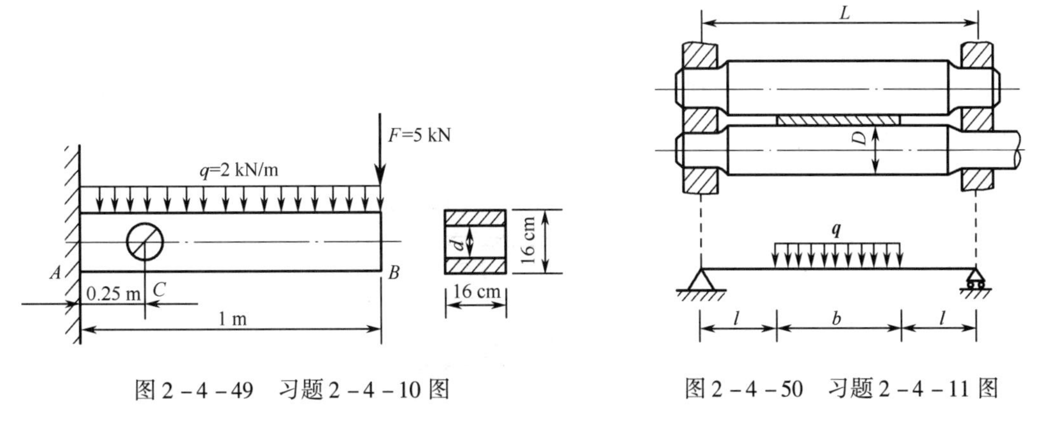

图2－4－49　习题2－4－10图　　图2－4－50　习题2－4－11图

2－4－12 图2－4－51为桥式起重机横梁的平面简图，原设计最大起吊重量为100 kN，现

需吊起重 $G=150$ kN 的设备，采用图示方法。试求 x 的最大值等于多少才能安全起吊。

2-4-13 简支梁如图2-4-52所示，若载荷 $\boldsymbol{F}$ 直接作用于 AB 梁中点，梁的最大弯曲正应力超过许可值30%。为避免这种过载现象，配置了副梁 CD，试求此副梁所需长度 a。

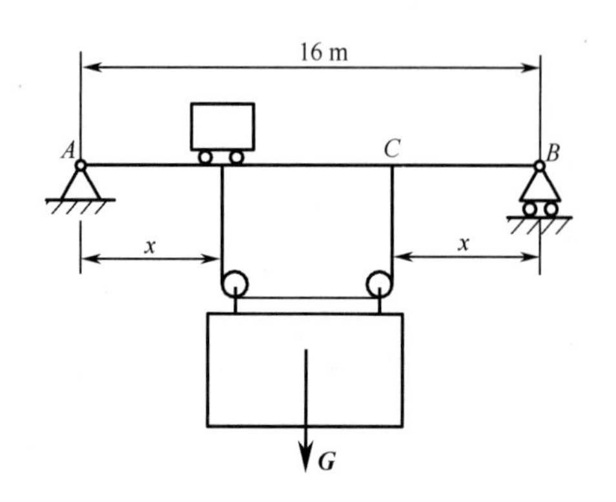

图2-4-51 习题2-4-12图

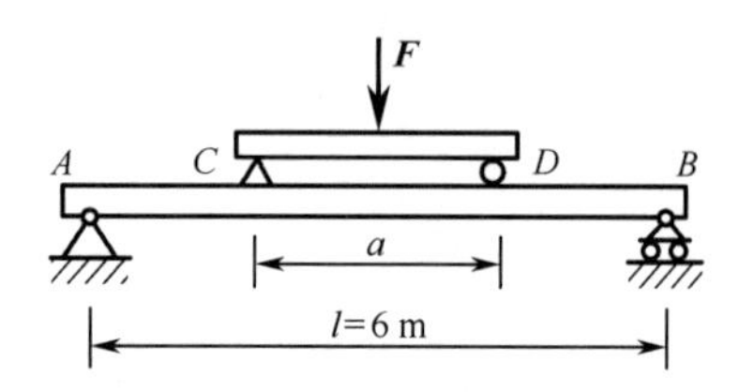

图2-4-52 习题2-4-13图

2-4-14 已知图2-4-53所示各梁的 EI_z、$\boldsymbol{M}_O$、$\boldsymbol{F}$、l，用叠加法求梁的最大挠度和最大转角。

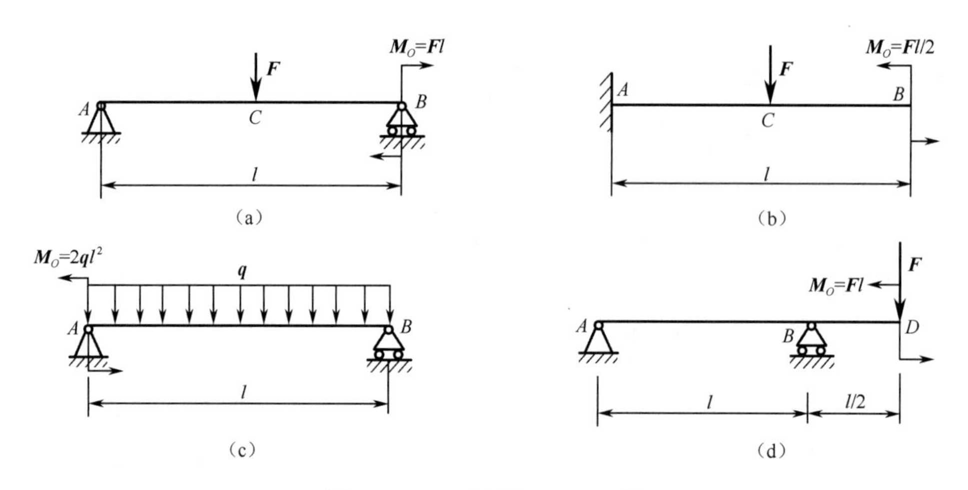

图2-4-53 习题2-4-14图

2-4-15 图2-4-54所示桥式起重机大梁为32a工字钢，材料的弹性模量 $E=200$ GPa，梁跨长 $l=8$ m，梁的许可挠度 $[y]=l/500$，若起重机的最大起重载荷 $F=20$ kN。试校核梁的刚度。

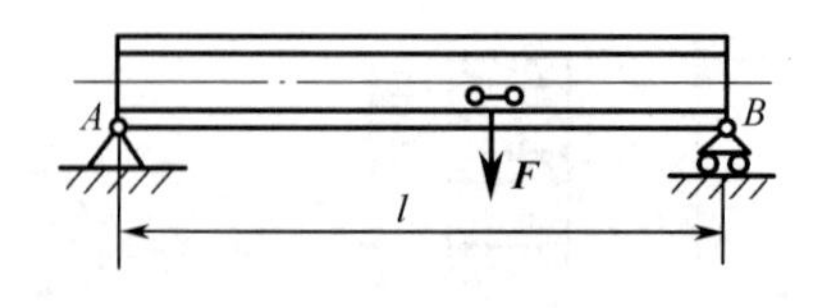

图2-4-54 习题2-4-15图

任务五　组合变形

【任务描述】

如图 2－5－1 所示，斜齿圆柱齿轮减速器中的输出轴上作用有齿轮上的圆周力 F_{t2}、径向力 F_{r2}、轴向力 F_{a2}，使轴产生弯曲变形，同时轴上的扭矩使轴产生扭转变形，轴发生弯扭组合变形，校核轴的强度。

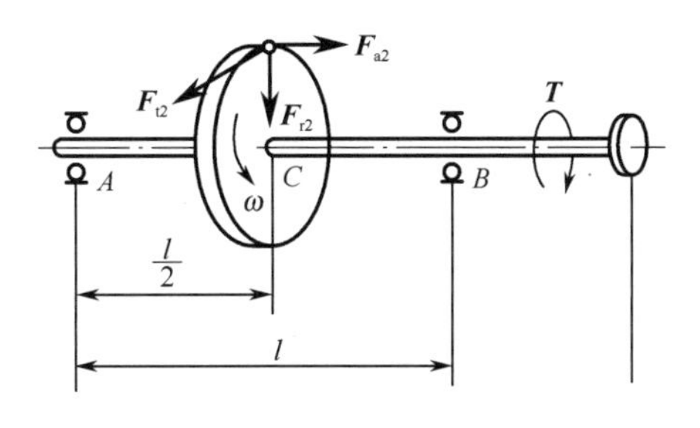

图 2－5－1　组合变形工程实例

【任务分析】

认识组合变形，掌握正确分析组合变形的方法和步骤，熟练应用组合变形强度解决工程实际问题。

【知识准备】

2.5.1　拉伸（压缩）与弯曲组合变形

1. 拉伸（压缩）与弯曲组合变形的概念

在工程中许多构件在外力作用下，往往包含两种或两种以上的基本变形，称为组合变形。

通过对工程实例的简单分析，可以看出这些构件在外力作用下均同时产生两种或两种以上的变形，其中又以弯曲与拉伸（压缩）组合变形、弯曲与扭转组合变形最为普遍。

在材料服从胡克定律及小变形的前提下，构件虽然同时发生几种基本变形，但其中任一种基本变形都不会改变其他另一种基本变形所引起的应力和应变，即每一种基本变形都是各自独立、互不影响的。于是可以分别计算每一种基本变形各自引起的应力和变形，然后求出这些应力和变形的总和，即为构件在原载荷作用下的应力和变形。这就是叠加原理。从而进一步就可以确定出构件在危险点处的应力，并进行强度计算。

2. 拉伸（压缩）与弯曲组合变形的强度计算

图2-5-2（a）所示为一个左端固定而右端自由的矩形截面杆，在其自由端作用集中力 $\boldsymbol{F}$，它位于杆的纵向对称面内，并与杆的轴线成夹角 α，现以此为例说明杆在拉伸（压缩）与弯曲组合变形时的强度计算问题。

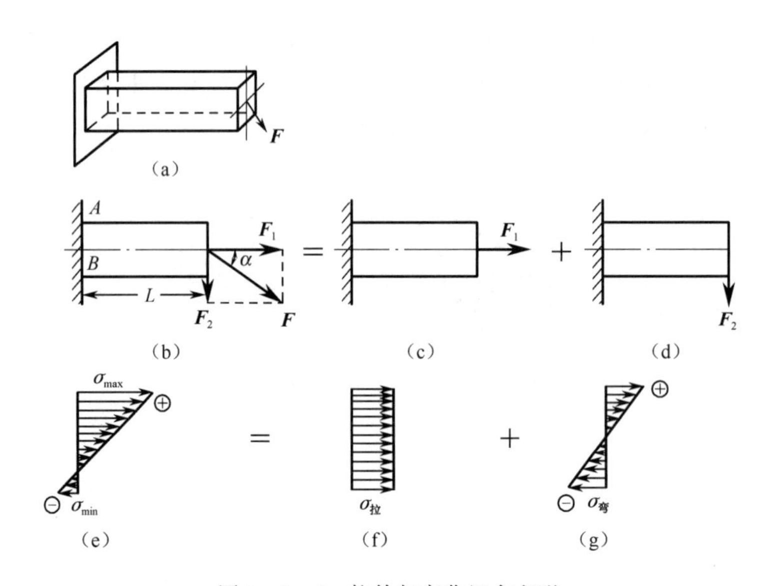

图2-5-2 拉伸与弯曲组合变形

如图2-5-2（b）所示，将力 $\boldsymbol{F}$ 沿杆的轴线和轴线的垂线方向分解为两个分力 $\boldsymbol{F}_1$ 和 $\boldsymbol{F}_2$，其值为

$$\begin{cases} F_1 = F\cos\alpha \\ F_2 = F\sin\alpha \end{cases}$$

在轴向拉力 F_1 作用下，杆产生拉伸变形。其各横截面上都有相同的轴力 $F_N = F_1$，且拉伸正应力是均匀分布的，见图2-5-2（f），其值为 $\sigma_{拉} = \dfrac{F_N}{A} = \dfrac{F_1}{A}$

在横向力 F_2 作用下，杆产生弯曲变形。其固定端的横截面上弯矩最大，即 $M_{max} = F_2L$。在固定端横截面的上下边缘的弯曲正应力绝对值最大，如图2-5-2（g）所示，其值为 $\sigma_{弯} = \dfrac{M_{max}}{W_z}$。

按叠加原理，作出图2-5-2（e）中（当 $\sigma_{拉} < \sigma_{弯}$ 时）固定端横截面上的总正应力分

布图。上、下边缘 A、B 处的正应力按代数值分别称为 $\sigma_{\max}$、$\sigma_{\min}$，即

$$\begin{cases}\sigma_{\max}=\dfrac{F_1}{A}+\dfrac{M_{\max}}{W_z}\\ \sigma_{\min}=\dfrac{F_1}{A}-\dfrac{M_{\max}}{W_z}\end{cases}$$

由上述可见，固定端横截面是危险截面，其上边缘各点是危险点。由于叠加后所得的应力状态仍然是单向应力状态，因此它的强度条件为

$$\sigma_{\max}=\frac{F_1}{A}+\frac{M_{\max}}{W_z}\leqslant[\sigma] \tag{2-5-1}$$

如果 $\boldsymbol{F}$ 不是拉力而是压力，则固定端横截面上 A、B 处的应力为

$$\begin{cases}\sigma_{\max}=-\dfrac{F_1}{A}+\dfrac{M_{\max}}{W_z}\\ \sigma_{\min}=-\dfrac{F_1}{A}-\dfrac{M_{\max}}{W_z}\end{cases}$$

此时，固定端横截面的下边缘各点是危险点，其危险点处的正应力为压应力，因此它的强度条件为

$$|\sigma_{\min}|=\left|-\frac{F}{A}-\frac{M_{\max}}{W_z}\right|\leqslant[\sigma] \tag{2-5-2}$$

对于截面形状对中性轴不对称，或者杆件材料的拉伸与压缩许用应力不相同的情形，则需另行讨论。应当注意，虽然以上讨论为杆件一端固定一端自由的情况，但其原理同样适用于其他支座和载荷情况下杆的拉伸（压缩）与弯曲组合变形。

例 2-5-1　简易起重机如图 2-5-3 所示，最大起重量 $G=11$ kN，横梁 AB 为工字钢，许用应力 $[\sigma]=170$ MPa，梁自重不计，按拉伸弯曲组合变形准则选择工字钢的型号。

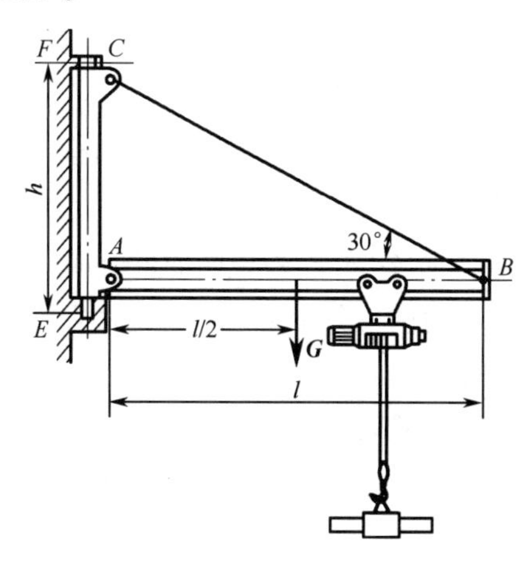

图 2-5-3　简易起重机工程实例

解：（1）横梁的变形分析。如图 2-5-4（a）所示，将拉杆 BC 的对横梁的作用力 $\boldsymbol{F}_B$ 分解为 $\boldsymbol{F}_{Bx}$、$\boldsymbol{F}_{By}$，将 A 点的固定铰链的约束力分解为 $\boldsymbol{F}_{Ax}$、$\boldsymbol{F}_{Ay}$，力 $\boldsymbol{F}_{Ax}$ 和 $\boldsymbol{F}_{Bx}$ 使横梁 AB 发生轴向压缩变形；力 $\boldsymbol{G}$、$\boldsymbol{F}_{Ay}$ 和 $\boldsymbol{F}_{By}$ 使梁发生弯曲变形，梁 AB 发生压缩、弯曲组合变形，且电葫芦在中点时为最危险状态。

由平衡方程 $\sum M_A(F)=0$ 可得

$$F_{By}\times l-G\times\frac{l}{2}=0$$

$$F_{By}=11\ (\text{kN})$$

由 $\sum F_y=0$ 得　　$F_{Ay}=F_{By}=11\ (\text{kN})$

由图 11－1 得　$F_{Bx}=F_{By}\cot\alpha=11\times\frac{3.4}{1.5}=25$（kN）

由 $\sum F_x=0$ 得　　$F_{Bx}=F_{Ax}=11$（kN）

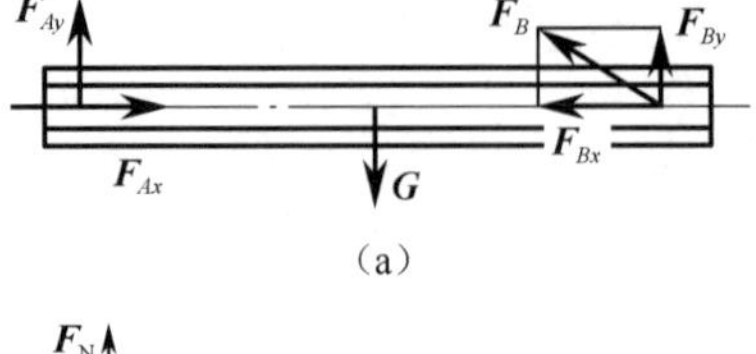

（a）

（2）横梁内力分析。画梁 AB 的轴力图［见图 2－5－4（b）］、弯矩图［见图 2－5－4（c）］。

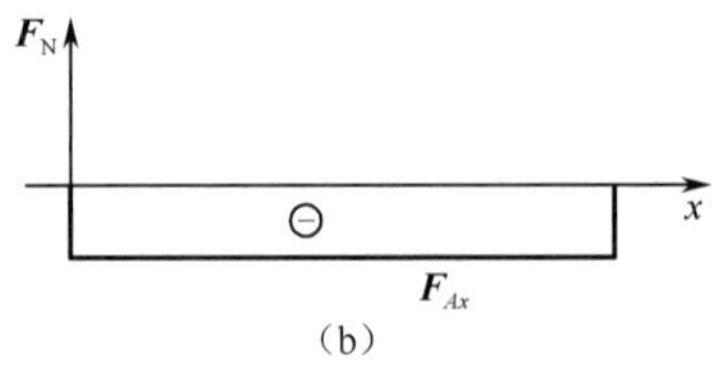

（b）

横梁截面的轴向压力为　$F_N=F_{Ax}=25$（kN）

横梁截面中点的最大弯矩　$M_{max}=\frac{Gl}{4}=\frac{22\times3.4}{4}=18.7$（kN·m）

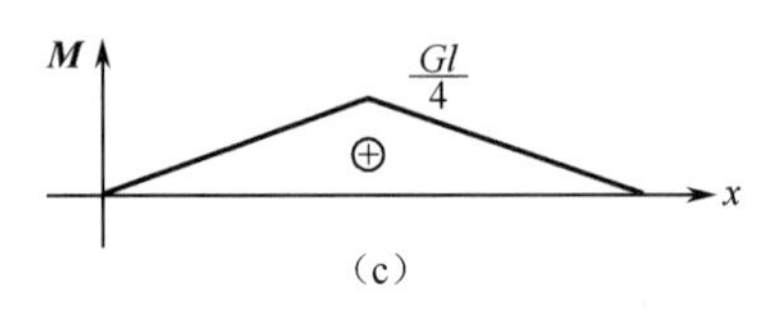

（c）

图 2－5－4　例 2－5－1 图

（3）选择工字钢型号。查本书后的附录，初选 16 号工字钢 $W_z=141\ cm^3=141\times10^3\ mm^3$，$A=26.1\ cm^2=26.1\times10^2\ cm^2$

由强度准则可知

$$\sigma_{max}=\frac{F_N}{A}+\frac{M_{max}}{W}\leqslant[\sigma]$$

$$\sigma_{max}=\frac{F_N}{A}+\frac{M_{max}}{W}=\frac{25\times10^3}{26.1\times10^2}+\frac{18.7\times10^6}{141\times10^3}=142.2\ (\text{MPa})\leqslant[\sigma]$$

所以选择 16 号工字钢强度足够。

2.5.2　弯曲与扭转组合变形

1. 弯曲与扭转组合变形的应力分析

在工程中，一般的轴在承受扭转的同时还承受弯曲，如图 2－5－2 所示的减速器中的输出轴，即发生弯曲与扭转的组合变形。下面介绍弯扭组合变形时的强度计算问题。

为了便于分析，选用一端固定，另一端自由的实心圆杆为例，如图 2－5－5（a）所示。力 $\boldsymbol{F}$ 向 AB 杆端横截面的形心简化后分成一作用于杆上的横向力 F' 和在杆端横截面内力矩为 $\boldsymbol{m}$ 的力偶。其中 $F'=\boldsymbol{F}$，使杆发生弯曲；$\boldsymbol{m}=\boldsymbol{F}r$，使杆发生扭转，如图 2－5－5（b）所示。作杆 AB 的弯矩图和扭矩图，如图 2－5－5（c）、（d）所示。由图可知，杆的固定端横截面是危险截面。

由于在危险截面的两点 C_1 和 C_2 处［见图 2－5－5（e）］有最大弯曲正应力

$$\sigma=\frac{M}{W_z}$$

而在该截面的周边上各点处［见图 2－5－5（f）］都有最大扭转剪应力

$$\tau=\frac{T}{W_P}$$

如果对于许用拉、压应力相等的塑性材料制成的圆杆，C_1 和 C_2 两点应力相等，都是危险点，故只需取其中一点 C_1 来研究即可。

围绕 C_1 点用横截面、径截面和平行于表面的截面截出一个单元体，其各面上的应力如

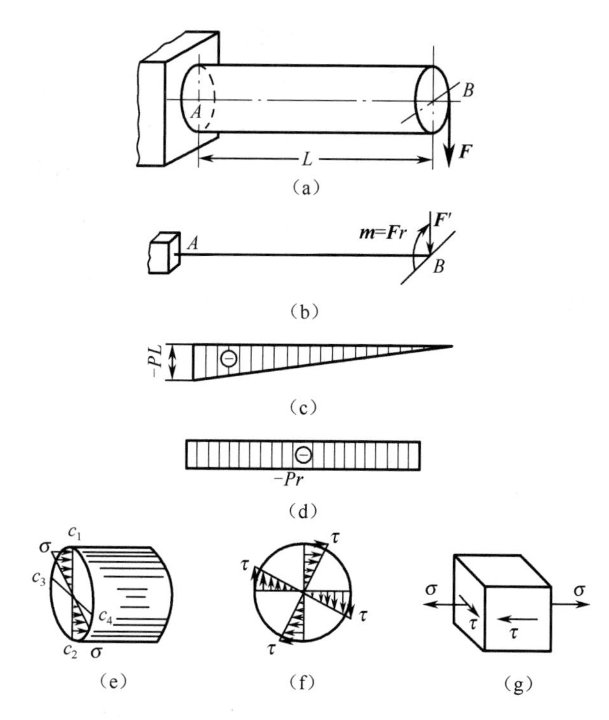

图 2-5-5　弯扭组合变形

图 2-5-5（g）所示。C_1 点的应力准则为

$$\sigma_{xd3}=\sqrt{\sigma^2+4\tau^2}\leqslant[\sigma]$$

$$\sigma_{xd4}=\sqrt{\sigma^2+3\tau^2}\leqslant[\sigma]$$

将弯曲正应力 $\sigma_{max}=M_{max}/W_z$ 和扭转切应力 $\tau_{max}=T_{max}/W_P$ 代入上式，并用圆截面的抗弯截面系数 W_z 代替抗扭截面系数 W_P，$W_P=2W_z$，得弯扭组合变形时的强度准则为

$$\sigma_{xd3}=\frac{\sqrt{M_{max}^2+T^2}}{W_z}\leqslant[\sigma] \quad (2-5-3)$$

$$\sigma_{xd4}=\frac{\sqrt{M_{max}^2+0.75T_{max}^2}}{W_z}\leqslant[\sigma] \quad (2-5-4)$$

2. 弯曲与扭转组合变形的强度计算

应用上述强度准则，解题时应按照下列步骤进行：

（1）简化外力。将外力简化为作用在水平平面和垂直平面内的两组外力。

（2）作弯矩图和扭矩图。分别画出水平面弯矩图和垂直面弯矩图。在求弯矩的合成值时，相同平面内的弯矩按代数和相加，相互垂直平面内的弯矩按照矢量和相加。

（3）找危险截面和求相当弯矩。根据作出的弯矩图和扭矩图判断危险截面。若危险截面可能有几个，则应分别校核。

（4）进行强度计算。按式（11-3）、式（11-4），解决强度计算的三类问题。

【任务实施】

已知单级斜齿圆柱齿轮减速器的输出轴，齿轮经常正反转，齿轮承受的圆周力 $F_{t2}=2$

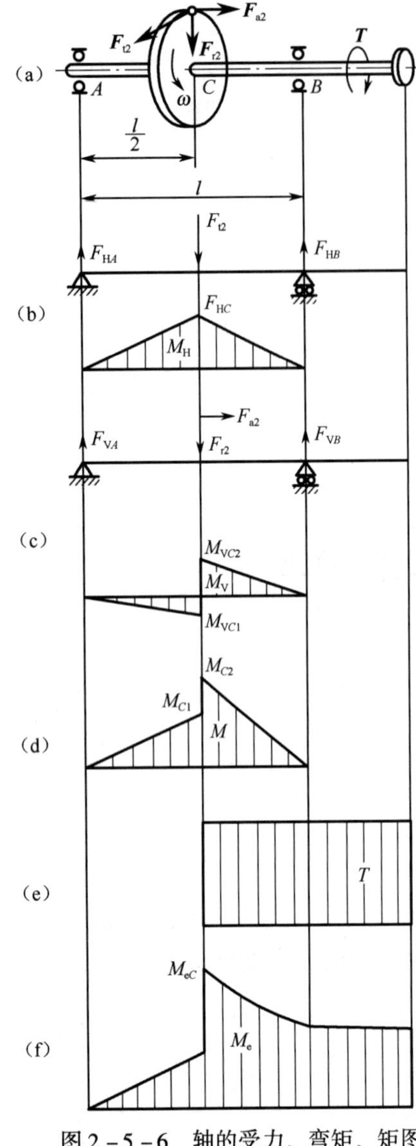

图 2-5-6　轴的受力、弯矩、矩图

656 N，径向力 $F_{r2}=985$ N，轴向力 $F_{a2}=522$ N，轴上承受的扭矩 $T=472\ 772$ N·mm，安装齿轮的轴段直径 $d=50$ mm，两轴承之间的距离 $l=151$ mm，齿轮相对于两端轴承对称布置，右端轴承到轴端的长度为 70 mm，材料的许用应力 $[\sigma]=50$ N/mm^2，按弯扭组合校核轴的强度。

（1）作出轴的计算简图［见图 2-5-6（a）］。

（2）求水平面弯矩 M_H，作水平面弯矩图［见图 2-5-6（b）］。

求两端支座反力为 $F_{HA}=F_{HB}=\dfrac{F_{t2}}{2}=\dfrac{2\ 656}{2}=1\ 328$（N）

截面 C 的水平面弯矩为 $M_{HC}=F_{HA}\times\dfrac{l}{2}=1\ 328\times\dfrac{151}{2}=100\ 264$（N·mm）

（3）求垂直平面弯矩 M_V，作垂直平面弯矩图［见图 2-5-6（c）］。

支座反力为　$F_{VA}=\dfrac{F_{r2}}{2}-\dfrac{F_{a2}d_2}{2l}=\dfrac{985}{2}-\dfrac{522\times356}{2\times151}=-123$（N）

$F_{VB}=F_{r2}-F_{VA}=985-(-123)=985+123=1\ 108$（N）

截面 C 左侧的垂直平面弯矩为

$$M_{VC1}=F_{VA}\times\frac{l}{2}=-123\times\frac{151}{2}=-9\ 286.5\text{（N·mm）}$$

截面 C 右侧的垂直平面弯矩为

$$M_{VC2}=F_{VB}\times\frac{l}{2}=1\ 108\times\frac{151}{2}=83\ 654\text{（N·mm）}$$

（4）求合成弯矩，作合成弯矩图［见图 2-5-6（d）］。

截面 C 左侧合成弯矩为

$$M=\sqrt{M_{HC}^2+M_{VC1}^2}=\sqrt{100\ 264^2+(-9\ 286.5)^2}$$
$$=100\ 693.14\text{（N·mm）}$$

截面 C 右侧合成弯矩为

$$M=\sqrt{M_{HC}^2+M_{VC2}^2}=\sqrt{100\ 264^2+83\ 654^2}$$
$$=130\ 578.95\text{（N·mm）}$$

（5）求转矩 T，作转矩图［见图 2-5-6（e）］。

$$T=9.55\times10^6\times\frac{P}{n_2}=9.55\times10^6\times\frac{10}{202}$$
$$=472\ 772.28\ (\text{N}\cdot\text{mm})$$

（6）求当量弯矩，作当量弯矩图［见图2－5－6（f）］，找出危险截面的弯矩，为

$$M_e=\sqrt{M^2+T^2}=\sqrt{130\ 578.95^2+472\ 772.28^2}$$
$$=490\ 473.74\ (\text{N}\cdot\text{mm})$$

（7）校核轴的强度。

$W_z=0.1d^3=0.1\times50^3=12\ 500\ (\text{mm}^3)$

由式（11－3）得

$$\sigma_{xd3}=\frac{M_e}{W_z}=\frac{490\ 473.74}{12\ 500}=39.24\ (\text{N/mm}^2)\leqslant[\sigma]$$

所以强度足够。

【任务小结】

在工程中，许多构件在外力作用下，往往包含两种或两种以上的基本变形，称为**组合变形**。

分别计算每一种基本变形各自引起的应力和变形，然后求出这些应力和变形的总和，即构件在原载荷作用下的应力和变形。这就是**叠加原理**。

1. 拉伸（压缩）与弯曲组合变形的强度计算：

$$\sigma_{max}=\frac{F_1}{A}+\frac{M_{max}}{W_z}\leqslant[\sigma]$$

$$|\sigma_{min}|=\left|-\frac{F}{A}-\frac{M_{max}}{W_z}\right|\leqslant[\sigma]$$

2. 弯曲与扭转组合变形的强度计算：

$$\sigma_{xd3}=\frac{\sqrt{M_{max}^2+T^2}}{W_z}\leqslant[\sigma]$$

$$\sigma_{xd4}=\frac{\sqrt{M_{max}^2+0.75T_{max}^2}}{W_z}\leqslant[\sigma]$$

【实践训练】

思考题

2－5－1 偏心拉（压）实际上是________和________的组合作用。

2－5－2 水塔在风载荷和自重作用下，产生________和________变形。

2－5－3 分析图2－5－7所示杆件AB、BC、CD段分别是哪几种基本变形的组合。

2－5－4 拉（压）与弯曲组合变形的危险截面是如何确定的？危险点如何确定？

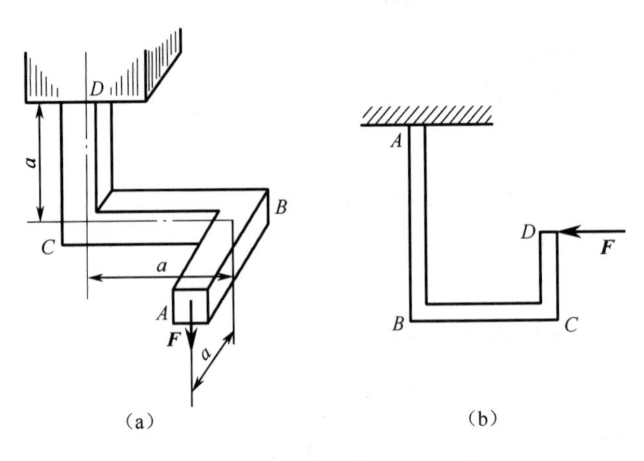

图2－5－7 思考题2－5－3图

习 题

2－5－1 钻床如图2－5－8所示，已知立柱直径 d＝150 *mm*，e＝400 *mm*，F＝1.5 *kN*，许用应力[σ]＝30 *MPa*。试用强度条件校核该立柱。

2－5－2 矩形截面杆如图2－5－9所示，若中间开一槽，其横截面积减为原来的一半，问最大应力是开槽前的几倍？

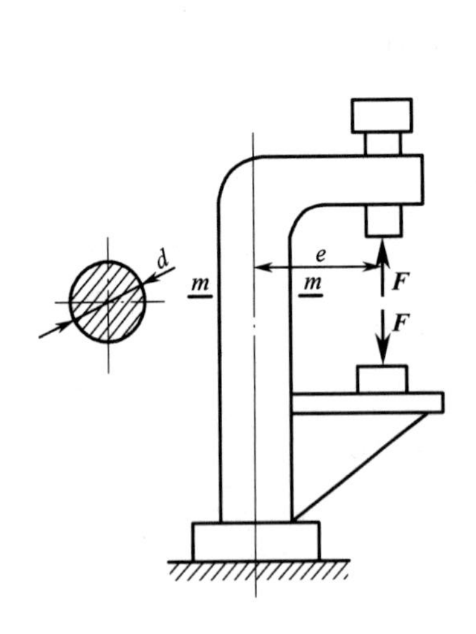

图2－5－8 习题2－5－1图

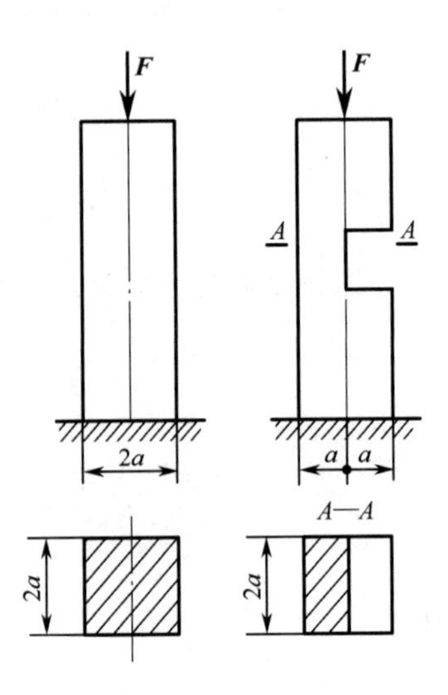

图2－5－9 习题2－5－2图

2－5－3 如图2－5－10所示，电动机带动带轮转动，已知电动机的功率 P＝15 *kW*，转速 n＝1 000 *r/min*，带轮直径 D＝300 *mm*，重量 G＝500 *N*，皮带紧边拉力与松边拉力之比 $F_T/F_t=2$，AB轴的直径 d＝40 *mm*，材料的许用应力[σ]＝120 *MPa*。试校核轴的强度。

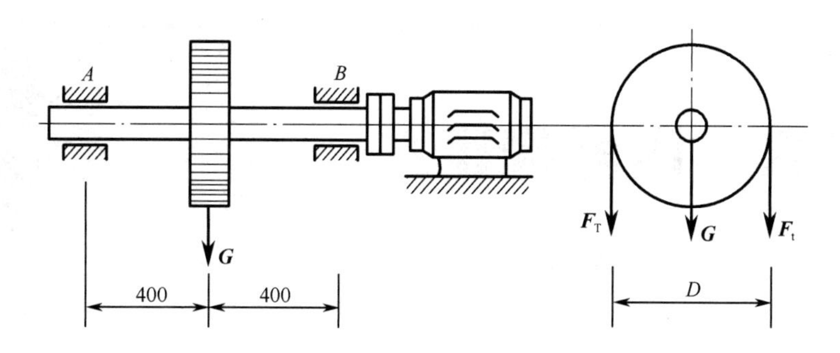

图 2－5－10　习题 2－5－3 图

2－5－4 如图 2－5－11 所示，钢制拐轴承受载荷 $\boldsymbol{F}$ 作用。已知 $l_{AB}=150$ mm，$l_{BC}=140$ mm，$F=10$ kN，$[\sigma]=160$ MPa，试确定 AB 轴的直径。

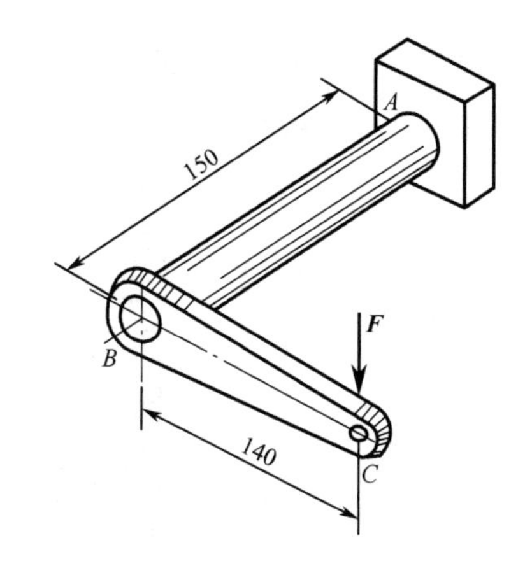

图 2－5－11　习题 2－5－4 图

2－5－5 传动轴传递功率 7 kW，转速 $n=100$ r/min，A 轮平带沿铅垂方向，B 轮平带沿水平方向，两轮直径均为 $D=600$ mm，带松边拉力 $F_{T1}=2.5$ kN，$F_{T2}=1.5$ kN，如图 2－5－12 所示。已知轴直径 $d=50$ mm，轴材料的许用应力 $[\sigma]=90$ MPa。试校核轴的强度。

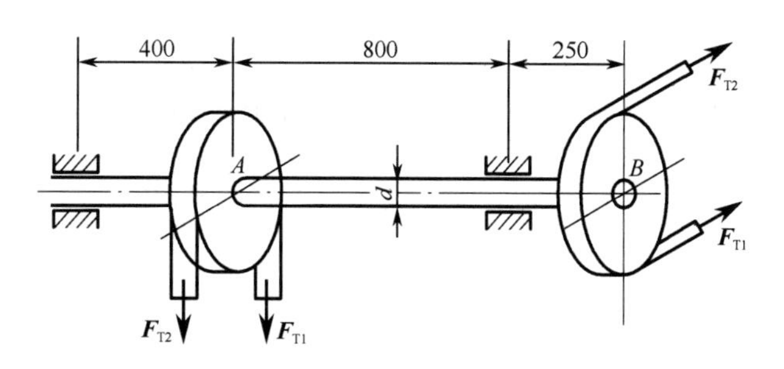

图 2－5－12　习题 2－5－5 图

任务六　压杆稳定

【任务描述】

某机器连杆如图 2－6－1 所示，截面为工字形，$I_y=1.42\times10^4\text{mm}^4$，$I_z=7.42\times10^4\text{mm}^4$，$A=552\ \text{mm}^2$，材料为 $Q275$ 钢，边杆所受的最大轴向压力 $F_P=30\ \text{kN}$，取规定的稳定安全系数 $[n_W]=4$。试校核该压杆的稳定性。

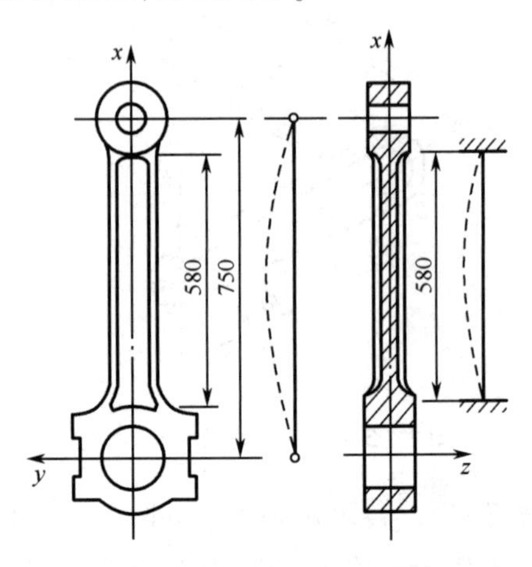

图 2－6－1　压杆工程实例

连杆

【任务分析】

了解压杆稳定性的概念，理解细长压杆的临界力和压杆的临界应力，掌握压杆的稳定计算方法以解决实际工程问题。

【知识准备】

2.6.1　平衡稳定性的概念

研究构件的强度和刚度问题时，认为构件始终保持直线形状平衡，但事实上，这个结论只适用于短粗杆，对于细长杆却并非如此。研究表明，细长的受压构件，当压力达到一定值时，会突然发生侧向弯曲，丧失承载能力。但此时构件横截面上的应力还远小于材料的极限应力。因此，这种失效不是强度不足，而是由于压杆不能保持其原有直线形状平衡所致。这种现象称为丧失稳定，简称失稳。

如图2－6－2（a）所示，一长、宽均为30 mm，厚5 mm的松木杆，材料的抗压强度极限为$\sigma_b=40$ MPa，则将杆压坏所需的压力为

$$F=\sigma_b A=40\times10^6\times0.005\times0.03=6\ 000\ (\mathrm{N})$$

若杆长为1 m则只需30 N的压力杆就会变弯，压力若再增大，杆则会失效，即失稳。

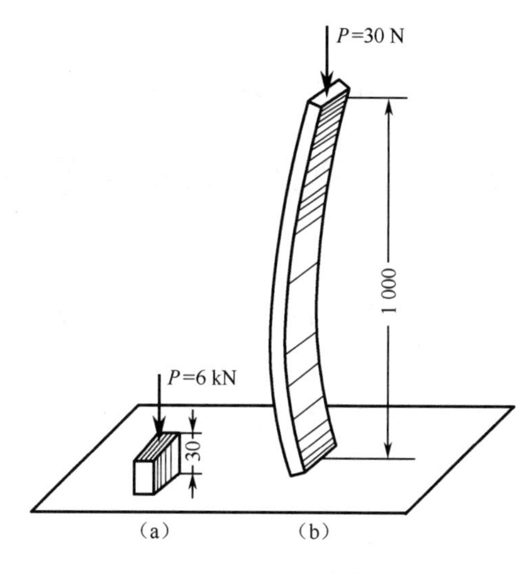

图2－6－2　失稳分析

取一图2－6－3所示的两端铰支细长杆，设压杆为理想的匀质等直杆，压力与杆轴重合，当压力小于某一临界值，即$P<P_{cr}$时，压杆能保持直线形状平衡，即使施加微小横向干扰力使杆弯曲，但在干扰力去掉后，杆件仍能恢复到原来的直线形状，如图2－6－3（a）所示。这时称压杆原有直线形状的平衡是稳定平衡。当压力增大到某一临界值，即$P=P_{cr}$时，若无干扰，杆尚能保持直线形状，一旦有干扰杆便突然弯曲，且在干扰力消除后，杆件也不能恢复到原来的直线形状，即在微弯曲状态下保持平衡，如图2－6－3（b）所示。这时称压杆原有直线形状平衡是不稳定的；或称压杆处于失稳的临界状态。若继续加大压力使之超过临界值P_{cr}，杆将继续弯曲，甚至弯折，如图2－6－3（c）所示。

由以上分析可知，压杆的稳定性问题，与轴向压力的大小有密切关系，即当$P<P_{cr}$时；压杆的直线形状平衡是稳定的；当$P=P_{cr}$时，它的直线形状平衡就变为不稳定。这个轴向压力的临界值P_{cr}，称为临界力，它是压杆原有直线形状的平衡由稳定过渡到不稳定的分界点。

工程结构中有许多较细长的轴向受压杆件，设计这类压杆时，除了考虑强度问题外，更应考虑稳定问题。因为失稳往往是突然发生的，而且某些杆件的失稳可能会导致整个结构的破坏。

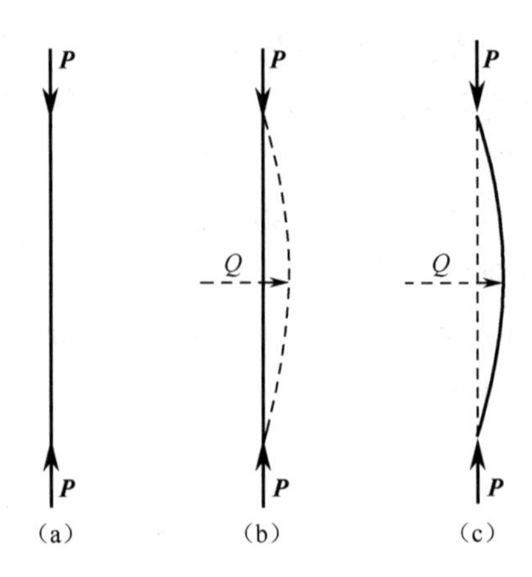

图2－6－3　两端铰支细长杆

2.6.2　欧拉公式及适用范围

1. 细长压杆的临界力

一个压杆的临界力，既与杆件本身的几何尺寸有关，又与杆端的约束条件有关。

1）两端铰支压杆的临界力

取一两端铰支细长杆，受轴向压力 **P** 作用。当 $P=P_{cr}$时，稍干扰后，压杆可在微弯状态下保持平衡，如图2－6－4（a）所示。因此，在这种状态下求得的轴向压力就是临界力。

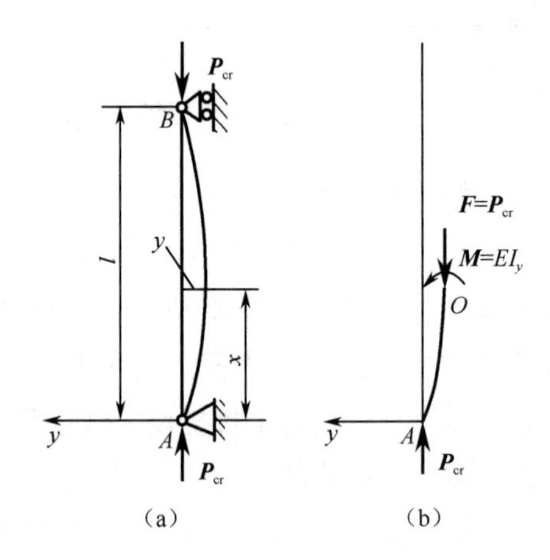

图2－6－4　两端铰支压杆的临界力

若压杆在微弯状态下平衡时，横截面上的应力在弹性范围之内，通过理论推导得临界力的计算公式为

$$P_{cr}=\frac{\pi^2 EI}{l^2} \tag{2-6-1}$$

式中　I——杆横截面对中性轴的惯性矩；

E——弹性模量；

l——杆的长度。

式（2-6-1）是由欧拉（L. Euler）先导出的，所以通常称为欧拉公式。

应用欧拉公式应注意两点：一是本公式只适用于弹性稳定问题；二是公式中的 I 为压杆失稳弯曲时截面对其中性轴的惯性矩，当截面对不同主轴的惯性矩不等时，应取其最小值。

2）杆端约束对临界力的影响

杆端支承对杆件变形起约束作用，不同形式的支承对杆件的约束作用也不同。因此，同一压杆在两端约束不同时，其临界力值也必然不同。对于表 12-1 中给出的杆端约束不同的几种压杆，按照上述推导方法，可求出其临界力的计算公式，并写成下列统一形式

$$P_{cr}=\frac{\pi^2 EI}{(\mu l)^2} \qquad (2-6-2)$$

式（2-6-2）为欧拉公式的普遍形式，式中 μ 是与支承情况有关的长度系数，其值见表 2-6-1。

表 2-6-1　压杆的长度系数 μ

杆端支承情况	两端铰支	一端固定 一端自由	两端固定	一端固定 一端铰支
压杆图形	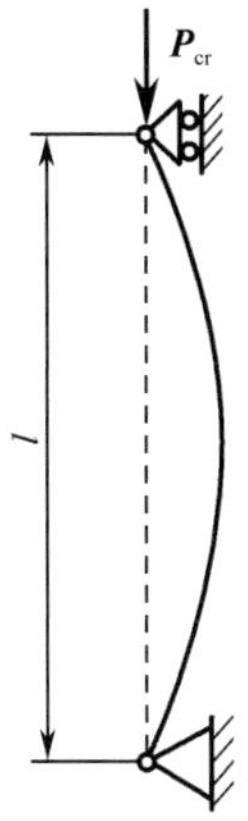 P_{cr}, l	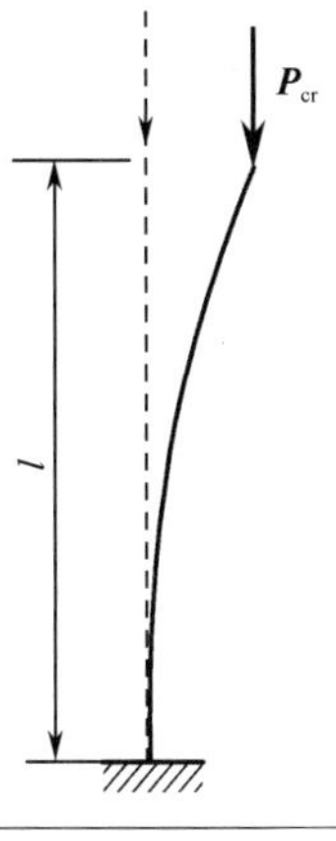 P_{cr}, l	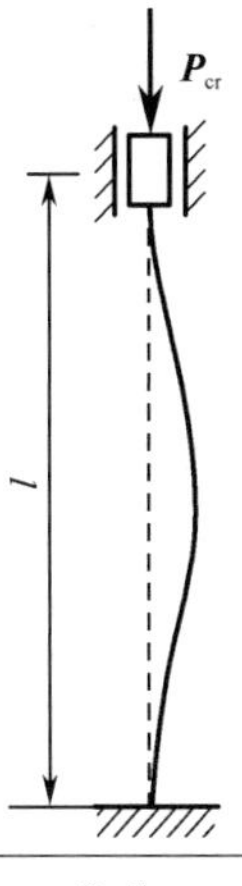 P_{cr}, l	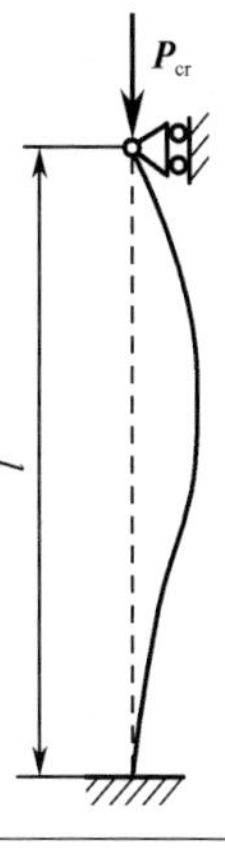 P_{cr}, l
长度系数 μ	1	2	0.5	0.7

表 2-6-1 中列出的杆端约束，都是典型的理想约束。但在工程实际中，杆端约束情况复杂，有时很难简单地归结为哪一种理想约束。这时应根据实际情况具体分析，参考设计规范确定 μ 值。

例 2-6-1　图 2-6-5 所示压杆由 14 号工字钢制成，其上端自由，下端固定。已知钢材的弹性模量 $E=210$ GPa，屈服点 $\sigma_s=240$ MPa，杆长 $l=3\times10^3$ mm。试求该杆的临界力 P_{cr} 和屈服载荷 F_s。

解：（1）计算临界力。对 14 号工字钢，查本书后的附录得

$$I_z=712\times10^4\ \text{mm}^4$$

$$I_y=64.4\times10^4\ \text{mm}^4$$

$$A=21.5\times10^2\ \text{mm}^2$$

压杆应在刚度较小的平面内失稳，故取 $I_{min}=I_y=64.4\times10^4\ \text{mm}^4$。由表 12-1 查得 $\mu=$

2。将有关数据代入式（2－6－2）即得该杆的临界力

$$P_{cr}=\frac{\pi^2 EI}{(\mu l)^2}=\frac{\pi^2\times 210\times 10^3\times 64.4\times 10^4}{(2\times 3\times 10^3)^2}\ \text{N}\approx 37\ 076.8\ \text{N}$$

（2）计算屈服载荷。

$$F_s=A\sigma_s=21.5\times 10^2\times 240\ \text{N}=516\ 000\ \text{N}$$

（3）讨论。

$P_{cr}:F_s=37\ 076.8:516\ 000\approx 1:13.9$，即屈服载荷是临界力的近14倍。可见细长压杆的失效形式主要是稳定性不够，而不是强度不够。

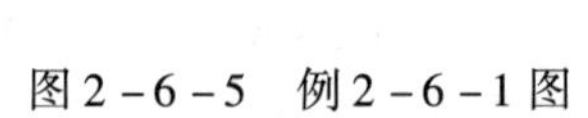

图2－6－5　例2－6－1图

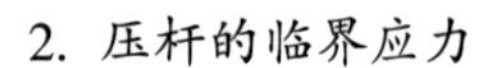

2. 压杆的临界应力

1）细长压杆的临界应力

当压杆处于临界状态时，临界力作用下横截面上的平均正应力称为临界应力，用 σ_{cr} 表示，即

$$\sigma_{cr}=\frac{P_{cr}}{A}=\frac{\pi^2 EI}{(\mu l)^2 A}$$

由截面图形的几何性质可知，$i^2=\frac{I}{A}$，其代入上式得

$$\sigma_{cr}=\frac{\pi^2 E}{\left(\frac{\mu l}{i}\right)^2}$$

则得细长压杆临界应力公式

$$\sigma_{cr}=\frac{\pi^2 E}{\lambda^2} \tag{2-6-3}$$

式中，$\lambda=\frac{\mu l}{i}$称为压杆的柔度，是一个量纲为1的量。由式（2－6－3）可见，λ 越大，即杆越细长，则临界应力越小，压杆越容易失稳；反之，λ 越小，压杆就越不易失稳。

2）欧拉公式的适用范围

式（2－6－3）实质上是欧拉公式的另一种表达形式。前述及欧拉公式只适用于弹性范围，由此可得欧拉公式的适用条件为

$$\sigma_{cr}=\frac{\pi^2 E}{\lambda^2}\leqslant\sigma_p$$

将上式改写成

$$\lambda^2\geqslant\frac{\pi^2 E}{\sigma_p}\text{或}\ \lambda\geqslant\pi\sqrt{\frac{E}{\sigma_p}}$$

再令

$$\lambda_p=\pi\sqrt{\frac{E}{\sigma_p}} \tag{2-6-4}$$

得

$$\lambda\geqslant\lambda_p \tag{2-6-5}$$

式（2－6－5）表明只有当压杆的实际柔度 λ 大于或等于限值 λ_p 时，才能用欧拉公式

计算其临界应力和临界力。

压杆的实际柔度 $\lambda\left(=\dfrac{\mu l}{i}\right)$ 随压杆的几何形状尺寸和杆端约束条件的不同而变化，但是 λ_p 仅由材料性质确定。不同材料的 λ_p 可按式（2－6－4）计算。如 Q235 钢，取 $E=206$ GPa，$\sigma_p=200$ MPa，代入式（2－6－4）得

$$\lambda_p=\pi\sqrt{\frac{E}{\sigma_p}}=\pi\sqrt{\frac{206\times10^3}{200}}\approx100$$

即由 Q235 钢制成的压杆，只有当 $\lambda\geqslant100$ 时，欧拉公式才适用。

工程上把 $\lambda\geqslant\lambda_p$ 的压杆称为细长压杆，或大柔度杆。

3）中长压杆的临界应力经验公式

当压杆的 $\lambda<\lambda_p$，但大于某一界限值 λ_0 时，称为中长杆或中柔度杆，其主要失效形式是失稳问题，如内燃机连杆、千斤顶丝杆等。对于中长杆，其临界应力已超出比例极限，欧拉公式不再适用。这类压杆的临界力一般根据经验公式确定。经验公式为直线型和抛物线型两类。

（1）直线公式。

$$\sigma_{cr}=a-b\lambda \tag{2-6-6}$$

式中，a、b 为与材料性质有关的常数。一般常用材料的 a、b 和 λ_p 值见表 2－6－2。

表 2－6－2　直线公式的系数 a、b 和 λ_p 值

材料	a/MPa	b/MPa	λ_p
Q235	310	1.14	100
35	469	2.62	100
45、55	589	3.82	100
铸铁	339	1.48	80
木材	29	0.19	110

直线公式（2－6－6）也有其适用范围，即压杆的临界力不能超过材料的极限应力 σ^0（σ_s 或 σ_b），即

$$\sigma_{cr}=a-b\lambda\leqslant\sigma^0$$

对于塑性材料，

$$\lambda_s=\frac{a-\sigma_s}{b} \tag{2-6-7}$$

式中，λ_s 是塑性材料压杆使用直线公式时柔度 λ 的最小值。

对于脆性材料，将式（2－6－7）中的 σ_s 换成 σ_b 确定相应的 λ_b。将 λ_s 和 λ_b 统一记为 λ_0，则直线公式适用范围的柔度表达式为

$$\lambda_0\leqslant\lambda<\lambda_p$$

如 Q235 钢，其 $\sigma_s=235$ MPa，$a=310$ MPa，$b=1.14$ MPa 代入式（2－6－7）得

$$\lambda_s=\frac{a-\sigma_s}{b}=\frac{310-235}{1.14}\approx 66$$

即由 Q235 钢制成的压杆，当其柔度 $66\leqslant\lambda<100$ 时，才可以使用直线公式。

当压杆柔度 $\lambda<\lambda_0$ 时，称为短粗杆或小柔度杆。其失效形式是强度不足。故其临界应力就是屈服点或抗拉强度，即 $\sigma_{cr}=\sigma_s$（或 σ_b）。

（2）抛物线公式。

$$\sigma_{cr}=\sigma^0-k\lambda^2 \tag{2-6-8}$$

式中 σ^0——材料的极限应力；

k——与材料有关的常数；

λ——压杆的实际柔度。

在我国的钢结构设计规范中，对塑性中长压杆提出如下抛物线型经验公式

$$\sigma_{cr}=\sigma_s\left[1-\alpha\left(\frac{\lambda}{\lambda_c}\right)^2\right] \tag{2-6-9}$$

对于普通碳素钢，式中的系数 α 为 0.43，于是由式（2-6-8）和式（2-6-9）得

$$k=\frac{0.43\sigma_s}{\lambda_c^2} \tag{2-6-10}$$

式中，λ_c 为欧拉曲线与抛物线连接点处的柔度值（见图 2-6-6），即根据抛物线公式确定的应用欧拉公式（2-6-3）时压杆柔度的最小值。当 $\lambda=\lambda_c$ 时，式（2-6-3）与式（2-3-9）应相等，于是可得 λ_c 的计算式

$$\lambda_c=\pi\sqrt{\frac{E}{0.57\sigma_s}} \tag{2-6-11}$$

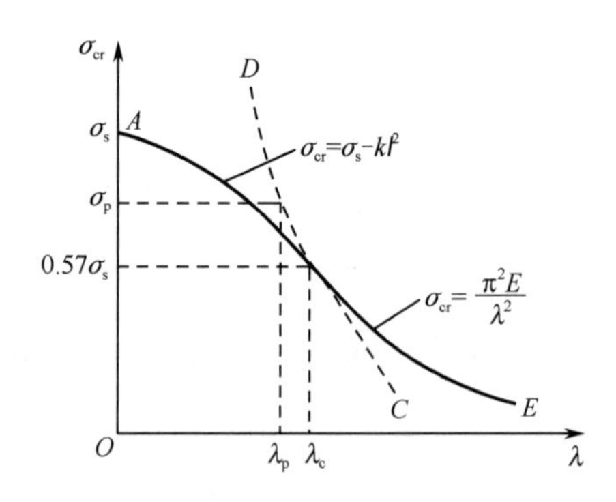

图 2-6-6 欧拉曲线

如 Q235 钢，其 $E=206$ GPa，$\sigma_s=235$ MPa，代入式（2-6-11）得

$$\lambda_c=\pi\sqrt{\frac{206\times10^3}{0.57\times235}}\approx 123$$

这表明由 Q235 钢制压杆，应以 $\lambda=123$ 作为使用欧拉公式和抛物线公式的分界点。这与上个问题中以 $\lambda_p=100$ 作为其分界点不一致。但由于工程实际中的压杆，不可能处于理想的轴向受压，材料性质也不均匀，而经验公式是根据试验资料得来的，更能反映实际情况。

由式（2-6-8）可知，当 $\lambda=0$ 时，$\sigma_{cr}=\sigma^0$。即从理论上讲，抛物线公式的适用范围

是 $0 \leqslant \lambda \leqslant \lambda_c$。但在实际应用中，当 λ 很小时，压杆的失效形式是破坏而非失稳，故只需进行强度计算。

压杆材料的性质不同，式（2－6－8）中的 λ 和 k 也不同。下面给出几种常见材料的抛物线公式及其适用范围：

Q235 钢　（$\sigma_s = 235$ MPa，$E = 206$ GPa）

$$\sigma_{cr} = 235 - 0.006\,68\lambda^2,\ \lambda = 0 \sim 123$$

Q275 钢　（$\sigma_s = 275$ MPa，$E = 206$ GPa）

$$\sigma_{cr} = 275 - 0.008\,53\lambda^2,\ \lambda = 0 \sim 96$$

Q345(16Mn)钢　（$\sigma_s = 343$ MPa，$E = 206$ GPa）

$$\sigma_{cr} = 343 - 0.014\,2\lambda^2,\ \lambda = 0 \sim 102$$

铸铁　（$\sigma_b = 392$ MPa，$E = 108$ GPa）

$$\sigma_{cr} = 392 - 0.036\,1\lambda^2,\ \lambda = 0 \sim 74$$

两类经验公式中，直线公式较简单，提出较早；抛物线公式是近代的实验研究成果。在工程设计中，两者可通用，但对铸铁、铝合金和木材多用前者，对结构钢多用后者。

综上所述，压杆可据其柔度分为三类，用不同的公式计算其临界应力和临界力，压杆的临界应力随柔度的增大而减小，表明压杆越细长，越易于失稳。

（1）当 $\lambda \geqslant \lambda_p$（$\lambda_c$）时，属于细长杆（大柔度杆），用欧拉公式计算，即

$$\sigma_{cr} = \frac{\pi^2 E}{\lambda^2},\ P_{cr} = \sigma_{cr} A = \frac{\pi^2 EI}{(\mu l)^2}$$

（2）当 $\lambda_0 \leqslant \lambda \leqslant \lambda_p$（$\lambda_c$）时，属于中长杆（中柔度杆），用经验公式计算，即

$$\sigma_{cr} = a - b\lambda,\ \sigma_{cr} = \sigma^0 - k\lambda^2,\ P_{cr} = \sigma_{cr} A$$

（3）当 $\lambda < \lambda_s$ 时，属于短粗杆（小柔度杆），用轴向压缩公式计算，即

$$\sigma_{cr} = \sigma^0,\ P_{cr} = \sigma^0$$

例 2－6－2　3 个圆截面压杆，材料为钢 Q235，$E = 206$ GPa，$\sigma_p = 200$ MPa，$\sigma_s = 235$ MPa，直径 d 均为 160 mm，各杆两端均为铰支，长度分别为 $l_1 = 5 \times 10^3$ mm，$l_2 = 2.5 \times 10^3$ mm，$l_3 = 1.25 \times 10^3$ mm。试计算各杆的临界力。

解：（1）有关数据。

$$A = \frac{\pi}{4}d^2 = \frac{\pi}{4} \times 160^2\ \text{mm}^2 \approx 2 \times 10^4\ \text{mm}^2$$

$$I = \frac{\pi}{64}d^4 = \frac{\pi}{64} \times 160^4\ \text{mm}^4 \approx 3.22 \times 10^7\ \text{mm}^4$$

$$i = \frac{d}{4} = 40\ \text{mm}$$

$$\mu = 1$$

$$\lambda_p = \pi\sqrt{\frac{E}{\sigma_p}} = \pi\sqrt{\frac{206 \times 10^3}{200}} \approx 100$$

$$\lambda_0 = \lambda_s = \frac{a - \sigma_s}{b} = \frac{310 - 235}{1.14} \approx 65.79$$

（2）计算各杆的临界力。

1 杆：$l_1=5\times10^3$ mm，$\lambda_1=\frac{\mu l_1}{i}=\frac{1\times5\times10^3}{40}=125>\lambda_c$ 属细长杆，用欧拉公式计算，得

$$P_{cr}=\sigma_{cr}A=\frac{\pi^2 EI}{(\mu l_1)^2}=\frac{\pi^2\times206\times10^3\times3.22\times10^7}{(1\times5\times10^3)^2}\ \text{N}\approx2\ 619\ \text{kN}$$

2 杆：$l_2=2.5\times10^3$ mm，$\lambda_2=\frac{\mu l_2}{i}=\frac{1\times2.5\times10^3}{40}=62.5$，$\lambda_s\leqslant\lambda\leqslant\lambda_p$ 属中长杆，用直线公式计算，得

$$\sigma_{cr}=a-b\lambda_2=(310-1.14\times62.5)\ \text{MPa}=238.8\ \text{MPa}$$

$$P_{cr}=\sigma_{cr}A=238.8\times2\times10^4\ \text{N}=4\ 776\ \text{kN}$$

3 杆：$l_3=1.25\times10^3$ mm，$\lambda_3=\frac{\mu l_3}{i}=\frac{1\times1.25\times10^3}{40}=31.3<\lambda_s$ 属短粗杆，应按强度计算，得

$$P_{cr}=F_s=\sigma_s A=235\times2\times10^4\ \text{N}=4\ 700\ \text{kN}$$

2.6.3 压杆的稳定性计算

1. 压杆稳定的计算

压杆的稳定计算包括：校核稳定性、按稳定性要求确定许可载荷和选择截面三方面。采用的方法有安全系数法和折减系数法两种。

1）安全系数法

为保证压杆的稳定性，压杆的稳定性条件为

$$F_P\leqslant\frac{P_{cr}}{[n_w]}\tag{2-6-12}$$

或

$$n_w=\frac{P_{cr}}{F_P}\geqslant[n_w]\tag{2-6-13}$$

式中 F_P——压杆的工作压力；

P_{cr}——压杆的临界力；

n_w——压杆的工作稳定安全系数；

$[n_w]$——规定的稳定安全系数。

考虑到压杆存在初曲率和载荷偏心等不利因素，规定的稳定安全系数$[n_w]$比强度安全系数要大。通常在常温、静载荷下，钢材的 $[n_w]$ 为 1.8 ~ 3.0；铸铁的 $[n_w]$ 为 4.5 ~ 5.5；木材的 $[n_w]$ 为 2.5 ~ 3.5。

当压杆的横截面有局部削弱（如开孔、刻槽等）时，应按削弱后的净面积进行强度校核。但作稳定计算时，可不考虑截面局部削弱后的影响。

按式（2-6-12）或式（2-6-13）进行稳定计算的方法，称为安全系数法。其解题步骤如下：

（1）根据压杆的尺寸和约束条件，分别计算其在各个弯曲平面弯曲时的柔度 λ，从而得

到最大柔度 λ_{max}；

（2）根据最大柔度 λ_{max}，选用计算临界应力的公式，然后算出 σ_{cr} 和 P_{cr}；

（3）利用式（2-6-13）或式（2-6-14）进行稳定校核或求许可载荷。

2）折减系数法

将式（2-6-12）两边同除以压杆的横截面面积，得

$$\frac{F_P}{A} \leqslant \frac{P_{cr}}{A[n_w]} \text{或} \sigma \leqslant \frac{\sigma_{cr}}{[n_w]}$$

令

$$[\sigma_w] = \frac{\sigma_{cr}}{[n_w]} = \phi[\sigma]$$

即

$$[\sigma_w] = \phi[\sigma]$$

式中　$[\sigma_w]$——稳定许用应力。

这里将稳定许用应力表示成强度许用应力 $[\sigma]$ 乘以一个折减系数 ϕ。由于临界应力 σ_{cr} 和稳定安全系数 $[n_w]$ 均随压杆的柔度 λ 而变化，则 $[\sigma_w]$ 也因 λ 而异，故 ϕ 是 λ 的函数。几种材料对应于不同 λ 的 ϕ 值见表 2-6-3。

表 2-6-3　压杆的折减系数 ϕ

柔度 $\lambda = \frac{\mu l}{i}$	ϕ 值			
	Q235、Q345、16Mn、16Mng		铸铁	木材
0	1.000	1.000	1.00	1.00
10	0.995	0.993	0.97	0.971
20	0.981	0.973	0.91	0.932
30	0.958	0.940	0.81	0.883
40	0.927	0.895	0.69	0.822
50	0.888	0.840	0.57	0.757
60	0.842	0.776	0.44	0.668
70	0.789	0.705	0.34	0.575
80	0.731	0.627	0.26	0.470
90	0.669	0.546	0.20	0.370
100	0.604	0.462	0.16	0.300
110	0.536	0.384	—	0.248
120	0.466	0.325	—	0.208
130	0.401	0.279	—	0.178
140	0.349	0.242	—	0.153
150	0.306	0.231	—	0.133

引入折减系数后，压杆的稳定条件可写成

$$\sigma = \frac{F_{\mathrm{P}}}{A} \leqslant \phi[\sigma] \tag{2-6-14}$$

按式（2－6－14）进行稳定计算的方法称为折减系数法。在按稳定条件选择压杆截面尺寸时，用此法比较方便。

例2－6－3 一工字钢柱上端自由，下端固定，如图2－6－4所示。已知 $l=4.2\times10^3$ mm，$F_{\mathrm{P}}=280$ kN，材料为Q235钢，$[\sigma]=160$ MPa。试按稳定条件选择工字钢型号。

解： 据稳定条件式（2－6－14），压杆的截面面积应为

$$A \geqslant \frac{F_{\mathrm{P}}}{\phi[\sigma]}$$

由于式中的 ϕ 值又与截面面积尺寸有关，故不能直接求得 A 值。为此，需先设定一 ϕ 值，进行试算。

（1）第一次试算。第一次试算时一般取其中间值 $\phi_1=0.5$，由式（2－6－14）得

$$A_1 = \frac{F_{\mathrm{P}}}{\phi[\sigma]} = \frac{280\times10^3}{0.5\times160} = 3.5\times10^3(\mathrm{mm}^2)$$

查本书后的附录，初选20a号工字钢，其截面面积 $A_1'=3.55\times10^3$ mm^2，最小惯性半径 $i_{\min}=i_y=21.2$ mm。

对于初选的20a号工字钢，应校核其是否满足稳定条件。压杆柔度

$$\lambda_1 = \frac{\mu l}{i_{\min}} = \frac{0.7\times4.2\times10^3}{21.2} = 139$$

查表2－6－3得折减系数（按直线插值法求得）为 $\phi_1'=0.354$。

ϕ_1' 与 ϕ_1 相差过大，需进行稳定性校核。由稳定条件，有

$$\frac{F_{\mathrm{P}}}{\phi_1' A_1'} = \frac{280\times10^3}{0.354\times3.55\times10^3} = 223(\mathrm{MPa}) > [\sigma] = 160\ \mathrm{MPa}$$

说明初选的20a号工字钢不能满足稳定性要求，需重选。

（2）第二次试算。$\phi_2 = \frac{1}{2}(\phi_1+\phi_1') = \frac{1}{2}(0.5+0.354) = 0.472$

由稳定条件得 $A_2 = \frac{F_{\mathrm{P}}}{\phi_2[\sigma]} = \frac{280\times10^3}{0.427\times160} \approx 4.1\times10^3(\mathrm{mm}^2)$

查本书后的附录，重选22a号工字钢，其 $A_2'=4.2\times10^3$ mm^2，$i_{\min}=i_y=23.1$ mm。此时压杆的柔度为

$$\lambda_2 = \frac{\mu l}{i_{\min}} = \frac{0.7\times4.2\times10^3}{23.1} = 127$$

再进行稳定校核，有

$$\frac{F_{\mathrm{P}}}{\phi_1' A_1'} = \frac{280\times10^3}{0.42\times4.2\times10^{-3}}\ (\mathrm{Pa}) = 158\ (\mathrm{MPa}) < [\sigma] = 160\ \mathrm{MPa}$$

即满足稳定条件，故最后选用22a号工字钢。应注意，若压杆截面有局部削弱时，尚须进行强度校核。

2. 提高压杆稳定性的措施

1）合理选择材料

对于细长杆，临界应力 $\sigma_{cr}=\dfrac{\pi^2 E}{\lambda^2}$，$\sigma_{cr}$与压杆材料的 E 成正比。故选用弹性模量较大的材料，可提高压杆的稳定性。但应注意一般钢材的弹性模量 E 大致相同，故选用高强度钢并不能起到提高其稳定性的作用。

对于中长杆，由临界应力的经验公式可知，材料屈服点或强度极限的增长，可引起临界应力的增长，故选用高强度材料能提高其稳定性。

对于短粗杆，选用高强度材料当然可提高其承载能力。

2）改善杆端支承情况

不同的杆端约束影响长度系数 μ，杆端约束的刚性越强，μ 值越小，则柔度就越小，稳定性就越高。因此，加强杆端约束的刚性，可提高压杆的稳定性。

3）减小压杆的长度

减小压杆长度，可提高压杆的柔度，提高其稳定性，所以尽量减小压杆长度和在压杆中间增加支座或支承，可提高压杆稳定性。

4）选择合理的截面形状

由欧拉公式知，截面的惯性矩 I 越大，临界力越大，稳定性越好。因此，使材料尽量远离中心轴，可使柔度减小，稳定性提高。

【任务实施】

某机器连杆如图 2－6－1 所示，截面为工字形，其 $I_y=1.42\times10^4\ \text{mm}^4$，$I_z=7.42\times10^4\ \text{mm}^4$，$A=552\ \text{mm}^2$。材料为 Q275 钢，连杆所受的最大轴向压力 $F_P=30\ \text{kN}$，取规定的稳定安全系数 $[n_w]=4$。试校核压杆的稳定性。

解：连杆失稳时，可能在 $x-y$ 平面发生弯曲，这时两端可视为铰支；也可能在 $x-z$ 平面发生弯曲，这时两端可视为固定。此外，在上述平面内弯曲时，连杆的有效长度和惯性矩也不同。故应先计算出这两个弯曲平面内柔度 λ，以确定失稳平面，再进行稳定校核。

（1）柔度计算。在 $x-y$ 平面内失稳时，截面以 z 为中性轴，柔度

$$\lambda_z=\frac{\mu_1 l_1}{i_x}=\frac{\mu_1 l_1}{\sqrt{I_z/A}}=\frac{1\times750}{\sqrt{\dfrac{7.42\times10^4}{552}}}\approx65$$

在 $x-z$ 平面内失稳时，截面以 y 为中性轴，柔度

$$\lambda_y=\frac{\mu_2 l_2}{i_y}=\frac{\mu_2 l_2}{\sqrt{I_y/A}}=\frac{0.5\times580}{\sqrt{\dfrac{1.42\times10^4}{552}}}\approx57$$

因 $\lambda_z>\lambda_y$，表明连杆在 $x-y$ 平面内稳定性较差，故只需校核连杆在此平面内的稳定性。

（2）稳定性校核。

工作压力：$F_P=30\ \text{kN}$

临界力：由于 $\lambda_z=65<\lambda_c=96$，属中长杆，需用经验公式。现按抛物线公式算得临界

应力为

$$\sigma_{cr}=275-0.008\ 53\lambda^2=(275-0.008\ 53\times65^2)\ \text{MPa}\approx240\ \text{MPa}$$

则临界力为

$$P_{cr}=\sigma_{cr}A=240\times552\approx132.5\ (\text{kN})$$

代入式（12－14），得

$$n_w=\frac{P_{cr}}{F_P}=\frac{132.5}{30}\approx4.4>[n_w]=4$$

故连杆的稳定性足够。

【任务小结】

1. 稳定性的概念

（1）不稳定平衡状态：受到扰动不能够自行恢复的平衡状态。

（2）稳定平衡状态：受到扰动能够自行恢复的平衡状态。

（3）压杆的稳定性：压杆维持直线平衡状态的能力。

2. 压杆的临界应力

（1）当 $\lambda\geqslant\lambda_p$（$\lambda_c$）时，属于细长杆（大柔度杆），用欧拉公式计算，即

$$\sigma_{cr}=\frac{\pi^2E}{\lambda^2},P_{cr}=\sigma_{cr}A=\frac{\pi^2EI}{(\mu l)^2}$$

（2）当 $\lambda_0\leqslant\lambda\leqslant\lambda_p$（$\lambda_c$）时，属于中长杆（中柔度杆），用经验公式计算，即

$$\sigma_{cr}=a-b\lambda,\sigma_{cr}=\sigma^0-k\lambda^2,P_{cr}=\sigma_{cr}A$$

（3）当 $\lambda<\lambda_s$ 时，属于短粗杆（小柔度杆），用轴向压缩公式计算，即

$$\sigma_{cr}=\sigma^0,P_{cr}=\sigma^0$$

3. 稳定性计算

压杆的稳定性条件：

$$n_w=\frac{\sigma_{cr}}{\sigma}\geqslant[n_w]\ n_w=\frac{F_{cr}}{F}\geqslant[n_w]$$

4. 提高压杆稳定性的措施

（1）选择合理的截面形状；

（2）减小杆长，改善两端支承；

（3）合理选择材料。

【实践训练】

思考题

2－6－1 为什么说大柔度杆的临界应力与材料的强度指标无关，而中小柔度杆的临界应力与材料的强度指标有关？

2－6－2 压杆临界力的欧拉公式是如何推导出来的？压杆两端的约束条件对临界力有何

影响？

2－6－3 试述压杆柔度的物理意义及其与压杆承载能力的关系。

2－6－4 图2－6－8 所示各种截面形状的压杆，两端均为球铰支座。试在截面上画出压杆失稳时，截面将绕哪根轴转动？

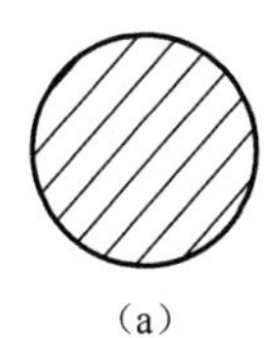
(a)
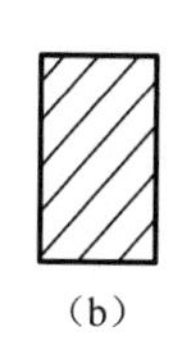
(b)

(c)

(d)
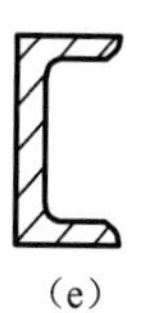
(e)
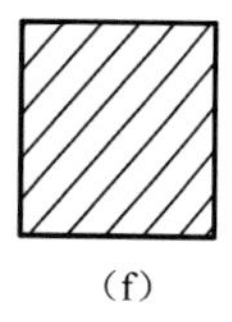
(f)

图2－6－8　思考题2－6－4图

(a) 圆形；(b) 矩形；(c) 工字形；(d) 等边角钢；(e) 槽钢；(f) 正方形

2－6－5 对于圆截面细长压杆，当（1）杆长增加1倍；（2）直径增加1倍时，其临界力将怎样变化？

2－6－6 在按折减系数法进行稳定计算时，是否还要区分细长杆、中长杆和短粗杆？为什么？

2－6－7 图2－6－9 所示各压杆的材料和横截面尺寸均相同，试问哪种情况承受的压力最大？哪种情况承受的压力最小？

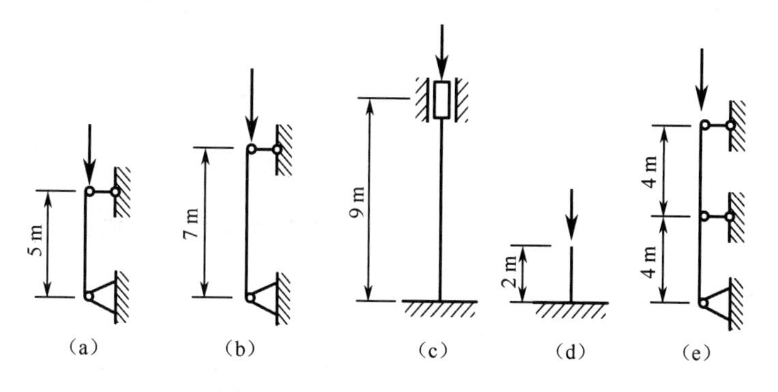

图2－6－9　思考题2－6－7图

习　题

2－6－1 三根圆截面压杆，其直径均为 $d=16$ mm，材料为Q235钢，$E=200$ GPa，$\sigma_s=240$ MPa，两端均为铰支，长度分别为 l_1、l_2 和 l_3，且 $l_1=2l_2=4l_3=5$ m，计算各杆的临界力。

2－6－2 已知铸铁压杆的直径 $d=50$ mm，长度 $l=1$ m，一端固定，另一端自由，$E=180$ GPa。试求压杆的临界力。

2－6－3 某柴油机的挺杆两端铰接，长度 $l=257$ mm，圆形横截面的直径 $d=8$ mm，钢材的 $E=210$ GPa，$\sigma_p=240$ MPa，挺杆所受的最大压力 $P=1.76$ kN，规定的稳定安全系数 $[n_w]=2.5$。试校核挺杆的稳定性。

2－6－4 一25a工字钢支柱，两端固定，长7 m，稳定安全系数 $[n_w]=2$，材料是Q235

钢，$E=210$ GPa。试求支柱的安全许可载荷。

2-6-5 图2-6-10所示的中心受压杆件由32a工字钢制成，在z轴平面内弯曲时（截面绕y轴转动），杆两端为固结，在y轴平面内弯曲时，杆一端固定，一端自由。杆长$l=5$ m，$[n_w]=2$，试确定压杆的许可载荷。

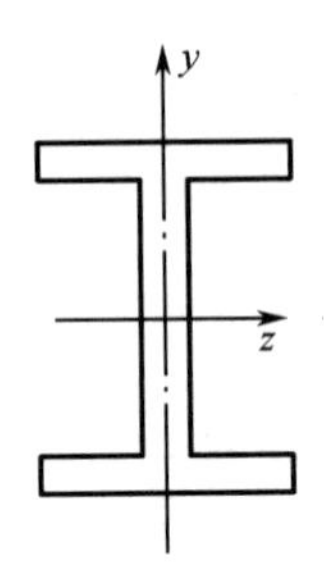

2-6-10　习题2-6-5图

2-6-6 连杆如图2-6-11所示，其材料为Q235A钢，$E=206$ GPa，横截面面积$A=4.4\times10^3\ \text{mm}^2$，惯性矩$I_y=120\times10^4\ \text{mm}^4$，$I_z=797\times10^4\ \text{mm}^4$。计算临界力$F_{cr}$。

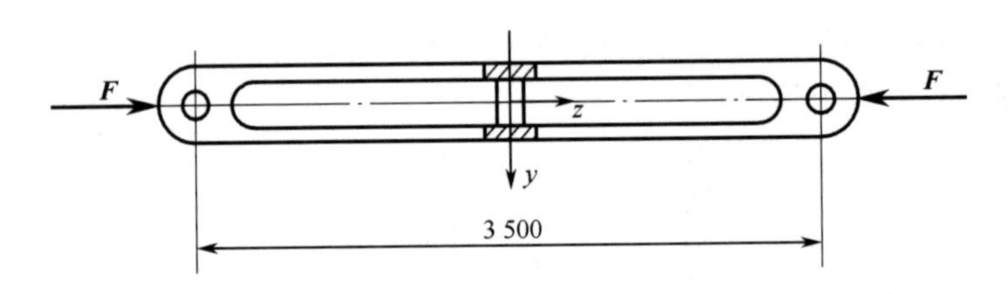

图2-6-11　习题2-6-6图

2-6-7 图2-6-12所示为下端固定、上端铰支的钢柱，其横截面为22b号工字钢，弹性模量$E=206$ GPa。求其工作的安全系数n_g。

2-6-8 图2-6-13所示的构架承受载荷$F=10$ kN，已知杆的外径$D=50$ mm，内径$d=40$ mm，两端为球铰，材料为Q235A钢，$E=206$ GPa，$\sigma_p=200$ MPa，若规定$[n_w]=3$，校核AB杆的稳定性。

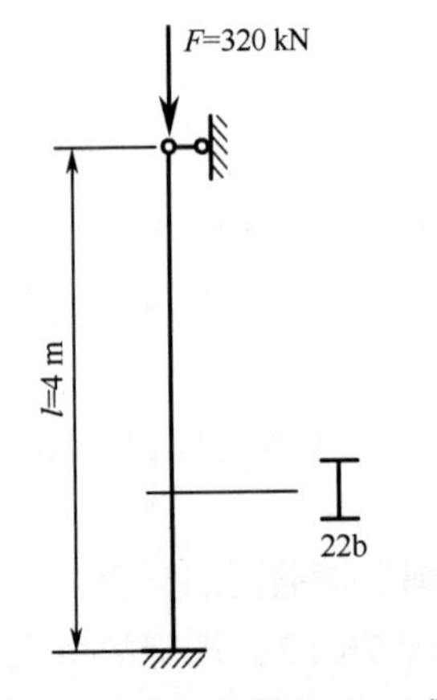

图2-6-12　习题2-6-7图

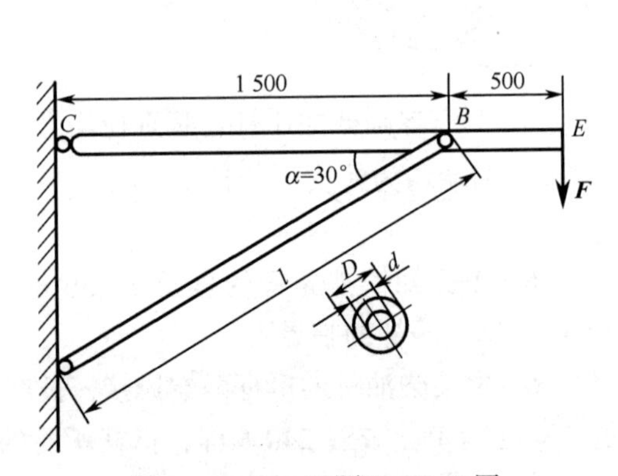

图2-6-13　习题2-6-8图

模块三

运动学

任务一　构件运动学基础

【任务描述】

矿井提升机的滚筒直径 $d=6\ \text{m}$，启动时滚筒转动方程为 $\varphi=0.2t^2$，式中转角单位为弧度，时间单位为秒，如图 3-1-1 所示。试求重物上升时的加速度、启动后10 s末时速度和重物上升的高度。

矿井提升机

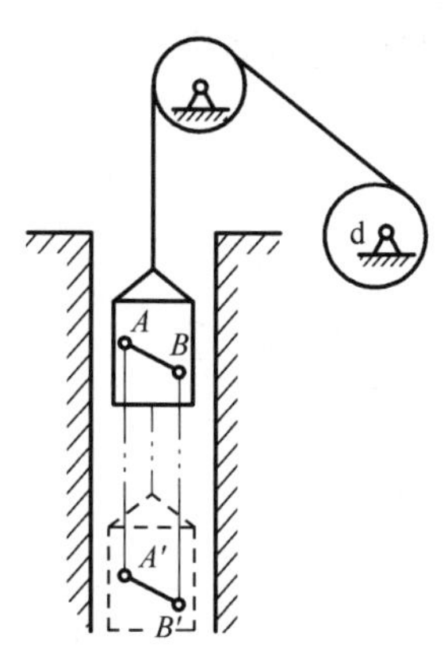

图 3-1-1　矿井提升机

【任务描述】

了解点和刚体的简单运动，掌握动点在所选参考系上的几何位置随时间的变化规律，灵活应用刚体整体的运动与其上各点运动之间的关系解决工程实际问题。

【知识准备】

3.1.1　质点的运动规律

1. 自然法

1）运动方程

用自然法描述点的运动规律时，按照已知点的运动轨迹，建立自然坐标轴来确定动点的

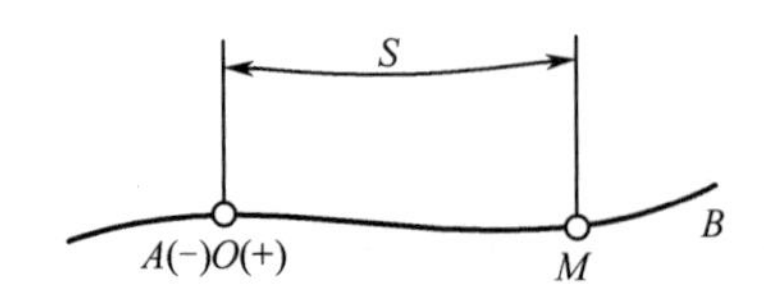

图3－1－2　点的自然法运动方程

位置。设动点 M 沿已知轨迹 AB 运动，如图3－1－2所示，在轨迹上任取一点 O 为参考原点，在原点两侧分别规定正、负方向。动点在轨迹上的位置，用它到 O 点的弧长 $\overset{\frown}{OM}$ 来决定，$\overset{\frown}{OM}$ 为代数值，称为动点 M 的弧坐标，用符号 S 表示。动点沿轨迹运动时，其弧坐标 S 可表示为时间 t 的单值连续函数，即

$$S=f(t) \tag{3-1-1}$$

式（3－1－1）称为自然法表示的点的运动方程。

在研究点的运动时，常遇到路程的概念。路程是指动点在某时间间隔内在轨迹上所走过的弧长。路程与弧坐标的概念不同，路程表示动点在某时间间隔内所走过的距离的绝对值，因此它随时间增加而增加，与参考原点位置的选择无关；弧坐标是表示动点某瞬时位置的一个代数值，它与参考原点位置的选择有关。

如图3－1－3所示，若动点 M 沿轨迹单向运动时，瞬时 t_1 和 t_2 的弧坐标分别为 S_1 和 S_2，在时间间隔 $\Delta t=t_2-t_1$ 内的路程 $\overset{\frown}{M_1M_2}$ 与弧坐标 S_1 和 S_2 的关系为

$$\overset{\frown}{M_1M_2}=|S_2-S_1|=|\Delta S|$$

即某时间间隔内动点的弧坐标的增量的绝对值等于路程。

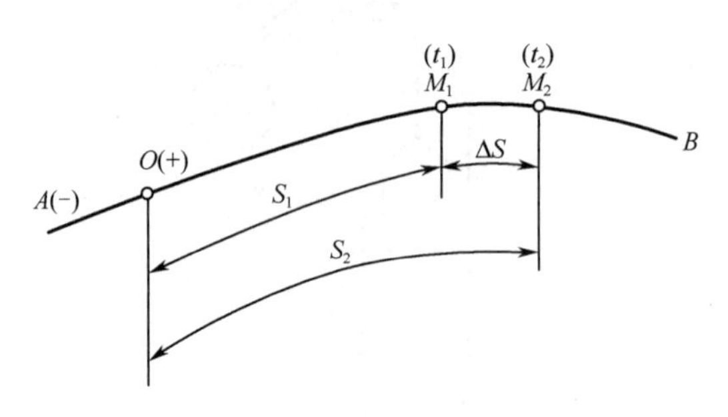

图3－1－3　自然法点的路程

例3－1－1　点 M 沿半径 $r=10$ cm 的圆周运动，如图3－1－4所示。其运动方程为 $S=2t^2+5t-3$，弧坐标 S 的单位为 cm，时间 t 的单位为秒（s），试求初瞬时、第1 s、第2 s及第3 s时点的位置，时间间隔0～1 s和1～3 s内动点走过的路程。

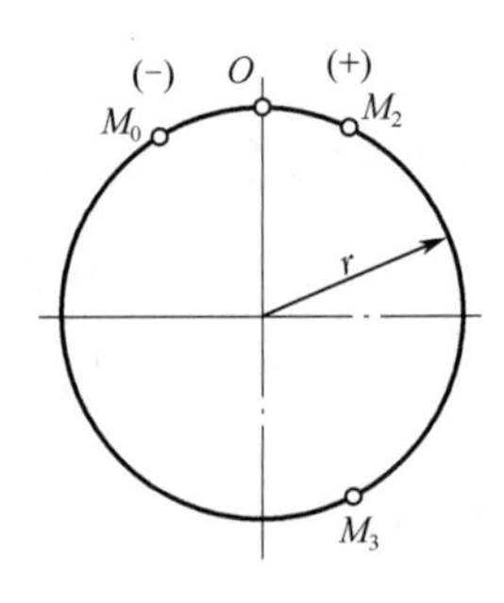

图3－1－4　例3－1－1图

解：由运动方程可知点在每瞬时的位置。将 $t=0$，1，2，3分别代入运动方程 $S=2t^2+5t-3$ 中，可得

$$S_0=0+0-3=-3\ (\text{cm})$$

$$S_1=2+5-3=4\ (\text{cm})$$

$$S_2=2\times2^2+5\times2-3=15\ (\text{cm})$$

$$S_3=2\times3^2+5\times3-3=30\ (\text{cm})$$

在0～1 s和1～3 s内动点走过的路程为

$$S_{(0\sim1)}=|S_1-S_0|=|4+3|=7(\text{cm})\quad S_{(1\sim3)}=|S_3-S_1|=|30-4|=26(\text{cm})$$

2）速度

如图 3－1－5 所示，动点 M 沿曲线 AB 运动，瞬时 t 动点位于 M 处，其弧坐标为 S。在瞬时 $t'=t+\Delta t$ 时，动点在 M'处，其弧坐标为 S'，矢量$\overrightarrow{MM'}$是动点在 Δt 时间内的位移，在 Δt 时间内动点运动的平均速度为

$$v_{\mathrm{p}}=\frac{\overrightarrow{MM'}}{\Delta t}$$

当 Δt 趋近于零时，M'趋近于 M，平均速度趋于某一极限值，该极限值就是动点在位置 M 处的（瞬时 t）的速度，即

$$v=\lim_{x\to 0}v_{\mathrm{p}}=\lim_{\Delta t\to 0}\frac{\overrightarrow{MM'}}{\Delta t}$$

图 3－1－5　自然法点的速度

当 Δt 趋近于零时，线段$\overline{MM'}$趋近于 ΔS，所以上式变为

$$v=\lim_{x\to 0}v_{\mathrm{p}}=\lim_{\Delta t\to 0}\frac{\overrightarrow{MM'}}{\Delta t}=\lim_{x\to\infty}\frac{\Delta S}{\Delta t}=\frac{dS}{dt} \qquad (3-1-2)$$

速度是矢量，平均速度的方向与位移$\overline{MM'}$的方向相同，瞬时速度 $\boldsymbol{v}$ 的方向应与位移$\overline{MM'}$趋于零时的极限方向相同，当 Δt 趋近于零时$\overline{MM'}$的方向为曲线在 M 点的切线方向，并指向运动的方向。

速度的指向，可由$\frac{\mathrm{d}S}{\mathrm{d}t}$的正负号决定。当$\frac{\mathrm{d}S}{\mathrm{d}t}$为正值时，点沿轨迹的正向运动，速度指向轨迹的正向；当$\frac{\mathrm{d}S}{\mathrm{d}t}$为负值时，点沿轨迹的负向运动，速度指向轨迹的负向。

3）加速度

加速度是表示点运动速度变化快慢的一个重要物理量。在直线运动中，加速度只表示速度大小的变化；在曲线运动中，不仅速度的大小在变化，而且速度的方向也在改变。如图 3－1－6 所示，在瞬时 t 和 t'，动点 M 的速度为 $\boldsymbol{v}$ 和 $\boldsymbol{v}'$，则速度的增量是 $\Delta\boldsymbol{v}=\boldsymbol{v}'-\boldsymbol{v}$，此速度增量同时包含速度大小与方向的变化，可将它分解为两部分。在矢量 $v'=\overline{OF}$上截取数值等于 v 的一段 OE，连接 DE，则 $\Delta\boldsymbol{v}$ 分解为 $\Delta\boldsymbol{v}_{\mathrm{n}}$ 与 $\Delta\boldsymbol{v}_{\tau}$ 两个分量。$\Delta\boldsymbol{v}_{\mathrm{n}}$ 是由于速度 $\boldsymbol{v}$ 的方向转过 $v\Delta\varphi$ 角所引起的增量；$\Delta\boldsymbol{v}_{\tau}$ 则是由于速度 $\boldsymbol{v}$ 的大小改变所引起的增量，则

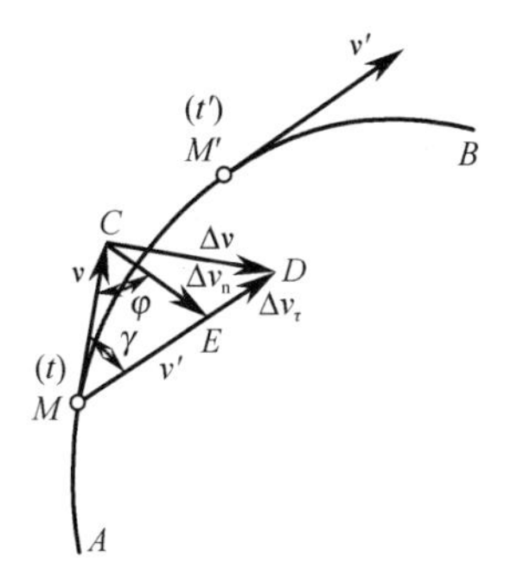

图 3－1－6　自然法点的加速度

$$\Delta\boldsymbol{v}=\boldsymbol{v}_{\mathrm{n}}+\boldsymbol{v}_{\tau}$$

将上式除以 Δt，并令 $\Delta t\to 0$，取各项的极限值，可得加速度为

$$a=\lim_{\Delta t\to 0}\frac{\Delta v_{\mathrm{n}}}{\Delta t}+\lim_{\Delta t\to 0}\frac{\Delta v_{\tau}}{\Delta t}$$

上式将加速度分解为两个分量。其中分量$\lim\limits_{\Delta t\to 0}\frac{\Delta v_{\tau}}{\Delta t}$表示速度的大小随时间的变化程度，以 $\boldsymbol{a}_{\tau}$ 表示；分量$\lim\limits_{\Delta t\to 0}\frac{\Delta v_{\mathrm{n}}}{\Delta t}$表示速度的方向随时间的变化程度，以 $\boldsymbol{a}_{\mathrm{n}}$ 表示。

（1）切向加速度 $\boldsymbol{a}_\tau$。

$$a_\tau = \lim_{\Delta t \to 0} \frac{\Delta v_\tau}{\Delta t} = \frac{\mathrm{d}v}{\mathrm{d}t} = \frac{\mathrm{d}^2 S}{\mathrm{d}t^2} \tag{3-1-3}$$

由上式可得：点的切向加速度其大小等于速度对时间的一阶导数，或弧坐标对时间的二阶导数。

切向加速度的方向是在改点的切线方向，指向由导数正负号绝对：正号表示指向轨迹的正方向；反之指向负方向。$\boldsymbol{v}$ 与 $\boldsymbol{a}_\tau$ 同号时，点做加速运动，反之 $\boldsymbol{v}$ 与 $\boldsymbol{a}_\tau$ 异号时，则作减速运动。

（2）法向加速度 $\boldsymbol{a}_n$。

$$a_n = \lim_{\Delta t \to 0} \frac{\Delta v_n}{\Delta t} = \lim_{\Delta t \to 0} \frac{v \Delta \varphi}{\Delta t} = \frac{v}{\rho} \frac{\mathrm{d}S}{\mathrm{d}t}$$

其中$\frac{1}{\rho} = \lim_{\Delta t \to 0} \frac{\Delta \varphi}{\Delta S}$，表示轨迹在点 M 处的曲率。因 $v = \frac{\mathrm{d}S}{\mathrm{d}t}$，所以有

$$a_n = \frac{v^2}{\rho} \tag{3-1-4}$$

于是得：法向加速度 $\boldsymbol{a}_n$ 的大小等于速度平方与轨迹在该点的曲率半径之比，方向指向该点的曲率中心。

（3）全加速度 $\boldsymbol{a}$。

因为 $\boldsymbol{a}_\tau$ 和 $\boldsymbol{a}_n$ 相互垂直，所以全加速度的大小为

$$a = \sqrt{a_\tau^2 + a_n^2} = \sqrt{\left(\frac{\mathrm{d}v}{\mathrm{d}t}\right)^2 + \left(\frac{v^2}{\rho}\right)^2} \tag{3-1-5}$$

全加速度的方向可用 $\boldsymbol{a}$ 与切线所夹锐角 β 来表示

$$\beta = \arctan \left| \frac{a_n}{a_\tau} \right| \tag{3-1-6}$$

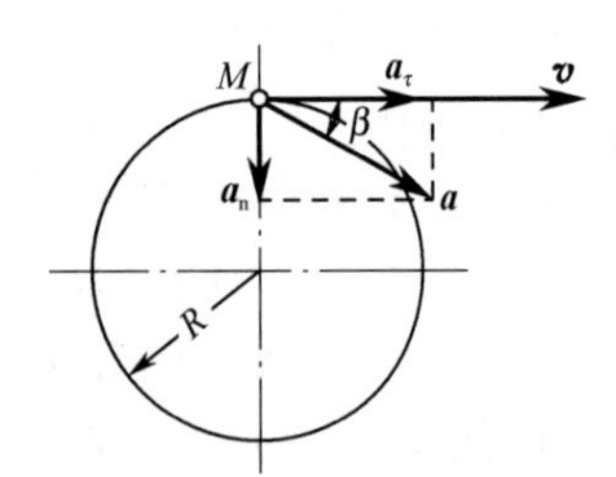

图 3-1-7　例 3-1-2 图

例 3-1-2　滚筒加速转动时其轮缘上点的运动方程为 $S = 0.1t^3$，滚筒半径 $R = 0.5$ m，如图 3-1-7 所示。试求 5 s 时点的速度、加速度。

解：（1）速度 $\boldsymbol{v}$。由式（3-1-2）可得

$$v = \frac{\mathrm{d}S}{\mathrm{d}t} = (0.1t^3)' = 0.3t^2$$

5 s 末的速度

$$v_5 = 0.3 \times 5^2 = 7.5(\mathrm{m/s})$$

（2）切向加速度 $\boldsymbol{a}_\tau$。由式（3-1-3）得

$$a_\tau = \frac{\mathrm{d}v}{\mathrm{d}t} = (0.3t^2)' = 0.6t$$

5 s 末的切向加速度

$$a_{\tau 5} = 0.6 \times 5 = 3(\mathrm{m/s^2})$$

（3）法向加速度 $\boldsymbol{a}_n$。由式（3-1-4）可得

$$a_n = \frac{v^2}{\rho} = \frac{v^2}{R}$$

5 s 末的法向加速度

$$a_{n5}=\frac{v_5^2}{R}=\frac{7.5^2}{0.5}=112.5(\mathrm{m/s^2})$$

例 3－1－3　摇杆滑道机构中的滑块 M 同时在摇杆 OA 的滑道中和半径为 R 的圆弧槽 BC 中滑动。如图 3－1－8 所示，摇杆绕 O 点转动的规律为 $\varphi=10t$。用自然法求滑块 M 的运动方程、速度和加速度。已知初始状态时摇杆 OA 在水平位置。

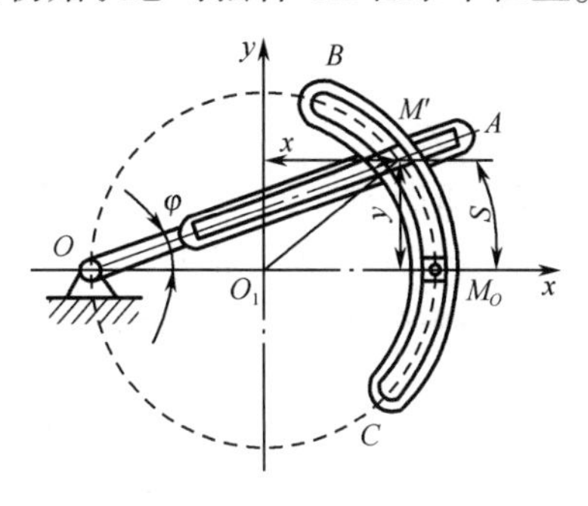

图 3－1－8　例 3－1－3 图

解：（1）求运动方程。选 M_O 为参考原点，逆时针方向为正。滑块 M 在弧槽内运动，其轨迹可知为以 O_1 点为圆心，O_1M 为半径的圆弧。则动点 M 的弧坐标 $S=\overset{\frown}{M_OM}$。

由几何关系可得　　　　　$S=R\angle MO_1M_O=R2\varphi=R20t$

（2）求速度。由式（3－1－2）得

$$v=\frac{\mathrm{d}s}{\mathrm{d}t}=20R$$

（3）求加速度。由式（3－1－3）得

$$a_\tau=\lim_{\Delta t\to 0}\frac{\Delta v_\tau}{\Delta t}=\frac{\mathrm{d}v}{\mathrm{d}t}=0$$

由式（3－1－4）得　　　$a_n=\dfrac{(20R)^2}{R}=400R$

由式（3－1－5）得　　　$a=\sqrt{0^2+(20R)^2}=20R$

由式（3－1－6）得　　　$\beta=\arctan\left|\dfrac{20R}{0}\right|=90°$

2. 直角坐标法

1）运动方程

在点的运动的平面内取直角坐标系 xOy，动点的位置是由坐标 x、y 来决定，如图 3－1－8 所示，建立动点 M 的坐标 x、y 随时间 t 变化的函数关系为

$$\begin{cases}x=f_1(t)\\y=f_2(t)\end{cases}\qquad(3-1-7)$$

式（3－1－7）称为点的直角坐标运动方程，求出任一瞬时动点的坐标值 x、y，也就确定了动点在该瞬时的位置。

用坐标法确定动点的运动轨迹时，将不同的 t 值代入运动方程，求出相应的坐标值，便得到各个瞬时相应的动点位置，

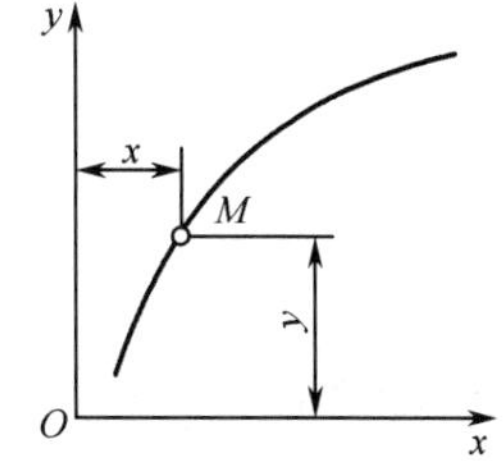

图 3－1－9　直角坐标运动方程

连接各点所得到的曲线就是动点的运动轨迹。点的轨迹还可以用下述方程表示，即将坐标方程中的时间 t 消去，所得到的两个坐标之间的函数关系为

$$y=F(x) \tag{3-1-8}$$

方程（3-1-8）称为动点的轨迹方程。

2）速度

设动点 M 在平面 xOy 内运动，其运动方程为

$$\begin{cases}x=f_1(t)\\y=f_2(t)\end{cases}$$

在瞬时 t 时，点在 M 处，其坐标为 x、y，在瞬时 $t'=t+\Delta t$ 时，点在 M'处。其坐标为 x'、y'，如图 3-1-10 所示。

由前面可知，点在瞬时 t 的速度为

$$v=\lim_{\Delta t\to 0}\frac{\overline{MM'}}{\Delta t}$$

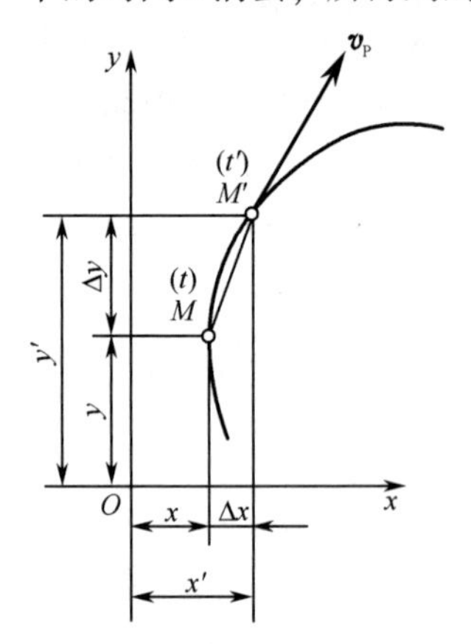

图 3-1-10　直角坐标法求位移

将位移$\overline{MM'}$分别投影在 x、y 轴上，得到时间 Δt 内的位移增量 Δx、Δy，且 $\Delta x=x'-x$，$\Delta y=y'-y$。

点在 Δt 时间内、x 轴方向的平均速度为

$$v_x=\frac{\Delta x}{\Delta t}$$

当 Δt 趋于零时，在 x 轴上的平均速度的极限值，称为瞬时 t 动点 M 在 x 轴方向的瞬时速度分量，同理可得动点 M 在 y 轴方向的瞬时速度分量

$$\begin{cases}v_x=\lim\limits_{\Delta t\to 0}\dfrac{\Delta x}{\Delta t}=\dfrac{\mathrm{d}x}{\mathrm{d}t}\\v_y=\lim\limits_{\Delta t\to 0}\dfrac{\Delta y}{\Delta t}=\dfrac{\mathrm{d}y}{\mathrm{d}t}\end{cases} \tag{3-1-9}$$

由此得速度沿坐标轴的速度分量等于对应坐标对时间的一阶导数。

如图 3-1-11 所示，若速度沿坐标轴的分量为$\boldsymbol{v}_x$、$\boldsymbol{v}_y$，则速度的大小和方向为

$$\begin{cases}v=\sqrt{v_x^2+v_y^2}=\sqrt{\left(\dfrac{\mathrm{d}x}{\mathrm{d}t}\right)^2+\left(\dfrac{\mathrm{d}y}{\mathrm{d}t}\right)^2}\\\varphi=\arctan\left|\dfrac{v_y}{v_x}\right|\end{cases} \tag{3-1-10}$$

3）加速度

如图 3-1-12 所示，将加速度 $\boldsymbol{a}$ 沿 x、y 轴方向分解为 $\boldsymbol{a}_x$、$\boldsymbol{a}_y$，由此得：动点某瞬时的加速度等于 x 轴方向的加速度分量与 y 轴方向的加速度分量的矢量和。

$$\begin{cases}a_x=\dfrac{\mathrm{d}v_x}{\mathrm{d}t}=\dfrac{\mathrm{d}^2x}{\mathrm{d}t^2}\\a_y=\dfrac{\mathrm{d}v_y}{\mathrm{d}t}=\dfrac{\mathrm{d}^2y}{\mathrm{d}t^2}\end{cases} \tag{3-1-11}$$

全加速度的大小和方向为

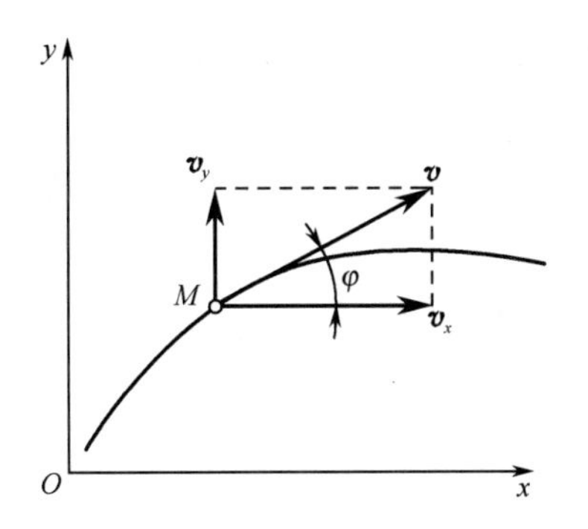

图3-1-11　直角坐标法求速度

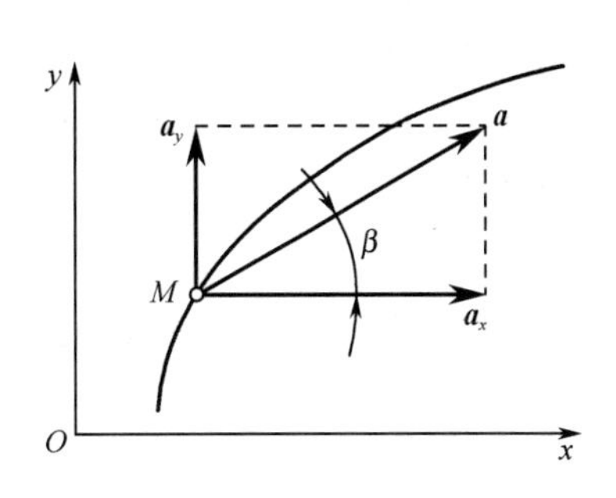

图3-1-12　直角坐标法求加速度

$$\begin{cases} a=\sqrt{a_x^2+a_y^2}=\sqrt{\left(\dfrac{\mathrm{d}^2x}{\mathrm{d}t^2}\right)^2+\left(\dfrac{\mathrm{d}^2y}{\mathrm{d}t^2}\right)^2} \\ \beta=\arctan\left|\dfrac{a_y}{a_x}\right| \end{cases} \qquad (3-1-12)$$

式中　β——$\boldsymbol{a}$ 与 x 轴所夹锐角，$\boldsymbol{a}$ 的指向由 $\boldsymbol{a}_x$、$\boldsymbol{a}_y$ 的正负号决定。

例3-1-4　已知动点的直角坐标方程为

$$\begin{cases} x=2t^2-1 \\ y=t+1 \end{cases}$$

式中，坐标 x、y 的单位为 cm，时间 t 的单位为 s。试求点的运动轨迹，当 $t=2$ s 时点的位置、速度和加速度。

解：(1) 求点的运动轨迹。

$$t=y-1$$

将上式代入 $x=2t^2-1$ 中，得

$$y=1+\sqrt{\frac{x+1}{2}}$$

将 $t=2$ s 代入运动方程，可得 2 s 末点的位置

$$\begin{cases} x_2=2\times2^2-1=7(\mathrm{cm}) \\ y_2=2+1=3(\mathrm{cm}) \end{cases}$$

(2) 求速度。

2 s 末动点的速度 $\boldsymbol{v}_{x2}$、$\boldsymbol{v}_{y2}$ 为

$v_x=\dfrac{\mathrm{d}x}{\mathrm{d}t}=(2t^2-1)'=4t$，即 $v_{x2}=4\times2=8$ (cm/s)

$v_y=\dfrac{\mathrm{d}y}{\mathrm{d}t}=(t-1)'=1$，即 $v_{y2}=1$ (cm/s)

(3) 求加速度。

2 s 末动点的加速度 $\boldsymbol{a}_{x2}$、$\boldsymbol{a}_{y2}$ 为

$a_x=\dfrac{\mathrm{d}v_x}{\mathrm{d}t}=(4t)'=4$，即 $a_{x2}=4$ (cm/s^2)

$a_y=\dfrac{\mathrm{d}v_y}{\mathrm{d}t}=(1)'=0$，即 $a_{y2}=0$

例3-1-5 用直角坐标法求图3-1-8所示滑块 M 的运动方程、速度和加速度。

解：（1）求运动方程。

选取直角坐标系 xO_1y，O_1 点为坐标原点，O_1M_O 方向为 x 轴，与 O_1M_O 垂直方向为 y 轴，则动点 M 的坐标方程为

$$\begin{cases} x = R\cos\angle MO_1M_O = R\cos 20t \\ y = R\sin 20t \end{cases}$$

即

$$\begin{cases} x = R\cos 20t \\ y = R\sin 20t \end{cases}$$

这里指出 $x^2+y^2=R^2$ 即为坐标法求得动点的轨迹方程。

（2）求速度。

由式（3-1-9）$\begin{cases} v_x = \dfrac{dx}{dt} \\ v_y = \dfrac{dy}{dt} \end{cases}$ 得 $\begin{cases} v_x = \dfrac{dx}{dt} = -20R\sin 20t \\ v_y = \dfrac{dy}{dt} = 20R\cos 20t \end{cases}$

（3）求加速度。

由式（3-1-11）$\begin{cases} a_x = \dfrac{dv_x}{dt} = \dfrac{d^2x}{dt^2} \\ a_y = \dfrac{dv_y}{dt} = \dfrac{d^2y}{dt^2} \end{cases}$ 得 $\begin{cases} a_x = \dfrac{d^2x}{dt^2} = -400R\cos 20t \\ a_y = \dfrac{d^2y}{dt^2} = -400R\sin 20t \end{cases}$

3.1.2 构件的平面基本运动

1. 构件的平动

为了研究刚体的平动，先分析两个实例：矿井提升的罐笼如图3-1-1所示。罐笼沿着井筒做上下运动，在罐笼上任取两点 A、B 并连一直线，罐笼在运动过程中，直线 $A'B'$ 始终平行于原来的直线 AB。

再如摆动筛的筛面运动情况，如图3-1-13所示。筛面 AB 是通过连杆 CD 和曲柄 OD 带动的。筛面两端 A、B 分别与 EA、FB 相连，并且 $AB=EF$，$EA=FB$，因此四边形 $EABF$ 为平行四边形。所以不论筛面运动到什么位置，而 $A'B'$ 始终与原来位置 AB 保持平行。

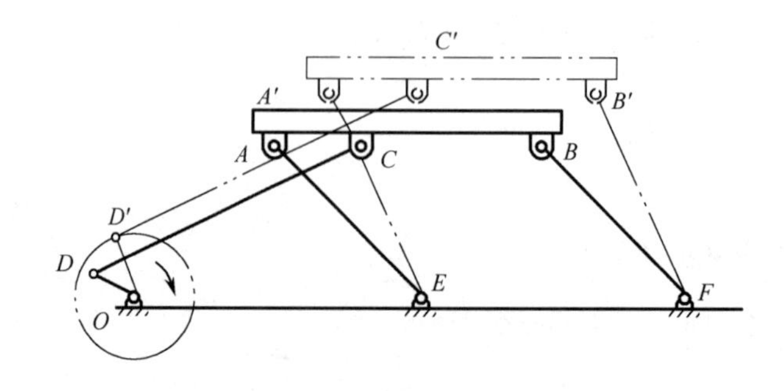

图3-1-13 摆动筛的筛面运动

由上述两例的分析，我们看到罐笼和筛面的运动有一个共同的特征：刚体运动时，体内任一直线始终与原来的位置保持平行，这种运动称为刚体的平动。

当刚体做平动时，不难看出刚体上各点的运动轨迹是完全相同的，如罐笼上 A、B 两点的轨迹 AA' 与 BB' 和筛面上的 A、B 两点的轨迹 $\overset{\frown}{AA'}$，各点的每一瞬时速度和加速度也相同（见图 3－1－14）。因此，研究刚体的平动时，只需研究刚体上任一点的运动就代表了刚体的运动，刚体的平动可简化为点的运动来研究。

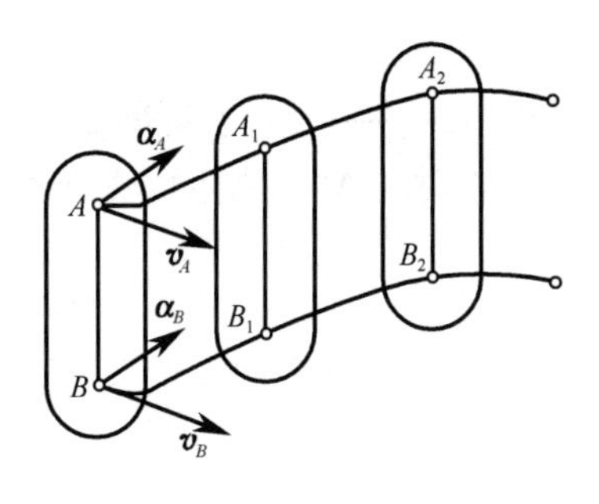

图 3－1－14　刚体的平动

2. 构件的定轴转动

在工程实际中还常遇到另一种基本运动形式，如带轮、齿轮、飞轮、电机转子等，这类构件在工作中可以视为刚体，它们在运动中的共同特征是：运动中，体内有一直线始终固定不动，这种运动称为构件的定轴转动。这个固定直线称为转动轴。

1）转动方程

在刚体上任取一垂直于转动轴 z 的平面 S，如图 3－1－15 所示，平面与转动轴交于固定点 O，称为转动中心，由于构件为刚体，可用平面 S 绕转动中心 O 点转动表示构件的运动，再在平面 S 任取一径向直线 OM，同理，OM 绕转动中心 O 点的转动就表示构件的运动。取一径向直线 Ox 固定不动，作为基准，用 Ox 与 OM 之间夹角 φ 表示刚体的转角，单位为弧度（rad）。规定平面 S 按逆时针方向转动时，转角取正值；顺时针方向转动时，转角取负值。刚体的转角 φ 随时间 t 的变化关系为构件的转动方程，即

$$\varphi = f(t) \tag{3-1-13}$$

2）角速度

角速度是表示刚体转动快慢和转动方向的物理量。设刚体在瞬时 t 转角为 φ，在瞬时 $t' = t + \Delta t$ 时转角为 φ'，如图 3－1－16 所示。在时间 Δt 内刚体转过角度为

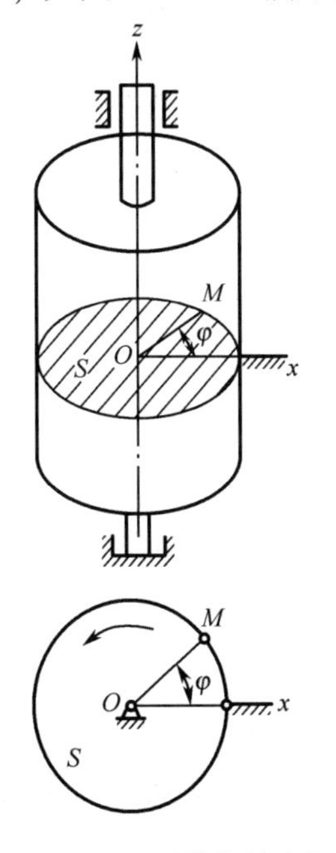

图 3－1－15　刚体的转动方程

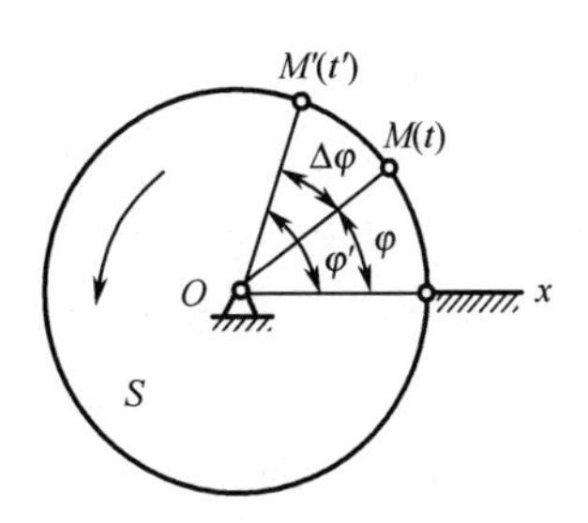

图 3－1－16　刚体的角速度

$$\Delta\varphi = \varphi' - \varphi$$

式中　$\Delta\varphi$——刚体在时间 Δt 内的角位移。

在时间 Δt 内刚体转动的平均角速度，用 ω_p 表示

$$\omega_p = \frac{\Delta\varphi}{\Delta t}$$

当 Δt 趋于零时，平均角速度趋于某一极限值，这个极限值称为刚体在瞬时 t 的瞬时角速度，用 ω 表示，

$$\omega = \lim_{\Delta t \to 0}\frac{\Delta\varphi}{\Delta t} = \frac{d\varphi}{dt} \tag{3-1-14}$$

于是得出：瞬时角速度等于转角方程对时间的一阶导数。

角速度的正负号表示刚体的转动方向，规定：刚体按逆时针方向转动时，角速度为正；反之为负。

角速度的单位为弧度/秒（rad/s）。在工程中常采用转/分（r/min）作为转动快慢的单位，称为转速，用 n 表示。因为一转是 2πrad，1 min = 60 s，所以角速度 ω 与转速 n 之间的关系为

$$\omega = \frac{2\pi n}{60} = \frac{\pi n}{30}\ \text{rad/s}$$

3. 角加速度

角加速度是表示刚体角速度变化程度的。它也是描述刚体转动情况的一个物理量。

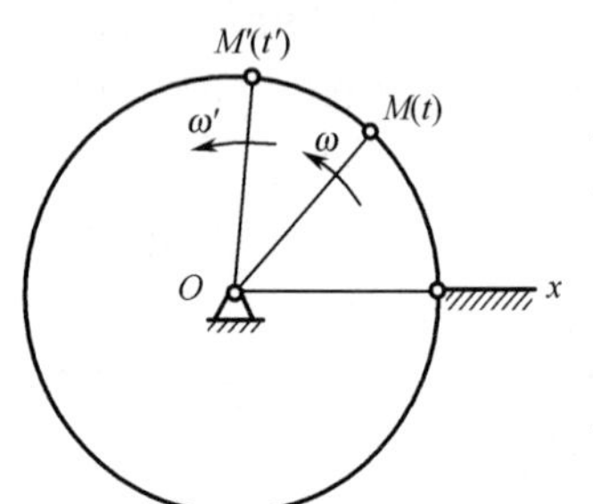

图 3-1-17　刚体的角加速度

设刚体在瞬时 t 时的角速度为 ω，在瞬时 $t' = t + \Delta t$ 时的角速度为 $\omega' = \omega + \Delta\omega$（见图 3-1-17）。在时间 Δt 内角速度的变化值为

$$\Delta\omega = \omega' - \omega$$

角速度在时间 Δt 内变化的平均快慢程度称为平均角加速度。用 ε_p 表示，即

$$\varepsilon_p = \frac{\Delta\omega}{\Delta t}$$

当时间间隔 Δt 趋于零时，平均角加速度趋近于某一极限值，这个极限值称为刚体在瞬时 t 的角加速度

$$\varepsilon = \lim_{\Delta t \to 0}\frac{\Delta\omega}{\Delta t} = \frac{d\omega}{dt} = \frac{d^2\varphi}{dt^2} \tag{3-1-15}$$

于是得出：刚体转动时的瞬时角加速度等于角速度对时间的一阶导数，或等于转角对时间的二阶导数。

角加速度的正负号规定：正号表示角加速度为逆时针方向；负号表示角加速度为顺时针方向。角加速度单位为弧度/秒（rad/s^2）。

4. 转动刚体上各点的速度和加速度

在工程实际中常需要确定转动刚体上点的运动，例如砂轮、带轮等，下面我们来研究刚体转动和刚体上点的运动之间的关系。

1）刚体转动与刚体上点的弧坐标关系

如图 3-1-18 所示，刚体绕转动中心 O 转动，轮缘上一点 M 至转动中心的距离为 R，称为转动半径。当刚体转动时，点 M 将以 R 为半径做圆周运动。显然刚体转角 φ 与点 M 的弧坐标 S 之间的关系为

$$S = R\varphi \qquad (3-1-16)$$

即刚体上任一点的弧坐标等于刚体的转角乘以该点至转动中心的距离。

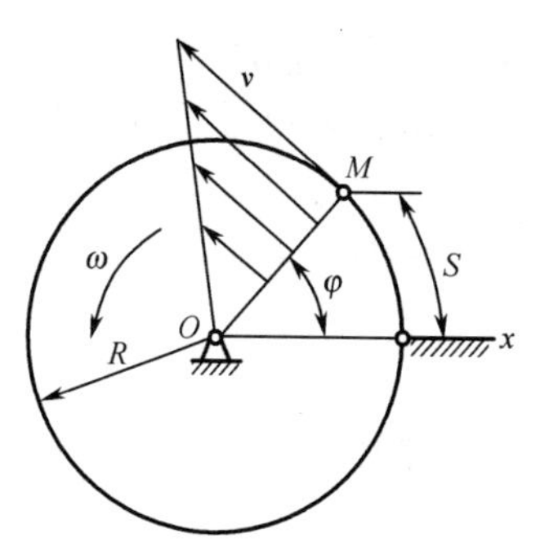

图 3－1－18　刚体转动与刚体上点的弧坐标

2）刚体角速度与刚体上点的速度关系

刚体上任一点的速度可由前面讨论过的速度公式（3－1－2）求出，即

$$v = \frac{dS}{dt}$$

而

$$S = R\varphi$$

于是得

$$v = \frac{d(R\varphi)}{dt} = R\frac{d\varphi}{dt} = R\omega \qquad (3-1-17)$$

在刚体上除转动中心 O 点外，其他各点均为圆周运动，速度指向与角速度方向一致。于是得：转动刚体上任一点的速度等于刚体的角速度乘以该点的转动半径。速度的方向垂直于转动半径，并指向角速度一方。

由式（3－1－17）可以看出，刚体上各点速度的大小与转动半径成正比，其速度分布情况如图 3－1－19 所示。

3）刚体的角加速度与刚体上点的加速度的关系

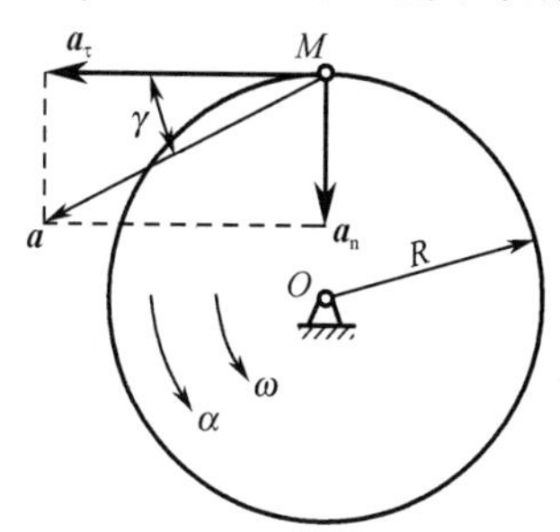

图 3－1－19　刚体的角加速度与刚体上点的加速度

设刚体转动某瞬时 t 的角速度为 ω，角加速度为 φ。在刚体上任取一点 M，其转动半径为 R，如图 3－1－19 所示。当刚体转动时，M 点则以 O 点为圆心做圆周运动。因此其加速度可按点的曲线运动时切向加速度和法向加速度求出，即

$$\begin{cases} a_\tau = \dfrac{dv}{dt} = \dfrac{d(R\omega)}{dt} = R\dfrac{d\omega}{dt} = R\varphi \\ a_n = \dfrac{v^2}{R} = \dfrac{(R\omega)^2}{R} = R\omega^2 \end{cases} \qquad (3-1-18)$$

于是得：刚体转动时，刚体上任一点的切向加速度等于该点转动半径乘以刚体的角加速度，其方向与转动半径相垂直，并指向角加速度一方；法向加速度等于该点的转动半径乘以角速度的平方，方向指向转动中心。

转动刚体上 M 点的全加速度的大小为

$$a = \sqrt{a_\tau^2 + a_n^2} = \sqrt{R^2\varphi^2 + R^2\omega^4} = R\sqrt{\varphi^2 + \omega^4} \qquad (3-1-19)$$

全加速度的方向可按下式求得：

$$\gamma = \arctan\left|\frac{a_n}{a_\tau}\right| = \arctan\left|\frac{\omega^2}{\varphi}\right| \qquad (3-1-20)$$

式中　γ——$\boldsymbol{a}_n$ 与 $\boldsymbol{a}_\tau$ 所夹锐角，如图 3－1－19 所示。

【任务实施】

矿井提升机的滚筒直径 $d = 6$ m，启动时滚筒转动方程为 $\varphi = 0.2t^2$，式中转角单位为弧度，时间单位为秒，如图 3－1－1 所示。试求重物上升时的加速度、启动后10 s末时速度和

重物上升的高度。

解：重物通过钢绳缠在滚筒的轮缘上，因此重物的速度和加速度等于滚筒轮缘上点的速度和切向加速度。

滚筒的角速度为

$$\omega = \frac{d\varphi}{dt} = (0.2t^2)' = 0.4t$$

重物上升的速度为

$$v = R\omega = 0.4Rt$$

重物在 10 s 末的速度为

$$v_{10} = 0.4 \times \frac{d}{2}t = 0.4 \times \frac{6}{2} \times 10 \text{ m/s} = 12 \text{ m/s}$$

滚筒的角加速度为

$$\varphi = \frac{d\omega}{dt} = (0.4t)' = 0.4 \text{ rad/s}^2$$

重物上升的加速度为

$$a = a_\tau = R\varphi = \frac{6}{2} \times 0.4 \text{ m/s}^2 = 1.2 \text{ m/s}^2$$

重物在 10 s 末上升高度 H 由匀变速运动方程求得

$$H = \frac{1}{2}at^2 = \frac{1}{2} \times 1.2 \times 10^2 \text{ m} = 60 \text{ m}$$

【任务小结】

本任务的主要内容是用自然坐标法、直角坐标法描述点的运动，简单介绍了构件的平面基本运动——平动和定轴转动的基础知识等。

1. 用自然坐标法描述点的运动

运动方程：

$$S = f(t)$$

速度：

$$v = \frac{ds}{dt}$$

加速度：

$$a_\tau = \lim_{\Delta t \to 0} \frac{\Delta \boldsymbol{v}_\tau}{\Delta t} = \frac{d\boldsymbol{v}}{dt} = \frac{d^2 S}{dt^2},\ a_n = \frac{\boldsymbol{v}^2}{\rho}$$

全加速度：

$$a = \sqrt{a_\tau^2 + a_n^2} = \sqrt{\left(\frac{d\boldsymbol{v}}{dt}\right)^2 + \left(\frac{\boldsymbol{v}^2}{\rho}\right)^2}$$

2. 用直角坐标法描述点的运动

运动方程：

$$\begin{cases} x = f_1(t) \\ y = f_2(t) \end{cases}$$

速度：

$$\begin{cases} v_x = \lim\limits_{\Delta t \to 0} \dfrac{\Delta x}{\Delta t} = \dfrac{dx}{dt} \\ v_y = \lim\limits_{\Delta t \to 0} \dfrac{\Delta y}{\Delta t} = \dfrac{dy}{dt} \end{cases} \qquad \begin{cases} v = \sqrt{v_x^2 + v_y^2} = \sqrt{\left(\dfrac{dx}{dt}\right)^2 + \left(\dfrac{dy}{dt}\right)^2} \\ \varphi = \arctan \left| \dfrac{v_y}{v_x} \right| \end{cases}$$

加速度：

$$\begin{cases} a_x = \dfrac{dv_x}{dt} = \dfrac{d^2 x}{dt^2} \\ a_y = \dfrac{dv_y}{dt} = \dfrac{d^2 y}{dt^2} \end{cases}$$

全加速度：

$$\begin{cases} a = \sqrt{a_x^2 + a_y^2} = \sqrt{\left(\dfrac{d^2 x}{dt^2}\right)^2 + \left(\dfrac{d^2 y}{dt^2}\right)^2} \\ \beta = \arctan \left| \dfrac{a_y}{a_x} \right| \end{cases}$$

3. 构件的平动

构件平动时，体内各点的轨迹相同，在同一瞬时，体内各点的速度相同，加速度亦相同。

4. 构件的定轴转动

转动方程：

$$\varphi = f(t)$$

角速度：

$$\omega = \lim_{\Delta t \to 0} \frac{\Delta \varphi}{\Delta t} = \frac{d\varphi}{dt}$$

角加速度：

$$\varepsilon = \lim_{\Delta t \to 0} \frac{\Delta \omega}{\Delta t} = \frac{d\omega}{dt} = \frac{d^2 \varphi}{dt^2}$$

5. 定轴转动构件内任一点的速度

$$v = \frac{d(R\varphi)}{dt} = R\frac{d\varphi}{dt} = R\omega$$

6. 转动构件内任一点的加速度

$$\begin{cases} a_\tau = \dfrac{dv}{dt} = \dfrac{d(R\omega)}{dt} = R\dfrac{d\omega}{dt} = R\varphi \\ a_n = \dfrac{v^2}{R} = \dfrac{(R\omega)^2}{R} = R\omega^2 \end{cases}$$

$$a = \sqrt{a_\tau^2 + a_n^2} = \sqrt{R^2\varphi^2 + R^2\omega^4} = R\sqrt{\varphi^2 + \omega^4}$$

【实践训练】

3-1-1 如果知道了点的运动方程 $S = f(t)$，点的位置是否能够确定？为什么？

3－1－2 弧坐标和路程、路程和位移之间有什么不同？又有什么联系？

3－1－3 若 a、b 为常数，质点运动方程 $s=a+bt$，其轨迹是否一定是直线？质点的运动方程 $s=bt^2$ 其轨迹是否为一曲线？

3－1－4 点在某瞬时的速度为零，该瞬时的加速度是否也一定为零？

3－1－5 如图3－1－20所示，动点做曲线运动时，哪些瞬时是加速运动？哪些瞬时是减速运动？哪些瞬时是不可出现的运动？

3－1－6 如图3－1－21所示，动点 M 沿螺旋线自外向内运动，所走过的弧长 $s=kt$，k 为常数，此动点的加速度是越来越大，还是越来越小？

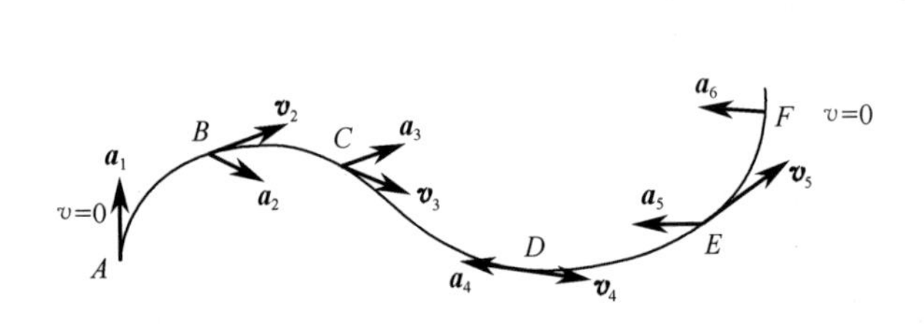

图3－1－20 思考题3－1－5图

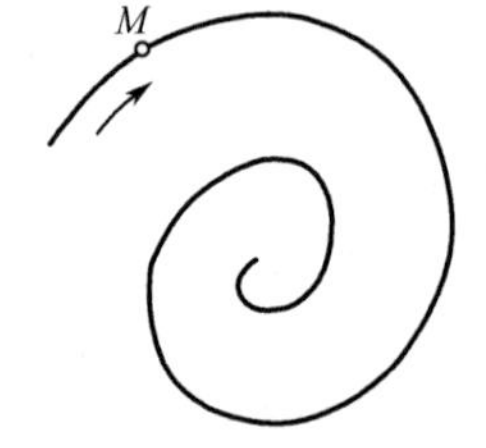

图3－1－21 思考题3－1－6图

3－1－7 刚体平动时，刚体上任意一点的运动为什么能代表刚体的运动？

3－1－8 飞轮匀速转动，若半径增大1倍，轮缘上各点的速度、加速度是否都增大1倍？若转速增大1倍，轮缘上各点的速度、加速度是否都增大1倍。

3－1－9 如图3－1－22所示，已知匀角速度为 ω，分析各构件 A、B 两点的瞬时速度、加速度的大小和方向。

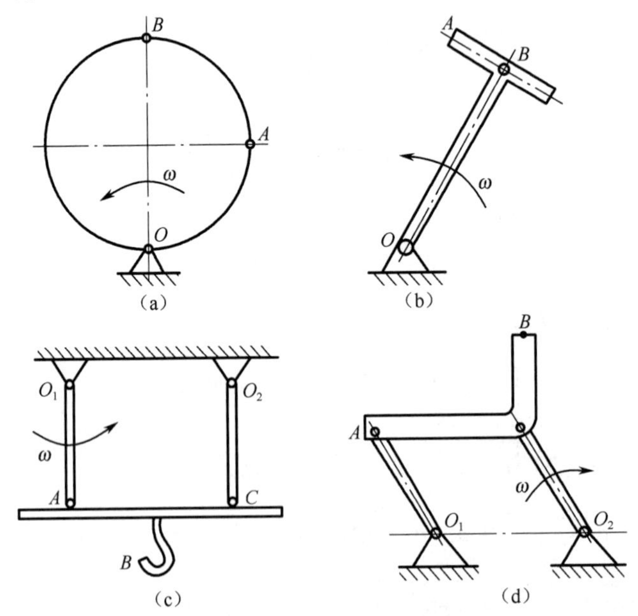

图3－1－22 思考题3－1－9图

3－1－10 一摩擦轮传动机构如图3－1－23所示，传动时两轮接触处没有相对滑动，问它们的角速度和角加速度各有什么关系？

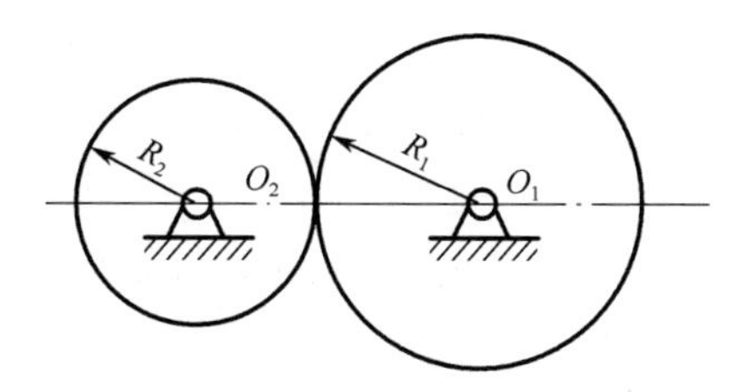

图3-1-23　思考题3-1-10图

习　题

3-1-1 点沿曲线运动，其运动方程为 $x=40-2t^2$，坐标 x 的单位为mm，时间 t 的单位为s。求：(1) $t=3$ s，$t=5$ s时点的位置；(2) 点在(2~5)s内的路程，并绘图表示。

3-1-2 椭圆规尺 AB 长为60 mm，$OC=30$ mm，$MB=15$ mm，$AC=CB$，OC 与 x 轴夹角为 φ，如图3-1-24所示。求 AB 尺上一点 M 的坐标方程和轨迹方程。

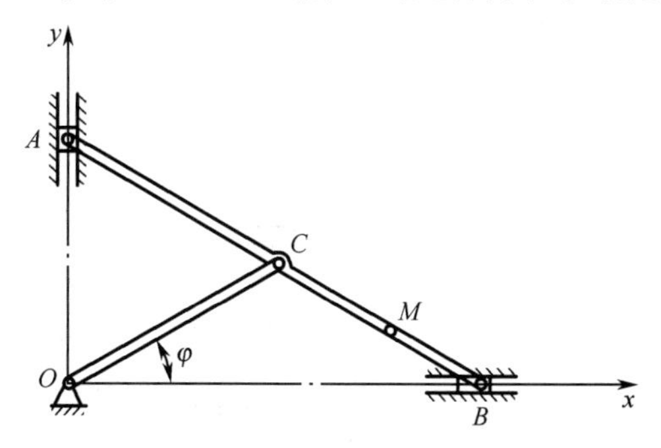

图3-1-24　习题3-1-2图

3-1-3 吊车以2 m/s的速度沿水平方向行驶，并以1 m/s^2 的加速度由静止开始向上吊起重物，如图3-1-25所示。以开始向上吊起重物时为原点，求重物的运动方程、轨迹方程及2 s时的速度。

3-1-4 一搅拌机构如图3-1-26所示，已知 $AB=O_1O_2$，$O_1A=O_2B=0.25$ m，O_1A 的转速 $n=380$ r/min。试求 M 点的运动轨迹和速度。

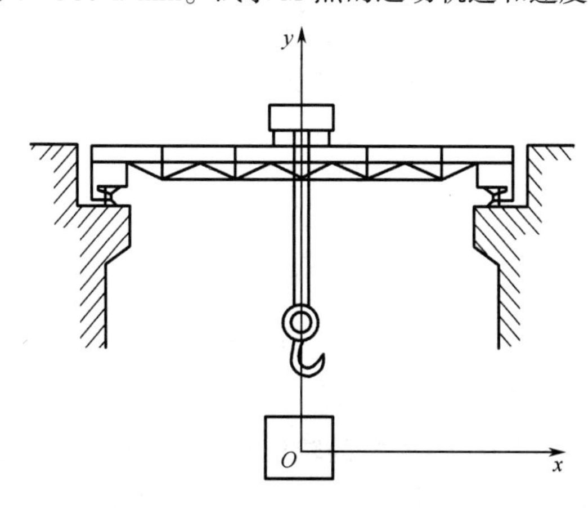

图3-1-25　习题3-1-3图

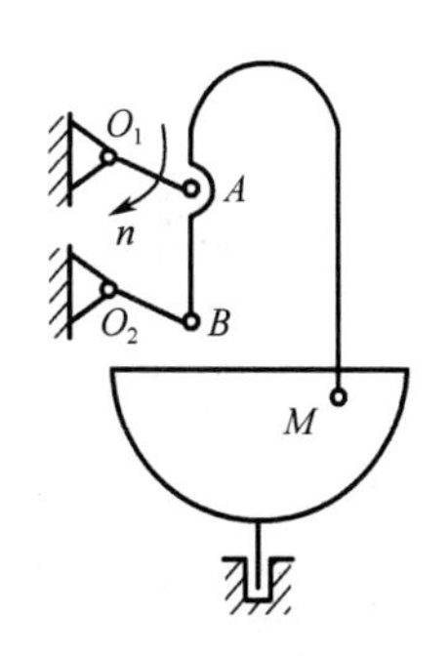

图3-1-26　习题3-1-4图

3－1－5 已知物体的转动方程为

$$\begin{cases}\varphi = 3t^2 - t^3 \\ \varphi = 4t - t^2\end{cases}$$

其中转角 φ 单位为 rad，时间 t 单位为 s。试求 $t=1$ s、$t=2$ s 时物体的角速度和角加速度。并绘制各瞬时角速度和角加速度的转向。

3－1－6 一冷轧机如图 3－1－29 所示，已知工作辊的直径 $D=280$ mm，由静止开始做匀变速转动，经 2 s 后转速为 40 r/min。求此瞬时轧件的速度和加速度。

3－1－7 移动凸轮机构如图 3－1－28 所示，凸轮匀速 $v_0=1$ cm/s 水平向左运动，使活塞杆 AB 沿铅垂方向运动。已知开始时，活塞杆 A 端在凸轮的最高点。凸轮半径 $R=8$ cm。求活塞杆 A 端的运动方程和 $t=4$ s 时的速度。

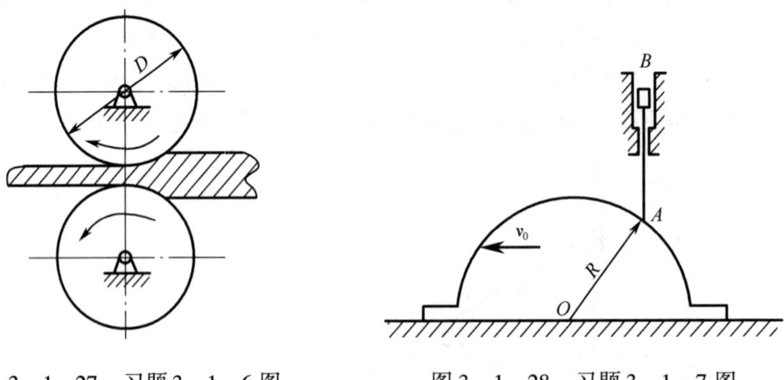

3－1－27 习题 3－1－6 图　　　图 3－1－28 习题 3－1－7 图

3－1－8 如图 3－1－29 所示，曲柄 OB 按 $\varphi=\omega t$ 绕 O 点匀速转动，$\omega=2$ rad/s，通过铰链 B 带动杆 AD 运动。已知 $AB=OB=BC=CD=120$ mm。求杆端 D 的运动方程和轨迹方程，以及当 $\varphi=45°$ 时 D 点的速度。

3－1－9 凸轮机构如图 3－1－30 所示，已知凸轮半径 $r=60$ mm，偏心距 $e=40$ mm。凸轮以 $\varphi=\omega t$ 的规律绕 O 转动。求从动件上 M 点的运动方程、速度和加速度。

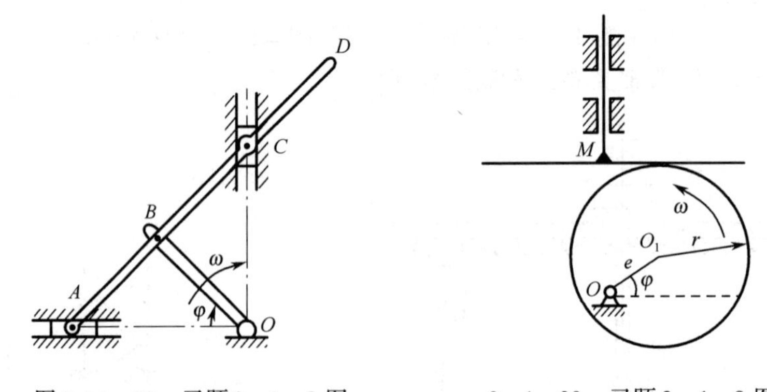

图 3－1－29 习题 3－1－8 图　　　3－1－30 习题 3－1－9 图

3－1－10 正弦机构如图 3－1－31 所示，滑杆 AB 在某段时间内以匀速 v 向上运动。已知 O 点到 AB 的距离为 H，$OC=l$，初瞬时 $\varphi=0$，建立 OC 杆的转角方程，求 C 点的速度。

3－1－11 如图 3－1－32 所示，两轮同轴，半径分别为 $R=10$ cm 和 $r=5$ cm。A、B 物体由柔体分别悬挂在两轮的两侧。已知 A 物体按运动方程 $x=5t^2$ 向下运动。求：（1）鼓轮

的转角方程及 $t=4$ s 时大轮缘上一点的速度和切向加速度；（2）物体 B 的运动方程。

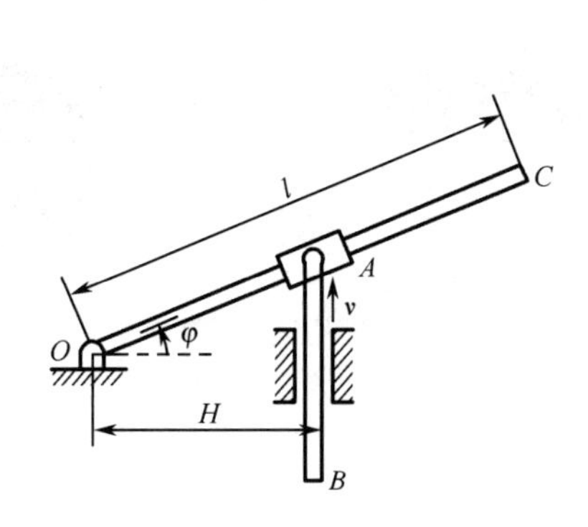

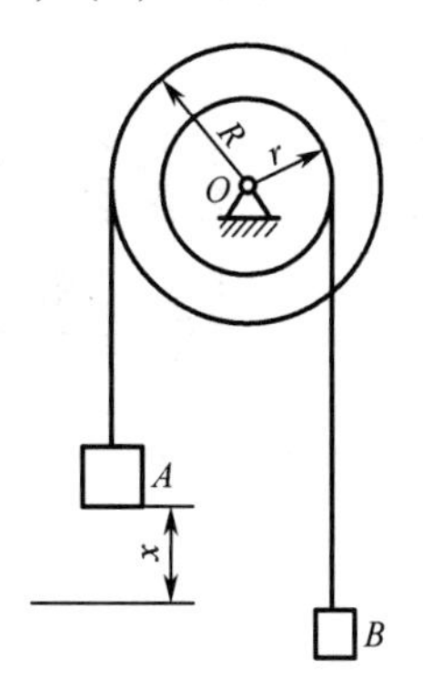

图 3－1－31　习题 3－1－10 图　　　　图 3－1－32　习题 3－1－11 图

3－1－12 带传动如图 3－1－33 所示，两轮的半径分别为 $r_1=75$ cm 和 $r_2=30$ cm。电机开启后 A 轮的角加速度 $\varepsilon_1=0.4\ \text{rad/s}^2$，求经过多少秒后 B 轮的转速达到 $n_2=300$ r/min。

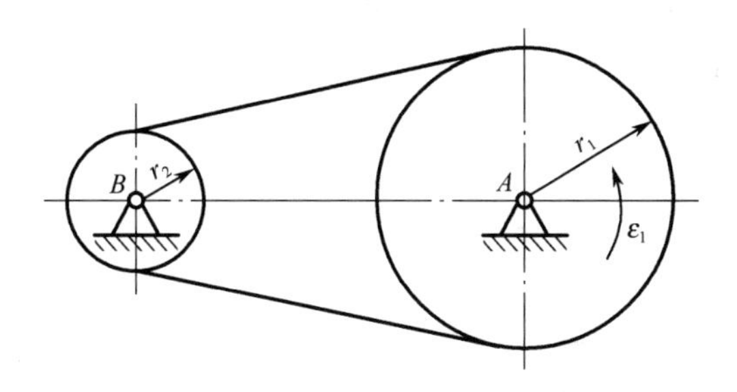

图 3－1－33　习题 3－1－12 图

3－1－13 如图 3－1－34 所示，正平行四边形机构中 $OA=O_1C=r=150$ mm，曲柄 OA 以匀角速度为 $\omega=60$ rad/s 转动。求连杆 AC 上一点 B 的速度和加速度。

3－1－14 如图 3－1－35 所示，两曲柄 AB、CD 互相平行，分别绕 A、C 点摆动，带动托架 DBE 运动，提升重物 G。已知某瞬时曲柄的角速度 $\omega=4$ rad/s，角加速度 $\varepsilon=2\ \text{rad/s}^2$，曲柄 $AB=CD=0.2$ m。求重物该瞬时的速度和加速度。

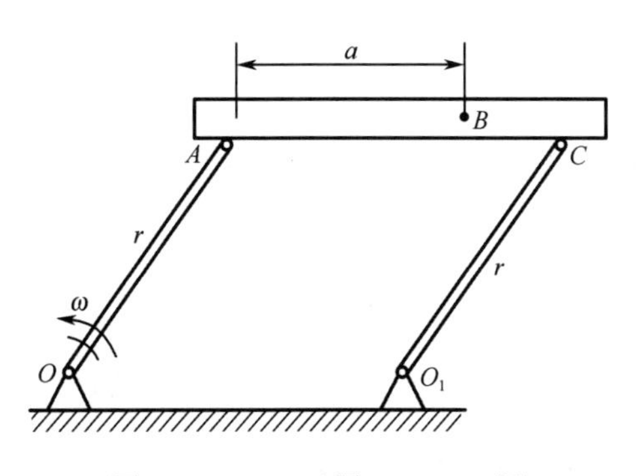

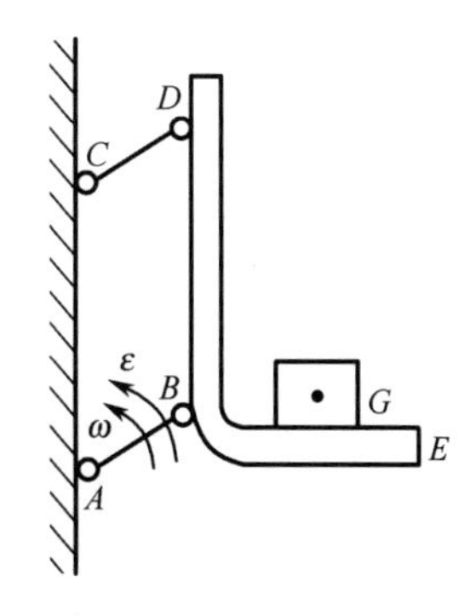

图 3－1－34　习题 3－1－13 图　　　　图 3－1－35　习题 3－1－14 图

任务二　合成运动和平面运动简介

【任务描述】

椭圆规的运动分析：

椭圆规如图 3－2－1 所示，滑块 A、B 分别在水平和垂直槽中滑动，并用长度为 l 的连杆 AB 连接。已知滑块的移动速度为$\boldsymbol{v}_A$，方向如图 3－2－5 所示，连杆与水平方向的夹角为 α。求滑块 B 的移动速度$\boldsymbol{v}_B$ 和连杆 AB 的角速度$\boldsymbol{v}_{BA}$。

椭圆规

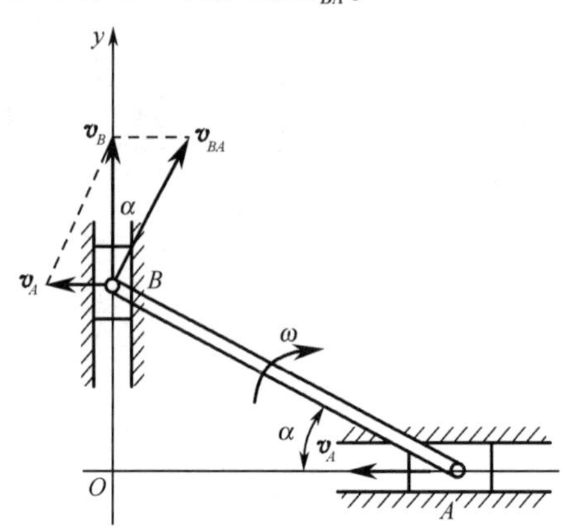

图 3－2－1　椭圆规

【任务分析】

了解合成运动和平面运动的概念，应用平面图形上点的速度合成法求出指定点的速度及相关角速度。

【知识准备】

3.2.1　点的合成运动概念

前面研究点的运动和构件的基本运动时，都是以地球作为参考系的。其实，在不同参考系上描述同一物体的运动，会有不同的结论。例如，人站在地面上，看到车厢里的人随列车一起运动，可是坐在列车里的人看到车厢是静止的；在下雨时，对于地面上的观察者来说，雨滴是铅垂向下的，但是对于正在行进的车上的观察者来说，雨滴是倾斜向后的，如图3－2－2所示。为什么同一运动，会出现不同的结果呢？这是因为前者是以地面为参考系，后者是以车厢为参考系。这种不同运动的结果，是因为选择的参考系不同，因而运动结果也不相同。既然同一物体对不同的参考系的运动是不一样的，那么物体对不同的参考系的运动之间有什么关系呢？为此，我们建立合成运动的概念。

如图3－2－3所示，起重机起吊重物 M 时，重物既要随小车沿横梁向右运动，又要随卷扬机提升向上运动。显然，重物相对起重机向上运动，相对地面是向右上方运动。把重物 M 简化为质点，称为动点。把固连于地面的坐标系称为固定参考系，简称定系，用 Oxy 表示。把相对于地面运动的坐标系（如固连于小车上的坐标系）称为动参考系，简称动系，用 $O'x'y'$ 表示。

桥式起重机

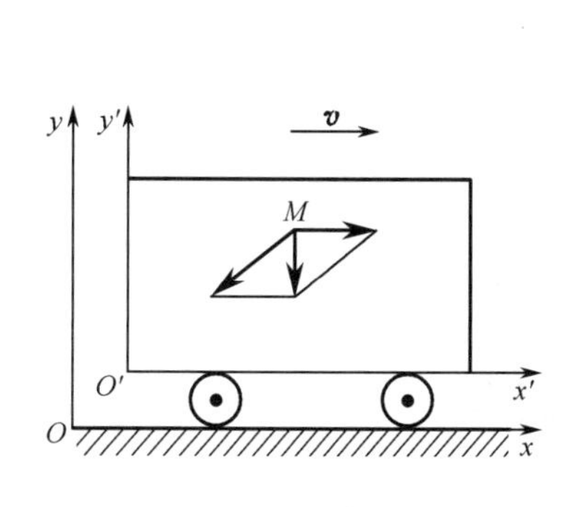

图3－2－2　雨滴的运动

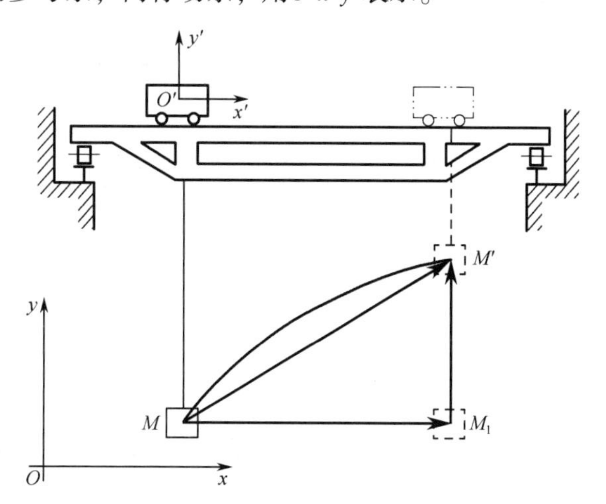

图3－2－3　桥式起重机

为了区别动点对于不同参考系的运动，规定：

绝对运动——动点相对于定系的运动；

相对运动——动点相对于动系的运动；

牵连运动——动系相对于定系的运动。

例如，站在河岸观察轮船甲板上走动的旅客，取旅客为动点，河岸为静系，航行的轮船为动系。不同瞬时旅客脚踩轮船甲板上一系列不同的点就是瞬时牵连点，它们在不同瞬时对河岸具有不同的速度，这就是旅客的牵连速度。

图3－2－2中，定系固连于地面上，动系固连于小车上，重物 M 为动点。重物相对于地面的曲线运动为绝对运动；重物相对于小车的铅垂方向的直线运动为相对运动，小车相对于地面的水平直线运动是牵连运动。从以上三种运动关系可知，动点 M 相对于地面的绝对运动可分解为动点 M 相对于小车的相对运动，与小车相对于地面的牵连运动。显然，若没有牵连运动，则动点的相对运动就是它的绝对运动；若没有相对运动，则动点随动系所做的牵连运动就是它的绝对运动。由此可见，动点的绝对运动可看成是动点的相对运动与动点随动系的牵连运动的合成。因此，动点的绝对运动又称为点的合成运动或复合运动。

又如图3-2-4所示中，定系固连于地面上，动系固连于车上，沿直线轨道滚动的车轮上一点为动点。站在地面上的人以地面为定参考系，看其轮缘上点 M 的运动轨迹是旋轮线，这是绝对运动；而在行驶着的车中的人，以车厢为动参考系看 M 点，点 M 相对于车厢的运动是简单的圆周运动，这是相对运动；车厢作为动参考系，车厢相对于地面的运动是简单的平动，这是牵连运动。这样，轮缘上一点的运动就可以看成两个简单运动的合成，即点 M 相对于车厢做圆周运动，同时车厢相对于地面做平动。

应该指出，动点的绝对运动和相对运动都是指点的运动，它可能做直线运动或曲线运动；而牵连运动则是指参考体的运动，实际上是刚体的运动，它可能做平动、转动或其他较复杂的运动。

选择动点和动系时应注意，动点和动系不能选在同一个构件上，即动点和动系之间必须有相对运动；一般取常接触点为动点，瞬时接触点所在的构件为动系。

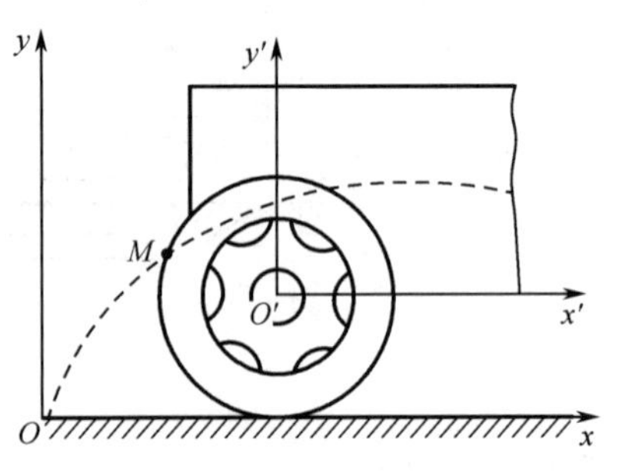

沿直线轨道滚动的车轮

图3-2-4　沿直线轨道滚动的车轮

3.2.2　速度合成定理

如图3-2-5所示，设运动平面 S 上有一曲线槽 AB，槽内有动点 M 沿槽运动，定参考系 Oxy 固连在地面上，动参考系 $O'x'y'$ 固连在运动平面 S 上。任意瞬时 t，动点位于动系 $O'x'y'$ 的 M 处，经过时间间隔 Δt 后，曲线槽随同动系运动到 $A'B'$ 位置，而动点 M 也沿曲线槽运动到 M''，所以动点 M 相对于定系的绝对运动轨迹为 $\overset{\frown}{MM''}$，则动点 M 相对于定系的绝对位移为 $\overrightarrow{MM''}$；动点 M 相对于动系的相对运动轨迹为 $\overset{\frown}{M'M''}$，相对于动系的相对位移为 $\overrightarrow{M'M''}$；动系相对于定系的轨迹为 $\overset{\frown}{MM'}$，牵连位移为 $\overrightarrow{MM'}$。由图可见

$$\overrightarrow{MM''}=\overrightarrow{M'M''}+\overrightarrow{MM'}$$

将上式两边除以时间间隔 Δt，令 $\Delta t\to 0$ 时取极限，得 M 点的速度为

$$\lim_{\Delta t\to 0}\frac{\overrightarrow{MM''}}{\Delta t}=\lim_{\Delta t\to 0}\frac{\overrightarrow{M'M''}}{\Delta t}+\lim_{\Delta t\to 0}\frac{\overrightarrow{MM'}}{\Delta t}$$

式中　$\lim\limits_{\Delta t\to 0}\dfrac{\overrightarrow{MM''}}{\Delta t}$——动点相对于定系的瞬时速度，称为绝对速度，用 $\boldsymbol{v}_a$ 表示，方向沿 $\overset{\frown}{MM''}$ 的切线方向；

$\lim\limits_{\Delta t\to 0}\dfrac{\overrightarrow{M'M''}}{\Delta t}$——动点相对于动系的瞬时速度，称为相对速度，用 $\boldsymbol{v}_r$ 表示，方向沿 $\overset{\frown}{M'M''}$ 的切线方向；

$\lim\limits_{\Delta t \to 0}\frac{\overrightarrow{MM'}}{\Delta t}$——动点与动系重合点相对于定系的速度，称为牵连速度，用$\boldsymbol{v}_e$表示，方向沿$\overset{\frown}{MM'}$的切线方向。

因此，上式可写为

$$\boldsymbol{v}_a = \boldsymbol{v}_r + \boldsymbol{v}_e \tag{3-2-1}$$

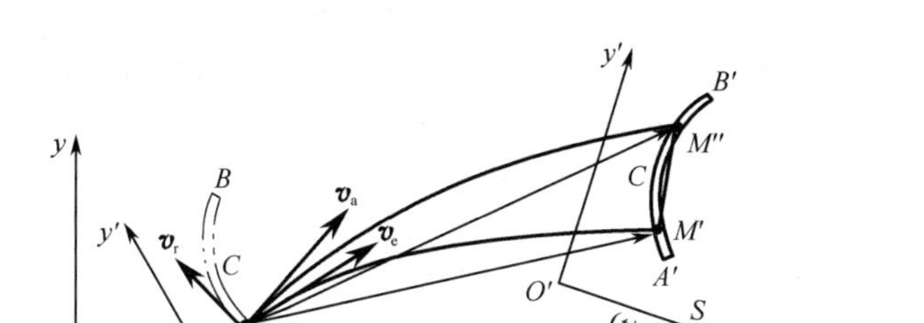

图 3-2-5　点的速度合成

此式表明，动点的绝对速度等于它的牵连速度与相对速度的矢量和，即动点的绝对速度可以由相对速度和牵连速度为邻边组成的平行四边形的对角线表示，即为点的速度合成定理。

速度合成定理所表示的矢量方程，共包含有6个量（绝对速度、相对速度、牵连速度的大小和方向），若已知其中4个量，便可以求出其余的两个未知量。

应用速度合成定理求解实际问题时，要注意正确选取动点和动系，分清三种运动和三个速度，再根据已知条件作出速度矢量图，然后应用几何关系或矢量投影式解出未知量。

例 3-2-1　船 A 以匀速$\boldsymbol{v}_1$向正东方向航行，船 B 向东偏北 α 角方向匀速航行，船 B 在船 A 的正北方，如图 3-2-6 所示。求船 B 的速度 $\boldsymbol{v}_2$ 和在船上观察到的 B 的速度。

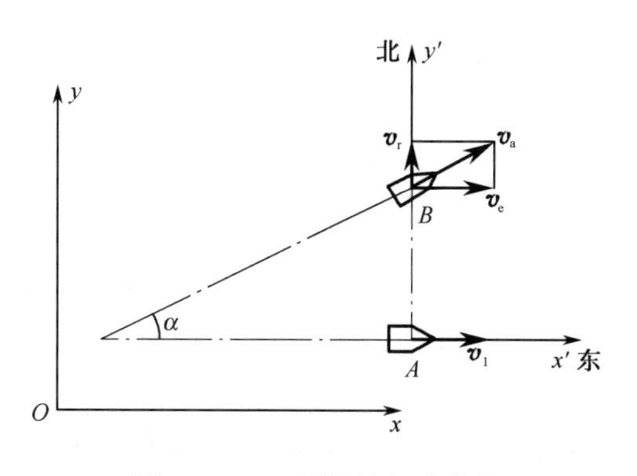

图 3-2-6　两船的相对速度

解：（1）选取动点和动系。选取固定在地面上的参考系 Oxy 为定系，选固定在 A 船上的参考系 $Ax'y'$为动系，取船 B 为动点。

（2）运动和速度分析。动点 B 的绝对运动为沿航线的直线运动，速度 $v_a = v_2$，与 x 轴成 α 角方向；由于船 B 在船 A 的正北方，所以动点 B 的相对运动为沿 Ay'方向的直线运动，速度为$\boldsymbol{v}_r$；牵连运动为 A 船沿 x'轴的直线运动，速度 $v_e=v_1$。

(3) 用速度合成定理，由式（3-2-1）作速度矢量图，如图 3-2-6 所示。

由图可知

$$v_a=\frac{v_e}{\cos\alpha}=\frac{v_1}{\cos\alpha}$$

$$v_r=v_e\tan\alpha=v_1\tan\alpha$$

例 3-2-2 仿形铣床如图 3-2-7 所示，当靠模 A 以速度$\boldsymbol{v}_1$ 向右移运动时，推动探针 MN 沿铅垂方向运动，图示瞬时角 θ 已知，试求该瞬时探针的速度。

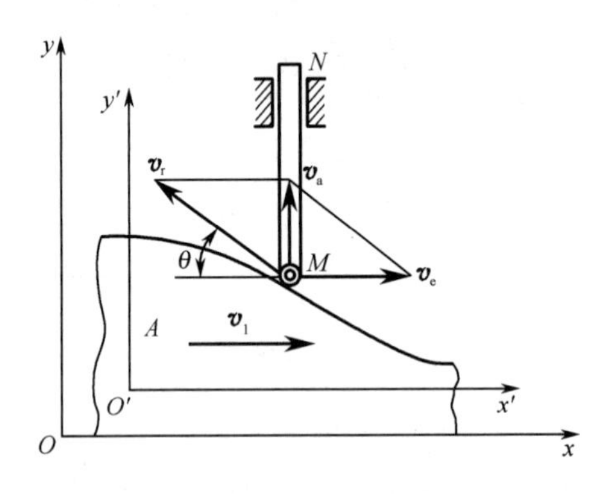

图 3-2-7 仿形铣床

解：(1) 选取动点和动系。探针上的端点 M 为动点，动系 $O'x'y'$固连在靠模上；定系 Oxy 固连在地面上。

(2) 运动和速度分析。动点 M 随探针所做的上下直线运动为绝对运动，速度为$\boldsymbol{v}_a$；动点 M 沿靠模表面的曲线运动为相对运动，速度为$\boldsymbol{v}_r$；靠模 A 向右做的直线平动为牵连运动，速度为$\boldsymbol{v}_e$，$v_e=v_1$。

(3) 根据速度合成定理，由式（3-2-1）作速度矢量图，即速度合成的平行四边形如图 3-2-7所示。

由图中几何关系得

$$v_a=v_e\tan\theta=v_1\tan\theta$$

例 3-2-3 在图 3-2-8 所示的刨床摆动导杆机构中，已知曲柄长 $OA=r$，并以匀角速度 ω 转动，两转动轴的距离 $OO'=l$。当曲柄在水平位置时，求摇杆的角速度 ω_1。

解：(1) 选取动点和动系。运动时曲柄 OA 绕 O 轴转动时，滑块 A 在导杆的槽中滑动，通过滑块 A 带动导杆 $O'A$ 绕 O'轴摆动。所以选固定在地面上的参考系 $O'xy$ 为定系，固定在摇杆上的参考系 $O'x'y'$为动系，取滑块 A 为动点。

(2) 运动和速度分析。动点 A 随曲柄 OA 做半径为 r 的圆周运动为绝对运动，速度为$\boldsymbol{v}_a$；滑块 A 沿摇杆滑道的往复直线运动为相对运动，速度为$\boldsymbol{v}_r$；摇杆绕 O'轴的摆动为牵连运动，速度为$\boldsymbol{v}_e$。

(3) 用速度合成定理，由式（3-2-1）作速度矢量图，如图 3-2-8 所示。

图中动点的绝对速度 $v_a=OA\omega=r\omega$（a）

图中牵连速度 $v_e=v_a\sin\theta$（b）

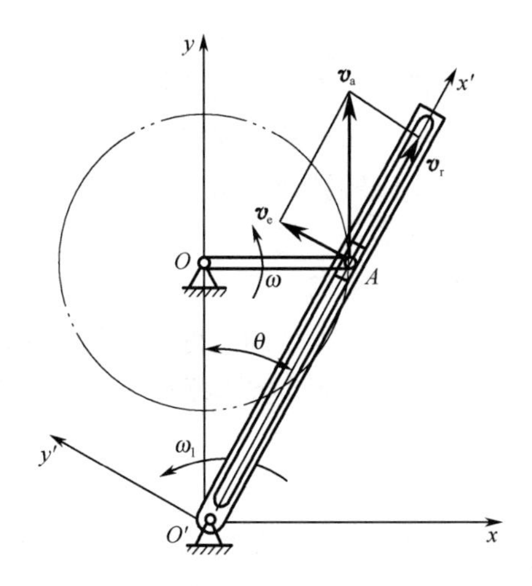

图 3-2-8　刨床摆动导杆机构

由图可知 $\sin\theta = \frac{r}{\sqrt{r^2 + l^2}}$ （c）

将（a）、（c）代入（b）得

$$v_e = v_a \sin\theta = r\omega \frac{r}{\sqrt{r^2 + l^2}}$$

又由 $v_e = \omega_1 O'A$ 得

$$\omega_1 = \frac{v_e}{O'A} = r\omega \frac{r}{\sqrt{r^2 + l^2}} / \sqrt{r^2 + l^2} = \frac{r^2 \omega}{r^2 + l^2}$$

3.2.3　构件平面运动的特点与力学模型

1. 工程实例与力学模型

如图 3-2-9（a）所示，车轮沿直线轨道滚动时，既不是平动又不是定轴转动，但其上某一平面，在运动过程中始终与一固定平面保持平行；如图 3-2-9（b）所示，曲柄滑块机构中连杆 AB 的运动，又如图 3-2-9（c）所示，行星轮系中行星轮 A 的运动，既不是平动又不是定轴转动，但构件上某一平面，在运动过程中始终与一固定平面保持平行。

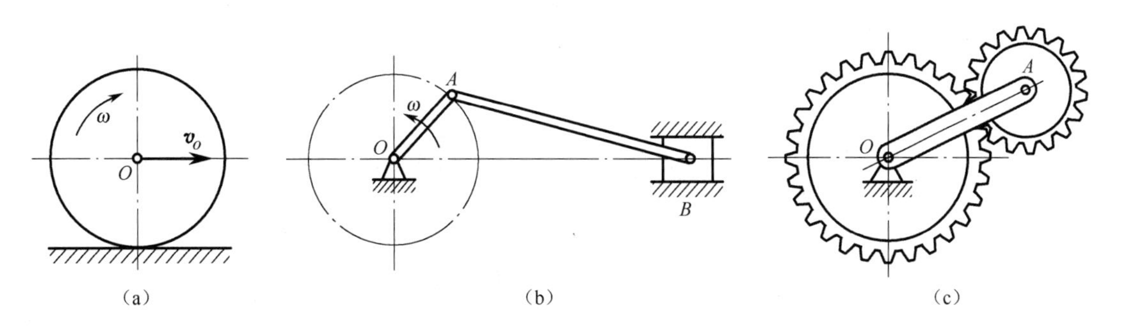

图 3-2-9　刚体的平面运动

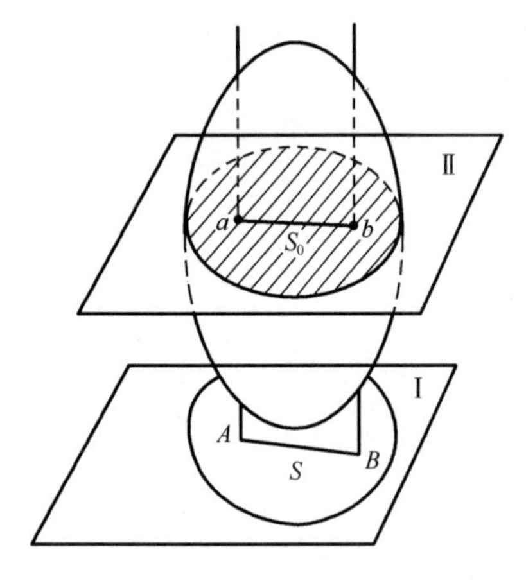

图 3-2-10　做平面运动的刚体

图 3-2-9（a）、（b）、（c）分别为车轮的平面力学模型、连杆机构的平面力学简图和行星轮系的平面力学模型。它们的共同特点是：构件在运动时，既不是平动又不是定轴转动，但其体内某一运动平面与一固定平面始终保持平行，这种运动称为构件的平面运动。

根据构件平面运动的特点来建立构件平面运动的力学模型，为使问题得到简化，通常将做平面运动的构件，在所选的固定参考平面Ⅰ内进行投影，用构件的投影轮廓线来代替构件，建立起构件平面运动的平面力学简图。如图 3-2-10所示，设Ⅰ为一固定参考平面，刚体内各点到该平面的距离保持不变。用一平行于Ⅰ平面的平面Ⅱ切割刚体，得刚体的截平面 S_0，为构件内的某一运动平面；运动平面 S_0 内任意两点 a、b 的连线 ab 的运动，可表示为 AB 连线在固定参考平面Ⅰ内的运动。

因此，构件的平面运动，可以简化为平面图形 S 在其所选固定参考平面内的运动。此即为构件平面运动的力学模型。

2. 平面运动分解为平移和转动

设平面图形在它所在的平面内运动，在该平面内取定坐标系 Oxy 如图 3-2-11 所示。任意瞬时平面图形的位置可由图形内任意线段 AB 的位置来确定，而线段 AB 的位置可由 A 点的坐标 x、y 及线段 AB 与 x 轴的夹角 φ 决定。当图形运动时，它们都是时间的单值连续函数，即

$$\begin{cases} x = f_1(t) \\ y = f_2(t) \\ \varphi = f_3(t) \end{cases} \tag{3-2-2}$$

式（3-2-2）称为刚体平面运动的运动方程。其中任意选定的 A 点称为图形的基点，角 φ 的符号规定与定轴转动时的转角 φ 相同。

若 x、y 不变，即 A 点保持不动，则图形做定轴转动；若 φ 不变，即线段 AB 始终与其原来的位置平行，则图形做平移。因此，平移和定轴转动是平面运动的两种特殊情形。在一般情况下，平面运动可看做是平移和转动的合成。

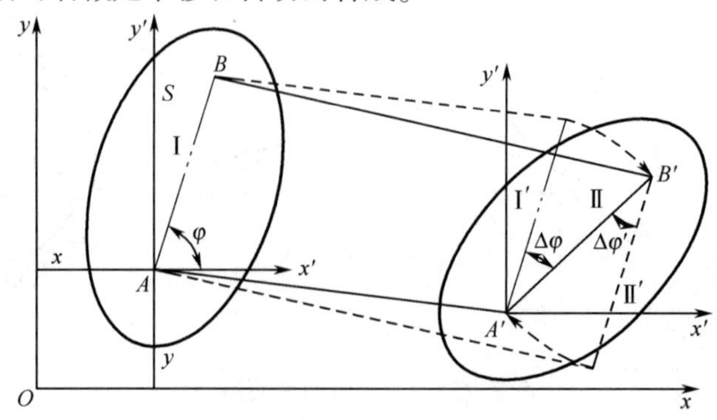

图 3-2-11　构件平面运动分析

在工程上研究刚体的平面运动常用的方法是应用合成运动的概念，通过选定一个适当的动参考系，把平面图形对于定参考系的绝对运动（平面运动），分解为随同动参考系的牵连运动和相对动参考系的相对运动。

设平面图形 S 做平面运动，其位置可由图形 S 内任一线段 AB 的位置来确定。选固定在地面上的参考系 Oxy 为定系，选固定在平面图形 S 上的参考系 $Ax'y'$为动系，设 A 点为基点，如图 3－2－11 所示。

经过时间间隔 Δt，AB 由位置Ⅰ运动到位置Ⅱ。上述运动可作如下分解：

（1）线段 AB 随同固连于基点 A 的动系 $Ax'y'$做平移至Ⅰ′位置；

（2）绕点 A'转过 $\Delta\varphi$ 角到达最终位置Ⅱ，即 $A'B'$。

当然，实际上上述平移与转动是同时进行的，只是当 Δt 取得越小，这种分解越接近真实的运动情况。需要强调的是当线段随基点 A 做平移时，整个图形上的点都做了相同的平移。基于这样的事实，便引进平移坐标系以实现对平面运动的分解。

由此可见，平面图形的运动（即构件的平面运动）可以分解为随同基点的平动（牵连运动）和绕基点的转动（相对运动）。

这里应该特别指出，平面图形的基点选取是任意的。从图 3－2－11 中可知，选取不同的基点 A 和 B，平动的位移是不相同的，即$\overline{AA'}\neq\overline{BB'}$，显然 $v_A\neq v_B$，同理，$a_A\neq a_B$。所以，平动的速度和加速度与基点位置的选取有关。

选不同的基点 A 和 B，转动的角位移是相同的，即 $\Delta\varphi=\Delta\varphi'$，显然，$\omega=\omega'$，同理，$\varepsilon=\varepsilon'$。即在同一瞬时，图形绕其平面内任选的基点转动的角速度相同，角加速度相同。平面图形绕基点转动的角速度、角加速度分别称为平面角速度、平面角加速度。所以，平面图形的角速度、角加速度与基点的选取无关。

3.2.4　平面图形上点的速度合成法

1. *基点法*

从上节知道，构件的平面运动可分解为随同基点的平动和绕基点的转动。随同基点的平动是牵连运动，绕基点的转动是相对运动。因而平面运动构件上任一点的速度，可用速度合成定理来分析。

设平面运动图形 A 点速度为$\boldsymbol{v}_A$，瞬时平面角速度为 ω，求图形上任一点 B 的速度，如图 3－2－12所示。图形上 A 点的速度已知，所以选 A 点为基点，则图形的牵连运动是随同基点的平动，B 点的牵连速度$\boldsymbol{v}_e$ 等于基点 A 的速度$\boldsymbol{v}_A$，即 $\boldsymbol{v}_e=\boldsymbol{v}_A$，如图 3－2－12（a）所示。图形的相对运动是绕基点 A 的转动，B 点的相对速度$\boldsymbol{v}_B$ 等于 B 点以 AB 为半径绕 A 点作圆周运动的速度$\boldsymbol{v}_{BA}$，即$\boldsymbol{v}_r=\boldsymbol{v}_{BA}$，其大小$\boldsymbol{v}_{BA}=\omega\times AB$，方向垂直于 AB，指向与角速度 ω 转向一致，如图 3－2－12（b）所示。

由速度合成定理得，某一瞬时，平面图形内任一点的速度，等于基点的速度与该点相对于基点转动速度的矢量和，即

$$\boldsymbol{v}_B=\boldsymbol{v}_A+\boldsymbol{v}_{BA}\qquad(3-2-3)$$

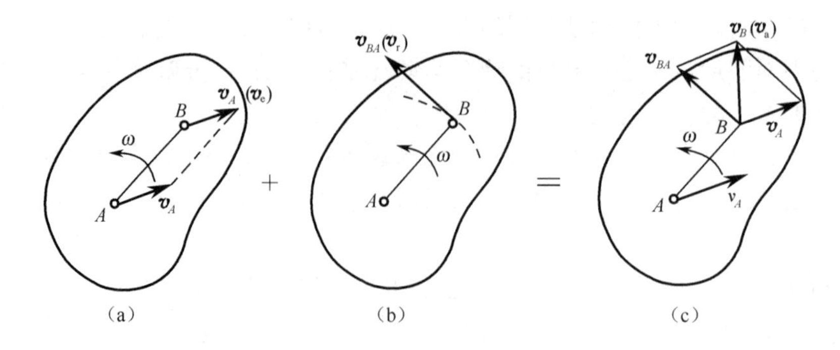

图3-2-12　基点法

例3-2-4　曲柄滑块机构如图3-2-13所示，已知曲柄 OA 长度为 r，连杆 AB 长度为 l，曲柄以匀角速度 ω 转动。求当曲柄转角为 φ 时，滑块 B 的移动速度 $\boldsymbol{v}_B$ 和连杆 AB 的角速度 ω_{BA}。

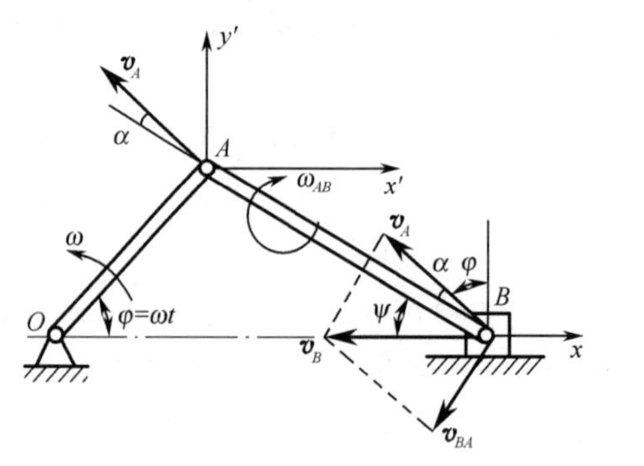

对心曲柄滑块机构

图3-2-13　例3-2-4图

解：（1）运动分析：曲柄 OA 绕 O 轴作定轴转动，滑块 B 沿水平方向做直线平动，连杆 AB 做平面运动。已知连杆 AB 上 A 点的速度 $v_A = r\omega$，方向垂直于 OA，所以选 A 点为基点；滑块沿水平方向移动，B 点的速度 $\boldsymbol{v}_B$ 方向为水平方向，大小未知，$\boldsymbol{v}_{BA}$ 大小未知，方向垂直于连杆 AB。

（2）应用基点法，合成 B 点的速度，即 $\boldsymbol{v}_B = \boldsymbol{v}_A + \boldsymbol{v}_{BA}$，作出速度矢量图。由几何关系得

$$\frac{v_B}{\sin(\varphi+\psi)} = \frac{v_{BA}}{\sin(90°-\varphi)} = \frac{v_A}{\sin(90°-\psi)}$$

因此

$$v_B = \frac{v_{BA}}{\sin(90°-\varphi)}\sin(\varphi+\psi) = r\omega\frac{\sin(\varphi+\psi)}{\cos\psi}$$

$$v_{BA} = l\omega_{AB} = \frac{v_A}{\sin(90°-\psi)}\sin(90°-\varphi) = r\omega\frac{\cos\varphi}{\cos\psi}$$

所以

$$\omega_{AB} = \frac{r\omega\cos\varphi}{l\cos\psi}$$

例3-2-5　在图3-2-14所示的曲柄摇杆机构中，曲柄 O_1A 长度为 r，连杆 AB 长度为 $3r$，曲柄 O_1A 以匀角速度 ω_1 转动。在图示位置时 $O_1A \perp AB$，$\angle O_2BA = 60°$。求此瞬时摇杆 O_2B 的角速度 ω_2。

解：已知曲柄杆 O_1A 的运动，要求杆 O_2B 的运动，它们都做定轴转动。两者通过连杆

AB 联系起来，因此，取连杆 AB 为研究对象，它做平面运动。取 A 点为基点，由速度合成定理，有

$$\boldsymbol{v}_B=\boldsymbol{v}_A+\boldsymbol{v}_{BA}$$

式中，$\boldsymbol{v}_A$ 垂直于 O_1A，大小 $v_A=r\omega_1$ 为已知；$\boldsymbol{v}_{BA}$ 垂直于 AB，大小未知；$\boldsymbol{v}_B$ 垂直于 O_2B，大小亦未知。

作速度平行四边形，由几何关系得

$$v_B=\frac{v_A}{\cos30°}=\frac{r\omega_1}{\cos30°}$$

由此可求出杆 O_2B 绕 O_2 轴转动的角速度

$$\omega_2=\frac{v_B}{O_2B}=\frac{r\omega_1}{3r\cos30°}=0.385\omega_1$$

由 $\boldsymbol{v}_B$ 的方向知 ω_2 为逆时针转向。

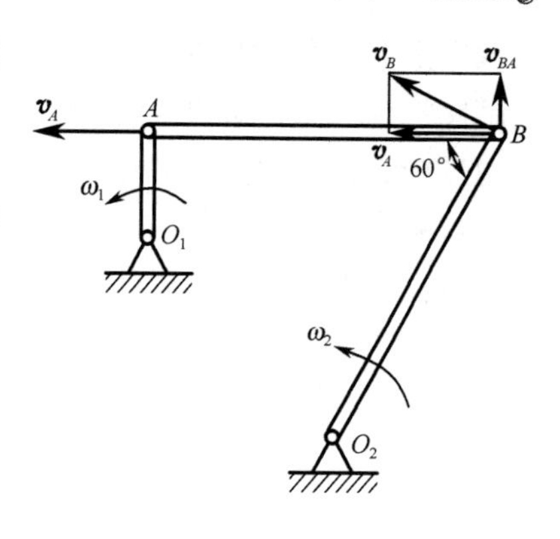

图 3－2－14　曲柄摇杆机构

2. 速度投影法

由图 3－2－12（c）中可以看到，$\boldsymbol{v}_{BA}$ 总是垂直于 AB，则 $\boldsymbol{v}_{BA}$ 在 AB 连线上的投影等于零。因此若把矢量方程式（3－2－3）在 AB 连线上投影，可得

$$[\boldsymbol{v}_B]_{AB}=[\boldsymbol{v}_A]_{AB} \tag{3-2-4}$$

此式表明：B 点的速度 $\boldsymbol{v}_B$ 和 A 点的速度 $\boldsymbol{v}_A$，在 AB 连线上的投影相等，为速度投影定理，即平面运动的构件，其平面内任意两点的速度在这两点连线上的投影相等。

例 3－2－6　如图 3－2－15 所示，已知：曲柄滑块机构中曲柄 $OA=r$，以等角速度 ω 绕 O 轴转动，连杆 $AB=l$，OA 垂直于 AB，连杆和导路的夹角为 α，求滑块 B 的速度 $\boldsymbol{v}_B$。

解：该题的运动分析同例 3－2－4，该题应用速度投影法较方便。

如图 3－2－15 所示将速度矢量图向 AB 连线上投影，由式（3－2－4）得

$$v_B\cos\alpha=v_A$$

则

$$v_B=\frac{v_A}{\cos\alpha}=\frac{r\omega}{\cos\alpha}$$

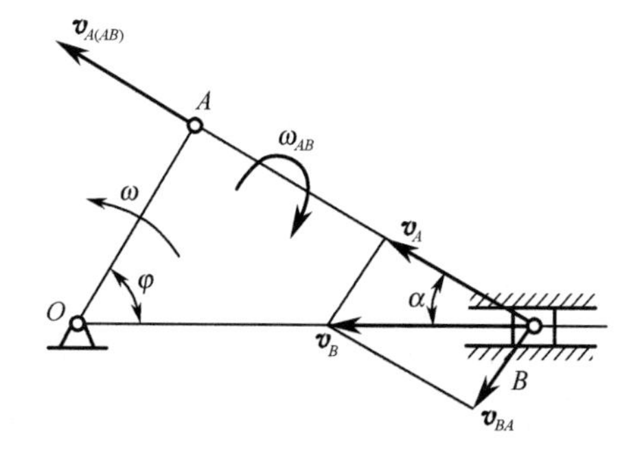

图 3－2－15　速度投影法求曲柄滑块机构速度

3. 速度瞬心法

由速度合成定理的基点法可知，平面运动构件上任一点的速度，等于基点的速度与该点绕基点转动速度的矢量和。求平面图形内各点的速度时，基点的选取是任意的。显然，如果

选取图形上速度为零的点作为基点，问题的求解将被简化，此时，图形上各点的速度就等于它随图形绕基点转动的速度。把构件上某瞬时速度为零的点称为构件平面运动在该瞬时的瞬时速度中心，称为速度瞬心。

设某瞬时平面图形的角速度为 ω，其上一点 A 的速度为$\boldsymbol{v}_A$，如图 3－2－16 所示。以 A 点为基点，则图形上任一点 M 的速度$\boldsymbol{v}_M=\boldsymbol{v}_A+\boldsymbol{v}_{MA}$。将速度$\boldsymbol{v}_A$ 所沿的半直线绕 A 点顺图形的转向转过 90°，得到半直线 AN。从图中看出，半直线 AN 上任意点 M 绕基点 A 转动的速度 $\boldsymbol{v}_{MA}$与$\boldsymbol{v}_A$ 方向相反，故 M 点的速度为

$$v_M=v_A-\omega\times AM$$

由上式可知，随着点 M 在半直线 AN 上位置的不同，$\boldsymbol{v}_M$ 的大小也不同，因此总可以找到一点 C，该点在此瞬时的速度等于零。取 $AC=v_A/\omega$，则

$$v_C=v_A-AC\times\omega$$

可以得出结论：任意瞬时，只要平面图形的角速度 ω 不为零，平面图形或其延伸部分必有速度瞬心。

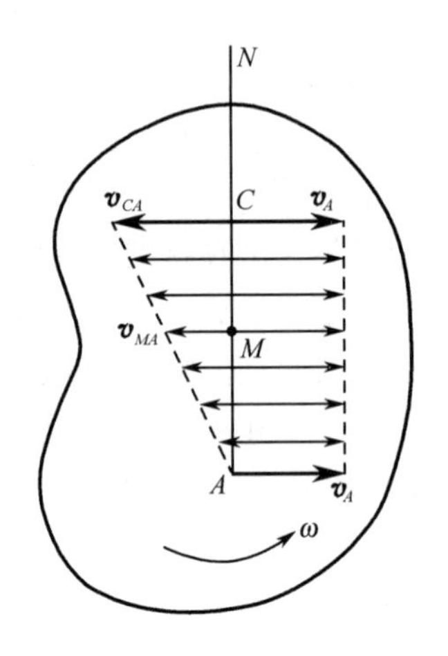

图 3－2－16　平面图形上 M 点的速度

由上述分析可知，速度瞬心一定存在，且是唯一的，若以速度瞬心 C 为基点，则平面图形上任一点 B 的速度为

$$v_B=CB\times\omega \qquad (3-2-5)$$

式（3－2－5）表明，构件平面运动时，其平面图形内任一点的速度等于该点绕瞬心转动的速度。其速度的大小等于构件的平面角速度与该点到瞬心距离的乘积，方向垂直与转动半径，指向转动的一方，这种分析平面构件运动的方法称为速度瞬心法。

瞬心的位置是不固定的，它的位置随时间变化而不断改变，可见速度瞬心是有加速度的。即平面运动在不同的瞬时，有不同的瞬心。否则，瞬心位置固定不变，那就与定轴转动毫无区别了。同样，构件做瞬时平动时，虽然各点速度相同，但各点的加速度是不同的。否则，构件就是做平动了。

确定构件平面运动的瞬心，有以下几种情况：

（1）已知 A、B 两点的速度方向，过两点速度作垂线，此两垂线的交点，就是速度瞬心，如图 3－2－17（a）所示。

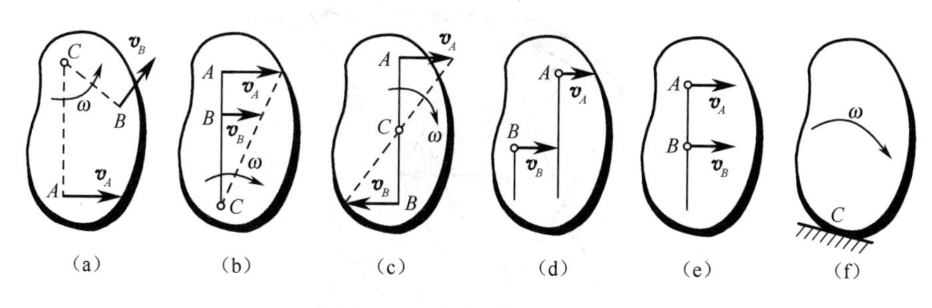

图 3－2－17　速度瞬心图

(2) 若 A、B 两点速度相互平行，并且速度方向垂直于两点的连线 AB，则速度瞬心必在连线 AB 与速度 $\boldsymbol{v}_A$ 和 $\boldsymbol{v}_B$ 端点连线的交点 C 上，如图 3－2－17 (b)、(c) 所示。

(3) 若任意两点的速度互相平行，$\boldsymbol{v}_A /\!/ \boldsymbol{v}_B$，且 $v_A = v_B$，则速度瞬心在无穷远处，平面图形做瞬时平动。该瞬时运动平面上各点的速度相同，如图 3－2－17 (d)、(e) 所示。

(4) 当无滑动的纯滚动时，构件上只有接触点 C 的速度为零，故该点 C 为瞬心，如图 3－2－17 (f)所示。

例 3－2－7　如图 3－2－18 所示，车轮沿直线纯滚动而无滑动，轮心某瞬时的速度为 $\boldsymbol{v}_O$ 水平向右，车轮的半径为 R，CM 与竖直方向的夹角为 α，DK 与竖直方向的夹角为 β。试求该瞬时轮缘上 K、M、D、E 各点的速度。

解： 由于车轮做无滑动的纯滚动，轮缘与地面的瞬时接触点 C 是瞬心。由速度瞬心法知，轮心速度 $v_O = R\omega$，故车轮该瞬时的平面角速度 ω 为

$$\omega = \frac{v_O}{R}$$

轮缘上 K、M、D、E 点的速度分别为

$$v_K = KC \times \omega = CD\cos\beta \times \omega = 2R\cos\beta \times \frac{v_O}{R} = 2v_O\cos\beta$$

$$v_M = MC \times \omega = CD\cos\alpha \times \omega = 2R\cos\alpha \times \frac{v_O}{R} = 2v_O\cos\alpha$$

$$v_D = DC \times \omega = 2R \times \frac{v_O}{R} = 2v_O$$

$$v_E = EC \times \omega = CD\sin\alpha \times \omega = 2R\sin\alpha \times \frac{v_O}{R} = 2v_O\sin\alpha$$

由上述计算可知，圆上的点与瞬心的连线与竖直方向的夹角越大，点的瞬时速度越大，D 点的瞬时速度最大。

例 3－2－8　在图 3－2－19 所示的曲柄摇杆机构中，$O_1A = r$，$AB = O_2B = 2r$，曲柄 O_1A 以角速度 ω_1 绕 O_1 轴转动，在图示位置时，$O_1A \perp AB$，$\angle ABO_2 = 60°$。试求该瞬时摇杆 O_2B 的角速度 ω_2。

解：(1) 运动分析。曲柄 O_1A 和摇杆 O_2B 做定轴转动，连杆 AB 做平面运动。

因为 $\boldsymbol{v}_A \perp O_1A$，$\boldsymbol{v}_B \perp O_2B$。过 A、B 两点作 $\boldsymbol{v}_A$、$\boldsymbol{v}_B$ 的垂线，两垂线相交于点 C，即杆 AB 的瞬心。

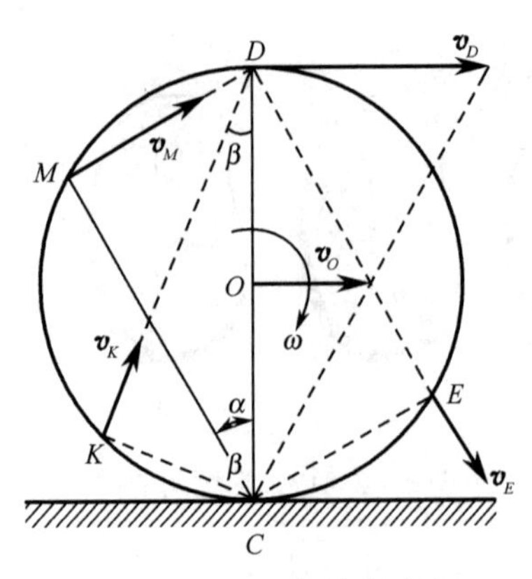

图 3－2－18　车轮的速度

（2）用平面运动的速度瞬心法求解。设连杆 AB 的平面角速度为 ω_{AB}，故 $v_A = AC\omega_{AB}$，得连杆 AB 的平面角速度为

$$\omega_{AB} = \frac{v_A}{AC} = \frac{r\omega_1}{AB\tan 60^\circ} = \frac{r\omega_1}{2r \times \sqrt{3}} = \frac{\sqrt{3}}{6}\omega_1$$

所以，得

$$v_B = \omega_{AB}BC = \frac{\sqrt{3}}{6}\omega_1 \times 4r = \frac{2\sqrt{3}}{3}r\omega_1$$

由构件的定轴转动可知 $v_B = O_2B\omega_2$

所以
$$\omega = \frac{v_B}{O_2B} = \frac{2\sqrt{3}}{3}r\omega_1 \times \frac{1}{2r} = \frac{\sqrt{3}}{3}\omega_1$$

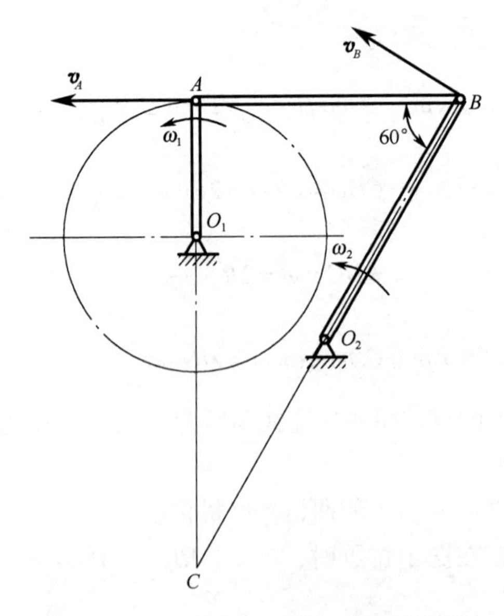

图 3－2－19　瞬心法求曲柄摇杆机构的角速度

【任务实施】

椭圆规如图 3－2－5 所示，滑块 A、B 分别在水平和垂直槽中滑动，并用长度为 l 的连杆 AB 连接。已知滑块的移动速度为$\boldsymbol{v}_A$，方向如图 3－2－1 所示，连杆与水平方向的夹角为 α。求滑块 B 的移动速度$\boldsymbol{v}_B$ 和连杆 AB 的角速度$\boldsymbol{v}_{BA}$。

解：(1) 运动分析：滑块 A 沿水平方向做直线平动，滑块 B 沿竖直方向做直线平动，连杆 AB 做平面运动。已知连杆 AB 上 A 点的速度$\boldsymbol{v}_A$，方向为水平，所以选 A 点为基点；滑块 B 沿竖直方向移动，B 点的速度$\boldsymbol{v}_B$，大小未知，方向为竖直方向；$\boldsymbol{v}_{BA}$大小未知，方向垂直于连杆 AB。

(2) 应用基点法，合成 B 点的速度，即$\boldsymbol{v}_B=\boldsymbol{v}_A+\boldsymbol{v}_{BA}$，作出速度矢量图。由几何关系得

$$v_B=\frac{v_A}{\tan\alpha}$$

$$v_{BA}=\omega_{BA}l=\frac{v_A}{\sin\alpha}$$

所以

$$\omega_{BA}=\frac{v_A}{l\sin\alpha}$$

【任务小结】

本任务的主要内容是点的合成运动的概念、点的速度及其合成定理、刚体的平面运动的概念、平面图形上各点的速度合成法。

1. 点的合成运动的概念

(1) 绝对运动：动点相对于定系的运动；

(2) 相对运动：动点相对于动系的运动；

(3) 牵连运动：动系相对于定系的运动。

2. 速度合成定理

$$v_a=v_r+v_e$$

3. 刚体平面运动的运动方程

$$\begin{cases}x=f_1(t)\\y=f_2(t)\\\varphi=f_3(t)\end{cases}$$

平面图形的运动（即构件的平面运动）可以分解为随同基点的平动（牵连运动）和绕基点的转动（相对运动）。

4. 平面图形上点的速度合成法

(1) 基点法。

$$v_B=v_A+v_{BA}$$

某一瞬时，平面图形内任一点的速度，等于基点的速度与该点相对于基点转动速度的矢量和。

（2）速度投影法。

$$[v_B]_{AB} = [v_A]_{AB}$$

平面运动的构件，其平面内任意两点的速度在这两点连线上的投影相等。

（3）速度瞬心法。

$$v_B = CB \times \omega$$

构件平面运动时，其平面图形内任一点的速度等于该点绕瞬心转动的速度。其速度的大小等于构件的平面角速度与该点到瞬心距离的乘积，方向垂直于转动半径，指向转动的一方。

【实践训练】

3－2－1 牵连速度是动参考系的速度吗？

3－2－2 构件的平面运动通常分解为哪两个运动？这两个运动与基点的选取有无关系？

3－2－3 “瞬心不在平面运动的刚体上，则刚体无瞬心”；“瞬心 C 的速度等于零，则 C 点的加速度也等于零”，这两句话对吗？试作出正确的分析。

3－2－4 求平面图形内任意点的速度有几种方法？每种方法在什么条件下使用方便？

3－2－5 判断下列结论是否正确。

（1）刚体做瞬时平动时，其上各点速度相同，加速度也相同。

（2）刚体做瞬时转动时，速度瞬心的速度为零，其加速度不为零。

（3）刚体做平面运动时，其上任意两点的速度在两点连线上的投影相等。

3－2－6 用合成运动的概念分析图 3－2－20 所示各机构中的点 M 的运动。选动点、动系，并说明三种运动。

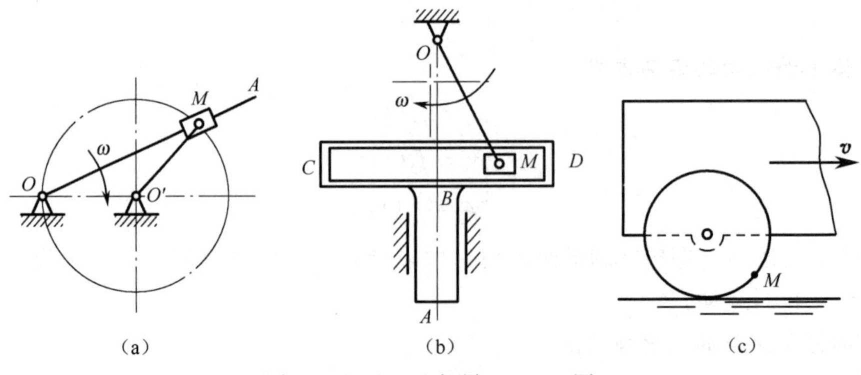

图 3－2－20　思考题 3－2－6 图

3－2－7 分析图 3－2－21 所示平面运动的构件在图示位置时速度瞬心的位置。

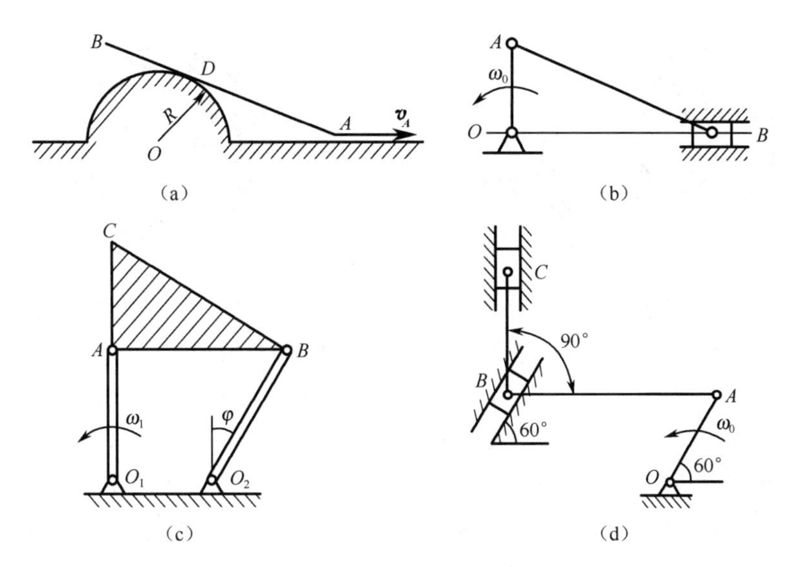

图 3－2－21　思考题 3－2－7 图

习　题

3－2－1 如图 3－2－22 所示，一汽船从 A 点离岸与水流成垂直方向前进，在水流作用下，经过 8 min 到达对岸 C 点。已知 $AC=160$ m，AC 与河岸成 60°角。试求河水流速$\boldsymbol{v}_1$ 及汽船航速$\boldsymbol{v}$。

3－2－2 图 3－2－23 所示的颚式破碎机的活动鄂板 $AB=600$ mm，由曲柄 OE 借连杆组带动，使它绕 A 轴摆动。已知曲柄 $OE=100$ mm，绕 O 轴以 $n=100$ r/min 做匀速转动，$BC=CD=400$ mm。求机构在图示位置时鄂板 AB 的角速度（该瞬时 AB 板垂直于 BC 杆）。

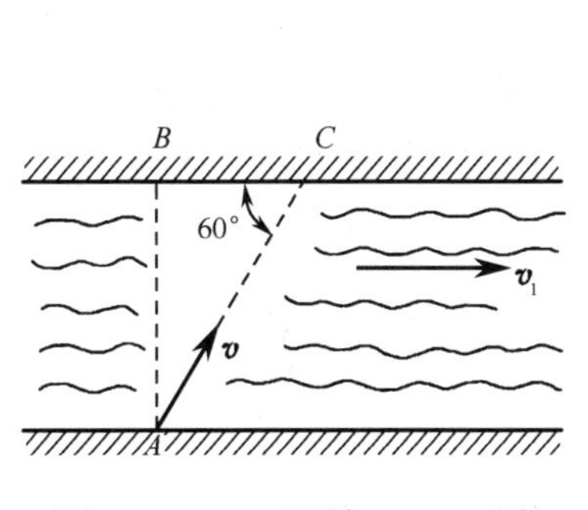

图 3－2－22　习题 3－2－1 图

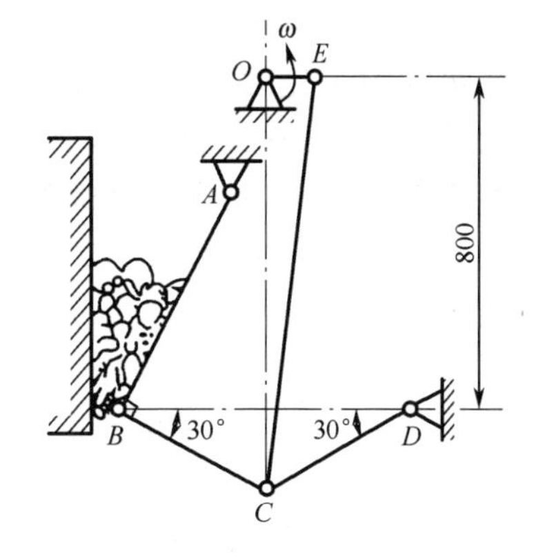

图 3－2－23　习题 3－2－2 图

3－2－3 如图 3－2－24 所示，车床主轴的转速 $n=30$ r/min，工件直径 $d=4$ cm，车刀纵向进给速度为 $v_0=1$ cm/s。试求车刀相对于工件的相对速度$\boldsymbol{v}_r$。

3－2－4 如图 3－2－25 所示，内圆磨床砂轮的直径 $d=60$ mm，转速 $n_1=1\ 000$ r/min，工件的孔径 $D=80$ mm，转速 $n_2=500$ r/min，n_1与 n_2转向相反。求磨削时砂轮与工件接触点之间的相对速度。

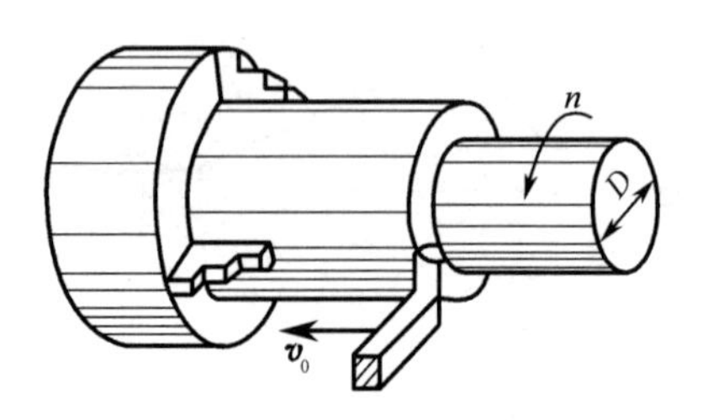

图3-2-24　习题3-2-3图

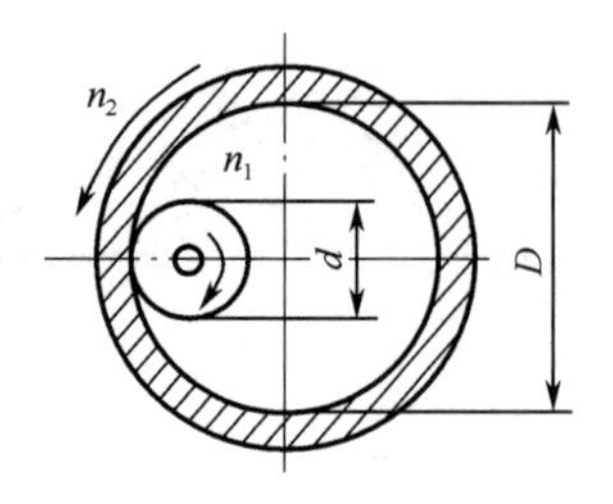

3-2-25　习题3-2-4图

3-2-5 如图3-2-26所示，自走式联合收割机的某传动机构在铅垂面的投影为平行四连杆机构。曲柄 $O_1A=O_2B=570$ mm，O_1A 的转速 $n=36$ r/min，收割机前进速度 $v=2$ km/h，试求 $\varphi=60°$时，AB 杆端点 M 的水平速度和铅垂速度。

3-2-6 曲柄滑道机构如图3-2-27所示，BC 为水平，DE 保持铅直。曲柄长 $OA=10$ cm，并以等角速度 $\omega=20$ rad/s 绕 O 轴转动，通过滑块 A 使杆 BC 往复运动。求曲柄与水平线的夹角 φ 分别为0°、30°、90°时，杆 BC 的速度。

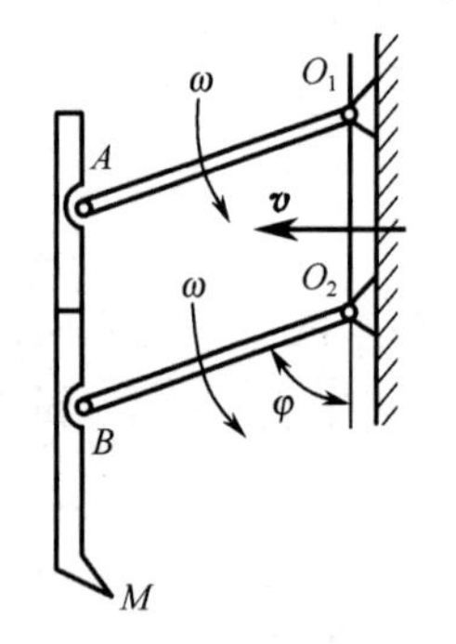

图3-2-26　习题3-2-5图

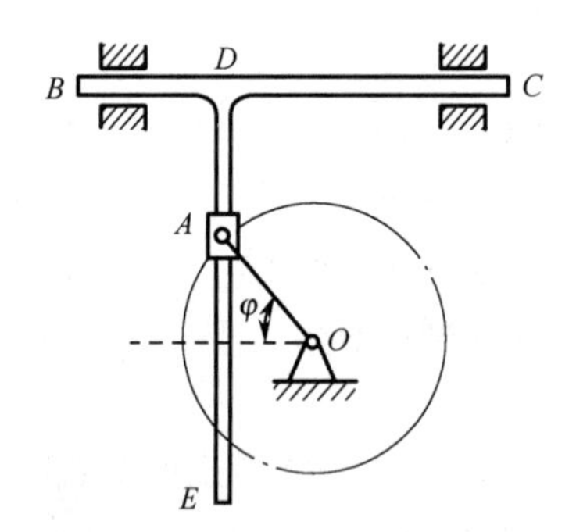

图3-2-27　习题3-2-6图

3-2-7 在图3-2-28所示凸轮顶杆机构中，已知凸轮为一偏心圆盘，半径为 r，偏心距为 e。若凸轮以匀角速度 ω 绕 O_1 轴转动，转轴 O_l 与顶杆滑道在同一铅垂线上。求当 $\angle AOO'=90°$时，该瞬时顶杆的速度 $\boldsymbol{v}$。

3-2-8 在图3-2-29所示曲柄滑块机构中，曲柄 $OA=0.8$ m，转速 $n=116$ r/min，连杆 $AB=1.6$ m，求当 $\alpha=0°$和 $\alpha=90°$时，连杆 AB 的角速度及滑块 B 的速度。

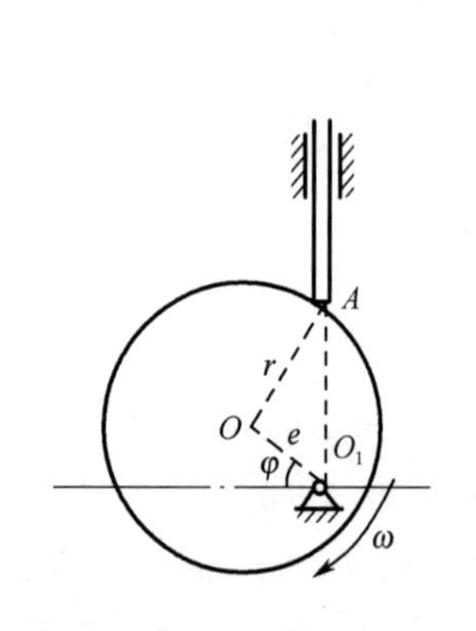

图3-2-28　习题3-2-7图

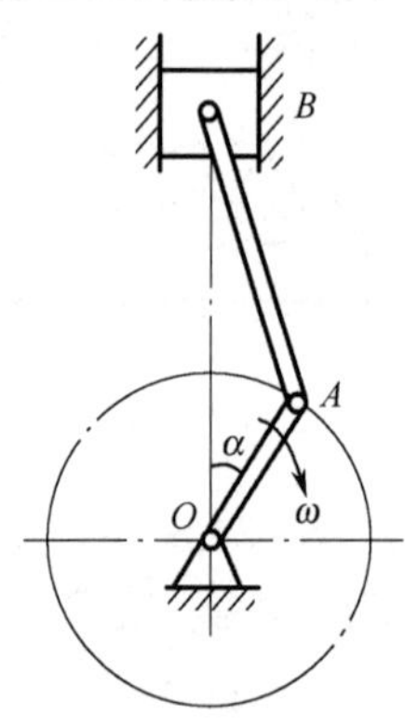

图3-2-29　习题3-2-8图

3－2－9 如图3－2－30所示，椭圆规中滑块 A 以速度 $\boldsymbol{v}_A$ 沿水平向左运动，若 $AB=1$，试求当 AB 杆与水平线的夹角为 φ 时，滑块 B 的速度及杆 AB 的平面角速度。

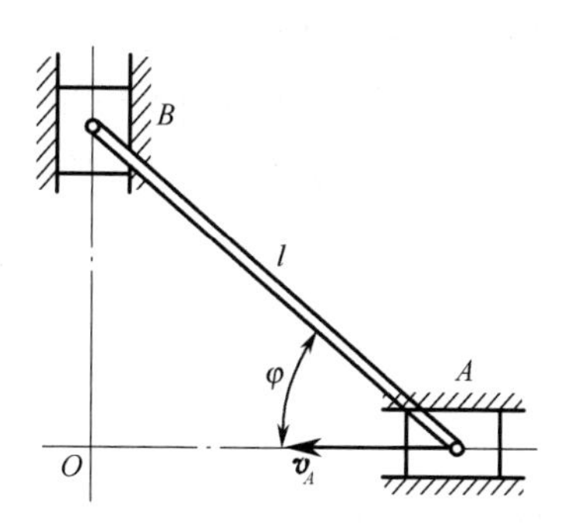

图3－2－30　习题3－2－9图

3－2－10 两四杆机构如图3－2－31所示，求该瞬时两机构中杆 AB、BC 的角速度。

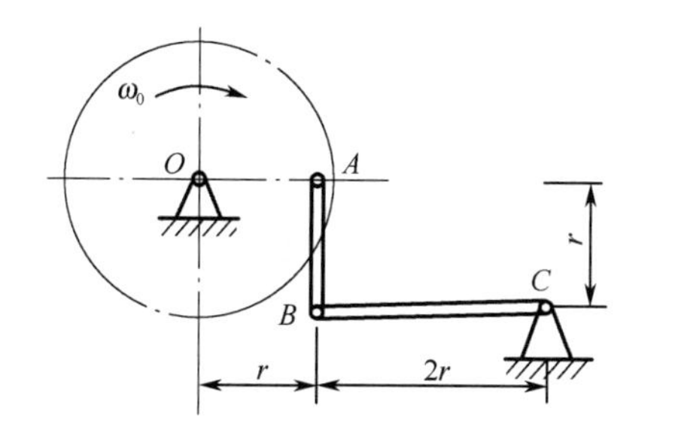

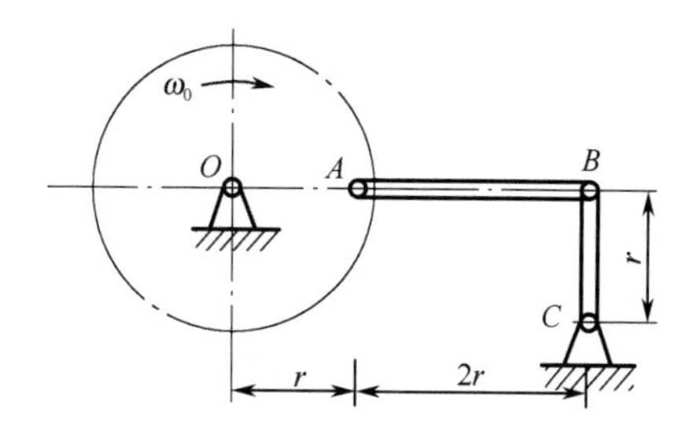

图3－2－31　习题3－2－10图

3－2－11 如图3－2－32所示，行星架 OA 以匀角速度 $\omega=2.5$ rad/s 绕 O 轴转动，并带动半径为 $r_1=5$ cm 的行星齿轮使其在半径为 $r_2=15$ cm 的中心轮上滚动。若直径 $CE\perp BD$，BD 与 OA 共线，求此时小齿轮上 A、B、C、D、E 点的速度。

3－2－12 增速装置如图3－2－33所示，杆 O_1O_2 绕 O_1 轴转动，转速为 n_4。O_2 处用铰链连接一半径为 r_2 的活动齿轮Ⅱ，杆 O_1O_2 转动时轮Ⅱ在半径为 r_3 的固定内齿轮上滚动，并带动半径为 r_1 的齿轮Ⅰ绕 O_1 轴转动。轮Ⅰ上装有砂轮，随同轮Ⅰ高速转动。已知 $r_3/r_1=11$，$n_4=900$ r/min，求砂轮的转速。

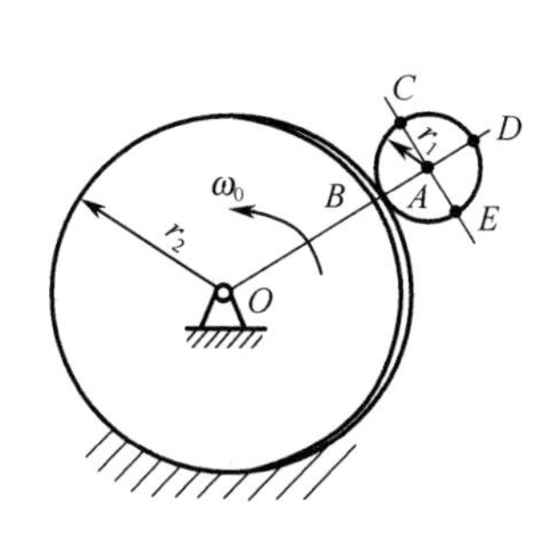

3－2－32　习题3－2－11图

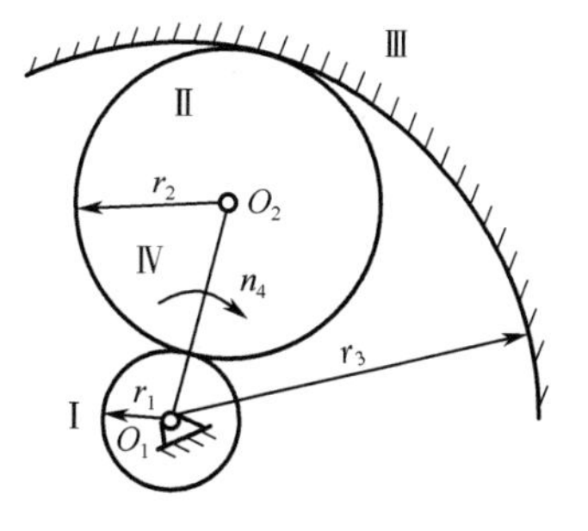

图3－2－33　习题3－2－12图

3－2－13 小型锻压机如图3－2－34所示。曲柄 $OA=O_1B=10$ cm，转速 $n=120$ r/min，

$EB = BD = AD = 40$ cm，在图示瞬时，$OA \perp AD$，$O_1B \perp ED$，O_1D 在水平位置，OD 在垂直位置，$ED \perp AD$。求锻锤 H 的速度。

3-2-14 如图3-2-35所示，曲柄 $OA = 0.3$ m，并以角速度 $\omega = 0.5$ rad/s 绕 O 轴转动。半径 $R_2 = 0.2$ m 的齿轮在半径 $R_1 = 0.1$ m 的固定齿轮上滚动，并带动与其连接的连杆 BC，$BC = 0.2\sqrt{26}$ m。当半径 AB 垂直于曲柄 OA 时，求连杆 BC 的角速度及 C 点的速度。

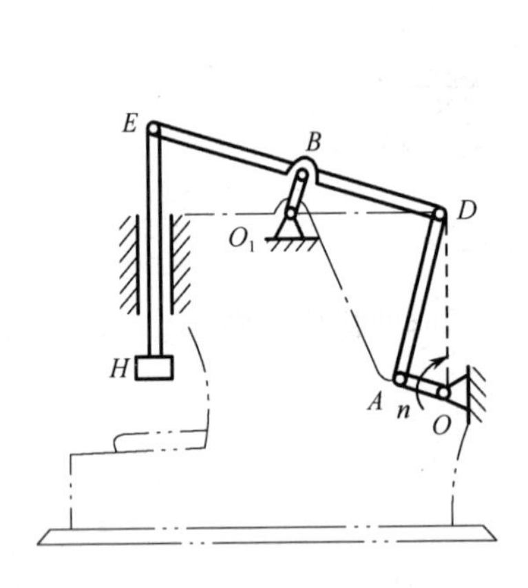

图3-2-34 习题3-2-13图

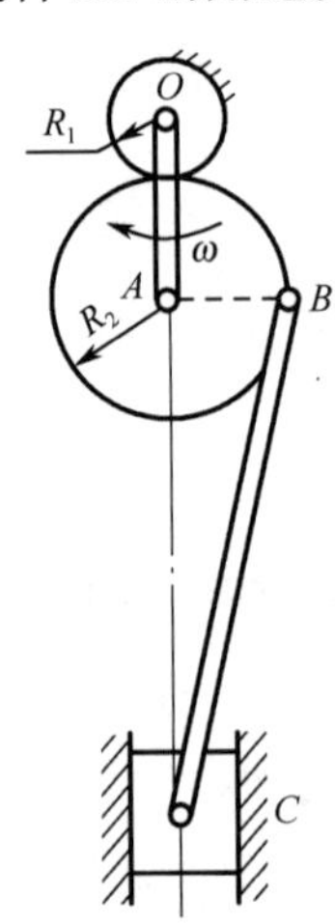

图3-2-35 习题3-2-14图

3-2-15 如图3-2-36所示，两齿条以速度 $v_1 = 6$ m/s 和 $v_2 = 2$ m/s 做同方向运动，两齿条间夹有一齿轮，其半径 $r = 0.5$ m。求齿轮的角速度及其中 O 点的速度。

3-2-16 在图3-2-37所示曲柄肘杆式压床机构中，已知曲柄的转速 $n = 400$ r/min，曲柄$OA = 150$ mm，$AB = 760$ mm，$O_1B = BD = 530$ mm。当曲柄与水平线呈30°时，连杆 AB 处于水平位置，肘杆 O_1B 与铅直线也呈30°。求图示位置连杆 AB、BD 的角速度和冲头 D 的速度。

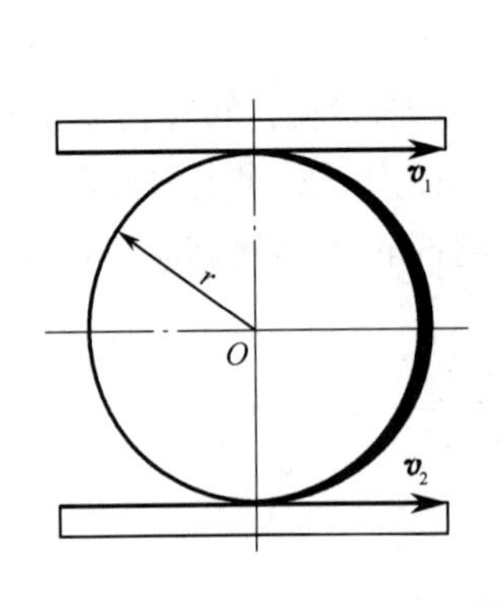

图3-2-36 习题3-2-15图

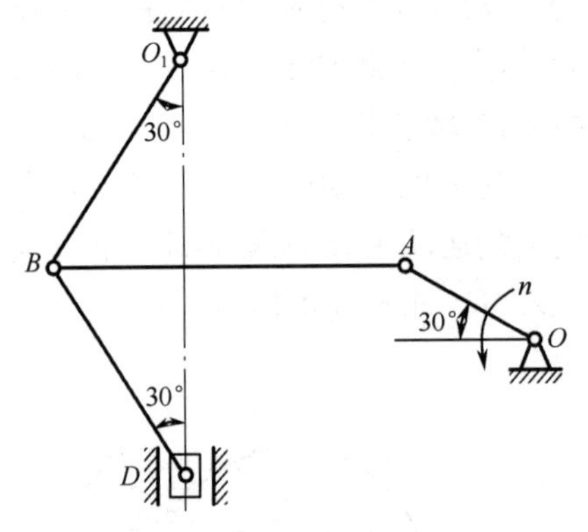

图3-2-37 习题3-2-16图

模块四

动力学

任务一　构件动力学基础

【任务描述】

如图 4－1－1 所示，带传动中，大轮的直径 $D=0.8$ m，转动惯量 $J=16$ kg·m^2。带拉力 $T_1=1.6$ kN，$T_2=0.8$ kN，轴承摩擦不计。试求大轮由静止开始至转速 $n=600$ r/min 时所需的时间 t。

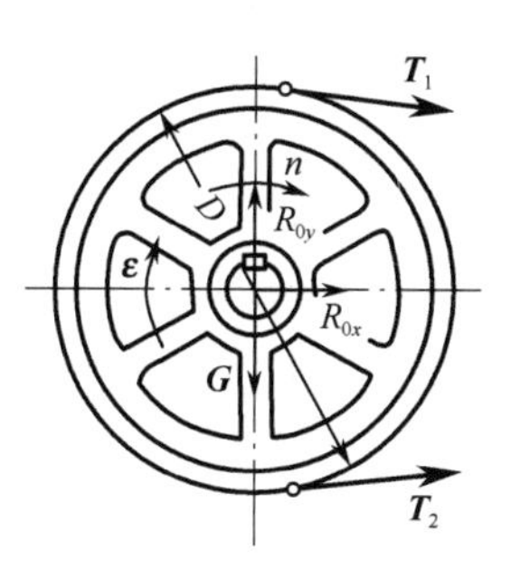

图 4－1－1　带传送

带传动

4.1.1　质点动力学基本方程

1. 动力学的内容与基本定律

1）动力学的内容

静力学只研究了物体受作用力时的平衡条件，物体处于平衡状态仅是物体机械运动的一种特殊情况。在工程实际中，大量的问题是在力的作用下物体的运动状态不断地发生变化，动力学就是研究物体运动状态的变化与作用力之间的关系的学科。

动力学研究的基本问题是：（1）已知物体的运动，求作用在物体上的力；（2）已知作用在物体上的力，求物体的运动。

动力学的内容一般分为质点动力学和质点系动力学两个部分。

2）动力学基本定律

物体运动状态的改变与物体所受的力和物体的质量有关，这种关系可由牛顿第二定律表示：质点因受到力的作用而产生的加速度，其方向与力的方向相同，其大小与力的大小成正比，而与质点的质量成反比。

设质量为 m 的质点，受到合力为 $\boldsymbol{F}$ 的力系作用而沿曲线运动，其加速度为 $\boldsymbol{a}$，如图4－1－2所示，于是此定律可表示为

$$\boldsymbol{F}=m\boldsymbol{a} \tag{4-1-1}$$

式（4－1－1）称为质点动力学基本方程。

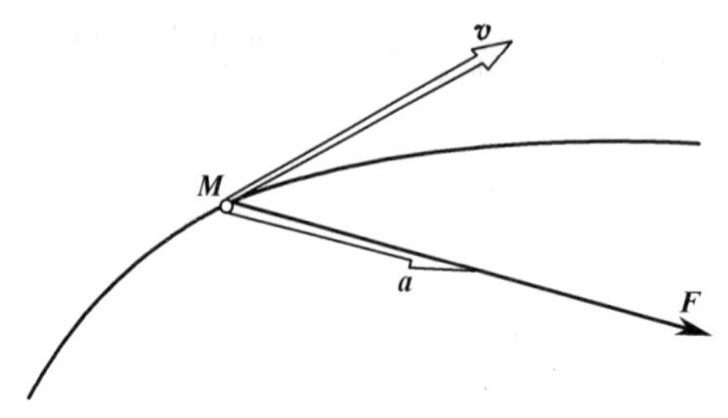

图4－1－2　力 F 作用下质点的运动

由牛顿第二定律可知，在相同的力的作用下，质量越大的物体得到的加速度越小，也就是运动的变化越小，或者说保持其自身速度不变的惯性越大。相反地，质量越小的物体得到的加速度越大，也就是说运动的变化越大，或者说保持其自身速度不变的惯性越小。因此，质量是物体惯性大小的量度，是物体的固有属性，重量是地球对物体的作用力，在不同的地域同一物体的重力略有不同，重量也称重力，质量和重量是两个不同的概念，设物体的重量为 $\boldsymbol{G}$，质量为 m，$\boldsymbol{g}$ 为物体的重力加速度，则重量和质量的关系为

$$\boldsymbol{G}=m\boldsymbol{g}$$

式中，$g=9.8\ \mathrm{m/s^2}$，质量为1 kg的物体，其重量 $G=mg=1\times 9.8\ \mathrm{N}=9.8\ \mathrm{N}$。

2. *质点运动微分方程*

1）自然坐标法微分方程

将质点动力学基本方程式（4－1－1）沿自然坐标轴投影，如图4－1－3所示，由质点运动学可知，质点动力学微分方程的自然坐标式为

$$\begin{cases} F_\tau = ma_\tau = m\dfrac{\mathrm{d}v}{\mathrm{d}t} = m\dfrac{\mathrm{d}^2 s}{\mathrm{d}t^2} \\ F_\mathrm{n} = ma_\mathrm{n} = m\dfrac{v^2}{\rho} \end{cases} \tag{4-1-2}$$

式中　F_τ——作用于质点上的合力在切向的投影；

a_τ——质点的切向加速度；

F_n——作用于质点上的合力在法向的投影；

a_n——质点的法向加速度。

2）直角坐标法微分方程

将质点动力学基本方程式（4－1－1）沿直角坐标轴投影，如图4－1－4所示，由质点运动学可知，质点动力学微分方程的直角坐标式为

$$\begin{cases} F_x = ma_x = m\dfrac{\mathrm{d}v_x}{\mathrm{d}t} = m\dfrac{\mathrm{d}^2 x}{\mathrm{d}t^2} \\ F_y = ma_y = m\dfrac{\mathrm{d}v_y}{\mathrm{d}t} = m\dfrac{\mathrm{d}^2 y}{\mathrm{d}t^2} \end{cases} \tag{4-1-3}$$

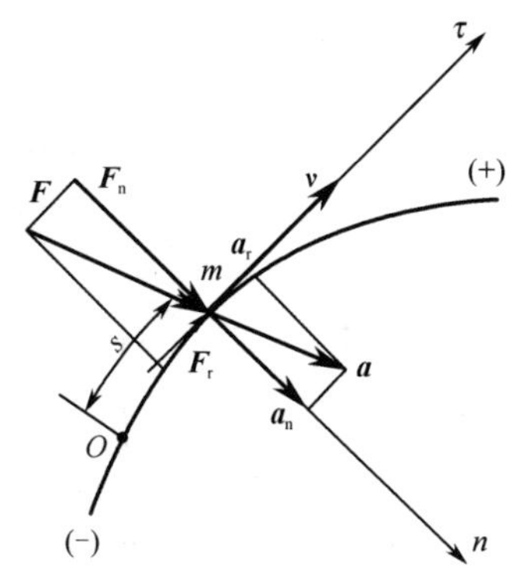

图4-1-3　自然坐标法微分方程

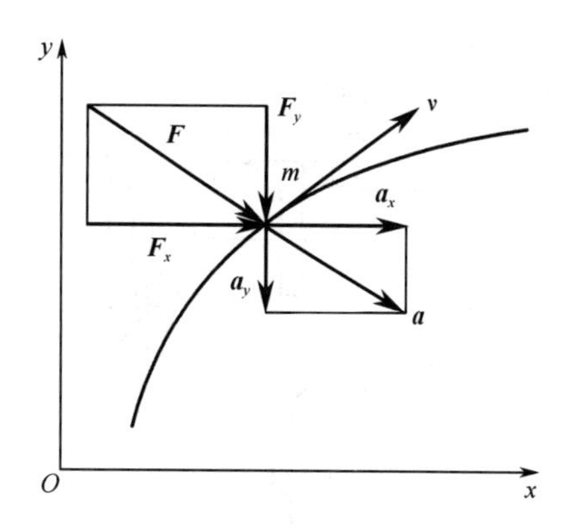

图4-1-4　直角坐标法微分方程

式中　F_x——作用于质点上的合力在 x 轴方向的投影；

a_x——质点在 x 轴方向的加速度；

F_y——作用于质点上的合力在 y 轴方向的投影；

a_y——质点在 y 轴方向的加速度。

4.1.2　质点动力学的两类问题

1. 已知运动求作用力

若已知质点的运动方程、速度和加速度方程，可以求解质点上的作用力。步骤和静力学相似，一般分成3步：

（1）确定研究对象。根据题意，取重物为研究对象。

（2）画出研究对象的受力图。在受力图中，应该画出加速度的方向［见图4-1-5（b）、（c）、（d）］。

（3）列出质点运动微分方程，并对其求解。

例4-1-1　桥式起重机起吊重物如图4-1-5（a）所示。已知重物的重量为 $G=980$ N。试求在下列三种情况下吊索的拉力：（1）重物由静止以 $a=1\ \mathrm{m/s^2}$ 的匀加速启动时；（2）重物匀速上升时；（3）重物以 $a=1\ \mathrm{m/s^2}$ 的匀减速制动时。

解：（1）如图4-1-5（b）所示，此时为加速，$\boldsymbol{a}$ 的方向向上。由质点运动微分方程得

$$T-G=m\frac{\mathrm{d}^2x}{\mathrm{d}t^2}$$

因为重物做匀加速直线运动，故

$$\frac{\mathrm{d}^2x}{\mathrm{d}t^2}=a$$

即

$$T=G+ma=980+\frac{980}{9.8}\times1=1\ 080\ (\mathrm{N})$$

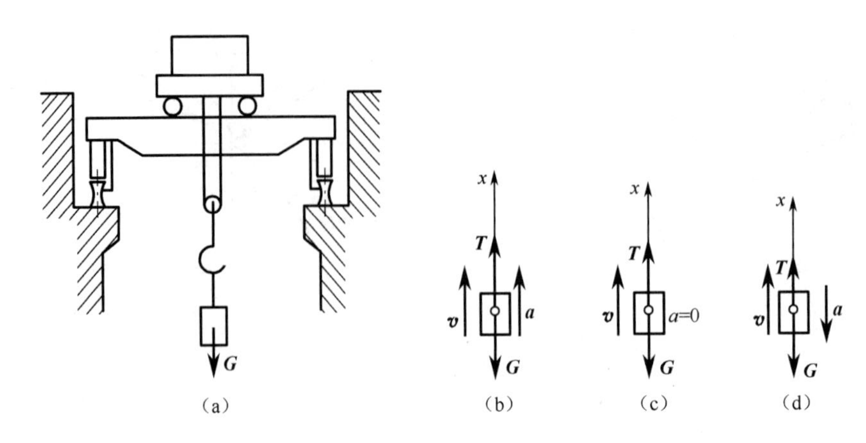

图4-1-5 例4-1-1图

（2）如图4-1-5（c）所示，此时为匀速，$a=0$。由质点运动微分方程得

$$T-G=m\frac{d^2x}{dt^2}$$

因为重物做匀速直线运动，$\frac{d^2x}{dt^2}=a=0$，即

$$T=G=980\ (\mathrm{N})$$

（3）如图4-1-5（d）所示，此时为减速，$\boldsymbol{a}$ 的方向向下。由质点运动微分方程得

$$T-G=m\frac{d^2x}{dt^2}$$

因为重物做匀减速直线运动，$\frac{d^2x}{dt^2}=-a$，即

$$T=G-ma=980-\frac{980}{9.8}\times 1=880\ (\mathrm{N})$$

由计算结果看出：重物具有加速度时，吊索受的载荷比匀速时将增大或者减小，这时吊索的载荷可看做由两部分组成：一部分是物体的重量 $\boldsymbol{G}$ 所产生的载荷，称为静载荷，另一部分是由于有加速度而产生的载荷，大小为 ma，称为动载荷。

2. 已知作用力，求物体的运动

已知作用于质点上的力，将质点的微分方程积分，由初始条件确定微分常数，求出质点的运动状况。

例4-1-2 研磨细矿石所用的球磨机可简化为图4-1-6所示。当圆筒绕水平纵轴转动时，开始和筒壁脱离而沿抛物线下落，借以打击矿石。打击力与 α 角有关，且已知 $\alpha=50°40'$时，可以得到最大的打击力。设圆筒内径 $d=3.2$ m，问圆筒转动的转速 n 应为多大？

解：（1）确定研究对象：钢球 $\boldsymbol{M}$。

2）受力分析：重力 F_G、法向反力 F_N、摩擦力 F，如图4-1-6（b）所示。

3）运动分析：钢球 M 在脱离筒壁之前作匀速圆周运动，其加速度即法向加速度。

$$a_n=\frac{v^2}{\rho}=\frac{d}{2}\omega^2$$

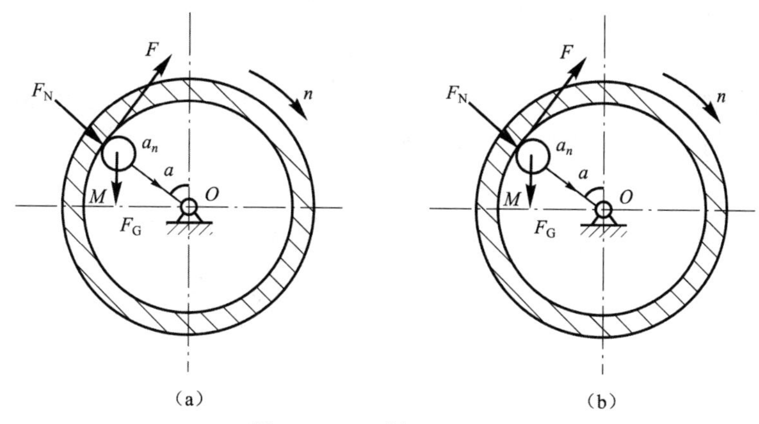

图4-1-6　例4-1-2图

4）列微分方程，求未知物理量，即

$$F_N + F_G\cos\alpha = ma_n = \frac{F_G}{g}\frac{d}{2}\omega^2 = \frac{F_G}{g}\frac{d}{2}\left(\frac{\pi\nu}{30}\right)^2$$

钢球 M 脱离筒壁条件是 $F_N=0$，将其代入得

$$n = \frac{30}{\pi}\sqrt{\frac{2g\cos\alpha}{d}} = \frac{30}{\pi}\sqrt{\frac{2\times 9.8\cos 50°40'}{3.2}} = 18\text{r/min}$$

4.1.3　构件定轴转动的动力学基本方程

1. 刚体转动动力学基本方程

设质量为 m 的刚体，在 $\boldsymbol{F}_1$，$\boldsymbol{F}_2$，…，$\boldsymbol{F}_n$ 诸力作用下，绕定轴 O 转动，这些力分布在与定轴垂直的平面内，如图4-1-7所示。各力对轴 O 的力矩的代数和为 $\sum m_O(\boldsymbol{F}) = M$，$M$ 统称为转矩。在转矩作用下，刚体做变速转动，下面讨论转矩和角加速度之间的关系。

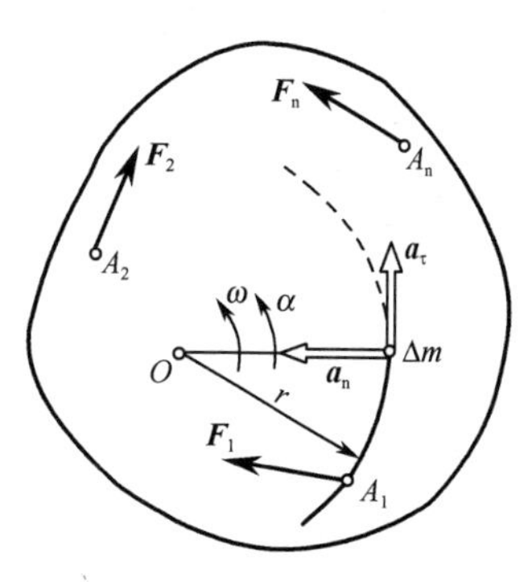

图4-1-7　刚体转矩和角加速度的关系

设某瞬时刚体转动的角速度为 ω，角加速度为 ε。因为刚体可以看成是由无数质点所组成，取其中任一质点，设其质量为 Δm，离定轴 O（亦称转轴）的距离为 r（亦称转动半径）。当刚体绕定轴 O 转动时，该质点做变速圆周运动，由运动学知，质点的切向加速度 $a_\tau = r\varepsilon$，其指向与角加速度转向相同，法向加速度为 $a_n = r\omega^2$，并指向转动中心。

由质点动力学基本方程知，作用在该质点上的切向力 $\boldsymbol{F}_\tau$ 与 $\boldsymbol{a}_\tau$ 同向，大小为

$$F_\tau = \Delta m a_\tau = \Delta m r\varepsilon$$

其法向力为

$$F_n = \Delta m a_n = \Delta m r\omega^2$$

切向力对转轴之矩为

$$m_O(F_\tau) = F_\tau r = \Delta m r^2\varepsilon$$

其转向与 α 相同；法向力对转轴之矩为

$$m_O(\boldsymbol{F}_{\mathrm{n}})=0$$

对应于刚体内的每一质点，均可写出与上述形式相同的式子。从整个刚体来看，作用在刚体上的转矩必等于使刚体内各质点获得加速度的各力对转轴之矩的代数和。即

$$M=\sum m_O(\boldsymbol{F}_{\tau})+\sum m_O(\boldsymbol{F}_{\mathrm{n}})=\sum \Delta mr^2\varepsilon=\varepsilon\sum\Delta mr^2$$

式中，$\sum\Delta mr^2$ 称为刚体对转轴的转动惯量，通常用符号 J 来表示，则

$$J=\sum\Delta mr^2$$

于是可得

$$\boldsymbol{M}=J\varepsilon \tag{4-1-4}$$

式（4－1－4）称为刚体转动动力学基本方程。它表明：当刚体绕定轴转动时，作用在刚体上的各力对转轴的矩的代数和（即转矩）等于刚体对该轴的转动惯量与其角加速度的乘积。角加速度的转向与转矩的转向相同。利用上式可解决刚体转动动力学的两类基本问题：已知转矩求角加速度和已知角加速度求转矩。

2. 转动惯量

1）转动惯量的概念

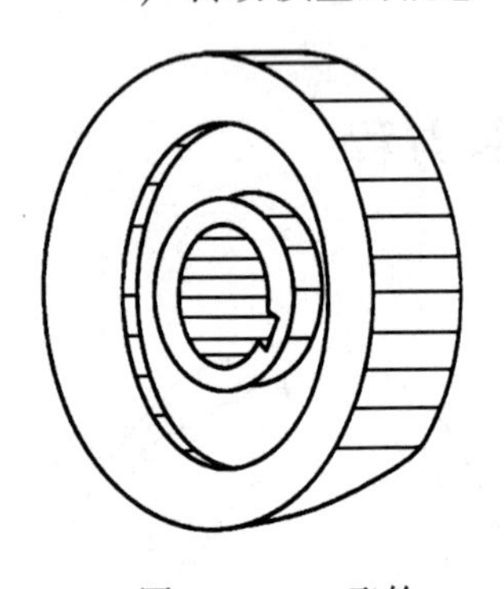

图4－1－8 飞轮

由上述可知，转动惯量 $J=\sum\Delta mr^2$。式中 $\sum\Delta mr^2$ 是刚体中每一质点的质量（Δm）与该质点转动半径（r）的平方的乘积的总和。这个总和为该刚体对转轴的转动惯量，其单位可根据质量单位和长度单位导出，通常为千克·米^2（$\mathrm{kg\cdot m^2}$）。

由转动惯量的定义可知，转动惯量恒为正值。它的大小不仅与刚体质量的大小有关，而且与质量的分布有关。当刚体质量一定时，这些质量分布离转轴愈近，则转动惯量愈小；反之则愈大。机器上常用的飞轮（见图4－1－8），常做成边缘厚中间薄，就是为了将大部分材料分布在远离转轴的地方，以增大转动惯量。

从式（4－1－4）可以看出，当作用在刚体上的转矩 M 一定时，转动惯量 J 大的刚体，它的角加速度 ε 就小。角加速度 ε 小，说明刚体不容易改变原有的转动状态，这就表明刚体的转动惯性大。反之，转动惯量 J 小的刚体，角加速度 ε 就大，表明它易于改变转动状态，即它的转动惯性小。所以转动惯量是刚体对转轴转动惯性的度量。

2）简单形状物体的转动惯量

由转动惯量的表达式 $J=\sum\Delta mr^2$ 可知，当把刚体看做是由无数质点组成时，则此刚体的转动惯量就等于无限多个质点的转动惯量的总和的极限值，用积分形式表示，即为

$$J=\int_m r^2\mathrm{d}m \tag{4-1-5}$$

下面以匀质圆柱（或圆盘）对中心轴的转动惯量为例来说明转动惯量的计算。

如图4－1－9所示，设半径为 R 长为 l 的匀质圆柱［见图4－1－9（a）］，质量为 m。取一离转轴距离为 r 厚度为 $\mathrm{d}r$ 的微分圆筒，其体积为

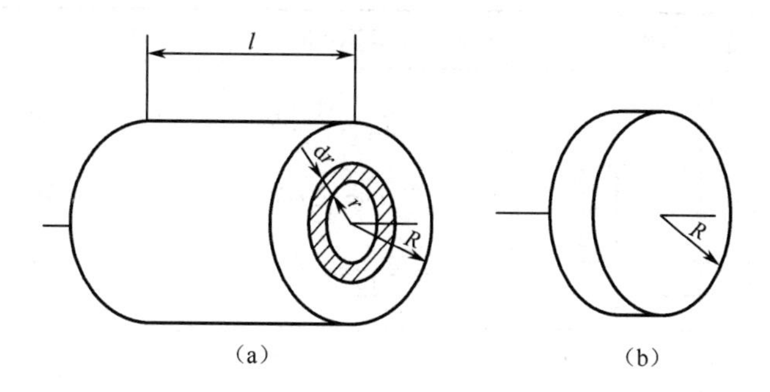

图 4－1－9　物体的转动惯量

$$dV = 2\pi r \cdot dr \cdot l$$

而整个圆柱体的体积为

$$V = \int_V dV = \int_0^R 2\pi l r dr = \pi R^2 l$$

因而微分圆筒的质量为

$$dm = \gamma dV = \frac{m}{\pi R^2 l} \cdot 2\pi r \cdot dr \cdot l = \frac{2m}{R^2} r dr$$

于是整个圆柱对中心轴的转动惯量为

$$J = \int_m r^2 dm = \int_0^R r^2 \cdot \frac{2m}{R^2} r dr = \frac{2m}{R} \int_0^R r^3 dr = \frac{2m}{R}\left[\frac{r^4}{4}\right]_0^R = \frac{1}{2} mR^2$$

结果表明，转动惯量与圆柱的长度 l 无关，所以圆盘可看做长度很小的圆柱［见图 4－1－9（b）］，即上述公式对圆盘仍然适用。

工程上常将刚体的转动惯量 J 设想为刚体的总质量 m 与某一长度 ρ 的平方的乘积，即

$$J = m\rho^2 \qquad (4-1-6)$$

长度 ρ 称为惯性半径（亦称回转半径）。惯性半径相当于将刚体的总质量集中于某点，若该质点绕转轴旋转时其转动惯量与原刚体对同一轴的转动惯量相等，则该质点与转轴的垂直距离称为刚体对此轴的惯性半径，必须指出，惯性半径为一抽象概念，一般它与转动刚体的几何尺寸并不一致。

只要由有关手册中查出惯性半径，利用式（4－1－6），就很容易算出刚体的转动惯量。

常用简单形状物体的转动惯量见表 4－1－1。

表 4－1－1　常用简单形状物体的转动惯量

物体形状	简　　图	转动惯量	惯性半径
细长杆	z′　z　C　l/2　l/2	$J_{z'} = \frac{1}{3} ml^2$ $J_z = \frac{1}{12} ml^2$	$\rho_{z'} = \frac{\sqrt{3}}{3} l = 0.577l$ $\rho_z = \frac{\sqrt{3}}{6} l = 0.289l$

续表

物体形状	简　图	转动惯量	惯性半径
矩形薄板		$J_{y1}=\frac{1}{3}mb^2$ $J_y=\frac{1}{12}mb^2$ $J_z=\frac{1}{12}m(a^2+b^2)$	$\rho_{y1}=\frac{b}{\sqrt{3}}=0.577b$ $\rho_y=\frac{b}{\sqrt{12}}=0.289b$ $\rho_z=\sqrt{\frac{a^2+b^2}{12}}=0.289\sqrt{a^2+b^2}$
薄圆板		$J_z=\frac{1}{2}mR^2$ $J_z=J_y=\frac{1}{4}mR^2$	$\rho_z=\frac{\sqrt{2}}{2}R=0.707R$ $\rho_x=\rho_y=\frac{1}{2}R=0.5R$
细圆环		$J_z=mR^2$	$\rho_z=R$
圆柱体		$J_z=\frac{1}{2}mR^2$	$\rho_z=\frac{\sqrt{2}}{2}R=0.707R$

3）转动惯量的平行轴定理

物体对于不同的转轴将有不同的转动惯量，对于各种简单形体，在表4-1-1中（或工程手册中）只能查到它们对于通过重心轴的转动惯量，可是在工程实际中有时转轴并不通过重心，但与重心轴平行，下面讨论物体对于两个平行轴的转动惯量之间的关系。

设 z 轴通过物体的重心 O，物体对于这轴的转动惯量为 J_z。物体对于与 z 轴平行且相距为 d 的 z_1 轴的转动惯量可用下面的方法求出。

通过重心 O 取互相垂直的坐标轴 x、y、z，并使 y 轴与 z_1 轴交于 O_1 点，过 O_1 取另一垂直坐标系 x_1、y_1、z_1（y 轴与 y_1 轴重合），如图4-1-10所示，则坐标之间的关系为

$$y_1=y+d,\quad x_1=x$$

物体对于 z_1 轴的转动惯量为

$$J_{z1}=\sum\Delta mr_1^2=\sum\Delta m(x_1^2+y_1^2)=\sum\Delta m[x^2+(y+d)^2]$$

$$=\sum\Delta m(x^2+y^2)+\sum\Delta md^2+\sum\Delta m2dy$$

又

$$\sum\Delta m(x^2+y^2)=\sum\Delta mr^2=J_z$$

$$\sum\Delta md^2=d^2\sum\Delta m=md^2$$

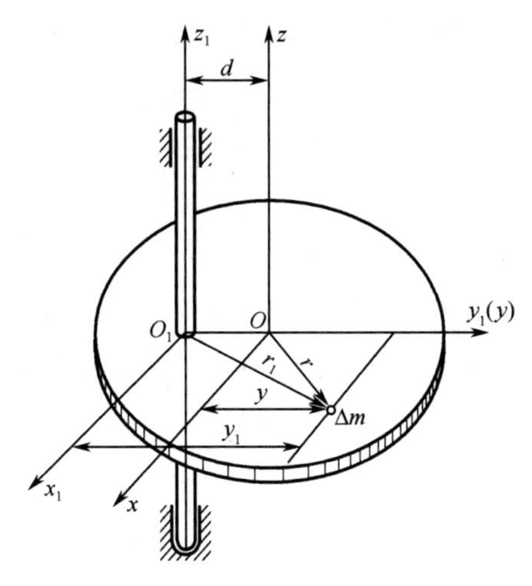

图 4-1-10　转动惯量的平行轴定理

$$\sum \Delta m 2dy = 2d \sum \Delta my$$

由质心 C 的坐标 $x_C = y_C = 0$ 可知

$$\sum \Delta mx = \sum \Delta my = 0$$

故有

$$J_{z1} = J_z + md^2 \tag{4-1-7}$$

即物体对任意轴 z_1 的转动惯量 J_{z1} 等于对通过重心且与 z_1 平行的 z 轴的转动惯量 J_z；再加上物体的质量 m 与两平行轴间距离平方的乘积。这种关系称为转动惯量的平行轴定理。

需要指出，因为 md^2 总是正值，故 J_{z1} 总是大于 J_z。可见，在物体对于所有平行轴的转动惯量中，以物体对于其重心轴的转动惯量为最小。

4.1.4　刚体动力学的两类问题

1. 已知转动情况求转矩

例 4-1-3　在提升设备中［图 4-1-11（a）］，跨过滑轮的钢索吊起质量为 m_A = 50 kg 的物体 A。已知物体 A 的加速度 $a = 1\ \text{m/s}^2$，滑轮为实心圆柱形鼓轮，质量 $m = 20$ kg，半径 $R = 25$ cm。试求加在滑轮上的力矩 M_o（不计钢索的质量及轴承摩擦）。

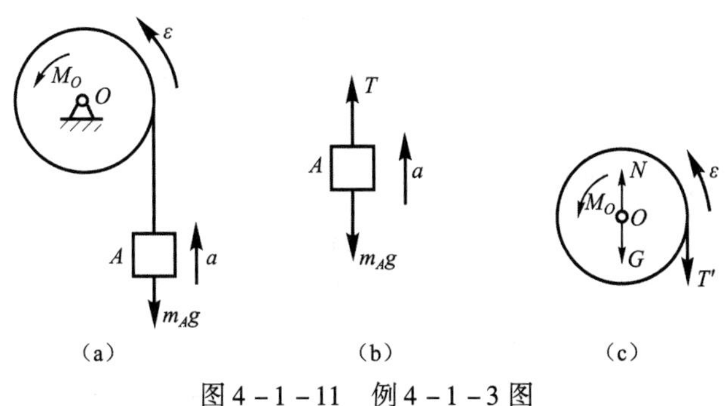

图 4-1-11　例 4-1-3 图

解：（1）首先选取重物 A 为研究对象，画受力图，如图 4－1－11（b）所示。根据质点动力方程得

$$T - m_A g = m_A a \tag{a}$$

故

$$T = m_A(a+g) = 50\ \text{kg} \times (1\ \text{m/s}^2 + 9.8\ \text{m/s}^2) = 540\ \text{N}$$

（2）再取滑轮为研究对象并画受力图，如图 4－1－11（c）所示。滑轮在力矩 M_o 和绳的拉力 T 所产生的阻力矩的共同作用下，沿逆时针方向加速转动。根据定轴转动刚体的动力学方程得

$$M_0 - T'R = J_0\varepsilon$$

因

$$T' = T, a = a_\tau = R\varepsilon, J_0 = \frac{1}{2}mR^2$$

故

$$\begin{aligned} M_0 &= J_0\varepsilon + TR \\ &= \frac{1}{2}mR^2 \cdot \frac{a}{R} + TR = R\left(\frac{1}{2}ma + T\right) \\ &= 0.25m \times \left(\frac{1}{2} \times 20\ \text{kg} \times 1\ \text{m/s}^2 + 540\ \text{N}\right) \\ &= 137.5(\text{N}\cdot\text{m}) \end{aligned}$$

2. 已知转矩求转动情况

刚体转动动力学基本方程式 $M=J\varepsilon$ 与质点动力学基本方程 $F=ma$ 相似，转矩 $\boldsymbol{M}$ 与力 $\boldsymbol{F}$ 相对应，角加速度 $\boldsymbol{\varepsilon}$ 与加速度 $\boldsymbol{a}$ 相对应，表示刚体转动惯性的转动惯量 J 与表示质点运动惯性的质量相对应。刚体转动动力学基本方程式的应用，与质点动力学基本方程式（4－1－1）的应用相似，可用于解决动力学两类基本问题。

【任务实施】

如图 4－1－1 所示，带传动中，大轮的直径 $D=0.8$ m，转动惯量 $J=16\ \text{kg}\cdot\text{m}^2$。带拉力 $T_1=1.6$ kN，$T_2=0.8$ kN，轴承摩擦不计。试求大轮由静止开始至转速 $n=600$ r/min 时所需的时间 t。

解：（1）确定研究对象，进行受力分析和运动分析。取大轮为研究对象，其受力情况如图 4－1－1 所示。大轮在 $\boldsymbol{T}_1$、$\boldsymbol{T}_2$ 两力所产生的转矩作用下做匀加速转动。

（2）由刚体转动动力学基本方程式求 ε

$$\varepsilon = \frac{M}{J}$$

因为作用在大皮带轮上的转矩为

$$M = T_1 \cdot \frac{D}{2} - T_2 \cdot \frac{D}{2} = (T_1 - T_2)\frac{D}{2}$$

$$=(1\ 600-800)\times\frac{0.8}{2}=320\ (\text{N}\cdot\text{m})$$

转动惯量为

$$J=16\ (\text{kg}\cdot\text{m}^2)$$

将 M、J 代入上式得

$$\varepsilon=\frac{M}{J}=\frac{320}{16}=20\ (\text{rad/s}^2)$$

（3）应用匀变速转动公式求时间 t。

因为

$$\omega=\frac{\pi n}{30}=\frac{\pi\times600}{30}=20\pi\ (\text{rad/s})$$

$$\omega_0=0$$

由

$$\omega=\omega_0+\varepsilon t$$

得

$$t=\frac{\omega-\omega_0}{\alpha}=\frac{20\pi}{20}=3.14\ (\text{s})$$

【任务小结】

本任务的主要内容是刚体动力学基本方程、质点动力学基本方程及已知转动情况求转矩等。

1. 质点动力学基本方程

$$F=ma$$

2. 质点动力学的两类问题

（1）已知运动求作用力.

一般分析步骤如下：

①确定研究对象。根据题意，取重物为研究对象。

②画出研究对象的受力图。

③列出质点运动微分方程，并对其求解。

（2）已知作用力求物体的运动.

3. 构件定轴转动的动力学基本方程

（1）刚体转动动力学基本方程：

$$M=J\varepsilon$$

（2）转动惯量：

$$J=\sum\triangle mr^2$$

4. 刚体动力学的两类问题

（1）已知转矩求转动情况；

（2）已知转动情况求转矩。

【实践训练】

思考题

4-1-1 动力学是研究什么问题的？

4-1-2 动力学的两类基本问题是什么？

4-1-3 动力学四个基本定律的内容是什么？

4-1-4 人坐在汽车上，脸朝汽车行驶的方向，根据他前倾、后仰、左倒、右歪，就能知道车是减速、加速、右转弯、左转弯吗？

习　题

4-1-1 已知某物体质量为 $m=5$ kg，在某处称得重量为 $G=49.5$ N，问该处的重力加速度 g 等于多少？

4-1-2 物体重 $G=9.8$ kN，由静止开始沿光滑水平面做匀变速直线运动，经时间 $t=2$ s共通过路程 $s=2$ m。求作用在物体上的水平力。

4-1-3 物体由绳牵引沿倾角为30°的斜面上升，加速度 $a=2\ \mathrm{m/s^2}$，物体重 $G=9.8$ kN，物体与斜面间的摩擦因数 $\mu=0.2$。若绳与斜面平行，试求绳的拉力 $\boldsymbol{F}$。

4-1-4 图4-1-12所示定滑轮的左边悬挂重 $G_A=49$ N 的物体A，右边悬挂重 $G_B=19.6$ N 的物体B，如不计滑轮和绳的重量以及各种摩擦力，求物体的加速度和绳的拉力。

4-1-5 图4-1-13所示圆盘在圆周力 $F=100$ N 作用下由静止开始转动，已知圆盘的转动惯量 $J=1.5\ \mathrm{kg\cdot m^2}$，直径 $D=30$ cm，试求转动后2 s末圆盘边缘上一点的线速度。

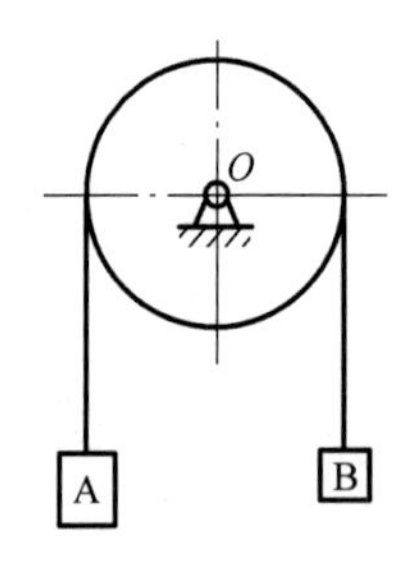

图4-1-12　习题4-1-4图

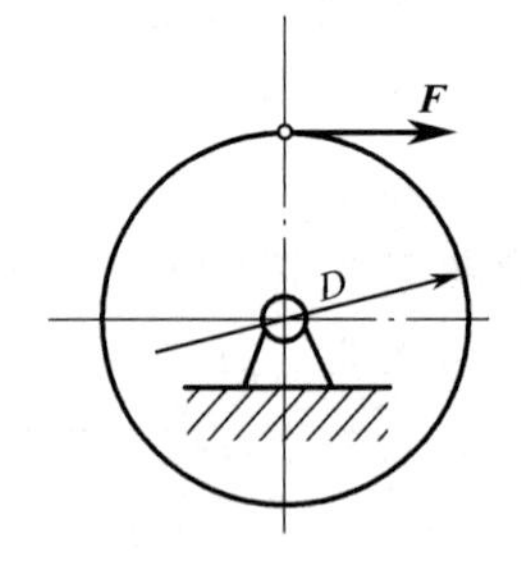

图4-1-13　习题4-1-5图

4-1-6 如图4-1-14所示，为了求出轴承中的摩擦力矩，在轴上装一重 $G=5$ kN 的实心圆柱轮，轮的直径 $D=0.8$ m，先使轮具有 $n=180$ r/min 的转速，然后任其自转，经时间 $t=5$ min而停止。设摩擦力矩为常量，试求此摩擦力矩的大小。

4-1-7 带传动中，如图4-1-15所示，带轮的直径 $D=0.8$ m，转动惯量 $J=5\ \mathrm{kg\cdot m^2}$，传动带拉力 $T_1=2T_2$，传动时的阻力矩为 $M=1\ 000\ \mathrm{N\cdot m}$，角加速度 $\varepsilon=10\ \mathrm{rad/s^2}$。试求拉力 T_1 和 T_2 的大小。

4-1-8 如图4-1-16所示，为了测得飞轮的转动惯量，在飞轮上缠一细绳，绳的末

端系一重 $G=39.2$ N 的重锤自高度 $h=2$ m 处落下，测得落下时间 $t=8$ s，飞轮半径 $R=0.5$ m。摩擦力矩忽略不计，试求飞轮的转动惯量。

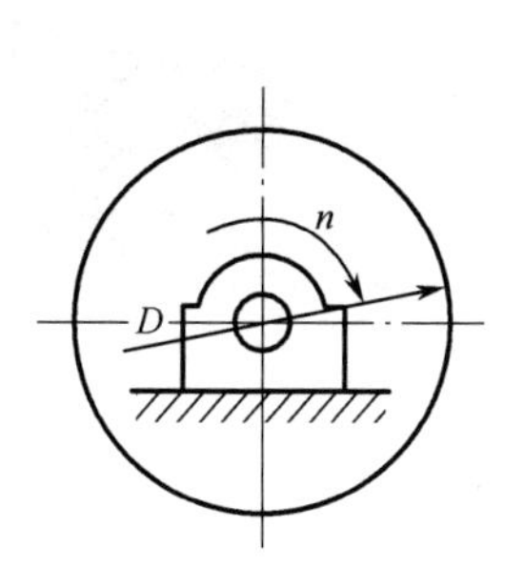

图 4-1-14　习题 4-1-6 图

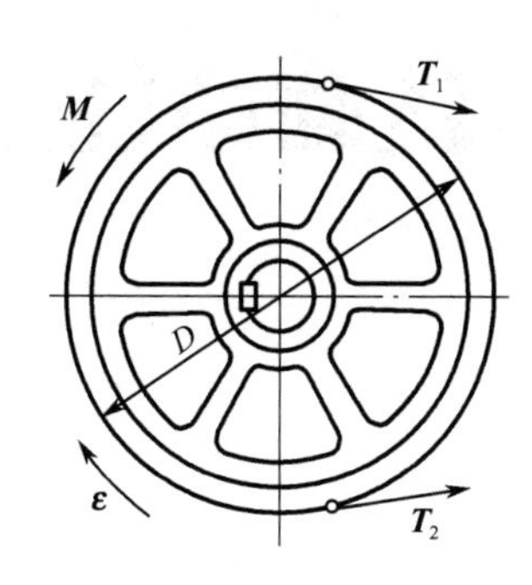

图 4-1-15　习题 4-1-7 图

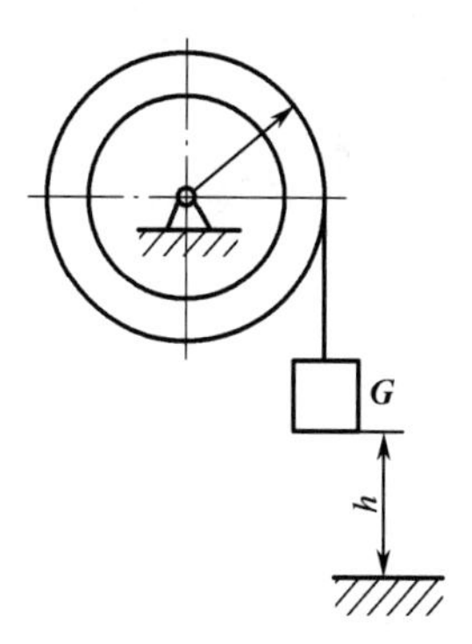

图 4-1-16　习题 4-1-8 图

任务二　动静法和动能定理

【任务描述】

如图 4－2－1 所示，自动送料机构的小车与货物的质量为 m_1，鼓轮的质量为 m_2，半径为 r_1，轨道的倾角为 α，鼓轮上作用一不变的力矩 $\boldsymbol{M}$，不计摩擦和鼓轮的质量。求小车由静止开始沿轨道上升路程 s 时的速度。

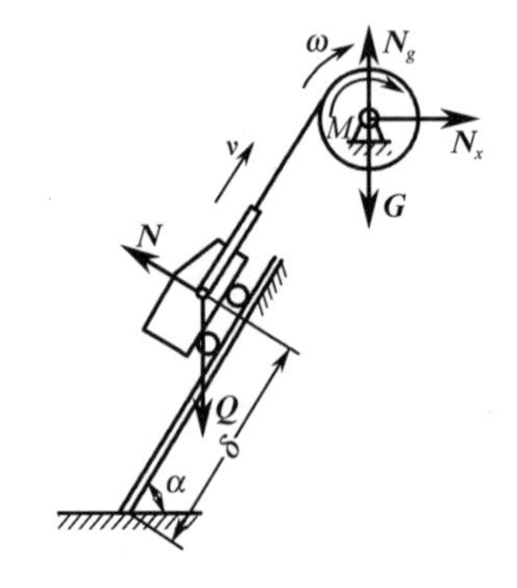

图 4－2－1　动静法和动能定理工程实例

【知识准备】

4.2.1　质点的动静法

1. 惯性力的概念

任何物体都有保持静止或匀速直线运动的属性，称之为惯性。当物体受到外力的作用使物体的运动状态发生改变时，物体会对施力物体产生反作用力，而反作用力是由于物体的惯性所引起的，因此将作用在施力物体上的反作用力称为惯性力。

如图 4－2－2 所示，人沿光滑地面用力 $\boldsymbol{F}$ 推动一辆质量为 m 的小车，小车的加速度为 $\boldsymbol{a}$，根据质点动力学基本方程可得 $\boldsymbol{F}=m\boldsymbol{a}$。根据作用与反作用公理知，人给小车一个作用力 $\boldsymbol{F}$，那么人必受到小车的反作用力 $\boldsymbol{F}'$，那么 $\boldsymbol{F}$ 与 $\boldsymbol{F}'$ 必满足等值、反向且共线，因此 $\boldsymbol{F}'=-m\boldsymbol{a}$。因为 $\boldsymbol{F}'$ 是由于小车的惯性引起的，因此 $\boldsymbol{F}'$ 即为小车的惯性力。该惯性力是因在力 $\boldsymbol{F}$ 的作用下使小车的运动状态发生了改变，由于小车的惯性而引起对人手的反作用力，其大小等于小车的质量与加速度的乘积，其方向与加速度方向相反，作用在人手上。

因此可以得如下结论：当质点受到作用力而产生加速度时，质点由于惯性必然给施力体以反作用力，该反作用力即称为质点的惯性力；该惯性力的大小等于质点的质量与其加速度的乘积，方向与加速度的方向相反。

若用$\boldsymbol{F}_g$表示质点的惯性力，则$\boldsymbol{F}_g=-m\boldsymbol{a}$。

2. 质点的动静法

设一质点的质量为m，该质点受主动力$\boldsymbol{F}$及约束力$\boldsymbol{F}_{\mathrm{N}}$的作用，沿其轨迹线运动，如图4－2－3所示。由牛顿第二运动定律得

$$\boldsymbol{F}+\boldsymbol{F}_{\mathrm{N}}=m\boldsymbol{a}$$

所以

$$\boldsymbol{F}+\boldsymbol{F}_{\mathrm{N}}-m\boldsymbol{a}=0$$

引入$\boldsymbol{F}_g=-m\boldsymbol{a}$，上式可表示为

$$\boldsymbol{F}+\boldsymbol{F}_{\mathrm{N}}+\boldsymbol{F}_g=0 \tag{4-2-1}$$

式（4－2－1）表明，如果在质点上除作用有主动力及约束力外，再假想地加上惯性力，则这些力构成平衡力系。这就是质点的达朗伯原理。

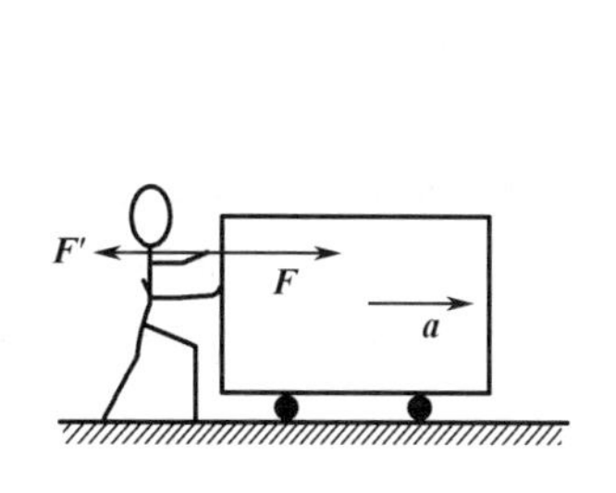

图4－2－2　人推动小车

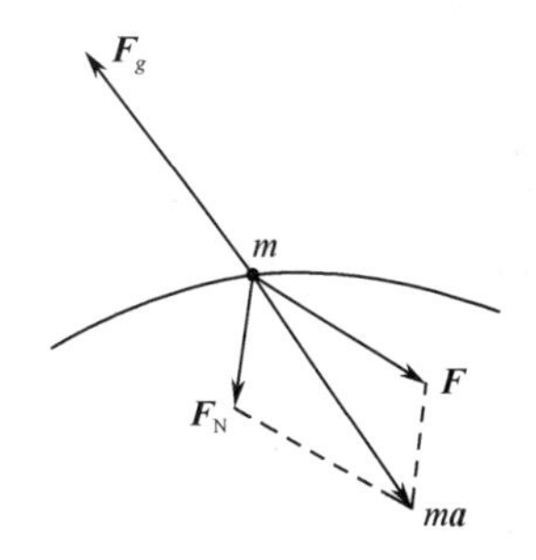

图4－2－3　质点受主动力作用

利用质点的达朗伯原理，可以用静力学平衡方程求解动力学问题的方法，称为动静法。动静法的工程应用十分广泛，这种方法使一些动力学问题的求解显得更方便。

应该强调指出，这里的质点并非处于平衡状态，平衡状态是虚拟的，实际上，质点也没有受到惯性力的作用，作用在质点上的惯性力也是假想的，这样做只是为了借用静力学的方法求解动力学问题。这种利用熟知的方法求解新问题的方法，使新问题更容易掌握和应用。

将式（4－2－1）在自然坐标轴上投影，即得动静法的自然坐标式

$$\begin{cases}\boldsymbol{F}_\tau+\boldsymbol{F}_{\mathrm{N}\tau}+\boldsymbol{F}_{g\tau}=0\\ \boldsymbol{F}_{\mathrm{n}}+\boldsymbol{F}_{\mathrm{Nn}}+\boldsymbol{F}_{g\mathrm{n}}=0\end{cases} \tag{4-2-2}$$

将式（4－2－1）在直角坐标轴投影，即得动静法的直角坐标式

$$\begin{cases}\boldsymbol{F}_x+\boldsymbol{F}_{\mathrm{N}x}+\boldsymbol{F}_{gx}=0\\ \boldsymbol{F}_y+\boldsymbol{F}_{\mathrm{N}y}+\boldsymbol{F}_{gy}=0\end{cases} \tag{4-2-3}$$

应用质点动静法解题的步骤如下：

（1）确定研究对象，分析其受力并画出受力图；其中惯性力应根据质点的运动条件及轨迹曲线来确定。

（2）列静力学平衡方程并求解。

例4－2－1　在水平直线运动的车厢中，挂一单摆，如图4－2－4所示。摆锤重为$\boldsymbol{G}$，当列车做匀变速运动时，摆稳定在与铅直线成α角的位置上。求车厢的加速度a。

解：（1）取摆锤为研究对象，分析受力并画受力图。摆锤受主动力 $\boldsymbol{G}$、绳子拉力 $\boldsymbol{F}_{\mathrm{T}}$作用。摆锤做水平直线运动，其加速度 a 水平向右，则其惯性力 $\boldsymbol{F}_g$水平向左。

（2）由质点动静法知，作用于摆锤上的主动力 $\boldsymbol{G}$、约束力 $\boldsymbol{F}$、惯性力 $\boldsymbol{F}_g$组成了形式上的平衡力系。其中惯性力 $\boldsymbol{F}_g=\dfrac{\boldsymbol{G}}{g}\boldsymbol{a}$。建立坐标系列平衡方程

$$\sum F_x=0 \quad F_{\mathrm{T}}\sin\alpha-F_g=0 \tag{4-2-4}$$

得

$$F_g=F_{\mathrm{T}}\sin\alpha$$

$$\sum F_y=0 \quad F_{\mathrm{T}}\cos\alpha-\boldsymbol{G}=0 \tag{4-2-5}$$

得

$$F_T=\frac{G}{\cos\alpha}$$

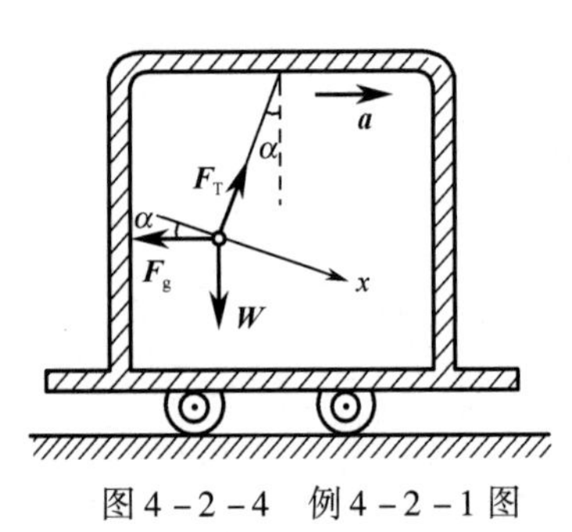

图4-2-4 例4-2-1图

式（4-2-1）、式（4-2-2）及

$$F_g=\frac{W}{g}a$$

联立可得

$$\boldsymbol{a}=\boldsymbol{g}\tan\alpha$$

由此可见：α 角随着加速度 $\boldsymbol{a}$ 的变化而变化：当 $\boldsymbol{a}$ 不变时，α 角也不变。只要测出 α 角，就能知道列车的加速度 $\boldsymbol{a}$。这就是摆式加速计的原理。

4.2.2 功

1. 力的元功

设质量为 m 的质点，在大小和方向都不变的力 $\boldsymbol{F}$ 作用下，沿直线走过一段路程 s，力 $\boldsymbol{F}$ 在这段路程内所积累的效应用力的功来量度，以 W 来表示，并定义为

$$W=F\cos\theta\cdot s$$

式中 θ——力 $\boldsymbol{F}$ 与直线位移方向之间的夹角。

功是标量，其单位为 J（焦耳），1 J=1 N·m。

设质量为 m 的质点，在任意变力 $\boldsymbol{F}$ 作用下沿曲线运动，如图4-2-5所示。力 $\boldsymbol{F}$ 在无限小位移 d$\boldsymbol{r}$ 中可视为常力，经过的一小段圆弧 ds 可视为直线则在一无限小位移中作用的功称为元功，以 dW 来表示。

因此有

$$\mathrm{d}W=F\cos\theta\,\mathrm{d}s$$

由质点动力学基本方程的自然坐标式知

$$ma_\tau=m\frac{\mathrm{d}v}{\mathrm{d}t}=F\cos\theta$$

在上式两边同乘以微段路程 ds 得

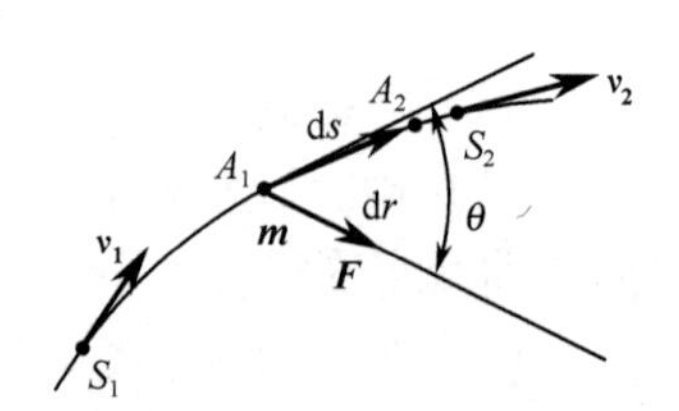

图4-2-5 力的元功

$$m\frac{\mathrm{d}v}{\mathrm{d}t}\mathrm{d}s = mv\mathrm{d}v = \mathrm{d}\left(\frac{1}{2}mv^2\right) = F\cos\theta\mathrm{d}s = \mathrm{d}W \tag{4-2-6}$$

式中，$\frac{1}{2}mv^2$ 为质点的动能。于是得到质点动能定理的微分形式

$$\mathrm{d}\left(\frac{1}{2}mv^2\right) = \mathrm{d}W \tag{4-2-7}$$

式（4-2-7）表明，质点动能的微分等于作用在质点上力的元功。

如果质点从 S_1 运动到 S_2，其速度由$\boldsymbol{v}_1$变为$\boldsymbol{v}_2$，质点运动的路程为 $s = S_2 - S_1$。对式（4-2-7）进行积分运算，则

$$\int_{v_1}^{v_2}\mathrm{d}\left(\frac{1}{2}mv^2\right) = \int_{S_1}^{S_2}F\cos\theta\mathrm{d}s$$

即得质点动能定理的积分形式

$$\frac{1}{2}mv_2 - \frac{1}{2}mv_1 = W_{12} \tag{4-2-8}$$

式（4-2-8）表明，在质点运动的某个过程中，质点动能的改变量等于作用于质点的力所做的功。

需要说明的是，动能是描述质点运动强弱的物理量。而功是力在一段路程中对物体作用的积累效应，其结果使质点的动能发生了变化。力做正功，质点的动能增加；力做负功，质点的动能减小。动能的改变是用功来度量的。

2. 力的功

力的功表征了力在其作用点的位移上对物体的积累效应。下面讨论常见的几种力所做功的计算。

1）常力的功

设质量为 m 的质点在大小、方向不变的常力 $\boldsymbol{F}$ 的作用下沿水平直线运动，力 $\boldsymbol{F}$ 与运动方向的夹角为 α，质点在力 $\boldsymbol{F}$ 的作用下从 S_1 运动到 S_2 的直线位移为 s，如图 4-2-6 所示。将力 $\boldsymbol{F}$ 沿速度方向和垂直于速度方向分解为分力 $\boldsymbol{F}_x$ 和 $\boldsymbol{F}_y$，因质点是沿水平方向运动，故只有水平分力 $\boldsymbol{F}_x$ 才使质点改变运动状态，垂直分力 $\boldsymbol{F}_y$ 对质点的水平运动没有影响。因此，我们把力 $\boldsymbol{F}$ 在速度方向的投影 $\boldsymbol{F}\cos\alpha$ 与位移 s 的乘积，称为力 $\boldsymbol{F}$ 在位移 s 上对质点所做的功。以 W 表示，即

$$W = F\cos\alpha \cdot s = Fs\cos\alpha \tag{4-2-9}$$

由式（4-2-9）可以看出：当 $\alpha < 90°$ 时，力做正功；当 $\alpha > 90°$ 时，力做负功；当 $\alpha = 90°$ 时，力不做功，即 $W = 0$。

2）重力的功

设一质点重为 $\boldsymbol{G}$，其沿一条曲线轨迹由 S_1 运动到 S_2，如图 4-2-7 所示，则重力 $\boldsymbol{G}$ 所做的功为

$$W = \int_{y_1}^{y_2} -G\mathrm{d}y = G(y_1 - y_2) = Gh \tag{4-2-10}$$

式（4-2-10）中，h 表示质点的起始点与终点的位置之高度差。显然，质点下落时，重力做正功；质点上升时，重力做负功。

式（4-2-10）表明，重力的功等于质点的重量与起始位置和终了位置高度差的乘积。

与质点的运动路程无关。

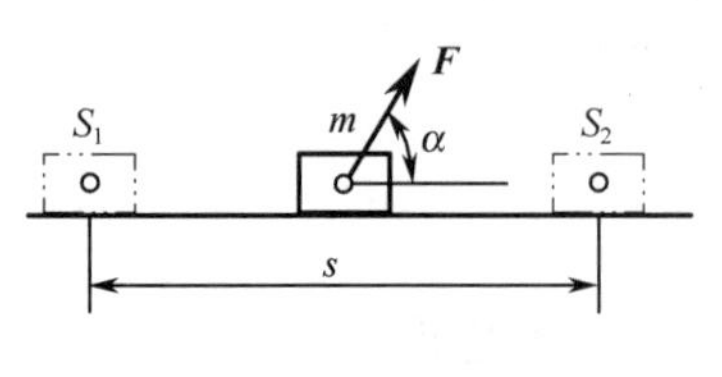

图4－2－6　常力的功

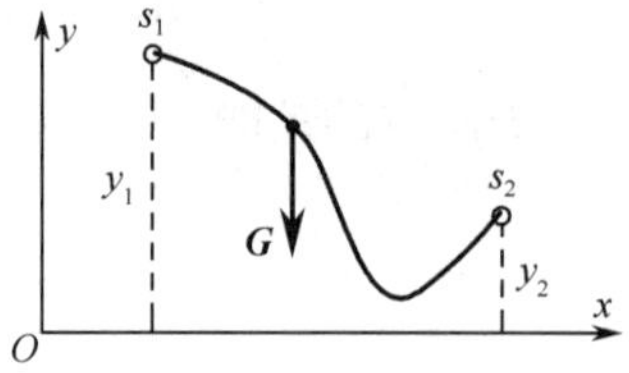

图4－2－7　重力的功

3）弹性力的功

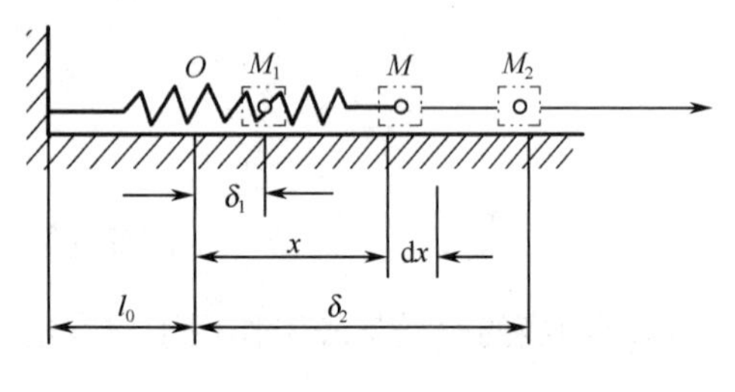

图4－2－8　弹性力的功

图4－2－8所示的弹簧一端固定，另一端系住做水平直线运动的物块M（可简化为质点）。设弹簧原长为l_0，当弹簧处于原长时质点所在的位置O称为自然位置。当质点偏离自然位置使弹簧产生拉伸或压缩时，弹簧将对质点作用一弹性力$\boldsymbol{F}$，该力总是企图使质点回复到自然位置，因此弹性力的方向恒指向自然位置O，即弹性力的方向与伸长（或缩短）的方向总是相反。当弹簧的变形在弹性范围内时，由物理学知，弹性力的大小与弹簧的变形量成正比，即$F=-kx$，k为弹簧的刚性系数，其单位为N/m。当质点正向移动一微段距离dx时，弹性力的元功为$dW=-kxdx$。若物块从M_1运动到M_2位置，即伸长量由δ_1增至δ_2过程中，弹性力所做的功为

$$W=\int_{\delta_1}^{\delta_2}F\mathrm{d}x=\int_{\delta_1}^{\delta_2}-kx\mathrm{d}x=\frac{k}{2}(\delta_1^2-\delta_2^2) \tag{4-2-11}$$

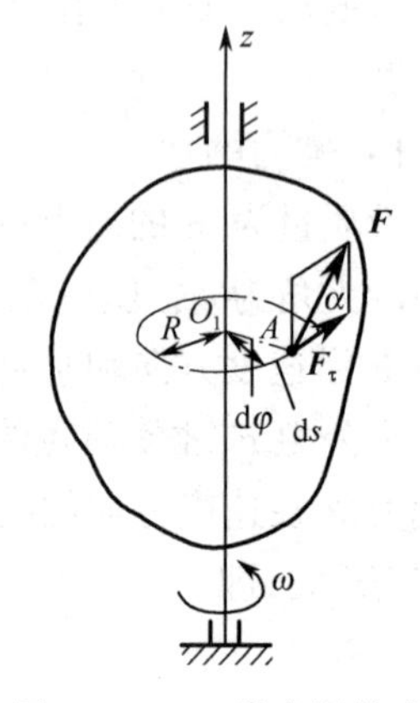

图4－2－9　常力矩的功

式（4－2－11）表明，弹性力的功等于弹簧初变形的平方与末变形的平方之差乘以弹簧刚性系数的一半。当初变形大于末变形时，弹性力做正功；当初变形小于末变形时，弹性力做负功。弹性力的功只与弹簧的始末变形有关，而与质点运动的轨迹形状和路程长度无关。

4）常力矩的功

如图4－2－9所示，设质点A在力$\boldsymbol{F}$的作用下绕z轴转动，力$\boldsymbol{F}$的作用线在A点轨迹的切平面内与切线夹角为α，则力$\boldsymbol{F}$在切线的投影为$\boldsymbol{F}_\tau=\boldsymbol{F}\cos\alpha$，$A$点轨迹曲线$ds=Rd\varphi$。因此力$\boldsymbol{F}$在质点轨迹曲线上所做的元功为$dW=F\cos\alpha\ ds=F_\tau ds=F_\tau d\varphi=M_z(\boldsymbol{F})d\varphi$，若$M_z(\boldsymbol{F})$为常力矩，因此常力矩的功为

$$W=\int_{\phi_1}^{\phi_2}F_\tau R\mathrm{d}\varphi=\int_{\phi_1}^{\phi_2}M_z(F)\mathrm{d}\varphi=M_z\varphi \tag{4-2-12}$$

式（4－2－12）表明，作用于定轴转动构件上常力矩的功等于力矩的大小与转角的乘积。当力矩转向与转角同向时，力矩做正功；反之做负功。

4.2.3　动能定理

1. 质点系动能定理

设运动质点的质量为 m，速度为$\boldsymbol{v}$，则质点的动能为

$$E=\frac{1}{2}mv^2 \qquad (4-2-13)$$

式（4－2－13）表明，质点的动能等于质点质量与速度乘积的一半。

取质点系，其质量为 m_i，速度为$\boldsymbol{v}_i$，作用在该质点上的力为 $\boldsymbol{F}_i$。

构件上的该点距转轴的距离为 r_i，则该质点的速度为 $v_i=r_i\omega$。于是得定轴转动构件的动能为

$$\mathrm{d}\left(\frac{1}{2}m_iv^2\right)=\mathrm{d}W_i \qquad (4-2-14)$$

式中　$\mathrm{d}W_i$——作用在质点上的力所做的功。

构件或构件系统可以看作一个质点系。质点系由 n 个质点组成，每个质点都可以列出如式（4－2－14）的方程，将 n 个方程相加，得

$$\mathrm{d}\left[\sum\left(\frac{1}{2}m_iv_i^2\right)\right]=\sum\mathrm{d}W_i$$

式中，$\sum\frac{1}{2}m_iv_i^2$ 为质点系的动能，用 E 表示。因此上式可写成

$$\mathrm{d}E=\sum\mathrm{d}W_i \qquad (4-2-15)$$

式（4－2－15）为质点系动能的微分形式，其表明，质点系动能的增量等于作用于质点系全部力所做的元功之和。

对式（4－2－15）积分，得

$$E_2-E_1=\sum W_i \qquad (4-2-16)$$

式（4－2－16）中 E_1 和 E_2 分别是质点系在某一运动过程的起始点和终点的动能。式（4－2－16）为质点系动能定理的积分形式，该式表明，质点系在某一段运动过程中，起始点和终点的动能的改变量等于作用于质点系的全部力在这段过程中所做功之和。

必须指出的是，构件在很多情况下所受到的约束可简化为理想约束，例如光滑面约束、固定铰支约束、光滑铰链约束、柔体约束等。因此，构件的动能定理又可表述为，在理想约束条件下，作用于构件上的主动力在任一段路程上所做的功等于构件在此路段上动能的改变量。

2. 平动构件的动能

构件平动时，任一瞬时，构件内各质点的速度都相等，于是得平动构件的动能为

$$E=\sum\frac{1}{2}m_iv_i^2=\frac{1}{2}mv_C^2 \qquad (4-2-17)$$

式（4－2－17）表明，平动构件的动能等于构件的质量与质心速度平方之积的一半。

例 4－2－2　如图 4－2－10 所示，载重汽车以速度 $v=30\ \mathrm{km/h}$ 沿水平直线道路行驶，已知汽车总质量为 m，轮胎与路面之间的动摩擦系数 $\mu=0.6$，制动时车轮直滑动而不滚动，

求制动时汽车从开始刹车至停车所经过的距离 s。

解：（1）受力分析。汽车受重力 $\boldsymbol{G}$、约束反力 $\boldsymbol{F}_{N1}$、$\boldsymbol{F}_{N2}$、摩擦力 $\boldsymbol{F}_{\mu}$，受力图如图4－2－10所示。

由图得

$$F_{N1}+F_{N2}=mg$$

所以

$$F_{\mu}=F_{\mu1}+F_{\mu2}=(N_1+N_2)\mu=mg\mu$$

（2）汽车刹车时的动能。

由式（4－2－13）得

$$E=\frac{1}{2}mv^2=\frac{1}{2}m\left(\frac{30\times10^3}{60\times60}\right)^2=34.72\ (\mathrm{m})$$

（3）摩擦力所做的功。

由式（4－2－9）得

$$W=-F\mu s=-mg\mu s$$

（4）求刹车距离。

由 $E=W$ 得

$$mg\mu s=34.72\ (\mathrm{m})$$

所以 $s=\dfrac{34.72}{0.6\times9.8}=5.9(\mathrm{m})$。

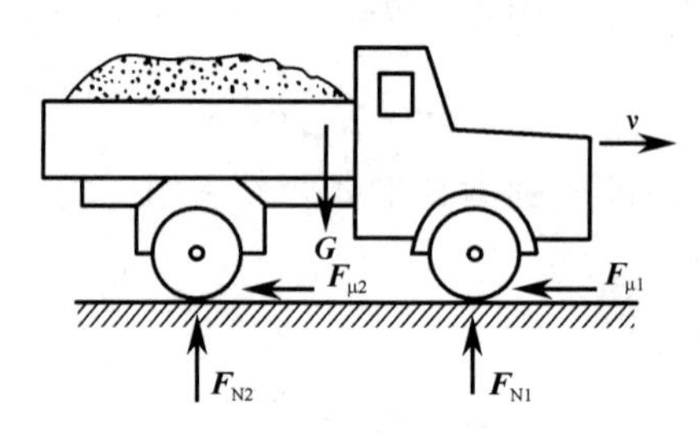

图4－2－10　例4－2－2图

3. 定轴转动构件的动能

设构件绕定轴转动时，某瞬时的角速度为 ω，构件上任一质点的质量为 m_i，其速度为 v_i，该点距转轴的距离为 r_i，则该质点的速度为 $v_i=r_i\omega$。于是得定轴转动构件的动能为

$$E=\sum\frac{1}{2}m_iv_i^2=\frac{1}{2}\left(\sum m_ir_i^2\right)\omega^2=\frac{1}{2}J_z\omega^2 \qquad (4-2-18)$$

式（4－2－18）表明，定轴转动构件的动能，等于构件对转轴的转动惯量与角速度平方之积的一半。

4.2.4　功率方程与机械效率

1. 功率

力在单位时间内所做的功称为功率，功率表明力做功快慢的程度，以 P 表示。

功率的数学表达式为

$$P=\frac{\mathrm{d}W}{\mathrm{d}t}$$

功率单位是 W（瓦特），1 W = 1 J/s。

1）力的功率

由于力 F 在微小路程 $\mathrm{d}s$ 上所做的元功为 $\mathrm{d}W=\boldsymbol{F}\cos\alpha\,\mathrm{d}s$，因此，力的瞬时功率为

$$P=\frac{\mathrm{d}W}{\mathrm{d}t}=\frac{F\cos\alpha\mathrm{d}s}{\mathrm{d}t}=Fv\cos\alpha \tag{4-2-19}$$

式（4-2-19）表明，力的瞬时功率等于该力在其作用点速度方向上的投影与速度的乘积。式中，α 为力与速度方向的夹角。若 $\alpha=0$，即力的方向与速度方向一致，则

$$P=Fv$$

2）力矩的功率

由于力偶矩 $\boldsymbol{M}$ 在微小角位移 $\mathrm{d}\varphi$ 中所做的元功为 $\mathrm{d}W=M\mathrm{d}\varphi$，因此，转矩的瞬时功率为

$$P=\frac{\mathrm{d}W}{\mathrm{d}t}=\frac{M\mathrm{d}\varphi}{\mathrm{d}t}=M\omega \tag{4-2-20}$$

式（4-2-20）表明，力矩的瞬时功率等于力偶矩与转动物体角速度的乘积。

由式（4-2-19）和式（4-2-20）可以看出，当功率一定时，F 与 v 成反比，或 M 与 ω 成反比。例如，汽车上坡时需要较大的驱动力偶矩 M 或较大的牵引力 F，驾驶员需用低速挡，使汽车的速度减小，以便在一定功率的情况下产生较大的牵引力。

工程中常给出转动物体的转速 n（r/min），力矩 $\boldsymbol{M}$（N·m），功率 P(kW)，它们之间的关系可由下式换算：

$$M=9\ 549\ \frac{P}{n} \tag{4-2-21}$$

2. 功率方程

取构件系统动能定理的微分形式 $\mathrm{d}E=\sum\mathrm{d}W$，两端除以 $\mathrm{d}t$，得

$$\frac{\mathrm{d}E}{\mathrm{d}t}=\sum\frac{\mathrm{d}W}{\mathrm{d}t}=\sum P \tag{4-2-22}$$

式（4-2-22）表明，物系动能随时间的变化率等于作用于物系的所有力的功率的代数和。

功率方程常用来研究机器工作时能量的变化和转化的问题。例如，车床接通电源后，电场给转子作用的力做正功，使转子转动，电场力的功率称为输入功率。由于皮带、齿轮传动和轴与轴承之间都有摩擦，摩擦力做负功，使得一部分机械能转化为热能；在传动系统中，零件之间会发生相互碰撞，这也会造成损失一部分功率。这些功率都取负值，称为无用功率或损耗功率。车床切削工件时，切削阻力对工件做负功，这是车床加工零件所必须付出的功率，称为有用功率或输出功率。

每台机器的功率都可分为输入功率、无用功率和有用功率。一般情况下，式（4-2-22）可写成

$$\frac{\mathrm{d}E}{\mathrm{d}t}=P_{输入}-P_{有用}-P_{无用}$$

或写成

$$P_{输入}=P_{有用}+P_{无用}+\frac{\mathrm{d}E}{\mathrm{d}t} \tag{4-2-23}$$

式（4-2-23）称为功率方程，方程表明：系统的输入功率等于有用功率、无用功率和系统动能的变化率的和。

3. 机械效率

每台机器在工作时都要从外界输入功率，其工作时由于一些机械能转化为热能、声能等，都将消耗一部分功率。在工程中把有效功率与输入功率的比值称为机器的机械效率，用 η 表示，即

$$\eta = \frac{P_{有用}}{P_{输入}} \tag{4-2-24}$$

因此可见，机械效率 η 表示了机器对输入功率的有效利用程度，它是评价机器质量好坏的重要指标。一般机械的机械效率可在设计手册中查到。

例 4-2-3 如图 4-2-11 所示，单级齿轮减速箱 $P=7.5$ kW，转速 $n_1=1\ 450$ r/min，齿轮齿数 $z_1=15$，$z_2=20$，减速箱的机械效率 $\eta=0.85$。试求输出轴Ⅱ所传递的力矩和功率。

解：由机械效率公式（4-2-24）可求得输出轴Ⅱ的功率为

$$P_{有用}=P_{输入}\eta=7.5\times0.85=6.4\ (\text{kW})$$

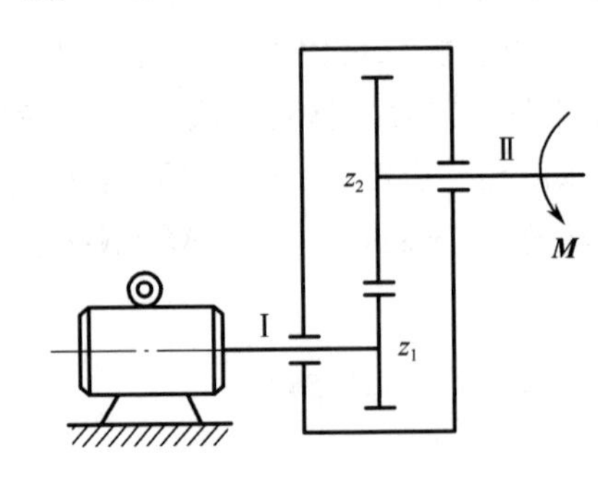

图 4-2-11　例 4-2-3 图

输出轴Ⅱ转速为

$$n_2=\frac{z_1}{z_2}n_1=\frac{15}{20}\times1\ 450=1\ 087.5\ (\text{r/min})$$

根据式（4-2-21）可得输出轴Ⅱ所传递的力矩

$$M=9\ 549\,\frac{P_{有用}}{n_2}=9\ 549\times\frac{6.4}{1\ 087.5}=56.2\ (\text{N}\cdot\text{m})$$

【任务实施】

如图 4-2-1 所示，自动送料机构的小车与货物的质量为 m_1，鼓轮的质量为 m_2，半径为 r_1，轨道的倾角为 α，鼓轮上作用一不变的力矩 $\boldsymbol{M}$，不计摩擦和鼓轮的质量。求小车由静止开始沿轨道上升路程 s 时的速度。

解：（1）受力分析。系统受到小车的重力 $G_1=m_1g$，鼓轮的重力 $G_2=m_2g$，斜面的支持力 N_1、N_2，鼓轮上的力矩 $\boldsymbol{M}$。

（2）计算系统的动能。初始位置时小车静止，所以系统的动能 $E_1=0$，沿斜面运动 s 后的动能

$$E_2 = \frac{1}{2}m_1v^2 + \frac{1}{2}m_2r^2\omega^2$$

将 $\omega = \frac{v}{r}$代入上式得

$$E_2 = \frac{1}{2}(m_1 + m_2)v^2$$

（3）计算主动力的功。主动力所做的功为鼓轮力矩的功与小车的重力的功之差，即

$$W = M\varphi - G_1 s\sin\alpha = M\varphi - m_1 g s\sin\alpha$$

将 $\varphi = \frac{s}{r}$代入上式，得

$$W = M\frac{s}{r} - m_1 g s\sin\alpha = \left(\frac{M}{r} - m_1 g\sin\alpha\right)s$$

$$W = M\frac{s}{r} - G_1 s\sin\alpha = \left(\frac{M}{r} - m_1 g\sin\alpha\right)s$$

由式(4－2－13) $E_2 - E_1 = \sum W_i$，得

$$\frac{1}{2}(m_1 + m_2)v^2 = \left(\frac{M}{r} - m_1 g\sin\alpha\right)s$$

解得　$v = \sqrt{\frac{2(M - m_1 g r\sin\alpha)s}{(m_1 + m_2)r}}$。

【任务小结】

1. 质点的动静法

（1）惯性力：

$$F_g = -ma$$

（2）达朗伯原理：

$$F + F_N + F_g = 0$$

（3）动静法的自然坐标式：

$$\left.\begin{aligned} F_\tau + F_{N\tau} + F_{g\tau} &= 0 \\ F_n + F_{Nn} + F_{gn} &= 0 \end{aligned}\right\}$$

（4）动静法的直角坐标式：

$$\left.\begin{aligned} F_x + F_{Nx} + F_{gx} &= 0 \\ F_y + F_{Ny} + F_{gy} &= 0 \end{aligned}\right\}$$

2. 功

（1）质点动能定理的积分形式：

$$\frac{1}{2}mv_2^2 - \frac{1}{2}mv_1^2 = W_{12}$$

（2）力的功：

①常力的功：

$$W = F\cos\alpha \cdot s = Fs\cos\alpha$$

②重力的功：

$$W = \int_{y_1}^{y_2} -G\mathrm{d}y = G(y_1 - y_2) = Gh$$

③弹性力的功：

$$W = \int_{\delta_1}^{\delta_2} F\mathrm{d}x = \int_{\delta_1}^{\delta_2} -kx\mathrm{d}x = \frac{k}{2}(\delta_1^2 - \delta_2^2)$$

④常力矩的功：

$$W = \int_{\phi_1}^{\phi_2} F_\tau R\mathrm{d}\varphi = \int_{\phi_1}^{\phi_2} M_z(F)\mathrm{d}\varphi = M_z\varphi$$

3. 动能定理

（1）质点的动能：

$$E = \frac{1}{2}mv^2$$

（2）平动构件的动能：

$$E = \Sigma\frac{1}{2}m_i v_i{}^2 = \frac{1}{2}mv_C^2$$

（3）定轴转动构件的动能：

$$E = \sum\frac{1}{2}m_i v_i{}^2 = \frac{1}{2}(\sum m_i r_i{}^2)\omega^2 = \frac{1}{2}J_z\omega^2$$

4. 功率方程与机械效率

（1）力的功率：

$$P = Fv$$

（2）力矩的功率：

$$M = 9549\frac{P}{n}$$

（3）功率方程：

$$p_{输入} = p_{有用} + p_{无用} + \frac{\mathrm{d}E}{\mathrm{d}t}$$

（4）机械效率：

$$\eta = \frac{P_{有用}}{P_{输入}}$$

【实践训练】

思考题

4-2-1 是否运动的物体都有惯性？是否运动的物体都有惯性力？质点做匀速直线运动时有无惯性？质点做匀速直线运动时有无惯性力？质点做匀速圆周运动时有无惯性？质点做匀速圆周运动时有无惯性力？

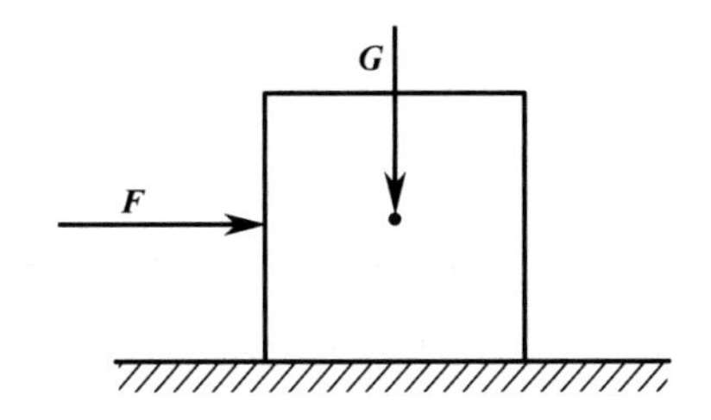

图 4－2－12　思考题 4－2－4 图

4－2－2 质点的运动方向是否一定与受力方向相同？某一瞬时，质点速度大比速度小时受力大吗？

4－2－3 当旋转雨伞时，雨滴沿伞切向飞出是什么原因？

4－2－4 物块重 **G** 如图 4－2－12 所示，与地面之间的摩擦系数为 μ，受到水平方向的推力 **F**，求物块的惯性力的方向？

4－2－5 如图 4－2－13 所示，载重卡车重为 **G**，匀速 **v** 行驶，分析在图（a）和图（b）两种情况下，哪种对桥面的压力大？

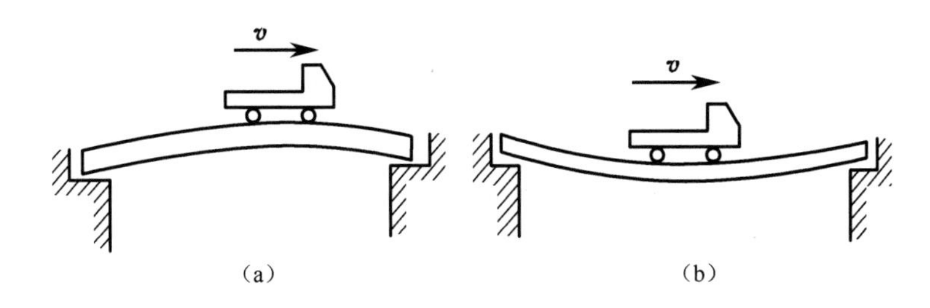

图 4－2－13　思考题 4－2－5 图

4－2－6 如图 4－2－14 所示，质点 A 挂在弹簧一端，外力使质点沿轨道由 A 到 B 再到 A 运动。求此过程中，重力和弹性力所做的功。

4－2－7 链传动如图 4－2－15 所示，已知链速为 **v**，大、小链轮的半径分别为 R、r，两轮对轴的转动惯量分别为 J_1、J_2，链条的质量为 m，求系统的动能。

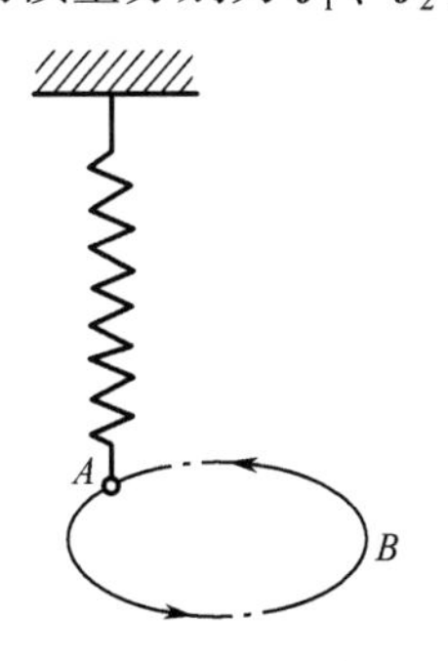

图 4－2－14　思考题 4－2－6 图

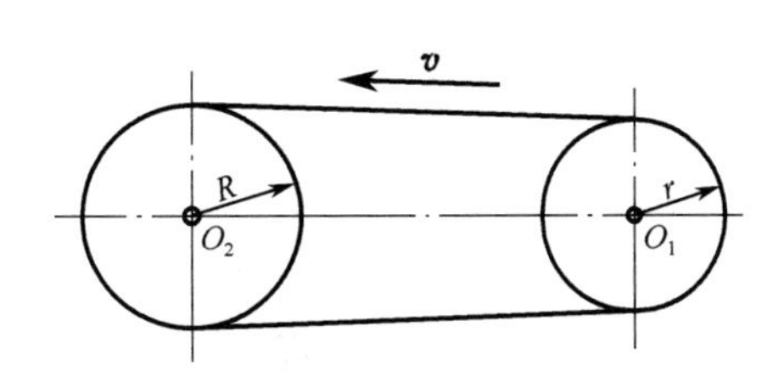

图 4－2－15　思考题 4－2－7 图

4－2－8 “质量大的物体一定比质量小的物体动能大”，这种说法对吗？

4－2－9 质量为 m 的物体，在外力作用下沿半径为 R 的圆周运动，在（1）匀速圆周运动一周；（2）加速圆周运动一周两种情况下，求外力所做的功。

习　题

4-2-1 如图4-2-16所示，重力为$\boldsymbol{G}$的圆柱体放在框架内，框架以加速度$\boldsymbol{a}$向右水平直线运动，已知斜面的倾角α，求圆柱不沿斜面滚动时框架的最小加速度。

4-2-2 图4-2-17所示的摆锤重$G=5$ N，摆杆长$l=1$ m，求摆锤由位置A运动到位置B以及由位置B运动到位置C摆锤重力所做的功。

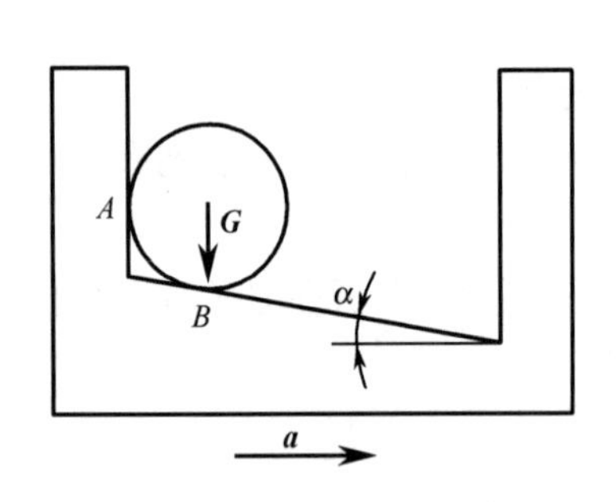

图4-2-16　习题4-2-1图

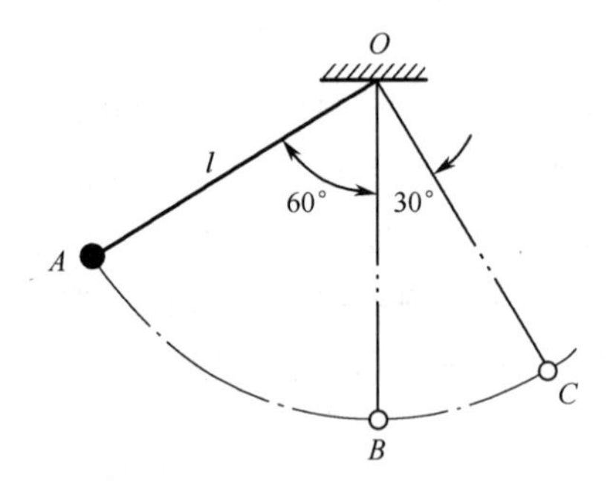

图4-2-17　习题4-2-2图

4-2-3 图4-2-18所示的物体A、B重分别为$\boldsymbol{G}_1$、$\boldsymbol{G}_2$，且$G_1>G_2$，滑轮重$\boldsymbol{G}$，半径为r，不计绳的重量，求当物体A速度为$\boldsymbol{v}$时系统的动能。

4-2-4 图4-2-19所示的小车质量为m_1，由4个轮支承，每个车轮的质量为m_2，半径为r，已知车速为v，车轮沿水平面滚动，求系统的动能。

4-2-5 如图4-2-20所示，匀质杆AB长l，质量m，放在铅直平面内，A端靠在墙壁上，B端沿地面运动，当$\varphi=60^\circ$时，B端的速度为$\boldsymbol{v}_B$。求该瞬时杆的动能。

4-2-6 如图4-2-21所示，质量为m_1的物体A，挂在不可伸长、不计质量的绳索上，绳索跨过定滑轮B，另一端系在滚子C的轴上，滚子C沿固定水平面做纯滚动。已知滑轮B和滚子C的质量均为m_2，半径均为r，并可视为均质圆盘，若不计各处的摩擦，求物体A由静止开始下降距离s时的速度和加速度。

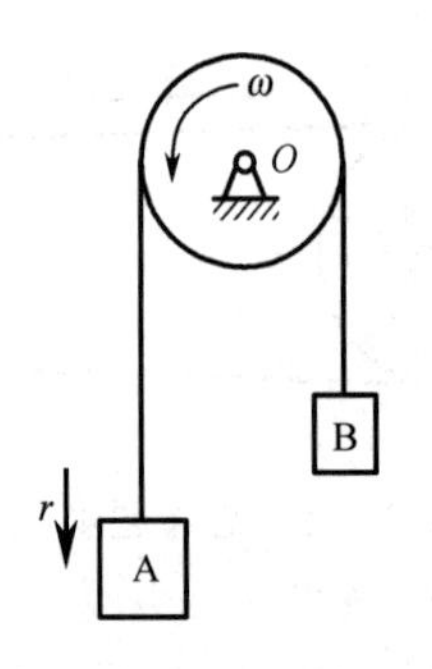

图4-2-18　习题4-2-3图

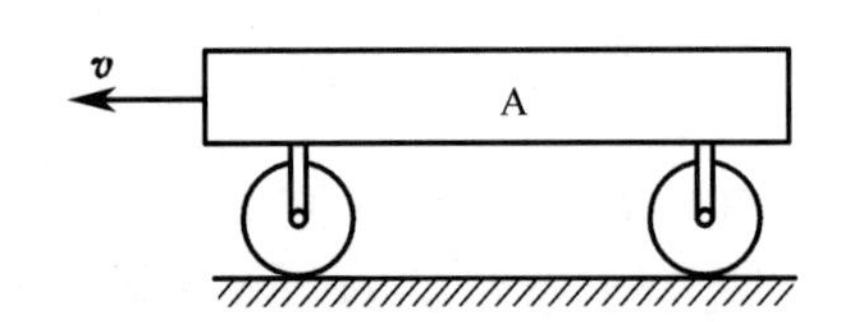

图4-2-19　习题4-2-4图

4－2－7 矿山运料车如图4－2－22所示，已知料车的加速度为$\boldsymbol{a}$，料车和矿石的质量为m，斜坡的倾角为α，卷筒可视为均质圆盘，质量为m_2，忽略摩擦，求加在卷筒上的转矩$\boldsymbol{M}$。

4－2－8 如图4－2－23所示，货车质量$m=300$ kg，现用一力$\boldsymbol{F}_{\mathrm{T}}$将它沿斜板向上拉到汽车车厢上，已知货箱与斜板的摩擦系数$\mu=0.5$，斜板的倾角$\alpha=20°$，汽车车厢高$h=1.5$ m。求将货箱拉上车厢时所消耗的功是多少？

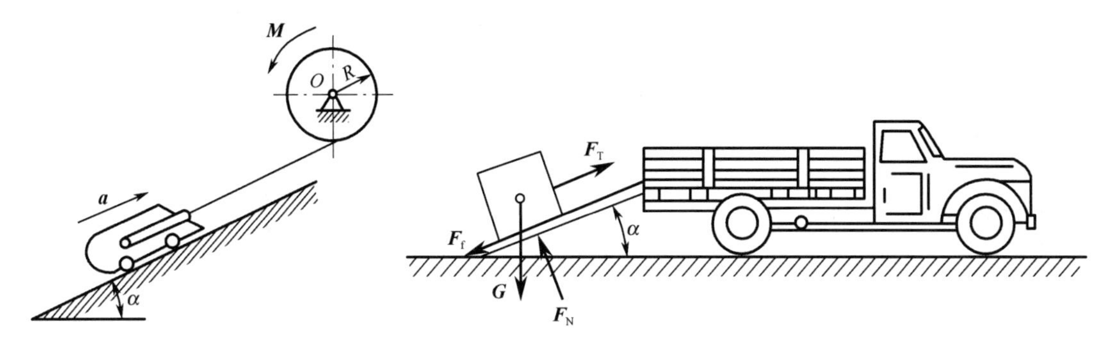

图4－2－22　习题4－2－7图

图4－2－23　习题4－2－8图

附录 型钢表

1. 热轧等边角钢（GB/T 706—2008）

符号意义：

b—边宽度；　　I—惯性矩；

d—边厚度；　　i—惯性半径；

r—内圆弧半径；　　W—截面系数；

r_1—边端圆弧半径；　　z_0—重心距离。

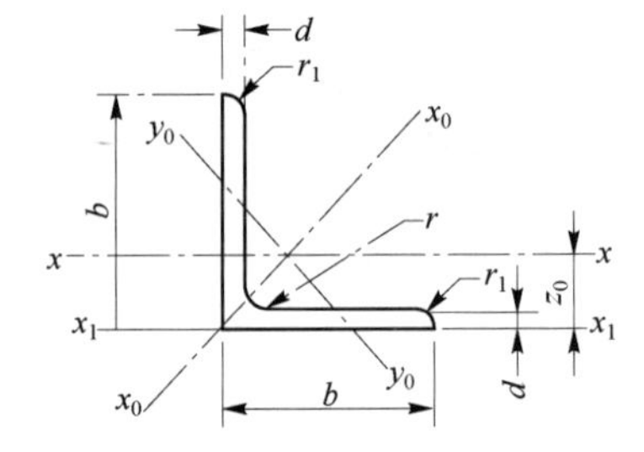

型号	截面尺寸/mm			截面面积/cm²	理论重量/(kg/m)	外表面积/(m²/m)	惯性矩/cm⁴				惯性半径/cm			截面系数/cm³			重心距离/cm
	b	d	r				I_x	I_{x1}	I_{x0}	I_{y0}	i_x	i_{x0}	i_{y0}	W_x	W_{x0}	W_{y0}	z_0
2	20	3	3.5	1.132	0.889	0.078	0.40	0.81	0.63	0.17	0.59	0.75	0.39	0.29	0.45	0.20	0.60
		4		1.459	1.145	0.077	0.50	1.09	0.78	0.22	0.58	0.73	0.38	0.36	0.55	0.24	0.64
2.5	25	3		1.432	1.124	0.098	0.82	1.57	1.29	0.34	0.76	0.95	0.49	0.46	0.73	0.33	0.73
		4		1.859	1.459	0.097	1.03	2.11	1.62	0.43	0.74	0.93	0.48	0.59	0.92	0.40	0.76
3.0	30	3	4.5	1.749	1.373	0.117	1.46	2.71	2.31	0.61	0.91	1.15	0.59	0.68	1.09	0.51	0.85
		4		2.276	1.786	0.117	1.84	3.63	2.92	0.77	0.90	1.13	0.58	0.87	1.37	0.62	0.89
3.6	36	3		2.109	1.656	0.141	2.58	4.68	4.09	1.07	1.11	1.39	0.71	0.99	1.61	0.76	1.00
		4		2.756	2.163	0.141	3.29	6.25	5.22	1.37	1.09	1.38	0.70	1.28	2.05	0.93	1.04
		5		3.382	2.654	0.141	3.95	7.84	6.24	1.65	1.08	1.36	0.70	1.56	2.45	1.00	1.07
4	40	3	5	2.359	1.852	0.157	3.59	6.41	5.69	1.49	1.23	1.55	0.79	1.23	2.01	0.96	1.09
		4		3.086	2.422	0.157	4.60	8.56	7.29	1.91	1.22	1.54	0.79	1.60	2.58	1.19	1.13
		5		3.791	2.976	0.156	5.53	10.74	8.76	2.30	1.21	1.52	0.78	1.96	3.10	1.39	1.17
4.5	45	3	5	2.659	2.088	0.177	5.17	9.12	8.20	2.14	1.40	1.76	0.89	1.58	2.58	1.24	1.22
		4		3.486	2.736	0.177	6.65	12.18	10.56	2.75	1.38	1.74	0.89	2.05	3.32	1.54	1.26
		5		4.292	3.369	0.176	8.04	15.2	12.74	3.33	1.37	1.72	0.88	2.51	4.00	1.81	1.30
		6		5.076	3.985	0.176	9.33	18.36	14.76	3.89	1.36	1.70	0.8	2.95	4.64	2.06	1.33
5	50	3	5.5	2.971	2.332	0.197	7.18	12.5	11.37	2.98	1.55	1.96	1.00	1.96	3.22	1.57	1.34
		4		3.897	3.059	0.197	9.26	16.69	14.70	3.82	1.54	1.94	0.99	2.56	4.16	1.96	1.38
		5		4.803	3.770	0.196	11.21	20.90	17.79	4.64	1.53	1.92	0.98	3.13	5.03	2.31	1.42
		6		5.688	4.465	0.196	13.05	25.14	20.68	5.42	1.52	1.91	0.98	3.68	5.85	2.63	1.46

续表

型号	截面尺寸/mm			截面面积/cm²	理论重量/(kg/m)	外表面积/(m²/m)	惯性矩/cm⁴				惯性半径/cm			截面系数/cm³			重心距离/cm
	b	d	r				I_x	I_{x1}	I_{x0}	I_{yo}	i_x	i_{x0}	i_{y0}	W_x	W_{x0}	W_{y0}	z_0
5.6	56	3	6	3.343	2.624	0.221	10.19	17.56	16.14	4.24	1.75	2.20	1.13	2.48	4.08	2.02	1.48
		4		4.390	3.446	0.220	13.18	23.43	20.92	5.46	1.73	2.18	1.11	3.24	5.28	2.52	1.53
		5		5.415	4.251	0.220	16.02	29.33	25.42	6.61	1.72	2.17	1.10	3.97	6.42	2.98	1.57
		6		6.420	5.040	0.220	18.69	35.26	29.66	7.73	1.71	2.15	1.10	4.68	7.49	3.40	1.61
		7		7.404	5.812	0.219	21.23	41.23	33.63	8.82	1.69	2.13	1.09	5.36	8.49	3.80	1.64
		8		8.367	6.568	0.219	23.63	47.24	37.37	9.89	1.68	2.11	1.09	6.03	9.44	4.16	1.68
6	60	5	6.5	5.829	4.576	0.236	19.89	36.05	31.57	8.21	1.85	2.33	1.19	4.59	7.44	3.48	1.67
		6		6.914	5.427	0.235	23.25	43.33	36.89	9.60	1.83	2.31	1.18	5.41	8.70	3.98	1.70
		7		7.977	6.262	0.235	26.44	50.65	41.92	10.96	1.82	2.29	1.17	6.21	9.88	4.45	1.74
		8		9.020	7.081	0.235	29.47	58.02	46.66	12.28	1.81	2.27	1.17	6.98	11.00	4.88	1.78
6.3	63	4	7	4.978	3.907	0.248	19.03	33.35	30.17	7.89	1.96	2.46	1.26	4.13	6.78	3.29	1.70
		5		6.143	4.822	0.248	23.17	41.73	36.77	9.57	1.94	2.45	1.25	5.08	8.25	3.90	1.74
		6		7.288	5.721	0.247	27.12	50.14	43.03	11.20	1.93	2.43	1.24	6.00	9.66	4.46	1.78
		7		8.412	6.603	0.247	30.87	58.60	48.96	12.79	1.92	2.41	1.23	6.88	10.99	4.98	1.82
		8		9.515	7.469	0.247	34.46	67.11	54.56	14.33	1.90	2.40	1.23	7.75	12.25	5.47	1.85
		10		11.657	9.151	0.246	41.09	84.31	64.85	17.33	1.88	2.36	1.22	9.39	14.56	6.36	1.93
7	70	4	8	5.570	4.372	0.275	26.39	45.74	41.80	10.99	2.18	2.74	1.40	5.14	8.44	4.17	1.86
		5		6.875	5.397	0.275	32.21	57.21	51.08	13.31	2.16	2.73	1.39	6.32	10.32	4.95	1.91
		6		8.160	6.406	0.275	37.77	68.731	59.93	15.61	2.15	2.71	1.38	7.48	12.11	5.67	1.95
		7		9.424	7.398	0.275	43.09	80.29	68.35	17.82	2.14	2.69	1.38	8.59	13.81	6.34	1.99
		8		10.667	8.373	0.274	48.17	91.92	76.37	19.98	2.12	2.68	1.37	9.68	15.43	6.98	2.03
7.5	75	5	9	7.412	5.818	0.295	39.97	70.56	63.30	16.63	2.33	2.92	1.50	7.32	11.94	5.77	2.04
		6		8.797	6.905	0.294	46.95	84.55	74.38	19.51	2.31	12.90	1.49	8.64	14.02	6.67	2.07
		7		10.160	7.976	0.294	53.57	98.71	84.96	22.18	2.30	2.89	1.48	9.93	16.02	7.44	2.11
		8		11.503	9.030	0.294	59.96	112.97	95.07	24.86	2.28	2.88	1.47	11.20	17.93	8.19	2.15
		9		12.825	10.068	0.294	66.10	127.30	104.71	27.48	2.27	2.86	1.46	12.43	19.75	8.89	2.18
		10		14.126	11.089	0.293	71.98	141.71	113.92	30.05	2.26	2.84	1.46	13.64	21.48	9.56	2.22
8	80	5		7.912	6.211	0.315	48.79	85.36	77.33	20.25	2.48	3.13	1.60	8.34	13.67	6.66	2.15
		6		9.397	7.376	0.314	57.35	102.50	90.98	23.72	2.47	3.11	1.59	9.87	16.08	7.65	2.19
		7		10.860	8.525	0.314	65.58	119.70	104.07	27.09	2.46	3.10	1.58	11.37	18.40	8.58	2.23
		8		12.303	9.658	0.314	73.49	136.97	116.60	30.39	2.44	3.08	1.57	12.83	20.61	9.46	2.27
		9		13.725	10.774	0.314	81.11	154.31	128.60	33.61	2.43	3.06	1.56	14.25	22.73	10.29	2.31
		10		15.126	11.874	0.313	88.43	171.74	140.09	36.77	2.42	3.04	1.56	15.64	24.76	11.08	2.35
9	90	6	10	10.637	8.350	0.354	82.77	145.87	131.26	34.28	2.79	3.51	1.80	12.61	20.63	9.95	2.44
		7		12.301	9.656	0.354	94.83	170.30	150.47	39.18	2.78	3.50	1.78	14.54	23.64	11.19	2.48
		8		13.944	10.946	0.353	106.47	194.80	168.97	43.97	2.76	3.48	1.78	16.42	26.55	12.35	2.52
		9		15.566	12.219	0.353	117.72	219.39	186.77	48.66	2.75	3.46	1.77	18.27	29.35	13.46	2.56
		10		17.167	13.476	0.353	128.58	244.07	203.90	33.26	2.74	3.45	1.76	20.07	32.04	14.52	2.59
		12		20.306	15.940	0.352	149.22	293.76	236.21	62.22	2.71	3.41	1.75	23.57	37.12	16.49	2.67

续表

型号	截面尺寸/mm			截面面积/cm²	理论重量/(kg/m)	外表面积/(m²/m)	惯性矩/cm⁴				惯性半径/cm			截面系数/cm³			重心距离/cm
	b	d	r				I_x	I_{x1}	I_{x0}	I_{yo}	i_x	i_{x0}	i_{y0}	W_x	W_{x0}	W_{y0}	z_0
10	100	6	12	11.932	9.366	0.393	114.95	200.07	181.98	47.92	3.10	3.90	200	15.68	25.74	12.69	2.67
		7		13.796	10.830	0.393	131.86	233.54	208.97	54.74	3.09	3.89	1.99	18.10	29.55	14.26	2.71
		8		15.638	12.276	0.393	148.24	267.09	235.07	61.41	3.08	3.88	1.98	20.47	33.24	15.75	2.76
		9		17.462	13.708	0.392	164.12	300.73	260.30	67.95	3.07	3.86	1.97	22.79	36.81	17.18	2.80
		10		19.261	15.120	0.392	179.51	334.48	284.68	74.35	3.05	3.84	1.96	25.06	40.26	18.54	2.84
		12		22.800	17.898	0.391	208.90	402.34	330.95	86.84	3.03	3.81	1.95	29.48	46.80	21.08	2.91
		14		26.256	20.611	0.391	236.53	470.75	374.06	99.00	3.00	3.77	1.94	33.73	52.90	23.44	2.99
		16		29.627	23.257	0.390	262.53	539.80	414.16	110.89	298	3.74	1.94	37.82	58.57	25.63	3.06

注：截面图中的 $r_1=1/3d$ 及表中 r 的数据用于孔型设计，不做交货条件。

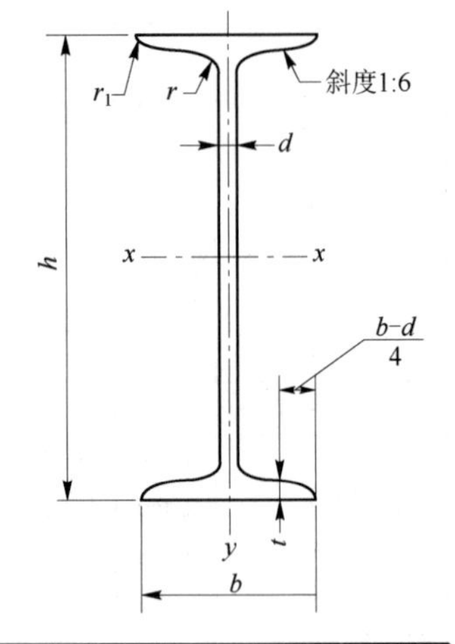

2. 热轧工字钢（GB/T 706—2 008）

符号意义：

h—高度；　　r_1—腿端圆弧半径；

b—腿宽度；　　I—惯性矩；

d—腰厚度；　　W—截面系数；

t—平均腿厚度；　　i—惯性半径。

r—内圆弧半径；

型号	截面尺寸/mm						截面面积/cm²	理论重量/(kg/m)	惯性矩/cm⁴		惯性半径/cm		截面系数/cm³	
	h	b	d	t	r	r_1			I_x	I_y	i_x	i_y	W_x	W_y
10	100	68	4.5	7.6	6.5	3.3	14.345	11.261	245	33.0	4.14	1.52	49.0	9.72
12	120	74	5.0	8.4	7.0	3.5	17.818	13.987	436	46.9	4.95	1.62	72.7	12.7
12.6	126	74	5.0	8.4	7.0	3.5	18.118	14.223	488	46.9	5.20	1.61	77.5	12.7
14	140	80	5.5	9.1	7.5	3.8	21.516	16.890	712	64.4	5.76	1.73	102	16.1
16	160	88	6.0	9.9	8.0	4.0	26.131	20.513	1 130	93.1	6.58	1.89	141	21.2
18	180	94	6.5	10.7	8.5	4.3	30.756	24.143	1 660	122	7.36	2.00	185	26.0
20a	200	100	7.0	11.4	9.0	4.5	35.578	27.929	2 370	158	8.15	2.12	237	31.5
20b		102	9.0				39.578	31.069	2 500	169	7.96	2.06	250	33.1
22a	220	110	7.5	12.3	9.5	4.8	42.128	33.070	3 400	225	8.99	2.31	309	40.9
22b		112	9.5				46.528	36.524	3 570	239	8.78	2.27	325	42.7
24a	240	116	8.0	13.0	10.0	5.0	47.741	37.477	4 570	280	9.77	2.42	381	48.4
24b		118	10.5				52.541	41.245	4 800	297	9.57	2.38	400	50.4
25a	250	116	8.0				48.541	38.105	5 020	280	10.2	2.40	402	48.3
25b		118	10.0				53.541	42.030	5 280	309	9.94	2.40	423	52.4
27a	270	122	8.5	13.7	10.5	5.3	54.554	42.825	6 550	345	10.9	2.51	485	56.6
27b		124	10.5				59.954	47.064	6 870	366	10.7	2.47	509	58.9
28a	280	122	8.5				55.404	43.492	7 110	345	11.3	2.50	508	56.6
28b		124	10.5				61.004	47.888	7 480	379	11.1	2.49	534	61.2

续表

型号	截面尺寸/mm						截面面积/	理论重量/	惯性矩/cm^4		惯性半径/cm		截面系数/cm^3	
	h	b	d	t	r	r_1	cm^2	(kg/m)	I_x	I_y	i_x	i_y	W_x	W_y
30a	300	126	9. 0	14. 4	11. 0	5. 5	61. 254	48. 084	8 950	400	12. 1	2. 55	597	63. 5
30b		128	11. 0				67. 254	52. 794	9 400	422	11. 8	2. 50	627	65. 9
30c		130	13. 0				73. 254	57. 504	9 850	445	11. 6	2. 46	657	68. 5
32a	320	130	9. 5	15. 0	11. 5	5. 8	67. 156	52. 717	11 100	460	12. 8	2. 62	692	70. 8
32b		132	11. 5				73. 556	57. 741	11 600	502	12. 6	2. 61	726	76. 0
32c		134	13. 5				79. 956	62. 765	12 200	544	12. 3	2. 61	760	81. 2
36a	360	136	10. 0	15. 8	12. 0	6. 0	76. 480	60. 037	15 800	552	14. 4	2. 69	875	81. 2
36b		138	12. 0				83. 680	65. 689	16 500	582	14. 1	2. 64	919	84. 3
36c		140	14. 0				90. 880	71. 341	17 300	612	13. 8	2. 60	962	87. 4
40a	400	142	10. 5	16. 5	12. 5	6. 3	86. 112	67. 598	21 700	660	15. 9	2. 77	1 090	93. 2
40b		144	12. 5				94. 112	73. 878	22 800	692	15. 6	2. 71	1 140	96. 2
40c		146	14. 5				102. 112	80. 158	23 900	727	15. 2	2. 65	1 190	99. 6
45a	450	150	11. 5	18. 0	13. 5	6. 8	102. 446	80. 420	32 200	855	17. 7	2. 89	1 430	114
45b		152	13. 5				111. 446	87. 485	33 800	894	17. 4	2. 84	1 500	118
45c		154	15. 5				120. 446	94. 550	35 300	938	17. 1	2. 79	1 570	122
50a	500	158	12. 0	20. 0	14. 0	7. 0	119. 304	93. 654	46 500	1 120	19. 7	3. 07	1 860	142
50b		160	14. 0				129. 304	101. 504	48 600	1 170	19. 4	3. 01	1 940	146
50c		162	16. 0				139. 304	109. 354	50 600	1 220	19. 0	2. 96	2 080	151
55a	550	166	12. 5	21. 0	14. 5	7. 3	134. 185	105. 335	62 900	1 370	21. 6	3. 19	2 290	164
55b		168	14. 5				145. 185	113. 970	65 600	1 420	21. 2	3. 14	2 390	170
55c		170	16. 5				156. 185	122. 605	68 400	1 480	20. 9	3. 08	2 490	175
56a	560	166	12. 5				135. 435	106. 316	65 600	1 370	22. 0	3. 18	2 340	165
56b		168	14. 5				146. 635	115. 108	68 500	1 490	21. 6	3. 16	2 450	174
56c		170	16. 5				157. 835	123. 900	71 400	1 560	21. 3	3. 16	2 550	183
63a	630	176	13. 0	22. 0	15. 0	7. 5	154. 658	121. 407	93 900	1 700	24. 5	3. 31	2 980	193
63b		178	15. 0				167. 258	131. 298	98 100	1 810	24. 2	3. 25	3 160	204
63c		180	17. 0				179. 858	141. 189	102 000	1 920	23. 8	3. 27	3 300	214

注：表中 r、r_1 的数据用于孔型设计，不做交货条件。

3. 热轧槽钢（GB/T 706—2 008）

符号意义：

h—高度；　　r_1—腿端圆弧半径；

b—腿宽度；　　I—惯性矩；

d—腰厚度；　　W—截面系数；

t—平均腿厚度；　　i—惯性半径；

r—内圆弧半径；　　z_0—yy 轴与 y_1y_1 轴间距。

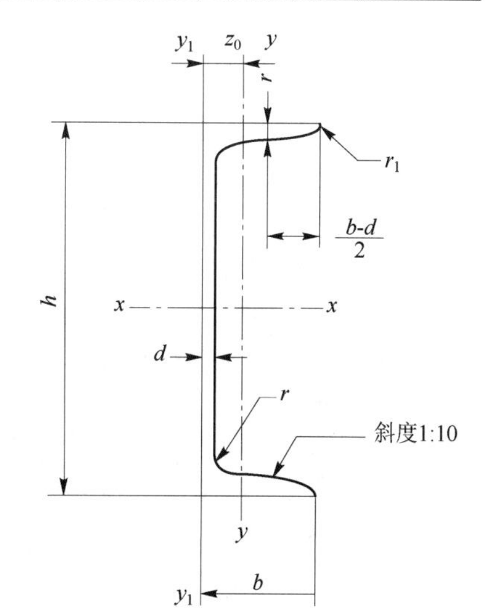

型号	截面尺寸/mm						截面面积/cm²	理论重量/（kg/m）	惯性矩/cm⁴			惯性半径/cm		截面系数/cm³		重心距离/cm
	h	b	d	t	r	r_1			I_x	I_y	I_{y1}	i_x	i_y	W_x	W_y	z_0
5	50	37	4.5	7.0	7.0	3.5	6.928	5.438	26.0	8.30	20.9	1.94	1.10	10.4	3.55	1.35
6.3	63	40	4.8	7.5	7.5	3.8	8.451	6.634	50.8	11.9	28.4	2.45	1.19	16.1	4.50	1.36
6.5	65	40	4.3	7.5	7.5	3.8	8.547	6.709	55.2	12.0	28.3	2.54	1.19	17.0	4.59	1.38
8	80	43	5.0	8.0	8.0	4.0	10.248	8.045	101	16.6	37.4	3.15	1.27	25.3	5.79	1.43
10	100	48	5.3	8.5	8.5	4.2	12.748	10.007	198	25.6	54.9	3.95	1.41	39.7	7.80	1.52
12	120	53	5.5	9.0	9.0	4.5	15.362	12.059	346	37.4	77.7	4.75	1.56	57.7	10.2	1.62
12.6	126	53	5.5	9.0	9.0	4.5	15.692	12.318	391	38.0	77.1	4.95	1.57	62.1	10.2	1.59
14a	140	58	6.0	9.5	9.5	4.8	18.516	14.535	564	53.2	107	5.52	1.70	80.5	13.0	1.71
14b		60	8.0				21.316	16.733	609	61.1	123	5.35	1.69	87.1	14.1	1.67
16a	160	63	6.5	10.0	10.0	5.0	21.962	17.24	866	73.3	144	6.28	1.83	108	16.3	1.80
16b		65	8.5				25.162	19.752	935	83.4	161	6.10	1.82	117	17.6	1.75
18a	180	68	7.0	10.5	10.5	5.2	25.699	20.174	1 270	98.6	190	7.04	1.96	141	20.0	1.88
18b		70	9.0				29.299	23.000	1 370	111	210	6.84	1.95	152	21.5	1.84
20a	200	73	7.0	11.0	11.0	5.5	28.837	22.637	1 780	128	244	7.86	2.11	178	24.2	2.01
20b		75	9.0				32.837	25.777	1 910	144	268	7.64	2.09	191	25.9	1.95
22a	220	77	7.0	11.5	11.5	5.8	31.846	24.999	2 390	158	298	8.67	2.23	218	28.2	2.10
22b		79	9.0				36.246	28.453	2 570	176	326	8.42	2.21	234	30.1	2.03
24a	240	78	7.0	12.0	12.0	6.0	34.217	26.860	3 050	174	325	9.45	2.25	254	30.5	2.10
24b		80	9.0				39.017	30.628	3 280	194	355	9.17	2.23	274	32.5	2.03
24c		82	11.0				43.817	34.396	3 510	213	388	8.96	2.21	293	34.4	2.00
25a	250	78	7.0				34.917	27.410	3 370	176	322	9.82	2.24	270	30.6	2.07
25b		80	9.0				39.917	31.335	3 530	196	353	9.41	2.22	282	32.7	1.98
25c		82	11.0				44.917	35.260	3 690	218	384	9.07	2.21	295	35.9	1.92
27a	270	82	7.5	12.5	12.5	6.2	39.284	30.838	4 360	216	393	10.5	2.34	323	35.5	2.13
27b		84	9.5				44.684	35.077	4 690	239	428	10.3	2.31	347	37.7	2.06
27c		86	11.5				50.084	39.316	5 020	261	467	10.1	2.28	372	39.8	2.03
28a	280	82	7.5				40.034	31.427	4 760	218	388	10.9	2.33	340	35.7	2.10
28b		84	9.5				45.634	35.823	5 130	242	428	10.6	2.30	366	37.9	2.02
28c		86	11.5				51.234	40.219	5 500	268	463	10.4	2.29	393	40.3	1.95
30a	300	85	7.5	13.5	13.5	6.8	43.902	34.463	6 050	260	467	11.7	2.43	403	41.1	2.17
30b		87	9.5				49.902	39.173	6 500	289	515	11.4	2.41	433	44.0	2.13
30c		89	11.5				55.902	43.883	6 950	316	560	11.2	2.38	463	46.4	2.09
32a	320	88	8.0	14.0	14.0	7.0	48.513	38.083	7 600	305	552	12.5	2.50	475	46.5	2.24
32b		90	10.0				54.913	43.107	8 140	336	593	12.2	2.47	509	49.2	2.16
32c		92	12.0				61.313	48.131	8 690	374	643	11.9	2.47	543	52.6	2.09
36a	360	96	9.0	16.0	16.0	8.0	60.910	47.814	11 900	455	818	14.0	2.73	660	63.5	2.44
36b		98	11.0				68.110	53.466	12 700	497	880	13.6	2.70	703	66.9	2.37
36c		100	13.0				75.310	59.118	13 400	536	948	13.4	2.67	746	70.0	2.34
40a	400	100	10.5	18.0	18.0	9.0	75.068	58.928	17 600	592	1 070	15.3	2.81	879	78.8	2.49
40b		102	12.5				83.068	65.208	18 600	640	114	15.0	2.78	932	82.5	2.44
40c		104	14.5				91.068	71.488	19 700	688	1 220	14.7	2.75	986	86.2	2.42

参考文献

[1] 田鸣. 机械技术基础 [M]. 北京: 机械工业出版社, 2005.
[2] 刘思俊. 工程力学 [M]. 北京: 机械工业出版社, 2010.
[3] 吴建生. 工程力学 [M]. 北京: 机械工业出版社, 2003.
[4] 邱家骏. 工程力学 [M]. 北京: 机械工业出版社, 2010.
[5] 张德润. 工程力学 [M]. 北京: 机械工业出版社, 1993.
[6] 李龙堂. 工程力学 [M]. 北京: 高等教育出版社, 1989.
[7] 张明影. 工程力学 [M]. 北京: 北京理工大学出版社, 2010.
[8] 梁春光. 工程力学 [M]. 北京: 北京理工大学出版社, 2008.
[9] 张春梅. 工程力学 [M]. 北京: 北京理工大学出版社, 2008.
[10] 陈位宫. 工程力学 [M]. 北京: 高等教育出版社, 2000.
[11] 田书泽. 工程力学 [M]. 北京: 机械工业出版社, 2002.
[12] 吴建生. 工程力学 [M]. 北京: 机械工业出版社, 2011.
[13] 张如三. 材料力学 [M]. 北京: 中国建筑工业出版社, 1997.
[14] 中国机械工业教育协会. 工程力学 [M]. 北京: 机械工业出版社, 2003.
[15] 成都无线电机械学校. 工程力学 [M]. 北京: 国防工业出版社, 1979.
[16] 苏忠孝. 工程力学 [M]. 上海: 人民教育出版社, 1978.
[17] 三十八所院校联合编写组. 工程力学 [M]. 南宁: 广西人民出版社, 1978.
[18] 李立, 张祥兰. 工程力学 [M]. 北京: 机械工业出版社, 2008.
[19] 胡仰馨. 理论力学 [M]. 北京: 高等教育出版社, 1989.
[20] 张秉荣. 工程力学 [M]. 北京: 机械工业出版社, 2008.
[21] 傅鹤龄. 工程力学解题指南 [M]. 北京: 机械工业出版社, 2005.
[22] 韩淑洁. 工程力学辅导 [M]. 北京: 机械工业出版社, 2010.